VORTRÄGE

ÜBER DIE

ENTWICKLUNGSGESCHICHTE

DER

CHEMIE

VON

LAVOISIER BIS ZUR GEGENWART

VON

A. LADENBURG

VIERTE

VERMEHRTE UND VERBESSERTE AUFLAGE

Springer Fachmedien Wiesbaden GmbH 1907

Published February 9, 1907.
Privilege of Copyright in the United States reserved under the Act approved March 3, 1905 by Friedr. Vieweg & Sohn, Braunschweig, Germany.
ISBN 978-3-663-19832-1   ISBN 978-3-663-20167-0 (eBook)
DOI 10.1007/978-3-663-20167-0

VORTRÄGE

ÜBER DIE

ENTWICKLUNGSGESCHICHTE

DER

CHEMIE

VON

LAVOISIER BIS ZUR GEGENWART

MEINER LIEBEN FRAU

UND TREUEN LEBENSGEFÄHRTIN

IN

DANKBARKEIT GEWIDMET.

VORWORT ZUR ERSTEN AUFLAGE.

Indem ich diese Vorlesungen einem größeren Publikum übergebe, halte ich für nötig, den Standpunkt meiner Auffassung darzulegen. Ich betrachte dieselben als einen Versuch, die Entwicklung der heutigen Ideen aus den früheren zu verfolgen. Dabei bin ich nur bis Lavoisier zurückgegangen, weil durch diesen Forscher unsere Wissenschaft eine neue Gestalt angenommen hat, und weil man behaupten kann, daß wir noch heute in der durch ihn begonnenen Entwicklungsepoche begriffen sind.

Der Inhalt sollte so eingerichtet sein, daß er dem Studierenden mit wenig Mühe einen Überblick über diesen Teil der chemischen Geschichte erlaubte, gleichzeitig sollte er ein Leitfaden sein für den, welcher sich eingehender mit speziellen Forschungen über diesen Gegenstand beschäftigen will. Ich habe mich deshalb möglichst kurz gefaßt, habe dagegen für das Gegebene eine ziemlich vollständige Quellenangabe beigefügt. Mir scheint hierdurch Zweifaches erreicht zu sein: der Leser wird sofort instand gesetzt, ein Urteil über den Wert der Darstellung zu erlangen, Irrtümer und Vernachlässigungen zu berichtigen, und ferner ist späteren Forschern die Arbeit erleichtert. Weil ich kaum für möglich hielt, eine vollständig korrekte Darlegung dieser an Entdeckungen so reichen Zeit zu geben, wollte ich doch wenigstens einen brauchbaren Beitrag zur Geschichte der chemischen Tatsachen und Theorien liefern.

Daß dies Werkchen auf Vollständigkeit keinen Anspruch macht, brauche ich wohl kaum hinzuzufügen; nur diejenigen Versuche und Ideen glaubte ich berücksichtigen zu dürfen, welche von Einfluß auf die Fortentwicklung der Wissenschaft gewesen sind, während ich andere Arbeiten, welche, meinem Erachten nach, einen solchen Einfluß noch haben werden, höchstens andeuten durfte. Eine objektive Behandlung des Gegenstandes schien dies zu verlangen.

Ich habe mich nicht gescheut, diese Entwicklungsgeschichte bis auf unsere Tage zu verfolgen, obgleich dadurch die Schwierigkeit der Aufgabe bedeutend vermehrt wurde. Gewiß wird es gerade hier noch mancher Berichtigungen bedürfen, ehe der Zweck erreicht ist. Wie anders werden späteren Forschern die neuesten Phasen unserer Wissenschaft erscheinen! Und doch ist auch die Meinung eines Zeitgenossen nicht ohne Wert, wenn sie maßvoll und frei von Vorurteilen oder tendenziösen Bestrebungen gehalten ist. Gerade das habe ich zu erreichen gesucht. Ist mir dies vielleicht nicht immer gelungen, sollte ich hier und dort die Verdienste Mancher geschmälert, die Anderer unverhältnismäßig begünstigt haben, so ist dies absichtslos geschehen; war ich vielleicht hart in meinem Urteil, so war ich doch frei von persönlicher Gereiztheit, und es war stets nur die Sache, welche ich angegriffen habe. Bin ich der historischen Wahrheit in einigen Fällen zu nahe getreten, ist es mir nicht immer gelungen, den Anforderungen eines Jeden gerecht zu werden, so bin ich gern bereit, meinen Irrtum zu berichtigen, sobald man mich eines Besseren überzeugt hat.

Wenn meine Kollegen Interesse an dem Gegenstande nehmen, wenn sie mich durch ihr Wissen und ihren Rat unterstützen, so wird es vielleicht bald möglich, eine objektive Darstellung der chemischen Theorien in den letzten hundert Jahren zu erhalten. Diese Schrift möge als ein dahinführender Versuch betrachtet und mit Nachsicht beurteilt werden.

Heidelberg, im Juni 1869.

A. Ladenburg.

VORWORT ZUR VIERTEN AUFLAGE.

Wenn ich jetzt, etwa 38 Jahre nach der Veröffentlichung der ersten Auflage dieses Buches, die vierte Auflage herausgebe, so geschieht es nicht ohne eine gewisse Wehmut.

Bei dem Erscheinen der ersten Auflage, im Jahre 1869, lebten die großen Chemiker wie Liebig, Wöhler, Bunsen, Kolbe, Kekulé, Dumas, Wurtz, Frankland, Williamson, die ich Alle noch persönlich gekannt habe, und von denen ich einige meine Lehrer nennen durfte. Heute sind nicht nur diese tot, auch sehr viele meiner berühmten Zeitgenossen, mit denen ich zum Teil gemeinschaftlich gearbeitet habe, wie Friedel, Grimaux, Beilstein, V. Meyer u. A., sind dahin gegangen, und ein jüngeres Geschlecht, mir größtenteils persönlich unbekannt, führt jetzt das Steuer.

Daher die Wehmut, mit der ich dieses Buch der Nachsicht der Fachgenossen übergebe.

Mir deucht es bisweilen, als ob der ruhige, sichere Gang unserer Wissenschaft jetzt in ein etwas rasches, ungestümes Tempo übergehe, und als ob das Hasten und Streben, das doch dem modernen Leben Gepräge verleiht, auch in der Wissenschaft sich geltend mache. Dem Historiker ist dies besonders fühlbar, und es wird ihm ungemein erschwert, einen objektiven Überblick zu

gewinnen und das Bleibende, die Wissenschaft Fördernde herauszufinden, doch habe ich geglaubt und hielt es dem Charakter des
Buches angemessen, die Entwicklung der Chemie wieder bis zum
heutigen Tage zu verfolgen, und so ist die siebzehnte Vorlesung
entstanden.

Wertvoll dabei war mir die Hilfe, die ich Freunden und
Schülern verdanke, unter denen Dr. Herz zu nennen, mir Bedürfnis ist.

Breslau, im Januar 1907.

A. Ladenburg.

INHALTSVERZEICHNIS.

Erste Vorlesung.

Einleitung. Die Phlogistontheorie in ihrer ersten und späteren Bedeutung. — Kenntnisse der Phlogistiker. — Sturz des Systems.

Der Wert historischer Darstellungen ist unbestritten. Freilich ändert sich derselbe mit den Gebieten, auf welche sie ausgedehnt werden; immerhin gehört die Geschichte menschlichen Handelns und Wissens zu den interessantesten Forschungen. Wenn wir uns zu den Anhängern der Darwin'schen Theorie zählen und derselben eine berechtigte Ausdehnung geben, so gewinnt der Rückblick auf vergangene Jahrhunderte an Bedeutung. Wir müssen dann in der Entwickelung einen stetigen Fortschritt erkennen, die Geschichte ist nicht mehr die Nebeneinanderreihung einzelner Tatsachen, wie sie zufällig chronologisch aufeinander folgen, sondern sie enthält die Schule des menschlichen Geistes und seiner Civilisation; sie zeigt uns die Resultate des Einflusses, welchen die verschiedensten Ursachen auf die verschiedensten Naturen ausübten und wird uns vielleicht einst dazu führen, die Gesetze zu ermitteln, welche diese Einwirkungen beherrschen. Nicht zu leugnen ist, daß, von diesem Gesichtspunkt aus, die Entwicklung des heutigen Zustandes aus dem früheren an Bedeutung gewinnt, und daher war das Interesse, welches das denkende Publikum an Buckle's „Geschichte der Civilisation" genommen hat, begreiflich.

Ich gehe freilich nicht so weit, zu behaupten, daß gerade dieser Standpunkt notwendig ist, um der Darstellung der Vergangenheit ihre Bedeutung zu geben — es ist nicht zu verkennen, daß dem menschlichen Geist das Wissen selbst eine gewisse Befriedigung gewährt, und daß schließlich Jeder aus den Geschicken der Völker in früheren Jahrhunderten Lehren für die Gegenwart zu ziehen sucht; d. h. es werden sogar die entschiedensten Gegner Darwin's zugeben müssen, daß ein Zusammenhang zwischen dem Hauptcharakter und dem Schicksal einer Nation besteht, und auch sie werden Erfolg und Nichterfolg großer Unternehmungen materiellen Ursachen und Verhältnissen zuschreiben.

Man kann, die oben angedeuteten Gesichtspunkte zugrunde legend, behaupten, daß die historische Darstellung einer Wissenschaft ein über das spezielle Fach hinausgehendes Interesse hat. Durch ein vergleichendes Studium der Geschichte aller geistigen Disziplinen werden sich vielleicht gewisse allgemeine Richtungen der Spekulation erkennen lassen, welche zu gewissen Zeiten vorherrschend waren, und die ihre Existenz auch wieder bestimmten, realen Verhältnissen verdanken. In dieser Beziehung ist für die frühere Zeit namentlich die Geschichte der Philosophie von Wichtigkeit, für die moderne Zeit hat, meiner Ansicht nach, die historische Darlegung der Naturwissenschaften eine ebensogroße, vielleicht größere Bedeutung. Der im folgenden behandelte Gegenstand kann daher auch einst Verwendung finden: er kann als eine jener Vorarbeiten betrachtet werden, deren man bedürfen wird, wenn es sich darum handeln sollte, eine Geschichte der Entwicklung des menschlichen Geistes zu schreiben.

Wenn wir aber unseren Blick beschränken, wenn wir uns nach dem Nutzen fragen, welchen historische Darstellungen einer Wissenschaft für diese selbst haben, oder was uns noch näher liegt, nur den Vorteil berücksichtigen, der daraus für das Studium oder den Studierenden erwächst, so sind es wieder ganz andere Gesichtspunkte, welche hier maßgebend werden.

Der Rückblick auf das Vergangene gewährt gerade bei den exakten Wissenschaften erst das rechte Verständnis für das heute angenommene: erst, wenn Sie, meine Herren, die Theorien kennen, welche den jetzt herrschenden vorhergingen, werden Sie diese vollständig begreifen lernen, denn es ist fast immer ein innerer Zusammenhang vorhanden. In unserer Wissenschaft, in welcher durch das Experiment die endgültige Entscheidung herbeigeführt wird, könnte es scheinen, als ob die früheren Ansichten, welche nur den Ausdruck einer beschränkteren Zahl von Tatsachen bilden, durch die späteren Theorien, welche eine größere Klasse von Erscheinungen beherrschen, nicht nur verdrängt werden müßten, sondern auch in ihrer Bedeutung gänzlich verloren gingen — dem ist aber meist nicht so; es läßt sich im Gegenteil sehr oft zwischen aufeinanderfolgenden Hypothesen ein gewisser Zusammenhang nachweisen; es läßt sich die Einwirkung der früheren Ideen auf die neueren erkennen, wenn man die Entwicklung im allgemeinen verfolgt, und gerade hierdurch werden diese erst richtig verstanden. Nicht immer ist das Verlassen einer Theorie von einer Revolution begleitet, in einer höheren Stufe der Ausbildung der Wissenschaft ist dies sogar kaum denkbar und selbst, wenn neue Wege der Erklärung eingeschlagen werden, lassen sich in deren Richtung noch Spuren der Vergangenheit erkennen.

Aber auch ganz abgesehen von diesem realen Vorteil des Studiums der Geschichte, welcher also, meiner Ansicht nach, zu einem besseren Verständnis des heutigen Zustandes führt, läßt sich noch ein anderer angeben, der vielleicht für den Studierenden von noch größerem Wert ist: dieser besteht in der richtigen Würdigung der Theorien. Der Rückblick auf die Vergangenheit zeigt uns die Wandelbarkeit der Ansichten, er lehrt uns erkennen, wie selbst die scheinbar begründetsten Hypothesen mit der Zeit wieder verlassen werden mußten; er führt uns zum Bewußtsein, daß wir in einem stetigen Übergangsstadium leben, daß auch unsere heutigen Ideen nur die Vorläufer anderer sind, und daß auch sie nicht für lange Zeit den Ansprüchen der Wissenschaft genügen können. Wir lernen aus einer historischen Darstellung, daß unsere Naturgesetze nicht unumstößliche Wahrheiten, nicht Offenbarungen sind, sondern daß sie nur als der zeitliche Ausdruck einer gewissen Reihe von Tatsachen betrachtet werden können, welche auf diese Weise in der für uns zweckmäßigsten Art zusammengefaßt und, wie wir sagen, erklärt worden sind.

Wir erkennen, daß diese Gesetze nicht, wie Minerva in dem
Haupte Jupiters, in dem Kopfe eines einzelnen plötzlich ent-
stehen: nur langsam reifen die denselben zugrunde liegenden
Ideen, werden die erforderlichen Tatsachen durch die Arbeit
vieler ermittelt, bis endlich das ihnen gemeinsame Gesetz von
Einem, manchmal auch gleichzeitig von Mehreren, ausgesprochen
wird. Es wird ferner durch das Studium der Geschichte unser
Autoritätsglaube vermindert, der dadurch schädlich wirkt, daß er
einer originellen Entwicklung des Individuums hindernd in den
Weg tritt.

Freilich lernen wir auch andererseits, daß die Theorien zur
Fortentwicklung notwendig sind und daß, wenn auch der reale
Inhalt der Wissenschaft in den Tatsachen liegt, die wahre geistige
Bedeutung derselben erst durch die Verknüpfung der einzelnen
Beobachtungen, durch Hypothesen gewonnen wird, so daß der
momentane Zustand eigentlich weit mehr in der Art der Er-
klärung der Beobachtungen, als in diesen selbst liegt.

Jetzt, nachdem Sie die Gesichtspunkte kennen, welche ich
für unseren Gegenstand wesentlich halte, werden Sie begreifen,
daß ich mein Augenmerk hauptsächlich den Theorien zuwende,
und nur diejenigen experimentellen Untersuchungen berück-
sichtige, welche zur Aufstellung oder zum Sturz allgemeiner Ansichten beitrugen.

Die ältere Geschichte unserer Wissenschaft ist in ausführlicher, vortrefflicher Weise von Hermann Kopp behandelt
worden — ich beschränke mich deshalb auf die letzten hundert-
unddreißig Jahre, auf die neuere Chemie oder, wenn Sie wollen,
auf das Zeitalter der quantitativen Untersuchungen[1]). Dabei kann
ich aber nicht umgehen, Ihnen eine kurze Schilderung der Ansichten zu geben, welche vor Lavoisier die Chemie beherrschten.

Der Einfluß der Griechen auf Kunst und Literatur bei ihrem
Erwachen nach mehrhundertjährigem Schlaf ist so bekannt, daß
es uns nicht wundernimmt, wenn wir ähnliches auch in der

---

[1]) Fünf Jahre nach der Herausgabe der ersten Auflage dieses Buches
erschien Kopps Entwicklung der Chemie in der neueren Zeit.

Wissenschaft konstatieren. Sie alle kennen die vier Elemente des Empedokles, nämlich Wasser, Erde, Feuer, Luft, welche in des Aristoteles Lehre die Repräsentanten der vier Kardinaleigenschaften: feucht, trocken, warm und kalt sind[2]). Ich lege hier hauptsächlich Wert darauf, dem Feuer unter den Elementen zu begegnen, es als eine Materie betrachtet zu wissen; wie Sie in der Folge sehen werden, beziehen sich die ersten chemischen Theorien auf die Verbrennungserscheinungen, und die Phlogistontheorie wird Ihrem Verständnis näher gerückt, wenn Sie die Ansichten der Griechen und Römer genauer studieren. Schon bei diesen wird die Verbrennung als in einer Abscheidung der Feuermaterie bestehend angesehen, und Plinius betrachtete die leichte Brennbarkeit des Schwefels als Beweis für seinen großen Gehalt an Feuermaterie[3]). Später wurde der Schwefel selbst als Feuermaterie angenommen, und die Hypothese, daß alle Metalle Schwefel enthalten, stammt unstreitig von jener Ansicht her.

Diese wenigen Worte über die chemischen Theorien der Alten scheinen mir zu genügen, um Becher und seinen Schüler Stahl zu verstehen. Diese stützten sich mit ihren Ansichten auf die griechischen und römischen Philosophen, ähnlich wie wir in ihrem, dem 17. Jahrhundert, so viele Nachahmer antiker Kunst finden.

Einen Unterschied freilich könnte man zwischen ihnen auch hervorheben, den nämlich, daß nur die letzteren absichtlich und wissentlich in die Fußstapfen der Alten traten, während die ersteren sich Gegner derselben nannten. So sagt Becher: „Ein guter Peripatetiker ist ein schlechter Chemiker." Die vier Elemente des Empedokles ersetzt er durch drei andere: die glasartige, die brennbare und die merkurialische Erde[4]).

Es kommt mir hier nicht darauf an zu untersuchen, ob Becher, ob Stahl mehr über die Phlogistontheorie gedacht und gearbeitet hat, doch will ich nicht versäumen, Sie auf die große Bescheidenheit Stahls aufmerksam zu machen, der sein eigenes

---

[2]) In meinem Vortrag: Die vier Elemente des Aristoteles habe ich gezeigt, daß dieselben die Repräsentanten der Aggregatzustände und der Wärme sind. — [3]) Kopp, Gesch. d. Chem. III, 102. — [4]) Ibid. I, 179.

Verdienst seinem Lehrer und Freunde Becher zugute kommen lassen wollte: *„Becheriana sunt quae profero"* [5]) — solche Beispiele sind selten.

Die Anhänger der Phlogistontheorie betrachten die Verbrennung als in einer Zerstörung bestehend: „nur zusammengesetzte Körper können verbrennen"; sie enthalten alle ein gemeinschaftliches Prinzip, das Becher *terra pinguis*, Stahl Phlogiston nennt. Bei der Verbrennung entweicht dieses Prinzip, und der andere Bestandteil des Körpers bleibt zurück.

Diese Theorie wurde auf alle brennbaren Körper angewendet. So besteht den Ansichten Stahls gemäß der Schwefel aus Schwefelsäure und Phlogiston, ein Metall aus seinem Metallkalk, wir würden sagen, seinem Oxyd und Phlogiston. Nach Stahl war der Schwefel mit Phlogiston nicht identisch, war aber wie bei Plinius reich an dem Verbrennungsprinzip, welches er im isolierten Zustande nicht kannte. Ruß erschien als der an Phlogiston reichste Körper, als fast reines Phlogiston. Die Umwandlung des Metallkalkes in das Metall gelang deshalb so gut beim Erhitzen mit Ruß, da dieser sein Phlogiston an den Metallkalk übertrug, so daß wieder ein Metall entstand. Daß das Phlogiston im Ruß und im Schwefel identisch ist, will Stahl durch sein *experimentum novum* nachweisen. Hier zeigt er, wie man ein schwefelsaures Salz durch Kohle in Schwefelleber verwandeln kann, aus welcher der Schwefel durch eine Säure gefällt wird. Aus der Reduktion der Metallkalke durch Ruß folgert Stahl weiter die Identität des Phlogistons der Metalle mit dem brennbaren Prinzip im Ruß und im Schwefel — und so gelangt er zum Nachweis, daß nur ein solches Prinzip existiere, welches er eben Phlogiston (von φλογιστορ, brennbar) nennt.

Die Phlogistontheorie war die Grundlage aller chemischen Betrachtungen während eines Jahrhunderts, doch werden wir uns überzeugen, daß während dieser Zeit der Begriff Phlogiston nicht immer seine erste Bedeutung behielt und somit die ganze Anschauungsweise sich änderte.

---

[5]) Kopp, Gesch. d. Chem. I, 188.

Stahl und seine nächsten Nachfolger verstehen wir sehr gut, wenn wir überall da, wo sie von einer Aufnahme von Phlogiston sprechen, einen Verlust an Sauerstoff annehmen und umgekehrt; ein phlogistisierter Körper ist für uns eine sauerstofffreie oder -arme Substanz, kurz, man darf vielleicht sagen, das Phlogiston ist negativer Sauerstoff.

Stahl entlehnte den Alten die Ansicht, daß die Verbrennung mit einer Zerstörung, einer Zersetzung, verbunden sei. Er behielt dieselbe bei, obgleich zu seiner Zeit Tatsachen bekannt waren, welche eine Gewichtsvermehrung bei der Verbrennung nachwiesen. Schon Geber, ein Alchimist des 8. Jahrhunderts, scheint eine solche für Zinn und Blei beobachtet zu haben, und die chemische Literatur bis zu Stahl hat mehrere derartige Angaben aufzuweisen. Sehr interessant sind namentlich die Beobachtungen Jean Rey's, Mayow's und Hooke's und die von denselben daraus gezogenen Folgerungen, auf welche ich in der nächsten Vorlesung eingehen werde.

Soll es uns nicht mit Staunen erfüllen, wenn wir lesen, daß Becher und Stahl diese Versuche kannten, aber trotzdem ihre Ansichten bewahrten; daß sie die Gewichtsvermehrung für eine nur begleitende, unwesentliche Erscheinung hielten, und daß entweder die Autorität der Alten oder die Verbrennungserscheinung, die Flamme, welche für sie mit dem Begriff der Zerstörung zu innig verschmolzen ist, Grund genug war, Tatsachen zu vernachlässigen, welche ihr Gebäude hätten umstoßen müssen? Ganz besonders auffallend ist es aber, daß Boyle, einer der bedeutendsten Denker des 17. Jahrhunderts, ein Vorgänger Stahl's, der sich einen Bekenner der Baco'schen Schule nannte, der die Gewichtsvermehrung bei der Verbrennung aus eigener Erfahrung kannte, der wußte, daß Luft dazu nötig war, und die Beobachtung gemacht hatte, daß ein Teil der Luft bei der Verbrennung absorbiert wird, sich nicht entscheiden konnte, ob die Schwefelsäure ein Bestandteil des Schwefels, oder ob umgekehrt der Schwefel in der Schwefelsäure enthalten sei [6]).

---

[6]) Kopp, Gesch. d. Chem. I, 166.

Unter den Nachfolgern Stahl's finden wir freilich solche, welche der Gewichtsvermehrung ihre Beachtung in größerem Maße zuwandten. Namentlich spricht sich Lemery am Ende des 17. Jahrhunderts weitläufig darüber aus[7]). Sein Glaube an die Existenz des Phlogistons bleibt dabei unerschüttert, doch wird jetzt die Verbrennung eine Art von Doppelerscheinung, sie bleibt eine Zersetzung, der verbrennende Körper scheidet sein Phlogiston ab, zugleich verbindet er sich aber mit einer ponderablen Feuermaterie. Lemery schöpft seine ponderable Feuermaterie aus derselben Quelle, aus der Becher seine *terra pinguis* und Stahl sein Phlogiston entnommen hatte. Sie war eine neue Verwendung des Elements Feuer. Dieses Doppelwesen — das Verbrennungsprinzip einerseits, die ponderable Feuermaterie andererseits — erklärt den Chemikern am Ende des 17. Jahrhunderts befriedigend und vollständig die Verbrennungserscheinung. Erschüttert werden diese Ansichten erst durch Newton, für den das Feuer keine besondere Substanz ist, sondern der darauf hinweist, daß jeder rotglühende, stark erhitzte Körper brennt, daß man also rotglühendes Eisen oder Holz Feuer nennen kann, und daß die Substanzen mit Flamme brennen, welche viel Rauch ausgeben.

Als wirklich falsch erkannt wurde die Annahme der ponderablen Feuermaterie erst nach einem höchst interessanten Versuche von Boerhave, der Metallmassen kalt und glühend wog und ihr Gewicht in beiden Fällen identisch fand[8]). — Die Erklärung der Gewichtsvermehrung ruft jetzt Meinungsverschiedenheiten unter den Chemikern des 18. Jahrhunderts hervor. Einige suchen wie Stahl dieselbe als eine unwesentliche, zu vernachlässigende Erscheinung hinzustellen, andere dagegen, und unter ihnen Boerhave, nehmen eine Verbindung mit gewissen (salzigen) Teilen der Luft an und suchen auf diese Weise sich gleichzeitig Rechenschaft zu geben über die notwendige Gegenwart der Luft bei der Verbrennung und über die Gewichtsvermehrung. Bei anderen wieder dient die Luft nur zur Auf-

---

[7]) Kopp, Gesch. d. Chem. III, 123. — [8]) Ibid. III, 127.

nahme des ausgeschiedenen Phlogistons, das nach ihnen aus einem Körper nicht entweichen kann, wenn es nicht einen anderen vorfindet, mit dem es sich verbindet. In der Mitte des 18. Jahrhunderts taucht dann die Ansicht auf, das Phlogiston sei negativ schwer, es sei absolut leicht. Für die Vertreter dieser Hypothese ist es natürlich, daß bei der Ausscheidung des Phlogistons das Gewicht vermehrt wird. Wieder andere, denen das absolut Leichte schwer zu denken ist, halten das Phlogiston für leichter als Luft, eine Ansicht, die namentlich von Guyton de Morveau vertreten wird[9]). Seine Erklärung der Gewichtsvermehrung basiert auf dem Archimedischen Prinzip und spricht nicht gerade zugunsten der klaren Vorstellungsweise dieses berühmten Chemikers. Er sagt[10]): „Bringen wir zwei ungefähr gleich schwere Bleikugeln unter Wasser an einer Wage ins Gleichgewicht und hängen dann an die eine Schale ein Stück Kork, einen Gegenstand, der leichter ist als Wasser, so wird diese Bleikugel in die Höhe steigen; sie wird also scheinbar leichter, obgleich wir ihr Gewicht offenbar vermehrt haben. Ähnliches gilt bei der Verbrennung; hier wiegen wir in Luft; das Metall, die Verbindung des Metallkalkes mit Phlogiston, erscheint leichter als der Kalk, weil das Phlogiston gerade wie der Kork spezifisch leichter als das Medium ist, in dem wir wiegen." — Ich kann bei Ihnen voraussetzen, daß Sie das Falsche der Betrachtungsweise erfassen und in dieser Beziehung sind Sie jedenfalls dem berühmten Macquer voraus, der dieser Erklärung seine Bewunderung nicht versagen konnte. — Schon Boyle hatte beobachtet, daß die Metallkalke spezifisch leichter sind als die Metalle, darauf nimmt Guyton keine Rücksicht!

Wie Sie bemerkt, habe ich mich nicht gescheut, die Widersprüche in der Phlogistontheorie, ihre Schwächen gegenüber einer einigermaßen haltbaren Erklärung der Gewichtsvermehrung bei der Verbrennung hervorzuheben. Trotz dieser unklaren Vorstellungen, welche die Grundlage der chemischen Ansichten jener Zeit bildeten, waren unter den Phlogistikern Männer, die an

---

[9]) Kopp, Gesch. d. Chem. III, 150. — [10]) Ibid. III, 149.

Fruchtbarkeit der Entdeckungen fast von keinem Anhänger der heutigen Chemie übertroffen werden. Sollte ich nicht daran eine allgemeine Lehre knüpfen dürfen? Werden Sie es ungerecht finden, wenn ich behaupte, daß falsche Theorien der Entwicklung der Wissenschaft nicht immer hinderlich sind, und wenn ich die Behauptung aufrecht zu halten wage, daß es besser ist, gewisse theoretische Grundlagen zu haben, selbst wenn sie nicht alle Tatsachen erklären, statt diese als einzige Errungenschaft der Wissenschaft hinzustellen? Freilich spielen die Tatsachen bei der Aufstellung und dem Sturz einer Theorie eine große Rolle, sie sollten eigentlich dabei allein maßgebend sein, und wenn wir uns jetzt zum Untergange der Phlogistontheorie wenden, so ist es Zeit, daß wir die chemischen Kenntnisse und Arbeiten der Phlogistiker doch wenigstens im allgemeinen berühren.

Ihr Wissen bestand namentlich in einer freilich unvollständigen Kenntnis der physikalischen und chemischen Eigenschaften einer Reihe von Körpern, die sich in der Natur vorfinden. Aus diesen hatten sie andere darstellen lernen, und ihr Streben ging nach Entdeckung neuer Substanzen und der Erkennung derselben. Wir finden deshalb schon eine erstaunliche Ausbildung der qualitativen Analyse, die wir hauptsächlich Bergmann verdanken, während die quantitativen Methoden fast ganz unbekannt sind. Natürlich, die theoretischen Grundlagen erlaubten nicht, den Gewichtsverhältnissen irgend einen Wert beizulegen.

Um Ihnen einen oberflächlichen Begriff der damals bekannten Körper zu geben, will ich einige davon anführen: Schwefel, Kohle, Gold, Silber, Kupfer, Eisen, Zinn und Blei waren sicher schon den ältesten Völkern bekannt, die Entdeckung des Quecksilbers fällt in die griechische Zeit, dem Mittelalter gehört die von Antimon, Wismut und Zink, der phlogistischen Zeit die von Arsen, Phosphor, Kobalt, Nickel, Platin usw. an. Scheele, der an Entdeckungen reichste Phlogistiker, fand das Mangan und das Chlor. Die Metallkalke, wie wir sagen Oxyde, wurden von allen Chemikern jener Zeit für verschieden gehalten, doch glaubte Macquer diese Verschiedenheit auf eine mehr oder weniger unvollständige Austreibung des Phlogistons zurückführen zu können.

Dieser nahm also denselben erdigen Bestandteil in allen Metallen an[11]). Von den Erden, welche nicht zu den Metallkalken gezählt wurden, kannten sie die Kalk-, Alaun- und Bittererde. Scheele entdeckte die Baryterde. Die Alkalien unterschieden sie in ätzende und milde (kohlensaure); die letzteren betrachtete man als Stoffe, die durch Aufnahme von Feuermaterie in erstere übergehen sollten. Die Pottasche war schon in der ältesten Zeit im Gebrauch; die Araber haben vielleicht die Darstellung des Kali aus Pottasche und Kalk kennen gelehrt; auch der Salpeter war bekannt und diente zur Bereitung des Schießpulvers. Die Soda war schon von den Ägyptern zur Fabrikation des Glases benutzt worden[12]), doch fand erst Stahl, daß das Kochsalz ein von dem Kali verschiedenes Alkali enthalte.

Unter den damals bekannten Säuren, erwähne ich die Salzsäure, Salpetersäure, Schwefelsäure und Essigsäure, die Verwertung des Königswassers verdanken wir arabischen Alchimisten. Scheele hat die Zahl der organischen Säuren bedeutend vermehrt; er fand die Blausäure, Weinsäure, Äpfelsäure, Harnsäure, Milchsäure, Citronensäure, Kleesäure, Gallussäure; auch die Entdeckung der Flußspathsäure ist sein Verdienst. Hieraus schon geht die große Anzahl von Salzen hervor, welche das phlogistische Zeitalter aufweisen konnte. Ich gehe hierauf nicht ein, sondern wende mich zur Kenntnis der Gase, die schon deshalb ein größeres Interesse haben, weil sie zum Sturz der Phlogistontheorie führten.

Lange wurden alle Gasarten als identisch mit Luft betrachtet und diese selbst als ein Element aufgefaßt; erst van Helmont in der Mitte des 17. Jahrhunderts glaubte an die Existenz verschiedener Gase. Von dieser Annahme bis zur Erkenntnis eines bestimmt von Luft verschiedenen Gases verflossen wieder fast hundert Jahre; die Schwierigkeit der Manipulationen wird Ihnen dies verständlich machen. Die Überwindung der Hindernisse verdanken wir namentlich englischen Chemikern: Black, Cavendish und Priestley. Der erste untersuchte die Kohlensäure, die sogenannte fixe Luft, er berichtigte die Ansicht über milde und

---

[11]) Kopp, Gesch. d. Chem. III, 143. — [12]) Ibid. IV, 27.

ätzende Alkalien. Diese Untersuchung ist eine der wichtigsten aus der phlogistischen Zeit. Hier werden schon, wie später bei Lavoisier, als wesentlichstes Moment der Argumentation, die Gewichtsverhältnisse hervorgehoben. Cavendish studierte die Eigenschaften des Wasserstoffs, Priestley endlich entdeckte den Sauerstoff, das Stickoxydul- und Kohlenoxydgas, ferner das schwefligsaure, salzsaure, Ammoniak- und Fluorkieselgas.

Die Entdeckung des Sauerstoffs und die theoretische Umwälzung, die sich daran knüpft, werde ich in der nächsten Vorlesung näher beleuchten. Es soll jetzt noch einiges über Cavendish's Untersuchung des Wasserstoffs gesagt werden, und namentlich will ich die Veränderung der herrschenden Phlogistontheorie erwähnen, welche dieser und einige andere Chemiker daraus ableiteten.

Cavendish bereitet seinen Wasserstoff aus Eisen, Zinn oder Zink durch Auflösen in Salzsäure, er studierte dessen physikalische Eigenschaften, nannte ihn *inflammable air* und konstatierte seine gänzliche Verschiedenheit von Luft. Sich auf die Art seiner Darstellung stützend, erklärt er, ähnlich wie dies Lemery schon getan hatte[13]), denselben für identisch mit Phlogiston. Priestley und Kirwan führten diese Ansicht weiter aus, und Ersterer stützt sich dabei auf seine Beobachtung, daß die Metallkalke durch Wasserstoff reducierbar seien[14]).

Die Phlogistontheorie in dieser neuen Gestalt beruht wesentlich auf folgenden Sätzen: Wird ein Metall mit einer verdünnten Säure behandelt, so zerfällt es in freies Phlogiston (Wasserstoff) und einen Metallkalk, der sich in der Säure auflöst. Ist die Säure koncentriert (Salpetersäure oder Schwefelsäure), so verbindet sich das Phlogiston mit der Säure, und es entsteht phlogistisierte Schwefel- oder Salpetersäure (schweflige oder salpetrige Säure). Sehr einfach war die Erklärung der Reduktion der Kalke durch Wasserstoff; es fand dabei einfach eine Aufnahme von und eine Verbindung mit Phlogiston statt, wodurch das Metall regeneriert wurde.

---

¹³) Kopp, Gesch. d. Chem. III, 152. — ¹⁴) Ibid. I, 242.

Diese Ideen, denen man eine gewisse Genialität nicht absprechen kann, wurden ziemlich allgemein von den Phlogistikern jener Zeit adoptiert. Es war der letzte Sonnenblick, der ihrer Theorie beschieden; derselbe Mann, der die Tatsachen fand, welche ihre Aufstellung ermöglichten, lieferte bald darauf die Versuche, die den Sturz derselben nach sich zogen.

Die Phlogistontheorie in dem Cavendish-Kirwan'schen Sinne war übrigens leicht aus dem Felde zu räumen. Sie erklärt die Verwandlung der Metalle in ihre Kalke durch Säuren, welche anfing, der älteren Phlogistontheorie Schwierigkeiten zu machen, aber sie trägt den eigentlichen Verbrennungserscheinungen keine Rechnung mehr. — Wohin verschwand das Phlogiston, der Wasserstoff, bei der Verkalkung eines Metalls? Eine frühere Behauptung Scheele's[15]), daß bei der Verbrennung von Schwefel in Luft diese Phlogiston aufnehme und sich mit demselben verbinde, wodurch ihr Volumen verringert werde, war jetzt, wo die Eigenschaften des Phlogistons (des Wasserstoffs) bekannt waren, leicht zu widerlegen und dann blieb die Phlogistontheorie in ihrer neuen Bedeutung nicht mehr anwendbar auf die Klasse von Erscheinungen, zu deren Erklärung sie anfangs aufgestellt worden war.

Die Tatsachen, welche den Sturz dieser Theorie herbeiführten, mehrten sich von Jahr zu Jahr. Bayen fand 1774, wenige Monate vor der Entdeckung des Sauerstoffs, daß sich Quecksilberoxyd beim Erhitzen in Quecksilber verwandelt; wo kam das Phlogiston her, das zu diesem Übergange nötig war? Bayen verstand die Tragweite seines Versuchs und erklärte das Quecksilberoxyd als von den eigentlichen Metallkalken verschieden. Zugleich fand er, daß der Gewichtsverlust bei der Reduktion des Quecksilberoxyds dem Gewicht der entstandenen Luft gleich sei. Wie wenig man im allgemeinen auf eine so wichtige Tatsache gab, beweisen die Ansichten Macquer's, der annahm, daß mit der Oxydation und nachherigen Reduktion eines Metalls ein Gewichtsverlust verbunden sein müsse. Noch später, als Lavoi-

---

[15]) Kopp, Gesch. d. Chem. III, 201.

sier schon anfing, gegen die Phlogistontheorie aufzutreten, meint Macquer, ihn habe die Nachricht besorgt gemacht, man habe wichtige Tatsachen gegen die Phlogistontheorie gefunden, jetzt aber, wo er sehe, daß es sich nur um Gewichtsverhältnisse handle, sei er wieder ganz ruhig [16]).

Andere dachten freilich anders, und Tillet weist in einem Berichte an die französische Akademie im Jahre 1762, nachdem er die Gewichtszunahme bei der Bleiglättebildung aus metallischem Blei nochmals konstatiert hatte, darauf hin, daß die Erklärung für diese auffallende Tatsache noch nicht gegeben sei, daß man aber hoffen dürfe, die nächste Zeit werde einen solchen Aufschluß bringen [17]).

Mit der Erkennung der Zusammensetzung des Wassers war meiner Ansicht nach die Phlogistontheorie nicht mehr zu halten und hätte aufgegeben werden müssen, da schon eine andere Theorie vorhanden war, die mit allen Tatsachen im Einklange stand.

Daß wir noch nach 10 bis 12 Jahren Verteidiger der Stahl'schen Ansichten finden, beweist, wie schwer es ist, herrschende Meinungen auszurotten, zeigt, wie wir Menschen von Natur aus konservativ sind und sollte uns dazu führen, alles aufzuwenden, um unseren Autoritätsglauben zu erschüttern.

Auch in Deutschland bedurfte es langer Zeit, bis Lavoisier's Ansichten durchdrangen. Unsere Vorfahren bekämpften die aus dem revolutionären Frankreich kommenden Ideen, und erst spät (etwa um 1795) lernten sie einsehen, was sie von sich gewiesen hatten.

---

[16]) Dumas, Leçons p. 133. — [17]) Kopp, Gesch. d. Chem. III, 129.

Zweite Vorlesung.

Zwischen den Jahren 1774 und 1794 ward ein für die Chemie sehr wichtiger Kampf geführt; es galt die Befreiung von den Fesseln, welche die griechischen Philosophen den Denkern jener Zeit angelegt hatten; es galt, die Prinzipien der experimentellen und induktiven Forschungsmethode konsequent durchzuführen; es handelte sich darum, das Experiment, die Beobachtung unter bestimmten Bedingungen, als Grundlage aller theoretischen Folgerungen, aller Spekulationen anzuerkennen und die Vorurteile in Wirklichkeit abzustreifen, welche die jahrhunderte lang befolgte Methode — die Spekulation in den Vordergrund zu drängen und die Beobachtung, so gut es eben ging, in das aufgestellte System einzupassen — in den Köpfen jener Zeit erzeugt hatte.

Jene zwanzig Jahre zeichnen sich nicht nur durch eine Reihe glänzender experimenteller Untersuchungen aus, sondern sie haben hauptsächlich deshalb für die Chemie eine so universelle Bedeutung, weil sie zur Aufstellung und Anerkennung eines Prinzips führten, welches die Grundlage aller unserer chemischen Versuche bildet und welches mit unseren allgemeinen wissenschaftlichen Anschauungen in dem Grade verbunden ist, daß uns Abweichungen davon unbegreiflich erscheinen und wir nur mit größter Anstrengung und äußerster Objektivität imstande sind, wissenschaftliche Abhandlungen zu verstehen, welchen diese Grundlage fehlt.

Obgleich unzählige Versuche mit diesem Prinzip der Unzerstörbarkeit der Materie im Einklang stehen, so müssen wir gerade bei der Annahme eines solchen Gesetzes, welches die Grundlage aller unserer wissenschaftlichen Ansichten bildet, doppelt vorsichtig sein. Wir dürfen uns auch hier nicht einem blinden Glauben anheimgeben; wir dürfen das Gesetz nicht als ein absolut richtiges betrachten, und wenn es uns auch noch so schwer fällt, ein wissenschaftliches Gebäude ohne dasselbe zu konstruieren, so dürfen wir doch niemals vergessen, daß auch dieser Grundsatz, ebenso wie alle anderen Gesetze, nur der Ausdruck der von uns beobachteten Tatsachen ist, daß allen unseren Beobachtungen Fehler anhaften und daß deshalb die Möglichkeit nicht ausgeschlossen ist, daß spätere Jahrhunderte sogar dieses Prinzip verwerfen[1]).

Einstweilen aber müssen wir das Gesetz als die höchste Errungenschaft der Chemie betrachten, als eine der festesten Säulen aller Naturwissenschaften, und wir datieren von der Zeit seiner Aufstellung eine neue Ära der Chemie, die moderne Chemie — unsere Chemie. Sie werden daher begreifen, daß ich Ihre Aufmerksamkeit den Jahren, in welchen dieses Gesetz zum ersten Male ausgesprochen, zum ersten Male geprüft wurde, in ganz besonderer Weise zuwenden möchte, und daß ich in eine detaillierte Schilderung der Lavoisier'schen Versuche eingehe, aus welchen eben die Richtigkeit des Grundsatzes abgeleitet wurde.

Manche sind der Ansicht, daß der Entdeckung des Sauerstoffs, welche nicht zufällig in jene Zeit fällt, die reorganisierende Wirkung, die unsere Wissenschaft erfahren hat, zuzuschreiben ist — dem ist nicht so, und den Beweis liefert eben die Geschichte der Chemie. Die Entdecker des Sauerstoffs waren

---

[1]) Die neuesten Versuche von Landolt, Zeitschr. f. phys. Chem. **55**, 589 (1906), könnten so gedeutet werden, wenn man nicht mit ihm annimmt, daß die Materie in so kleine Teilchen zerstäubt werden kann, um durch Glas zu entweichen.

Scheele und Priestley, der Reformator der Chemie Lavoisier. Ich kann der Versuchung nicht widerstehen, Ihnen zu zeigen, wie selbst nach der Entdeckung des Sauerstoffs das Phlogiston noch aufrecht zu halten gesucht wurde, und wie die Entdecker selbst, Priestley und Scheele, alle erdenklichen Anstrengungen machten, die überraschenden Eigenschaften des Sauerstoffs mit der niemals bewiesenen Existenz des Phlogiston in Einklang zu bringen.

Priestley entdeckte am 1. August 1774 das Sauerstoffgas; er isolierte und untersuchte es; wenige Monate vorher hatte aber schon Scheele[2]) dieselbe Entdeckung gemacht, so daß ihm die Priorität gebührt. Allerdings sind Priestley's Beobachtungen vor denen Scheele's veröffentlicht worden, so daß Dieser meist als Entdecker des Sauerstoffs gilt. Beide bedienten sich der ungefähr gleichen Bereitungsmethode. Sie erhielten das Gas aus Quecksilberoxyd, Braunstein, Mennige, Salpeter usw. Auch Lavoisier hat eine Abhandlung über den Sauerstoff geschrieben, doch gibt Priestley an, daß er Lavoisier vorher schon von seiner Entdeckung Mitteilung gemacht habe[3])[4]), wovon Dieser freilich nichts erwähnt. Es ist bedauerlich, aber leider wie es scheint erwiesen, daß Lavoisier wiederholt versucht hat, die Verdienste Anderer sich anzueignen. Ich gehe darauf hier nicht näher ein, da ich glaube, daß dies für die Entwicklungsgeschichte der Chemie unwesentlich ist. Die Persönlichkeit der Menschen gehört ihrer Zeit an, der Geschichte ihre Werke. Lavoisier hat begangene und nicht begangene Fehler mit seinem Leben büßen müssen — seine Zeit hat ihn gerichtet. Die Nachwelt darf Seiner mit Bewunderung und mit Nachsicht gedenken.

Was uns interessieren muß, sind die verschiedenen Auffassungen, welche dem Sauerstoffgas von seinen Entdeckern geworden sind.

---

[2]) Nordenskiöld: Carl Wilhelm Scheele, Nachgelassene Briefe und Aufzeichnungen. Stockholm, Norstedt u. Söner. — [3]) Priestley, The doctrine of phlogiston established and that of the composition of water refuted. — [4]) Thorpe, Essays on historical chemistry. London 1902.

Priestley, der Verehrer des Zufalls, der behauptet, diesem seine größten Entdeckungen zu verdanken [5]), für den jeder neue Versuch eine neue Quelle von Überraschungen ist [6]), beschreibt ausführlich, wie er den Sauerstoff gefunden und dessen Eigenschaften studiert habe. Er erkennt, daß in diesem Gase die Verbrennung besser als in jedem anderen vor sich geht, nimmt auch an, daß die atmosphärische Luft die Eigenschaft, Verbrennung und Atmung zu unterhalten, dem von ihm entdeckten Gase verdanke; er findet, daß dasselbe von Stickoxyd absorbiert wird, wodurch er ein Mittel erhält, die Quantitäten von Sauerstoff in Gasgemengen zu bestimmen — was aber schließt er daraus, wie erklärt er diese Erscheinungen? Nach ihm muß, wenn eine Substanz verbrennt, ihr Phlogiston sich ausscheiden können [7]). Damit aber dies geschehe, muß das Phlogiston einen anderen Körper vorfinden, mit dem es sich verbindet. In Luft ist Verbrennung möglich; Luft kann daher Phlogiston aufnehmen, aber nur bis zu einem gewissen Grade, denn nach einiger Zeit wird sie unfähig, die Verbrennung weiter zu unterhalten, sie ist dann mit Phlogiston gesättigt. — In dem von Priestley entdeckten Sauerstoffgase verbrennen die Körper besser als in Luft, es ist dephlogistisierte Luft, welchen Namen Priestley für den neuen Körper vorschlägt: von Phlogiston befreite Luft, die zur Aufnahme desselben besser geeignet ist, als gewöhnliche Luft. Stickstoff dagegen, der zurückbleibt, nachdem der Sauerstoff der Luft absorbiert ist, von dem Priestley weiß, daß er weder Verbrennung noch Atmung unterhält, ist mit Phlogiston gesättigte, phlogistisierte Luft. Für Priestley war die Existenz des Sauerstoffs durchaus kein Grund gegen die Annahme des Phlogiston, welche er bis zum Ende seines Lebens verteidigt. So sehen wir ihn noch im Anfang des 19. Jahrhunderts, als schon die meisten Chemiker die Phlogiston-

---

[5]) Priestley schreibt: „Wir verdanken mehr dem Zufall, d. i. philosophisch gesprochen, der Beobachtung von Tatsachen aus unbekannten Ursachen entstehend, als eigener Absicht oder vorgefaßten Theorien." (Vgl. Thorpe, Essays on historical chemistry. London 1902). — [6]) Priestley, Experiments and Observations on different kinds of air. Birmingham 1790 vol. II, 102, 110, 113 usw. — [7]) Kopp, Gesch. d. Chem. I, 242.

theorie aufgegeben hatten, aus Amerika, wohin er sich seiner religiösen Grundsätze wegen geflüchtet hatte, Briefe an die französische Akademie richten, worin er um Widerlegung seiner Ansichten bittet[8]). Diese war nicht schwer zu geben, und wenn sie ihm auch von der französischen gelehrten Gesellschaft versagt wurde, so dürfen w i r nicht versäumen, das Fehlerhafte seiner Betrachtungsweise hervorzuheben.

„Verbrennt ein Körper in Luft, so wird diese phlogistisiert" — verbrennen wir Phosphor, so erhalten wir feste Phosphorsäure (oder phosphorige Säure) und Stickstoff, die phlogistisierte Luft, bleibt zurück. Verbrennen wir aber eine Kerze oder Kohle, so erhalten wir ein mit Kohlensäure gemengtes Stickgas, das teilweise durch Alkali absorbierbar ist, also eine phlogistisierte Luft von anderen Eigenschaften als vorher. Verbrennen wir Phosphor in dephlogistisierter Luft, so bleibt kein Gas zurück — die phlogistisierte Luft verschwindet. — Sie sehen die Widersprüche, zu welchen das P r i e s t l e y'sche System führen mußte, wenn man es auf die damals bekannten Tatsachen anwandte. P r i e s t l e y erkannte dies nicht, weil seine chemischen Kenntnisse im allgemeinen gering waren[9]), weil er auf von Anderen gefundene Resultate keinen Wert legte und weil er überhaupt einmal gefaßte Ideen mit der zähesten Härtnäckigkeit verteidigte.

Was nun waren S c h e e l e's theoretische Ansichten, wie faßte er das Sauerstoffgas auf? Scheele, das Ideal aller rein experimentellen Chemiker, der Entdecker unzähliger Körper, ein Mann, der mit den geringsten Mitteln die schwierigsten Untersuchungen ausführte, der die Gabe des Beobachtens im höchsten Grade besaß, so daß man ihm bei seiner großen Zahl von Arbeiten kaum einen Fehler nachweisen kann; Scheele, der nicht, wie dies heute noch den besten und tüchtigsten Beobachtern begegnet, die Hälfte der Dinge übersieht, sondern die Fülle der Erscheinungen auffaßt, sie zergliedert und für den jeder neue

---

[8]) Dumas, Leçons de phil. chim. pag. 115. — [9]) Kopp, Gesch. d. Chem. I, 239.

Versuch eine Fundgrube großer Entdeckungen wird — welch geistigen Fortschritt brachte er unserer Wissenschaft?

Nur einen sehr geringen, muß ich leider erwidern. Seine allgemeinen Ideen sind so verworren, daß ich mich nur ungern der Aufgabe unterziehe, Ihnen davon einen Begriff zu geben.

Scheele hat seine Ansichten namentlich in einem kleinen Werk über „Luft und Feuer" niedergelegt. Es ist hauptsächlich deshalb so schwer, sich von seinen Ansichten Rechenschaft zu geben, weil die Grundlage derselben, das Phlogiston, eine unbekannte Substanz ist, der er alle möglichen Eigenschaften beilegen konnte, so daß man in Versuchung kommt, sie bald mit einem uns bekannten Elemente zu identifizieren, bald aber auch sie dem von den Physikern als Äther bezeichneten Medium an die Seite zu stellen. So scheint es manchmal, als ob Scheele der Cavendish-Kirwanschen Hypothese huldige und unter Phlogiston Wasserstoff verstehe[10]), doch stimmt dies wieder mit vielen anderen Anschauungen dieses Chemikers nicht überein. Im allgemeinen ist für ihn das Phlogiston eine feine, wenig wiegende Substanz, von der er voraussetzt, daß sie die Gefäßwände durchdringen kann. Den Sauerstoff betrachtet er als Verbindung von Wasser mit einer hypothetischen salinischen Materie[11]), in welcher Verbindung nach ihm nur wenig Phlogiston enthalten ist. Bei der Verbrennung tritt das Phlogiston des verbrennlichen Körpers mit der hypothetischen Substanz des Sauerstoffs als Wärme und Licht aus; zurück bleibt der andere Bestandteil des verbrennlichen Körpers — Metallkalk z. B. — verbunden mit dem Wasser des Sauerstoffs. Der Wasserstoff ist für Scheele fast reines Phlogiston, das aber geringe Mengen jener hypothetischen (Wärme-) Substanz enthält, die auch im Sauerstoff vorhanden ist. Wird Wasserstoff mit Sauerstoff verbrannt, so scheidet sich aus letzterem das Wasser aus und zu dem Wasserstoff, der Verbindung von Phlogiston mit wenig Wärmesubstanz, tritt die Wärmesubstanz des Sauerstoffs und bildet dann Wärme und Licht. Man brauchte also zu dem Wasserstoff nur noch von jener hypo-

---

[10]) Kopp, Gesch. d. Chem. I, 262. — [11]) Ibid. I, 261.

thetischen Substanz hinzuzufügen, um ihn in Wärme und Licht zu verwandeln. —

Scheele's Ideen stehen im Widerspruch mit allen Gewichtsverhältnissen, um die er sich wenig kümmerte. Nach seinen Ansichten müßte der Metallkalk z. B. weniger wiegen als das Metall plus dem verbrauchten Sauerstoff, da ja das Phlogiston des ersteren mit der Wärmesubstanz des letzteren verbunden als Wärme und Licht entweicht. Es stand eben die Annahme der ponderablen Wärmesubstanz, die in seinen Überlegungen eine große Rolle spielt, mit den früheren Versuchen von Boerhave (vgl. S. 8) im Widerspruch, so daß Scheele's theoretische Ansichten sich mehr an diejenigen wandten, welche Stahl's Lehre um jeden Preis festhalten wollten, als an die, welche frei von Vorurteilen eine Erklärung der beobachteten Tatsachen wünschten. Ich verlasse dieselben um so lieber, als ich mich jetzt zu den Ideen und Anschauungen Lavoisier's wenden will, welche Jedem zugänglich und verständlich sind, da sie die Grundlage der heutigen Chemie bilden.

Sie werden nicht von mir verlangen, daß ich Ihnen alle Arbeiten dieses genialen Forschers aufzähle und beschreibe; es übersteigt dies die Forderungen, die man an einen geschichtlichen Überblick, wie ich ihn zu geben beabsichtige, machen kann; andererseits verdient aber die Bedeutung des Mannes, den wir vor Augen haben, daß ich ihn von seinen Zeitgenossen gesondert behandle.

Was seine Arbeiten über die der anderen Chemiker seiner Zeit stellt, ist die Berücksichtigung der quantitativen Verhältnisse, welche bei ihm zu entscheidenden Kriterien der Erscheinungen werden. Schon vor Lavoisier, und ich rufe dies absichtlich in Ihr Gedächtnis zurück, hatten Rey und nach ihm Hooke und Mayow ihr Augenmerk auf die Gewichtsvermehrung bei der Verbrennung gerichtet[12]). Die von ihnen aufgestellten

---

[12]) Menschutkin hat neuerdings nachgewiesen, daß Lomonossow schon 1756 ganz ähnliche Ansichten über die Gewichtsvermehrung bei der Verbrennung geäußert hat, wie später Lavoisier (Ostwald, Annal. d. Naturphilosophie IV).

Ansichten stehen der richtigen Interpretation des Vorganges nahe, der Wahrheit am nächsten kam Mayow. Für ihn ist das die Verbrennung wesentlich Bedingende der in der Luft vorhandene *spiritus nitro-aëreus* (dessen Name an das gleichzeitige Vorkommen desselben in dem Salpeter und in der Luft erinnern soll), der sich bei der Verkalkung mit dem Metall vereinigt. Zu einem Verbrennungsprozeß gehören nach ihm nicht nur brennbare Teilchen, die er als *particulas sulphureas* bezeichnet, sondern auch die Anwesenheit jenes *spiritus nitro-aëreus*, durch dessen Aufnahme er die Gewichtsvermehrung erklärt[13]). Wie wenig übrigens diese Ansichten damals verstanden wurden, wie wenig sicher sie bewiesen waren, zeigt die Aufstellung der Phlogistontheorie, die in jene Zeit fällt, und die Anerkennung, welche dieselbe gefunden hat.

Trotzdem kann man für Lavoisier nicht die Priorität der Erklärungsweise des Verbrennungsprozesses in Anspruch nehmen; er hat jedoch seine Ansichten nicht von jenen Chemikern erhalten, deren Werke nur wenig verbreitet und nicht beachtet worden waren. Was aber Lavoisier über dieselben stellt, ist, daß er nicht nur wie sie eine Idee aussprach, welche als Erklärung einiger Erscheinungen benutzt werden konnte, sondern daß er die Allgemeinheit des Prinzips von der Konstanz der Materie durch eine Reihe glänzender Untersuchungen, die Wage in der Hand, rechtfertigte, und so bewies, daß er nicht nur ein spekulativer Kopf war, sondern daß er ein wissenschaftlicher Denker und Arbeiter gewesen, der seine Ansichten durch geistvoll ausgedachte Versuche kontrollierte und aus diesen wieder neue Ideen schöpfte.

Man kann nicht behaupten, wenigstens habe ich es aus Lavoisier's Werken nicht herauslesen können, daß er das Prinzip von der Unzerstörbarkeit der Materie als ein Axiom aufstellt. Er hat aber die Wahrheit dieses Gesetzes erkannt, warum sonst hätte er sich zu seiner ersten Arbeit „Über die Verwandlung des Wassers in Erde" eine Wage konstruieren lassen, die

---

¹³) Kopp, Gesch. d. Chem. III, 131.

alles an Feinheit übertraf, was man damals bei solchen Instrumenten kannte. Er hat die Wahrheit dieses Prinzips erkannt, aber er spricht es zunächst nicht aus — der Versuch, nicht Worte beweisen und so hält er damit zurück bis zu einer passenden Gelegenheit, wie er mit dem Angriff auf die Phlogistontheorie zurückgehalten hat, bis er sah, daß der Moment gekommen sei, wo er mit einem Schlage jenes nur noch durch vermoderte Vorurteile gehaltene Kartenhaus umwerfen konnte. So finden wir denn in seinen Werken nur hie und da, wo es sich für ihn darum handelt, sofort Gründe für eine Ansicht beizubringen, zu deren Stütze die nötigen Versuche noch nicht vollendet sind, seine Ideen über diesen fundamentalen Satz ausgedrückt; z. B. in seiner ersten Abhandlung über die Zusammensetzung des Wassers, das er aus Wasserstoff und Sauerstoff bestehend findet und wo er gern nachweisen möchte, daß das aus diesen Gasen entstehende Wasser dem Gewichte nach gleich sei der Summe der Gewichte von Wasserstoff und Sauerstoff, was er damals noch nicht durch das Experiment festgestellt hatte. Dort meint er, daß dies von selbst folge, da ja das Ganze notwendig seinen Teilen gleich sein müsse[14]), und bei dieser Verbrennung nichts entstehe als Wasser. Es handelte sich nämlich damals um die Priorität dieser Entdeckung, welche man nicht mit Unrecht Cavendish und nicht Lavoisier zuschreibt; letzterer hatte, wie aus einem Briefe Blagden's[15]) und aus einem Schreiben von Laplace an de Luc[16]) hervorgeht, schon vor seinen Versuchen Kenntnis von Cavendish's Arbeit und beeilt sich, seine Resultate zu publizieren. So erlangen wir Kunde von einem Grundsatze, der ihm längst klar war, den aber nur die wenigsten Chemiker sofort adoptierten. Später drückt sich Lavoisier noch bestimmter aus. Er sagt: „Man kann die angewandten Substanzen und die erhaltenen Produkte in eine algebraische Gleichung bringen, aus der man, wenn ein Glied unbekannt ist, dieses berechnen kann"[17]). Es ist dies die erste Idee zu jenen

---

[14]) Lavoisier, Oeuvres II, 339. — [15]) Crell, Annalen I, 58. — [16]) Kopp, Die Entdeckung der Zusammensetzung des Wassers, S. 271. — [17]) Dumas, Leçons de phil. chim. p. 157.

Gleichungen, von denen wir täglich Gebrauch machen. Sehr klar und bestimmt sind auch die Bemerkungen, die Lavoisoier in seiner Abhandlung über die geistige Gärung macht. Er schreibt[18]): „Weder bei künstlichen noch bei natürlichen Operationen wird etwas geschaffen, und man kann als Prinzip aufstellen, daß vor und nach jeder Operation die gleiche Menge Materie vorhanden ist."

Doch greifen wir dem Entwicklungsgange dieses großen Denkers nicht vor, verfolgen wir ihn, wenigstens im allgemeinen von seinen ersten Versuchen an — man kann wohl sagen, daß seine Entwicklung die der Chemie jener Zeit ist.

Lavoisier's erste Arbeit behandelt die Verwandlung des Wassers in Erde[19]); er zeigt die Unrichtigkeit dieser damals allgemein verbreiteten Annahme. Interessant ist es, ihn bei diesem Versuche zu verfolgen. Er schließt eine gewogene Menge Wasser in ein Glasgefäß ein, welches damals unter dem Namen Pelikan bekannt war und so beschaffen ist, daß eine Röhre, die oben an den Hals angeschmolzen ist, in den Bauch des Gefäßes zurückführt. Er wiegt dasselbe leer und mit Wasser gefüllt, wiegt sogar das Ganze, nachdem er die eine Öffnung durch einen Glasstöpsel verschlossen hat und destilliert dann das Wasser während 100 Tagen; die Bildung von Erde beginnt schon nach einem Monat, doch fährt er mit der Destillation fort, bis ihm die gebildete Menge genügend erscheint. Nun wiegt er den Apparat von neuem, er findet ihn ebenso schwer wie vorher, woraus er schließt, daß keine Feuermaterie eingedrungen sei; denn sonst, meint er, müsse das Gewicht vermehrt worden sein. Er öffnet nun, wiegt das Wasser mit der Erde, findet das Gewicht erhöht, das des Glases aber vermindert. Dies führt ihn dazu, anzunehmen, daß das Glas durch das Wasser angegriffen werde und daß die Erdbildung keine Verwandlung, sondern eine Zersetzung sei. Seine Folgerungen schließen sich genau den Versuchen an, doch läßt er sich nicht blind von ihnen leiten. So findet er die Zunahme des Wassers um einige Gran größer, als die Abnahme

---

[18]) Lavoisier, Traité élémentaire de Chimie, 2e édition I, 140. Paris 1793, s. auch Lavoisier, Oeuvres I, 101. — [19]) Lavoisier, Oeuvres II, 1.

des Glasgewichts. Ein Anderer hätte vielleicht daraus auf die Entstehung von Materie geschlossen; Lavoisier erklärt es aber für einen Versuchsfehler, und so gewagt diese Ansicht für jene Zeit auch ist, so zeigt sie andererseits, daß er von klaren Vorstellungen ausgeht und seine Versuche zu kritisieren versteht, denn alle späteren Forschungen haben die Richtigkeit dieser Annahme bestätigt.

Scheele[20]) seinerseits war ungefähr zur selben Zeit mit ähnlichen Versuchen beschäftigt und gelangt zu den gleichen Resultaten; aber wie verschieden ist die Art, in welcher der schwedische Chemiker das Experiment anstellt! Er analysiert die Erde und findet, daß sie aus denselben Substanzen besteht, wie das Glas, in welchem das Wasser erhitzt worden war.

Eine spätere Abhandlung Lavoisier's behandelt die Gewichtsvermehrung bei der Verbrennung; schon im Jahre 1772 reicht er der französischen Akademie ein versiegeltes Papier ein, worin er nachweist, daß die Verbrennungsprodukte von Phosphor und Schwefel schwerer als diese sind, was er einer Absorption von Luft zuschreibt — von Luft, denn der Sauerstoff war noch nicht entdeckt[21]). Bei der Untersuchung über die Verkalkung des Zinns[22]) läßt er diese in einem geschlossenen Apparat vor sich gehen, den er vorher und nacher wiegt, ohne eine Änderung zu bemerken, woraus er folgert, daß keine Feuermaterie aufgenommen worden sei; ferner zeigt er, daß das Metall an Gewicht ebensoviel zugenommen, wie die Luft verloren habe.

Da wird der Sauerstoff entdeckt — Lavoisier wiederholt die Versuche Priestley's und Scheele's; aber durchaus abweichend sind seine Folgerungen von denen der beiden anderen Chemiker. Er ist vorbereitet auf diese Entdeckung und sie wird für ihn die Grundlage einer neuen Theorie. Er erkennt sogleich den Sauerstoff als den Teil der Luft, der sich bei der Verbrennung mit dem brennbaren Körper verbindet, er nennt ihn *„air éminemment pur“*; zeigt in derselben Abhandlung, daß

---

[20]) Dumas, Leçons p. 129. — [21]) Lavoisier, Oeuvres II, 103. — [22]) Ibid. II, 105.

die fixe Luft eine Verbindung von Kohle mit dieser reinen Luft und daß letztere auch im Salpeter enthalten ist[23]).

Einige Zeit später, im Jahre 1777, stellt er dann eine vollständige Verbrennungstheorie auf[24]). Er sagt:

1. Es entwickelt sich bei jeder Verbrennung Wärme und Licht.

2. Die Körper brennen nur in reiner Luft *(air éminemment pur.)*

3. Diese wird bei der Verbrennung verbraucht, und die Gewichtszunahme des verbrannten Körpers ist gleich der Gewichtsabnahme der Luft.

4. Der brennbare Körper wird gewöhnlich durch seine Verbindung mit der reinen Luft in eine Säure verwandelt, die Metalle dagegen in Metallkalke.

Diesen letzteren Satz, der später, wenn wir von Säuretheorien handeln, von Bedeutung wird, sucht Lavoisier in einer Abhandlung über die Zusammensetzung der Salpetersäure auch für diese nachzuweisen[25]). Er zeigt dort den Gehalt derselben an Sauerstoff, während er den an Stickstoff nicht kennt, welchen erst einige Jahre später Cavendish dadurch entdeckte, daß er elektrische Funken durch Gemenge von Sauerstoff und Stickstoff schlagen ließ[26]), wobei Salpetersäure entsteht.

Lavoisier stellt damals zusammen, wie die Kohlensäure aus Kohlenstoff und Sauerstoff, die Schwefelsäure aus Schwefel und Sauerstoff, die Phosphorsäure aus Phosphor und Sauerstoff, die Salpetersäure aus *„air nitreux"* und Sauerstoff besteht; er zeigt ferner, wie man durch Behandlung des Zuckers mit Salpetersäure, also durch Zuführung von Sauerstoff, eine Säure erhält, und schließt daraus, daß Priestley's dephlogistisierte Luft das sauermachende Prinzip *(Principe acidifiable — principe oxygine)* enthalten müsse[27]). Er betrachtet von nun an alle Säuren aus einer Base, einem Radikal und diesem principe oxygine bestehend. Seine *„air pur"* dagegen enthält neben diesem sauermachenden Prinzip noch die *„matière de chaleur"*.

---

[23]) Lavoisier, Oeuvres II, 125. — [24]) Ibid. II, 226. — [25]) Ibid. II, 129. — [26]) Kopp, Gesch. d. Chem. III, 231. — [27]) Lavoisier, Oeuvres II, 248.

Es ist gewiß bemerkenswert, auch Lavoisier von einer Feuermaterie sprechen zu hören, welches Wort er später durch „calorique" ersetzt, und dessen Bedeutung ich Ihnen verständlich machen will.

Die „*matière du feu*" hat kein Gewicht. Lavoisier zeigt dies, indem er Phosphor in verschlossenen Gefäßen verbrennt, wobei Wärme frei wird, aber kein Gewichtsverlust stattfindet[28]). Ferner läßt er Wasser in geschlossenen Räumen gefrieren und findet auch hierbei keine Gewichtsveränderung. Da er nun aus eigenen Versuchen weiß, daß bei dem Vorgang Wärme austritt, so hält er sich für berechtigt anzunehmen, daß Wärme nichts wiegt. Einen besseren Begriff von dem, was Lavoisier „*matière du feu*" nennt, werden Sie erhalten, wenn ich Ihnen seine Ansichten über die Konstitution der Materie gebe, die ich seinen „Réflexions sur le phlogistique" entnehme[29]). Nach ihm besteht die Materie aus kleinen Teilchen, die sich nicht berühren, da sonst eine Verminderung des Volumens durch Kälte nicht erklärt werden könne[30]); zwischen den Teilchen befindet sich der Wärmestoff. Je wärmer ein Körper ist, desto mehr Wärmestoff enthält er. Daß übrigens die Körper bei gleicher Temperaturzunahme nicht gleich viel Wärmestoff aufnehmen, hat Lavoisier in den mit Laplace gemeinschaftlich ausgeführten Untersuchungen über die spezifische Wärme verschiedener Körper nachgewiesen[31]), auf welche Versuche ich hier ebensowenig wie auf die über Verbrennungswärme[32]) eingehen kann. Lavoisier weiß, daß Eis durch Zuführung von Wärme zuerst in Wasser, dann in Dampf verwandelt wird. In den Gasen ist daher am meisten Wärmestoff. So ist es zu verstehen, wenn er sagt, daß seine „*air éminemment pur*" aus dem sauermachenden Prinzip und Wärmestoff besteht. Bei der Verbrennung verbindet sich das erstere mit dem verbrennlichen Körper und der Wärmestoff wird frei. Er erzeugt Wärme und Licht.

---

[28]) Lavoisier, Oeuvres II, 619. — [29]) Ibid. II, 623. — [30]) Vgl. auch Lavoisier, Traité de Chim., p. 1 etc. — [31]) Lavoisier, Oeuvres II, 289. — [32]) Ibid. II, 318 u. 724.

Sehr bezeichnend für Lavoisier's Standpunkt ist folgender Satz[33]): „Die Wärme ist das Resultat der unsichtbaren Bewegungen der Moleküle, die Summe der Produkte aus den Massen in die Quadrate der Geschwindigkeiten." Wir finden ihn hier vollständig in Übereinstimmung mit den Grundsätzen der mechanischen Wärmetheorie. Von großer Wichtigkeit, obgleich nicht ganz richtig, sind auch seine Anschauungen über die bei der Verbrennung frei werdende Wärme. Er sagt[34]): „Verbrennt ein fester Körper (Phosphor) in einem Gase (Sauerstoff) und ist das Verbrennungsprodukt (Phosphorsäure) fest, so erklärt sich die frei gewordene Wärme aus der Verdichtung, welche das Gas erfahren hat, um fest zu werden." Ist das Verbrennungsprodukt gasförmig (Kohlensäure), so sucht Lavoisier die aufgetretene Wärme aus der Änderung der spezifischen Wärme abzuleiten. Im allgemeinen stellt er auf, daß die Verbrennungswärme dann am größten sein müsse, wenn sich zwei Gase zu einem festen Körper verbinden. — In welch richtiger Weise er diese Grundsätze zu verwerten wußte, zeigt sich bei seiner Erklärungsweise der Kälte, hervorgebracht durch Lösung von Salzen in Wasser. Lavoisier nimmt wie wir an, daß es die Veränderung des Aggregatzustandes sei, welche den Wärmeverbrauch herbeiführt[35]). Er zeigt ferner, wie die Wärmemenge, welche beim Mischen von Schwefelsäure mit Wasser frei wird, von einer Volumverminderung begleitet ist und wie das Maximum beider zusammenfällt, wo also Theorie und Versuch harmonieren.

Doch vertiefen wir uns nicht zu sehr in diese Ansichten, die wenigstens teilweise der Physik angehören, und kehren wir zurück zu den rein chemischen Arbeiten.

Lavoisier ist ein Anhänger der Boyle'schen Definition von Element[36]), der wir heute noch treu geblieben sind. Element ist für ihn jede Substanz, die nicht weiter zerlegt werden kann[37]). Welche Bedeutung diese Definition hat, von welcher Wichtigkeit der Begriff des Elements, in dieser Weise aufgefaßt, für die

---

[33]) Lavoisier, Oeuvres II, 285. — [34]) Ibid. II, 647. — [35]) Ibid. II, 654. — [36]) Kopp, Gesch. d. Chem. II, 275. — [37]) Nomenclature chim. p. 16.

gesamte Naturwissenschaft geworden ist, das hat namentlich Helmholtz[38]) hervorgehoben.

Die Metalle wurden von Lavoisier zuerst als Elemente angesehen. In einer langen Abhandlung[39]) bekämpft er die herrschende Ansicht, welche in den Metallen Phlogiston annahm. Diese interessanten Erörterungen, welche die Vernichtung des früheren Systems enthalten, erscheinen erst gegen das Ende seiner kurzen und glänzenden wissenschaftlichen Laufbahn; im Anfang fehlte ihm die Erklärung für eine Reihe von Erscheinungen, welche mit der Kirwan'schen Phlogistontheorie im Einklang standen. Ich meine das Verhalten der Metalle gegen Säuren, der dabei auftretende Wasserstoff und die mit diesem von Priestley ausgeführten Reduktionen. Erst nachdem die Zusammensetzung des Wassers durch Cavendish, Watt und Lavoisier[40]) selbst ermittelt worden war, kommt Laplace auf die Idee, wie Lavoisier erzählt[41]), daß bei der Auflösung der Metalle durch Säuren Wasser zersetzt, der Wasserstoff also aus dem Wasser entwickelt werde, während sich der Sauerstoff desselben mit dem Metall zu einem Oxyd verbinde. Auch die Reduktionserscheinungen werden jetzt klar; es verbindet sich der Wasserstoff mit dem Sauerstoff des Metalloxyds zu Wasser, und das Metall bleibt zurück. Lavoisier sucht alle diese Sätze durch eine Reihe vortrefflicher Versuche zu beweisen; namentlich sind seine Untersuchungen über die Zersetzung des Wassers äußerst interessant[42]). Er leitet Wasserdämpfe über gewogene glühende Eisenspäne und fängt den Wasserstoff in einem Eudiometer auf. Auch hier wiegt er alles: das Wasser, die Zunahme des Eisens und den Wasserstoff. Auf diese Weise gelingt es ihm, die quantitative Zusammensetzung des Wassers zu finden, und diese bildet zusammen mit der Bestimmung der quantitativen Zusammensetzung der Kohlensäure, welche er etwas später er-

---

[38]) Tageblatt der Naturforscherversammlung in Innsbruck 1869, S. 37. — [39]) Lavoisier, Oeuvres II, 623. — [40]) Über den Anteil, welchen jeder Einzelne an dieser überaus wichtigen Entdeckung hatte, vgl. H. Kopp: Über die Entdeckung der Zusammensetzung des Wassers 1875. — [41]) Lavoisier, Oeuvres II, 342. — [42]) Ibid. II, 360.

mittelt[43]), den Ausgangspunkt seiner Arbeiten über die organische Analyse[44]).

Lassen Sie mich in bezug auf diese Versuche wenigstens einiges anführen. Wenn auch die gefundenen Zahlen nicht sehr genau sind, so sind doch die Methoden so wichtig, daß ich sie nicht mit Stillschweigen übergehen kann.

In eine Glocke, die ein gemessenes Sauerstoffvolumen enthält und über Quecksilber steht, bringt Lavoisier ein gewogenes Stück Kohle in einer Schale, in der sich außerdem eine Spur Phosphor und Zunder befindet. Durch ein gebogenes glühendes Eisen entzündet er den Phosphor, der die Verbrennung auf den Zunder und schließlich auf die Kohle überträgt. Nachdem diese erloschen, nimmt er die Schale heraus, wiegt zurück und findet so die Menge der verbrannten Kohle. Er mißt dann das Gasvolumen in der Glocke, absorbiert die gebildete Kohlensäure durch Kali und mißt von neuem. Auf diese Weise erhält er die Volumina der gebildeten Kohlensäure und des zur Verbrennung verbrauchten Sauerstoffs, also alle Daten, um die Zusammensetzung der Kohlensäure zu berechnen.

Diese benutzt er zur Ausführung der Analyse organischer Körper, wie Weingeist, Öl und Wachs. Schon früher hatte er sich überzeugt, daß sich bei der Verbrennung dieser Substanzen nur Wasser und Kohlensäure bilden, woraus er ganz richtig schloß, daß sie nur Kohlenstoff, Wasserstoff und Sauerstoff enthalten. Zur Bestimmung ihrer quantitativen Zusammensetzung bedient sich Lavoisier eines ähnlichen Apparats wie der oben angedeutete. Unter die Glocke bringt er z. B. eine Weingeistlampe, die er vorher und nachher wiegt; er bestimmt außerdem die Menge der gebildeten Kohlensäure und des verbrauchten Sauerstoffs, aus welchen er die Zusammensetzung des Alkohols berechnen kann.

Ich will hiermit die Betrachtungen über Lavoisier's Arbeiten schließen. Es war nur eine oberflächliche Würdigung seiner Verdienste, die ich Ihnen geben konnte. Erst durch ein ein-

---

[43]) Lavoisier, Oeuvres II, 403. — [44]) Ibid. II, 586.

gehendes Studium seiner Werke können Sie sich einen vollständigen Begriff seiner Bedeutung machen, können Sie verstehen lernen, was unsere Wissenschaft seinem erhabenen Geiste zu verdanken hat. Einzelne Gebiete seiner Tätigkeit habe ich nicht einmal erwähnt, so z. B. die Arbeiten über Respiration, von denen ich noch einige Worte bemerken will. Schon Priestley wußte, daß Sauerstoff zur Atmung notwendig ist[45]). Lavoisier zeigt, wie derselbe in den Lungen zur Kohlensäure- und Wasserbildung benutzt wird, und wie dieser Vorgang, den er mit Recht einem Verbrennungsprozesse an die Seite stellt, dem Menschen die zu seiner Existenz nötige Wärme liefert[46]). Er weist nach, daß die ausgeatmete Kohlensäure ihren Kohlenstoff aus dem Blute, aus dem Menschen selbst nimmt, daß wir uns also gewissermaßen durch den Atmungsprozeß selbst verbrennen und uns verzehren würden, wenn wir nicht durch unsere Nahrung das wieder ersetzten, was wir verbrannt haben. Da er nun ferner durch besondere Versuche findet, daß bei angestrengter Tätigkeit die Atmung erhöht, also der Verbrauch an Kohlenstoff vermehrt wird, so gelangt er zu dem Schlusse, daß der arme und deshalb zur Arbeit gezwungene Mensch mehr Kohlenstoff verbraucht, als der reiche Faullenzer, daß aber der letztere, durch eine unglückliche Art der Verteilung der Güter, seinen geringeren Verbrauch durch bessere Nahrung viel eher ersetzen kann, als der arme Arbeiter. Er fordert deshalb die Gesellschaft auf, durch ihre Institutionen diesem Übelstande abzuhelfen, das Los der armen Klasse zu verbessern und auf diese Weise die Ungleichheiten, welche scheinbar in der Natur begründet sind, so weit als möglich auszugleichen. Er schließt diese geistreiche Abhandlung mit den Worten[47]):

„Es ist nicht unumgänglich notwendig, Beamter des Staates zu sein und sich bei der Organisation desselben zu beteiligen, um die Dankbarkeit der Menschen zu verdienen und seinem Vaterlande den Tribut zu zahlen.

---

[45]) Vgl. S. 19. — [46]) Lavoisier, Oeuvres II, 331. — [47]) Ibid. II, 703.

Auch der Naturforscher kann von seinem Laboratorium aus patriotische Funktionen ausüben; er kann durch seine Arbeiten die mannigfaltigen Übel und Krankheiten der Menschheit vermindern, ihren Wohlstand und ihr Glück erhöhen, und wenn es ihm auch nur gelänge, durch irgend einen neuen Weg, den er der Wissenschaft bahnt, das mittlere Lebensalter der Menschen um einige Jahre, ja nur um einige Tage zu verlängern, so darf er hoffen, ein Wohltäter des Menschengeschlechts genannt zu werden."

Seine Zeit hat ihm seine Bemühungen schlecht gelohnt. — Vier Jahre später, 1794, wurde er auf Befehl des Revolutionskomitees guillotiniert.

Dritte Vorlesung.

Sie werden jetzt verstehen, warum man seit Lavoisier eine neue Ära datiert und ihn als Reformator der Chemie bezeichnet; denn was waren die theoretischen Ansichten vor ihm und was waren sie bei seinem Tode?

Er erlebte noch den Triumph, seine Ideen wenigstens in Frankreich allgemein anerkannt zu sehen, und auch in England und Deutschland, wo seine Werke übersetzt wurden, gewannen sie immer mehr Boden, so daß man berechtigt ist zu sagen, daß mit dem Anfang dieses Jahrhunderts das Phlogiston aus den wissenschaftlichen Werken verschwunden ist.

Lavoisier hat nicht nur die alte Theorie gestürzt, sein Hauptverdienst besteht darin, daß er eine neue an ihre Stelle setzte, und es ist vielleicht zweckmäßig, die wesentlichsten Sätze derselben hier zusammenstellen:

1. Bei allen chemischen Reaktionen wird nur die Form der Materie geändert, ihre Menge bleibt konstant; man kann deshalb die angewandten Substanzen und die erhaltenen Produkte in eine allgebraische Gleichung bringen, aus der, wenn ein Glied derselben unbekannt ist, dieses sich berechnen läßt.

2. Bei den Verbrennungserscheinungen verbindet sich der verbrennende Körper mit Sauerstoff, es entsteht so im allgemeinen eine Säure; bei Verbrennungen der Metalle entstehen die Metallkalke.

3. Alle Säuren enthalten Sauerstoff, verbunden, wie er sagt, mit einer Base oder einem Radikal, welches bei anorganischen Körpern meistens ein Element, bei organischen dagegen aus Kohlenstoff und Wasserstoff zusammengesetzt ist, manchmal auch Stickstoff oder Phosphor enthält.

Halten Sie diese drei Sätze gegen die Ansichten der Phlogistiker, gegen die Theorien, welche vor Lavoisier herrschten, und Sie werden die Reform begreifen, welche unsere Wissenschaft durch ihn erfahren hat. Man fing an, chemisch ganz anders zu denken, und die bis jetzt gefundenen Tatsachen erschienen in einem neuen Licht; man mußte sie sich gewissermaßen übersetzen, um sie zu verstehen, und da erkannte man, daß für die neue Auffassung auch eine neue Sprache notwendig war: das Bedürfnis einer chemischen Nomenklatur machte sich fühlbar.

Ich übergehe hiermit alle Versuche, welche vor dieser Zeit gemacht worden waren, um eine einheitliche Ausdrucksweise zu gewinnen; sie führten zu keinem nennenswerten Resultat, dieselben fallen auch in eine Zeit, welche ich hier nur oberflächlich betrachten konnte. Erwähnen will ich jedoch, daß sich Bergmann wiederholt an französische Chemiker wandte, um eine Einigung in bezug auf die Benennung der Körper zu erzielen. Vielleicht hierdurch angeregt, reiste Guyton de Morveau im Jahre 1782 nach Paris und legte der dortigen Akademie einen Entwurf der chemischen Nomenklatur vor. Derselbe enthielt viel neues und gutes, er konnte sich aber der Zustimmung der angesehensten Chemiker jener Zeit nicht erfreuen, da er die Existenz des Phlogiston voraussetzte, welche von Lavoisier damals schon lebhaft bestritten wurde. Diesem gelang es, Guyton von der Richtigkeit seiner Ideen zu überzeugen. Guyton willigte ein, sein System umzuarbeiten, und mit Lavoisier, Berthollet und Fourcroy gemeinsam gab er im Jahre 1787 die „Nomenclature chimique" heraus. Da in derselben schon die Prinzipien der heutigen chemischen Sprache enthalten sind, da sie die Grundlage unserer Ausdrucksweise bildet, so glaube ich dieselbe nicht mit Stillschweigen übergehen zu dürfen. Ich will Ihnen wenigstens das Wesentlichste daraus mitteilen. Natürlich bin ich dabei genötigt, mich manchmal französischer Worte zu bedienen, besonders da, wo eine strenge deutsche Übersetzung nicht möglich ist.

Es werden die Körper in Elemente und Zusammensetzungen eingeteilt. Zu den ersteren werden alle Substanzen gerechnet, die man noch nicht weiter hat zerlegen können. Sie zerfallen in fünf Klassen. Die erste begreift diejenigen Körper, deren Vorkommen sehr verbreitet ist und deren Verhalten für Unzerlegbarkeit spricht. Hierher gehört: 1. die Wärme (*calorique*), 2. das Licht, 3. der Sauerstoff, 4. der Wasserstoff, 5. der Stickstoff (*azote*). Die zweite Klasse enthält die säureerzeugenden Basen, wie Schwefel, Phosphor, Kohlenstoff usw. Die dritte umfaßt die Metalle, die vierte die Erden, die fünfte die Alkalien, welche bekanntlich damals noch nicht zerlegt waren. Die Namen der Substanzen aus der 2., 3. und 4. Klasse werden im allgemeinen nicht verändert; die Alkalien werden Kali, Natron und Ammoniak genannt[1]). Bei allen diesen Körpern, welche mit Ausnahme des Ammoniaks für einfach gehalten wurden, beobachteten die Autoren das Prinzip, ein einziges Wort als Bezeichnung zu gebrauchen.

Als Anhang zu den Elementen kommen die Radikale — Substanzen, die sie für zerlegbar halten, die aber gewisse Ähnlichkeiten mit den einfachen Körpern zeigen.

Dann folgen die binären Körper, die aus zwei Elementen bestehenden Substanzen. Hierher gehören zuerst die Säuren. Nach der Lavoisier'schen Theorie enthalten dieselben alle Sauerstoff; ihre Namen werden aus zwei Worten gebildet, wovon das erste ihnen allen gemeinsam ist und ihre saure Natur anzeigt (*acide*). Diesem folgt dann ein aus dem darin vorkommenden Element oder Radikal gebildeter Speziesname. So entstehen *acides sulfurique, carbonique phosphorique, azotique* usw. Zwei Säuren mit demselben Element oder Radikal werden durch die Endung des Speziesnamens unterschieden. Bei den an Sauerstoff ärmeren Körpern wird diese in *eux* umgewandelt, wodurch z. B. *acides sulfureux, azoteux* usw. gebildet wird[2]). Der Salzsäure wird der Name *acide muriatique* beigelegt; auch in ihr wird Sauerstoff vor-

---

[1]) Méthode de Nomenclature chimique, Paris 1787, p. 67. — [2]) l. c. p. 85.

ausgesetzt, der noch in reicherem Maße in dem Chlor — der *acide muriatique oxygené* — vorhanden sein soll[3]).

In ganz ähnlicher Weise werden die Namen der 2. Gruppe binärer Körper, der basischen Sauerstoffverbindungen, gebildet; für dieselben wird die allgemeine Bezeichnung *Oxydes* eingeführt, und an dieses Wort der Speziesname im Genitiv angehängt, z. B. *oxyde de zinc, oxyde de plomb* usw.

Die übrigen binären Verbindungen werden in Schwefel-, Phosphor-, Kohlenstoffverbindungen usw. unterschieden, sie erhalten die Klassennamen: *sulfures, phosphures, carbures* usw.

Die Verbindungen der Metalle unter einander werden *alliages* genannt, wobei jedoch für die Quecksilbermetallverbindungen der Ausdruck *amalgames* beibehalten wird.

Von ternären Verbindungen sind nur die Salze zu erwähnen. Sie bekommen ihren Klassennamen von der Säure, welche sie enthalten, und heißen danach: *sulfates, nitrates, phosphates etc.* Die Endung *ate* verwandelt sich in *ite* bei Salzen, in denen statt der sauerstoffreicheren Säure die sauerstoffärmere vorkommt. Der Name der Base wird angehängt, z. B. *sulfate de zinc, de baryte* usw. Reagiert das Salz sauer, so wird das Wort *acidule* gebraucht; die basischen Salze dagegen nennen sie *sursaturé de base*[4]). Doppelsalze kannte man damals verhältnismäßig wenig. Die für dieselben eingeführte Bezeichnung war nicht sehr bequem, z. B. der Brechweinstein wurde *„tartrite de potasse tenant d'antimoine"* genannt[5]).

Dieser oberflächliche Überblick möge Ihnen genügen. Bekanntlich hat Berzelius diese Anfänge einer rationellen Nomenklatur bedeutend ausgedehnt, und ich werde bei Betrachtung jener Zeit einige seiner Verbesserungen und Erweiterungen ererwähnen.

Wenn Sie die heutige Wissenschaft mit dem vergleichen, was ich in der letzten Vorlesung von Lavoisier's Ansichten angeführt habe, so können Sie selbst ermessen, wieviel von denselben bei-

---

[3]) l. c. p. 87. — [4]) Ibid. p. 93 u. 97. — [5]) Ibid. p. 52; p. 235 wird es „tartrite de potasse antimoiné" genannt.

behalten wurde. In mehreren Punkten aber bedurften Lavoisier's Theorien der Modifikation, in anderen dagegen wurden seine Ideen angegriffen ohne Erfolg, da man wieder zu der älteren Ansicht zurückgekehrt ist. So ist Lavoisier's Säuretheorie heute von den meisten Chemikern verlassen; doch fällt die Aufstellung der neueren Ansichten erst lange nach seinem Tode; ich verweise Sie daher in dieser Beziehung auf eine spätere Vorlesung. Hier haben wir uns mit einem anderen Angriff gegen Lavoisier zu beschäftigen, der freilich schließlich zu seinen Gunsten entschieden wurde, welcher jedoch insofern von Wichtigkeit ist, als erst dadurch eine strenge Scheidung zwischen Gemengen und Verbindungen zustande kam.

Es handelte sich darum, zu entscheiden, ob chemische Verbindungen in allen Verhältnissen möglich sind, oder ob die Körper sich nur in gewissen feststehenden Proportionen verbinden können. Die letztere Ansicht wurde von Lavoisier angenommen, wie dies aus vielen seiner Arbeiten hervorgeht, sie scheint zu seinen Lebzeiten als selbstverständlich von allen Chemikern vorausgesetzt worden zu sein, ohne daß sie allgemein bewiesen war. — Erst im Jahre 1803 erschien ein Werk, das sowohl durch seinen Inhalt, als durch die Form, in die derselbe gekleidet war, das größte Aufsehen in der wissenschaftlichen Welt machte, und in welchem unter anderem auch die Konstanz der chemischen Proportionen, auf theoretische Spekulationen und experimentelle Untersuchungen hin, geleugnet wurde.

Das Werk, von dem ich rede, ist die Statique chimique von Berthollet, und, wenn ich Ihnen den Wert des Angriffs, der hierin ausgesprochen lag, begreiflich machen soll, muß ich wenigstens eine oberflächliche Schilderung der äußerst interessanten, allgemeinen theoretischen Ideen Berthollet's geben. Ich entnehme dieselben dem eben angeführten Werke und einigen zerstreuten Aufsätzen dieses Forschers über denselben Gegenstand [6]).

---

[6]) Annales de Chim. XXXVI, 302; XXXVII, 151 und 221; XXXIX, 1 und 113.

Berthollet's Buch wird hauptsächlich deshalb seine Bedeutung für die Chemie stets behalten, weil die Grundlehren, denen er alle chemischen Reaktionen unterordnet, die Prinzipien der Mechanik und Physik sind, also notwendig auch für die Chemie Geltung haben müssen. Wenn auch viele Folgerungen Berthollet's mit der Erfahrung nicht übereinstimmen und längst widerlegt wurden, so tut dies der Basis seiner Anschauungen keinen Eintrag.

Im ganzen richtet sich das Werk hauptsächlich gegen die falsche Ansicht, die man sich von der Verwandtschaft, der Affinität, der Körper machte und gegen den Mißbrauch, den man damals mit den sogenannten Verwandtschaftstabellen trieb. Dies waren Tafeln, welche die Verwandtschaft der Körper, ihrer Stärke nach, ausdrücken sollten. Es waren solche von sehr vielen Chemikern aufgestellt worden. Die erste rührt von Geoffroy her[7]) und stammt aus dem Jahre 1718. Sie bestand aus verschiedenen Tabellen, in denen die Körper gegenüber einem bestimmten so geordnet waren, daß stets der vorhergehende die Verbindung des folgenden mit jenem zersetzte. So lautete z. B. eine Tabelle für Säuren im allgemeinen: fixes Alkali, flüchtiges Alkali, Erden, Metalle. Die Aufstellung solcher Tafeln war eine Hauptbeschäftigung der Chemiker in der Mitte des 18. Jahrhunderts. Sie verbanden damit die unrichtige Ansicht, daß die Verwandtschaft eines Körpers einem anderen gegenüber unveränderlich sei; erst nach und nach überzeugte man sich von diesem Irrtum. Beaumé macht im Jahre 1773 darauf aufmerksam, daß die Verwandtschaften bei gewöhnlicher und bei sehr hoher Temperatur (auf nassem und trockenem Wege) verschieden seien und daß man daher zwei Tafeln für jede Substanz nötig habe, welche ihr Verhalten allen anderen gegenüber unter diesen zwei verschiedenen Bedingungen ausdrücke[8]). Dieser Aufgabe unterzieht sich Bergmann[9]), und es ist wirklich bewundernswert, welch' ungeheure Mühe er sich zur Lösung derselben gegeben hat. Für jede

---

[7]) Kopp, Geschichte d. Chemie II, 296. — [8]) Ibid. II, 299. — [9]) Ibid. II, 301.

Substanz stellt er zwei Tabellen auf, in denen er das Verhalten derselben je 58 anderen gegenüberstellt, welche auch wieder so geordnet waren, daß die vorhergehende die Verbindung der folgenden mit der betreffenden Substanz zersetzte. Aus diesen Tafeln konnte man also scheinbar das Resultat aller Reaktionen vorhersehen; dieselben standen daher in sehr großem Ansehen. Wurde ein neuer Körper entdeckt, so ward sogleich für ihn eine solche Verwandtschaftstabelle konstruiert, welchem Gebrauch auch Lavoisier gelegentlich seiner Untersuchung über Sauerstoff huldigt, obgleich er hierbei darauf aufmerksam macht, daß man eigentlich für jeden Temperaturgrad einer solchen Tabelle bedürfe [10]).

Berthollet aber zeigt erst den Irrtum, dem man sich bei Aufstellung dieser Tabelle hingegeben hatte. Er zerstört ihre Bedeutung durch die Aufstellung des Grundsatzes, daß die Wirkung einer Substanz von ihrer Masse abhängig sei.

Die Gesetze, unter denen sich chemische Verbindungen bilden, erläutert Berthollet namentlich an den Salzen. Er nimmt an, daß mit der Neutralisation einer gewissen Menge Basis (oder Säure) stets derselbe chemische Effekt verbunden ist. Diesen stellt er als das Produkt aus der Affinität A und der Sättigungskapizität S (die zur Neutralisation der Gewichtseinheit Alkali nötige Säuremenge) dar; es wird dann:

$$A S = Const$$
$$A = \frac{Const}{S}$$

d. h. es werden die Affinitäten zweier Säuren ihren Sättigungskapazitäten umgekehrt proportional [11]), das Gegenteil von dem, was Bergmann für richtig gehalten hatte [12]).

Ganz allgemein übt aber nach Berthollet die von einer Substanz vorhandene Menge Q einen Einfluß auf die chemische Wirkung aus. Dieselbe ist nach ihm proportional dem Produkt aus dieser Menge Q in die Affinität der Substanz, welches Produkt er chemische Masse nennt [13]). Bei Säuren läßt sich die chemische

---

[10]) Lavoisier, Oeuvres II, 546. — [11]) Berthollet, stat. chim I, 71. — [12]) Kopp, Gesch. d. Chemie II, 314. — [13]) Berthollet, stat. chim. I, 72.

Masse auch dem Verhältnisse aus der Sättigungskapazität S in die vorhandene Menge Q proportional setzen, was Berthollet gleichfalls anführt[14]).

Es hängen aber die durch Affinität hervorgebrachten Effekte nicht ausschließlich von der chemischen Masse ab, sie werden außerdem durch den Kondensationszustand des betreffenden Körpers verändert, sind also den physikalischen Bedingungen des Versuchs (Druck, Temperatur usw.) unterworfen. Was diesen Kondensationszustand der Materie betrifft, so ist derselbe nach Berhollet eine Folge von zwei entgegengesetzten Kräften, von der Kohäsion und der Elastizität. Das Vorherrschen der ersteren bedingt den festen, das der letzteren den gasförmigen Zustand; in den Flüssigkeiten ist ein Gleichgewicht beider vorhanden. — Hätten alle Säuren gleichen Kondensationszustand, so würde diejenige als die stärkste zu bezeichnen sein, von welcher die kleinste Menge nötig ist, um ein gegebenes Gewicht Basis zu sättigen, also wie wir heute sagen würden, welches das kleinste Äquivalent hat.

Berthollet wendet diese Grundsätze namentlich auf die einfache und doppelte Zersetzung an. Nach ihm findet, wenn wir einem gelösten Salze eine Säure zufügen, eine Teilung der Basis in beide Säuren je nach ihrer Affinität, je nach ihrer *masse chimique* statt[15]). In Lösung sind also beide Salze und beide Säuren; doch gilt dies nur, wenn die Salze ungefähr gleiche Löslichkeit haben, es entsteht dann ein Gleichgewicht, welches nicht nur von der Stärke der Säuren, sondern namentlich auch von deren vorhandenen Quantitäten abhängig ist. Er macht noch darauf aufmerksam, daß man sich von der Richtigkeit dieser Ansicht nicht durch Abdampfen und Auskristallisierenlassen überzeugen könne, weil, sobald die Wassermenge nicht mehr zur vollständigen Lösung hinreiche, die eintretenden Erscheinungen hauptsächlich von der Kohäsion und Kristallisationskraft, von der verschiedenen Löslichkeit der Substanzen abhänge[16]).

So entsteht nach dem Vermischen von salpetersaurem Kali und Schwefelsäure beim Auskristallisieren nur schwefelsaures

---

[14]) Berthollet, statique chim. I, 16. — [15]) Ibid. p. 75. — [16]) Ibid. p. 82.

Kali, welches das schwerer lösliche Salz ist, während sich nach Berthollet in Lösung salpetersaures und schwefelsaures Kali befinden.

Ist ein Salz viel löslicher als das andere, so entsteht vorzugsweise das letztere und ist dasselbe ganz unlöslich, so tritt keine Teilung, sondern vollständige Zersetzung ein. So erklärt Berthollet z. B. die vollständige Fällung des salpetersauren Baryts durch Schwefelsäure. Infolge der Unlöslichkeit des Salzes entzieht es sich der Reaktion, es tritt eine fortwährende Teilung ein und zwar so lange, bis der gesamte schwefelsaure Baryt niedergeschlagen ist[17]).

Ähnliches findet bei flüchtigen Säuren oder Basen statt; auch hier tritt eine Teilung im Verhältnisse der *masse chimique* ein, da aber der eine Teil, z. B. die Kohlensäure, entweicht, so geht die Zersetzung zu Ende[18]).

Indes nur bei überwiegendem Vorherrschen der Kohäsion (Unlöslichkeit) oder Elastizität (Flüchtigkeit) werden vollständige Scheidungen beobachtet. Viel häufiger ist der Fall der teilweisen Umsetzung. So kann man nach Berthollet Kalksalze durch Oxalsäure nicht vollständig ausfällen[19]).

Ähnlich sind seine Ansichten bei der doppelten Zersetzung. Hier bilden sich im allgemeinen vier Salze, und nur dann bleibt die Bildung auf zwei beschränkt, wenn die Kohäsion oder Löslichkeit vollständig verschieden ist.

Dies bildet die Erklärung für die sogenannten umkehrbaren Reaktionen. Hierher gehören in erster Linie die verschiedenen Kristallisationen, die man aus demselben Salzgemisch bei verschiedenen Temperaturen erhalten kann, wenn diese Salze eine mit der Temperatur sehr ungleich sich ändernde Löslichkeit besitzen. Berthollet führt mehrere hierher gehörige Beispiele an[20]), von denen ich eines erwähnen will. Enthält eine Lösung Natron, Magnesia, Schwefelsäure und Salzsäure, so kristallisiert daraus bei sehr niedriger Temperatur, bei 0°, Glaubersalz aus,

---

[17]) Berthollet, stat. chim. I, 78. — [18]) Ann. de Chim. XXXVI, 314. — [19]) Berthollet, stat. chim. I, 79. — [20]) Ibid. I, 100 u. 130.

während man durch Abdampfen Chlornatrium erhält. Es muß sich also bei 0° schwefelsaure Magnesia und Chlornatrium zu schwefelsaurem Natron und Chlormagnesium umsetzen, während bei höheren Temperaturen das Umgekehrte stattfindet.

Auf diese Weise kann Berthollet auch die Erscheinungen erklären, welche nach Bergmann's Ansichten durch die Verwandtschaften auf „feuchtem und trockenem Wege" beherrscht werden. Es werden z. B. die gelösten kieselsauren Salze durch fast alle Säuren zersetzt, während umgekehrt beim Glühen die Kieselsäure die meisten Säuren aus ihren Salzen anstreibt.

Berthollet geht aber noch weiter: die Kohäsion bedingt nicht nur die Art der sich bildenden Verbindung, sondern sie bestimmt auch die Verhältnisse, in welchen eine Vereinigung zustande kommt. Für ihn ist der Begriff: chemische Verbindung, nicht mit dem der Konstanz der Verhältnisse, wie sie vor Berthollet angenommen worden war, verknüpft. Im Gegenteil existieren für ihn chemische Verbindungen mit allen möglichen, stetig wachsenden Verhältnissen[21]) und nur besondere Gründe, wie z. B. bedeutende Verdichtung bei der Verbindung, d. h. Änderung in der Kohäsion der Bestandteile, bedingt konstante Proportionen. So verbindet sich Wasserstoff und Sauerstoff nur deshalb in einem bestimmten Verhältnisse, weil das Verbrennungsprodukt, Wasser, flüssig ist und die entstehende Kontraktion ein zu großes Hindernis bildet für das Zustandekommen anderer Verbindungen[22]). Findet aber bei der Verbindung keine oder nur eine geringe Kohäsionsänderung statt, so bilden sich Verbindungen in variablen Verhältnissen. Als Beispiele dafür gibt er die Metallegierungen, die Gläser und die Lösungen an. Er sagt, daß hier die Grenzen nur durch die gegenseitigen Saturationsmengen bestimmt sind, daß aber zwischen diesen die mannigfachsten Verhältnisse vorkommen[23]).

Wie sie sehen, rechnet Berthollet die Lösungen und Legierungen zu den Verbindungen, und jetzt werden Sie begreifen, wie er unter diesen solche mit variablen Verhältnissen unter-

---

[21]) Berthollet, stat. chim. I, 373. — [22]) Ibid. I, 367. — [23]) Ibid. I, 374.

scheiden konnte. Weit bemerkenswerter ist es aber, daß Berthollet auch bei Oxyden veränderliche Proportionen voraussetzt. In einem seiner Aufsätze über die Gesetze der Verwandtschaft[24]), wo er von Metallfällungen spricht, nimmt er seinen Prinzipien gemäß an, daß sich die beiden Metalle in den Sauerstoff teilen; es entstehen nach ihm Oxyde von verschiedenem Sauerstoffgehalt. Noch klarer entwickelt er später seine Ansicht über diesen Punkt[25]); er sagt: „Ich will jetzt nachweisen, daß die Sauerstoffmengen der Oxyde von denselben Bedingungen abhängen, wie die Mengenverhältnisse bei anderen Verbindungen; daß diese Proportionen von der Grenze, wo eine Verbindung möglich wird, bis zu der entgegengesetzten, bei welcher der letzte Grad erreicht ist, variieren." Die Grenzen selbst sind nach ihm durch die Kohäsionsverhältnisse bedingt. — Ebenso glaubt er auch an Salze mit variablem Basisgehalt. Wird aus einem Salze, dessen Basis unlöslich ist, diese durch ein Alkali niedergeschlagen, so soll in Verbindung mit der Basis eine gewisse Menge Säure niederfallen, welche Menge er für veränderlich hält[26]). Kurz, nach Berthollet sind Verbindungen in konstanten Verhältnissen Ausnahmen: in der Regel sind die Mengen, in welchen sich die Substanzen verbinden, abhängig von den Bedingungen des Versuchs.

Fassen wir Berthollet's Ansichten nochmals zusammen, so können wir sagen, daß ihm die Verwandtschaft als eine mit der Gravitation identische Kraft erschien[27]), deren Erscheinungen nur deshalb mannigfaltiger sind, weil sie die Moleküle selbst in Bewegung setzt und ihre Wirkungen von der Größe und Form der Teilchen abhängig werden. Indem er diese physikalischen Grundsätze auf die chemischen Reaktionen anwendet, kommt er zu dem Begriff der chemischen Masse, die er als das Produkt von Affinität und vorhandener Menge definiert. Von der Größe derselben und von der Kohäsion des Körpers, d. h. von seiner Löslichkeit, von seiner größeren oder geringeren Flüchtigkeit, hängen die chemischen Wirkungen ab. Dies führt ihn dann weiter zu zwei allgemeinen Folgerungen: 1. Die Verwandtschaftstabellen sind nutz-

---

[24]) Ann. de Chim. XXXVII, 221. — [25]) Berthollet, stat. chim. II, 370. — [26]) Ibid. I, 87. — [27]) Ibid. I, 1.

los, da darin die Affinität als etwas Konstantes, von den physikalischen Bedingungen Unabhänges angenommen wird. 2. Es gibt Verbindungen in wechselnden, stetig zunehmenden Verhältnissen der Bestandteile.

Der erste Satz wird allgemein angenommen, und wir sehen bald nach dem Erscheinen der Berthollet'schen „Statique chimique" die Verwandtschaftstabellen verschwinden. Der zweite dagegen findet lebhaften Widerspruch, namentlich erhebt sich Proust, ein Landsmann Berthollet's, gegen die darin ausgesprochenen Ansichten. So entspinnt sich jener berühmte Streit beider Gelehrten, der sich sowohl durch den Geist, den die Gegner entfalten, als auch durch die elegante Höflichkeit, die von beiden Seiten beobachtet wird, auszeichnet.

Berthollet stand damals in einem sehr großen Ansehen bei der wissenschaftlichen Welt. Mit Recht bewunderte man seinen Scharfsinn, den er gerade bei der Ausarbeitung seines Buches in hohem Maße bewiesen hatte. So ist denn begreiflich, daß es keine geringe Aufgabe war, Ansichten, die er mit großer Sicherheit ausgesprochen und durch Versuche zu beweisen gesucht hatte, anzugreifen. Übrigens will ich schon hier bemerken, daß gerade der experimentelle Teil der „Statique chimique" Vieles zu wünschen übrig läßt. Wenn Berthollet behauptet, daß sich bei der Verkalkung, bei der Oxydation der Metalle, Sauerstoffverbindungen in sehr veränderlichen Verhältnissen bilden, so liegt dies daran, daß er das Rohprodukt direkt analysierte und sich nicht zuerst zu überzeugen suchte, daß er es mit keinem Gemenge zu tun habe, was meist der Fall war. Bedenkt man außerdem die niedrige Stufe, auf welcher damals die quantitative Analyse stand, so begreift man erst, wie Berthollet zu diesen irrigen Resultaten gekommen ist.

Proust dagegen verfuhr sehr vorsichtig; er suchte, ehe er eine Analyse ausführte, Kriterien für die Reinheit seines Körpers und verwandte auf die Bestimmung der Bestandteile die größte Sorgfalt. So gelang es ihm, die Hydrate der Oxyde zu finden, die bisher ganz übersehen [28]) und als Oxyde mit besonderem

---

[28]) Ann de Chim. XXXII, 41; Journ. de Phys. LIX, 347.

Sauerstoffgehalt betrachtet worden waren. Proust verdanken wir Untersuchungen über die meisten Metalle, die er gewöhnlich unter dem Titel „Faits pour servir à l'histoire" usw. veröffentlichte[29]. Er hat außerdem ausführliche Abhandlungen über die Schwefel- und Sauerstoffverbindungen geschrieben[30], in welchen er nachweist, daß viele Metalle nur ein einziges Oxyd geben, manche aber zwei, und daß in den Fällen, wo drei Oxyde vorkommen, das intermediäre als Verbindung der beiden anderen angesehen werden kann[31]. Ebenso sucht er das Irrtümliche von Berthollet's Ansicht über die Existenz von Schwefelverbindungen mit variablem Schwefelgehalt nachzuweisen. — Bei allen diesen Arbeiten betont er den Unterschied zwischen Gemengen und Verbindungen. „Die letzteren", sagt er, „sind charakterisiert durch ganz bestimmte Proportionen, welche sowohl für in der Natur vorkommende, als im Laboratorium erhaltene Verbindungen gelten. Dieses *pondus naturae* ist ebensowenig der Willkür der Chemiker anheimgegeben, wie das Verwandtschaftsgesetz, welches alle Verbindungen beherrscht[32].

Aber auch Berthollet erwidert durch Tatsachen, er untersucht die kohlensauren Salze der Alkalien[33] und findet, daß, wenn man eine Base mittels Kohlensäure unter Druck sättigt, Kristalle erhalten werden, deren Zusammensetzung verschieden von den früher bekannten kohlensauren Salzen ist. Er zeigt, daß dieselben durch Lösen und Erwärmen Kohlensäure abgeben und Salze von wieder anderer Zusammensetzung liefern. Er bestreitet die von Proust behauptete Tatsache[34], daß durch Einleiten einer Spur Kohlensäure in eine alkalische Lösung nur wenige Moleküle gesättigt würden, während die anderen unverbunden blieben. Nach Berthollet entwickelt eine solche Lösung auf Zusatz eines Tropfens Salzsäure kohlensaures Gas und enthält demnach ein „*souscarbonate*"[35], d. h. nach ihm teilt sich die vorhandene Spur Kohlensäure in die ganze Menge der Basis.

---

[29] Journ. de Phys. LI, 173; LII, 409; LV, 325, 457; Ann. de Chim.XXXII, 26; XXXVIII, 146; LX, 260 usw. — [30] Journ. de Phys. LIX, 321; Schwefelverb. ibid. LIII, 89; LIV, 89; LIX, 265. — [31] Ibid. LIX, 260. — [32] Ann. de Chim XXXII, 31. — [33] Journ. de Phys. LXIV, 168. — [34] Ibid. LIX, 329. — [35] Ibid. LXIV, 181.

Durch Proust's Entgegnungen und vortreffliche Arbeiten vorsichtig gemacht, nimmt Berthollet jetzt nicht mehr alle möglichen Verhältnisse zwischen Sauerstoff und Metallen als wirklich vorkommend an, er beschränkt sich auf einige wenige, doch behauptet er bei seiner Untersuchung der Bleioxyde vier verschiedene Oxydationsstufen isoliert zu haben, die beim Erhitzen des Metalls in Luft entstehen sollen[36]). Immerhin war er hierdurch Proust um einen Schritt näher gerückt. Doch ist der Kampf darum nicht beendet. Noch immer will Berthollet den Unterschied zwischen Gemengen und Verbindungen, wie er von Proust hervorgehoben worden war, nicht anerkennen. Er verlangt für beide Begriffe scharfe Definitionen[37]).

Diese kann nun freilich Proust nicht geben, doch zeigt er, wie sich in speziellen Fällen Gemenge von Verbindungen trennen lassen und schon dadurch gelingt es ihm, sehr viele der Berthollet'schen Angaben zu widerlegen. Ich kann dies natürlich nicht in allen Details verfolgen und will nur noch an einem Beispiele die Methode der Proust'schen Beweisführung zeigen. Berthollet hatte früher behauptet, daß man durch Behandlung von Quecksilber mit Salpetersäure eine ganze Reihe von Oxyden erhalte, deren Sauerstoffgehalt von einem gewissen Minimum an stetig zunehme[38]). Er hatte ferner beobachtet, daß dieselben durch Behandlung mit Salzsäure in zwei Chlorüre übergehen und angenommen, es sei die Unlöslichkeit des Quecksilberchlorürs, welche „die Oxyde veranlassen, sich von der Stufenleiter, auf der sie stehen, an die beiden Endstationen zu begeben"[39]). Proust glaubt, daß man durch diese Voraussetzung den Oxyden zu viel Intelligenz zutraue. Er zeigt, daß auch auf trockenem Wege nur zwei Chlorüre entstehen, welche den zwei einzigen Sauerstoffverbindungen des Quecksilbers entsprechen, in welche sich die Berthollet'schen Gemenge trennen lassen.

So dauert denn dieser Streit, der im Jahre 1801 begonnen hat, fort bis 1807; das Interesse, welches die wissenschaftliche

---

[36]) Journ. de Phys. LXI, 352. — [37]) Ibid. LX, 347. — [38]) Ann. de Chim. XXXIX, 119. — [39]) Proust, Journ. de Phys. LIX, 335.

Welt anfangs den beiden Gegnern gewidmet hatte, nimmt um diese Zeit bedeutend ab. Berthollet's Autorität hatte es vermocht, daß durch seinen Angriff ein Grundsatz, der früher *a priori* für richtig gehalten wurde, den Augen vieler zweifelhaft erschien. Allein die Arbeiten Proust's einerseits, die von Klaproth und Vauquelin andererseits, hatten das Vertrauen darauf wieder hergestellt. Berthollet's Entgegnungen fingen an, ihre Wirkungen zu verlieren. Er mußte die Existenz von Verbindungen mit konstanten Verhältnissen, die er ja niemals vollständig geleugnet hatte, auf immer weiteren Gebieten zugeben. Er hält zwar noch im Jahre 1809 Verbindungen mit veränderlichen Proportionen für möglich [40]), allein er steht mit seiner Ansicht vereinzelt. Zu vieles ist in die gegnerische Wagschale gefallen: Richter's Untersuchungen aus den Jahren 1791 bis 1800 waren endlich bekannt geworden, Dalton hatte seine atomistische Theorie aufgestellt, welche anfing, die Basis der allgemeineren Betrachtungen zu werden, Gay-Lussac's klassische Versuche über die Volumverhältnisse, in denen sich die Gase vereinigen, waren beendet und Berzelius hatte seine ersten wichtigen Abhandlungen veröffentlicht. Damit waren Berthollet's Ansichten unvereinbar. So endet denn der Streit mit einer vollständigen Niederlage Berthollet's.

Ich habe diesen Gegenstand ausführlich behandelt, weil ich ihn für einen sehr wichtigen halte. Wir haben es hier mit einem allgemeinen Satze zu tun, der eine der Grundlagen unserer theoretischen Anschauungen bildet. Derselbe bedingt den Unterschied zwischen Gemengen und Verbindungen. Nur für die letzteren gelten unsere chemischen Gesetze, die Gemenge sind denselben nicht unterworfen. Im speziellen Falle ist es daher sehr wichtig, zu wissen, mit welcher Klasse von Körpern man es zu tun hat. Welches sind nun unsere Kriterien?

Sie können in den Lehrbüchern finden, daß Verbindungen einen homogenen Charakter besitzen, während sich die Ge-

---

[40]) Mém. d'Arcueil II, 440.

menge sehr oft schon mechanisch in ihre Bestandteile zerlegen lassen.

Dort wird weiter angeführt, daß in den Verbindungen die Eigenschaften der Bestandteile verloren gegangen, während sie in den Gemengen gleichzeitig vorhanden sind. Schließlich wird dann die Konstanz der Proportionen als Merkmal angegeben, und darauf wollte ich Sie noch aufmerksam machen. Es gibt nämlich Fälle, in denen sich Gemenge ihrem ganzen Verhalten nach nicht mehr von Verbindungen unterscheiden lassen. Wir benutzen dann zur Lösung der Frage die Analyse. Wir stellen den Körper auf verschiedene Weise dar und sehen zu, ob ihm stets dieselbe Zusammensetzung entspricht. Wir haben also den von Berthollet und Proust diskutierten Satz umgedreht. Ersterer hielt Verbindungen mit variablen Proportionen für möglich, während Proust annahm, daß sich die Körper nur in wenigen bestimmten Verhältnissen verbinden. Wir nennen eine Substanz eine Verbindung, wenn sie ihre Bestandteile in unveränderlicher Weise enthält.

Ich weiß nicht, ob Sie den Unterschied beider Auffassungen verstehen; man muß selbst in den Fall gekommen sein, eine Entscheidung zu geben, ob Gemenge oder Verbindung vorliegt, um die Bedeutung der Frage zu würdigen. Noch immer fehlt uns eine allgemeine, für jeden Fall ausreichende Definition, wie sie Berthollet wiederholt von Proust verlangt hatte. Freilich haben wir gewisse Kriterien für chemische Verbindungen, z. B. Kristallisationsfähigkeit und unveränderlichen Schmelzpunkt bei festen Körpern, konstanten Siedepunkt bei flüssigen usw. Doch reichen diese oft nicht aus. Ich brauche Sie nur an die Erscheinung des Isomorphismus zu erinnern, und Sie werden mir zugeben müssen, daß auch Gemenge kristallisieren können. Ich erwähne die Lösungen von Salzsäure, Jodwasserstoff usw. in Wasser, von denen Roscoe nachgewiesen hat, daß es nur Gemenge (Lösungen) sind, und Sie werden mir zugeben, daß diese auch einen konstanten Siedepunkt besitzen können. Kurz, jene Entscheidung ist eine der schwierigsten und wichtigsten Aufgaben. Freilich wird sie oft nicht genügend berücksichtigt. Studieren

Sie die chemischen Abhandlungen, so werden sie häufig Gelegenheit haben, sich zu überzeugen, wie gerade durch diese Vernachlässigung Irrtümer entstanden sind. Wie oft sind schon für Substanzen Formeln aufgestellt und an ihre Existenz theoretische Folgerungen geknüpft worden, ehe der Charakter als Verbindung endgültig entschieden war. Sie vor einer solchen Verirrung zu bewahren, war der Zweck dieser Worte, und Sie werden mir daher verzeihen, wenn ich für wenige Minuten mein eigentliches Thema verlassen habe.

Vierte Vorlesung.

Ich will versuchen, Ihnen heute die Entwicklung der atomistischen Theorie, soweit dieselbe wissenschaftliches Interesse hat und bis zum ersten Jahrzehnt des vergangenen Jahrhunderts ausgebildet wurde, darzulegen. Es kann dabei nicht meine Absicht sein, Sie in die Hypothesen der griechischen und römischen Philosophen über die Konstitution der Materie einzuweihen. Daß Leukipp und Demokrit diese aus kleinsten Teilchen zusammengesetzt sich dachten, daß später Lucretius diese Ansichten ausführlich darlegte, beweist uns nur, was wir längst wußten, daß unter den Griechen und Römern Männer waren, die sich in jeder Beziehung mit unseren Denkern messen konnten. Die Methode, welche diese Philosophen benutzten, war eine deduktive; sie gingen von allgemeinen Prinzipien aus, deren Folgerungen freilich nicht immer mit der Erfahrung übereinstimmten. Übrigens war diese selbst eine verhältnismäßig geringe, besonders da man damals das Experiment, die Beobachtung unter gegebenen Bedingungen, so gut wie nicht kannte. Man kann deshalb auch Demokrit nicht über Kant stellen, der von der entgegengesetzten Ansicht, von der dynamischen Hypothese ausgehend, die Weltordnung in vielleicht ebenso logischer Weise konstruierte. Vergebens war der Aufwand an Geist und Scharfsinn, welche wir bei den Vertretern der verschiedenen Richtungen finden; es fehlte das Material an Beobachtungen, durch das solche Fragen erst gelöst werden können.

Die wissenschaftliche Entwicklung der atomistischen Theorie beruht eben in der Auffindung einer Reihe von Tatsachen, welche durch dieselbe in Zusammenhang gebracht wurden und eine einfache Erklärung finden. Es muß meine Aufgabe sein, Ihnen diese Versuche mitzuteilen, Ihnen diejenigen chemischen Arbeiten vorzuführen, welche die Annahme der atomistischen Theorie notwendig gemacht haben und durch sie zum Abschluß gekommen sind.

Schon in der letzten Vorlesung habe ich mich mit einer jener Gesetzmäßigkeiten, mit den bestimmten Proportionen beschäftigt. Diese allein hat jedoch nicht hingereicht zu jener theoretischen Vorstellung; es bedurfte dazu noch eines anderen Gesetzes, das der multiplen Proportionen. Dieses wurde im Jahre 1804 von Dalton aufgestellt, also noch vor Beendigung des Streites über die Frage, ob sich die Körper nach konstanten Gewichtsverhältnissen verbinden. Absichtlich habe ich gegen die chronologische Ordnung verstoßen, um eine logische Aneinanderreihung der Tatsachen zu erzielen. Das Gesetz der multiplen Proportionen hat keinen Sinn, solange das der konstanten nicht erwiesen ist. Es kann nur mit dem anderen bestehen und schließt jenes in sich. Sie können sich wundern, daß es ausgesprochen wurde zu einer Zeit, in der man noch an der Richtigkeit der konstanten Proportionen zweifelte. Die Erklärung liegt vielleicht darin, daß Berthollet und Proust in Frankreich lebten, während Dalton seine Entdeckung in England machte, daß er mit der Veröffentlichung seiner Untersuchungen bis zum Jahre 1808 zurückgehalten hat, und daß die wissenschaftliche Welt vorher nur durch Thomson's Lehrbuch der Chemie, in welchem Dalton's Arbeit erwähnt ist, eine kurze Mitteilung über die Resultate seiner Versuche erhielt. Freilich hat Dalton's Theorie, die sich sehr bald Anklang verschaffte, einen entscheidenden Einfluß auf die Ansichten der Chemiker jener Zeit in bezug auf die konstanten Proportionen ausgeübt, und es ist teilweise den Arbeiten Richter's, Dalton's und Wollaston's zuzuschreiben, daß Berthollet wenn auch nicht gerade seine früheren Behauptungen zurückgenommen, doch nicht weiter versucht hat, sie zur Geltung zu bringen.

Es mag sein, daß **Dalton**, wie dies sein Biograph **Smith**[1]) behauptet, keine oder nur sehr unvollkommene Kenntnis hatte von den Arbeiten **Richter's**, welche sonst wesentlich zur Aufstellung der atomistischen Hypothese hätten beitragen können; er mag ganz selbständig zu den Ideen gekommen sein, welche auf die spätere Entwicklung der Chemie den größten Einfluß ausübten; wir müssen hier aber alle Tatsachen berücksichtigen, welche für jene Richtung wertvoll sind, und dürfen die Vorgänger **Dalton's** nicht vernachlässigen. Ungefähr gleichzeitig mit dem Begriff **Atom** hat sich nämlich der Begriff **Äquivalent** ausgebildet; die Erkenntnis des letzteren hat dazu beigetragen, der atomistischen Theorie Eingang und allgemeinen Anklang zu verschaffen, und es ist deshalb meiner Ansicht nach geraten, beide Begriffe, wie sie chronologisch nebeneinander entstanden sind, zu behandeln. Sie werden dabei erkennen, daß das Atom von **Dalton** unabhängig vom Äquivalent aufgestellt wurde, daß aber namentlich **Wollaston** versucht hat, das Atom durch das Äquivalent zu ersetzen. Dies führte später zu einer Identifizierung beider Begriffe, was von schädlichem Einfluß auf die Wissenschaft war.

Die ersten Versuche, welche zur Aufstellung äquivalenter Mengen hätten leiten können, wurden von **Bergmann** in der zweiten Hälfte des 18. Jahrhunderts ausgeführt[2]). Dieser hatte beobachtet, daß neutrale Metallösungen durch andere Metalle gefällt werden, ohne daß dabei saure Reaktion oder Gasentwicklung auftritt. Als Anhänger der Phlogistontheorie erklärt er die Erscheinungen diesen Grundsätzen gemäß ganz richtig. Er nimmt an, daß das gefällte Metall ebensoviel Phlogiston aufgenommen, als das fällende abgegeben hat, und erhält dieser Ansicht zufolge ein Mittel, die Mengen Phlogiston in verschiedenen Metallen zu bestimmen: die Quantitäten gelösten und gefällten Metalls mußten sich umgekehrt verhalten, wie die in gleichen Gewichten derselben vorausgesetzten Phlogistonmengen.

---

[1]) Memoir of John Dalton and history of the atomic theory, p. 214. —
[2]) **Bergmann**, Chemische Werke III, S. 25 usw.

Lavoisier, der einige Jahre später die Bergmann'schen Versuche wiederholt und ausdehnt[3]), erkennt, daß dieselben nach seiner Theorie die Mengen von Sauerstoff geben müssen, welche sich mit gleichen Gewichten der Metalle verbinden. Da, wo Bergmann von Phlogistonaufnahme gesprochen hat, braucht Lavoisier nur eine Sauerstoffabgabe anzunehmen und vice versa: das umgekehrte Verhältnis der Mengen niedergeschlagenen Metalls A und gelösten B gibt Lavoisier das Verhältnis der sich mit gleichen Gewichten von A und B verbindenden Sauerstoffmengen, oder anders und klarer ausgedrückt: die Quantitäten gefällten und gelösten Metalls, welche der Versuch direkt ergibt, haben die Eigenschaft, sich mit der gleichen Sauerstoffmenge verbinden zu können. In der letzten Form wurde der Satz weder von Bergmann noch von Lavoisier betont, er hätte sonst wahrscheinlich zum Begriff der Äquivalenz geführt. Dies geschah nicht, auch wurden die Versuche Beider nur wenig berücksichtigt. Nicht viel besser erging es den auf weit mehr Beobachtungen gestützten Untersuchungen von Richter, welche zwischen 1791 und 1802 ausgeführt wurden. Richter war der Erste, der das Neutralitätsgesetz ausgesprochen und aus demselben richtige Folgerungen gezogen hat[4]). Mit Unrecht hat man dies Verdienst früher Wenzel zugeschrieben, der zu ganz entgegengesetzten Resultaten gelangte. Dieser Irrtum, der in viele ältere Lehrbücher übergegangen ist, scheint durch Berzelius veranlaßt worden zu sein[5]) und wurde erst viel später von Smith[6]) berichtigt[7]). Dagegen hat Wenzel das Verdienst, einen grundlegenden Satz der Verwandtschaftslehre zuerst ausgesprochen zu haben (vgl. 16. Vorlesung).

Richter hat die Beobachtung gemacht, daß beim Vermischen zweier neutraler Salze, selbst wenn doppelte Zersetzung eintritt,

---

[3]) Lavoisier, Oeuvres II, 528. — [4]) Richter, Über die neueren Gegenstände der Chemie, 1795. — [5]) Berzelius, Versuch über die Theorie der chem. Prop. und über die chem. Wirkungen der Elektrizität. Dresden 1820, S. 2. — [6]) Memoir of John Dalton, p. 160. — [7]) Wenzel hat die Verhältnisse bestimmt, in denen sich Basis und Säure zu Salzen vereinigen. Er fand aber gerade das Entgegengesetzte von dem, was Berzelius ihn sagen läßt. Vgl. Wenzel: Über die Verwandtschaft der Körper, Dresden 1782, namentlich S. 450 ff.

die Neutralität erhalten bleibt, woraus er folgert, daß die Mengen a und b zweier Basen, welche durch eine gewisse Quantität c einer Säure neutralisiert, auch durch dieselbe Quantität d einer anderen Säure gesättigt werden, und daß umgekehrt die Gewichte zweier Säuren, welche von einer Basismenge a gesättigt werden, dieselbe Menge b einer anderen Basis zur Neutralisation bedürfen. Merkwürdig ist die Ausdrucksweise, deren sich Richter bedient. Er sagt[8]):

„Wenn P die Masse eines determinierenden Elementes, wo die Massen seiner determinierten Elemente a, b, c, d, e usw. sind, Q aber die Masse eines anderen determinierenden Elementes ist, wo die Massen seiner determinierten Elemente α, β, γ, δ, ε usw. sind, doch so, daß jederzeit a und α, b und β, c und γ, d und δ, e und ε einerlei Elemente bezeichnen und sich die neutralen Massen $P + a$ und $Q + \beta$; $P + b$ und $Q + \gamma$; $P + c$ und $Q + \alpha$ usw. so durch die doppelte Verwandtschaft zerlegen, daß die daraus entstandenen Produkte wiederum neutral sind, so haben die Massen a, b, c, d, e usw. eben das quantitative Verhältnis untereinander als die Massen α, β, γ, δ, ε, oder umgekehrt."

Ich muß bemerken, daß Richter unter determinierendem und determiniertem Elemente die Mengen von Säure und Basis verstand, welche sich gegenseitig neutralisieren. Die Wichtigkeit seines Satzes hat Richter wohl zu würdigen verstanden. Er macht die Bemerkung[9]): „Dieser Lehrsatz ist ein wahrer Probierstein der angestellten, sich auf Neutralitätsverhältnisse beziehenden Versuche; denn wenn die empirisch aufgefundenen Verhältnisse nicht von der Beschaffenheit sind, wie sie das Gesetz der wirklich vorhandenen, mit unveränderter Neutralität begleiteten Zerlegung durch die doppelte Verwandtschaft erfordert, so sind sie ohne weitere Untersuchung zu verwerfen, und es ist alsdann in den angestellten Versuchen ein Irrtum vorgefallen."

Richter hat die Mengen der Basen zusammengestellt[10]), welche durch dasselbe Gewicht Schwefelsäure, Flußsäure usw.

---

[8]) Richter, Über die neueren Gegenstände der Chemie, 1795, II, 66, viertes Stück. — [9]) Ibid. II, 69. — [10]) Ibid. II, 70.

neutralisiert werden, und welche er Neutralitäts- oder Massenreihe der Basen nennt; ebenso hat er die Mengen der Säuren[11]), welche durch dieselbe Quantität verschiedener Basen gesättigt werden, bestimmt. Dabei glaubte er Gesetzmäßigkeiten zu finden, die sich später als falsch erwiesen haben. Nach ihm sollte nämlich die Massenreihe der Basen eine arithmetische, die der Säuren eine geometrische Reihe bilden. Er wollte also eine Regelmäßigkeit, wie man sie bei den Entfernungen der Planeten von der Sonne früher vermutet hatte, auch bei chemischen Verbindungen konstatieren und hat vielleicht, um dieses zu erreichen, manche seiner Resultate korrigiert.

Es muß hier noch ein anderes Gebiet von Richter's „stöchiometrischen Untersuchungen" erwähnt werden: seine Arbeiten über die Metallfällungen. Er bestimmt die Mengen der Metalle, wie sie sich gegenseitig aus ihren Lösungen niederschlagen, und benutzt die erhaltenen Zahlen zur Ermittlung des Sauerstoffgehaltes der Oxyde. Auch hier läßt seine Ausdrucksweise viel zu wünschen übrig. Er sagt[12]):

„Wenn eine wässerige Auflösung eines metallischen Neutralsalzes durch ein gebrennstofftes metallisches Substrat, d. h. durch ein anderes Metall in metallischer Gestalt so zerlegt wird, daß sich nicht nur das aufgelöst gewesene Metall in vollkommener metallischer Gestalt ausscheidet, sondern auch weder das auflösende saure Auflösungsmittel, noch das damit vergesellschaftete Wasser zerlegt wird, so verhalten sich die Lebensluftstoffmassen, die sich mit gleich großer Masse der metallischen Substrate verbinden müssen, um ihre Auflösung in Säuren möglich zu machen, umgekehrt wie die Massen (oder Gewichte) des abscheidenden und abgeschiedenen metallischen Substrats aus dem metallischen Neutralsalze." Und an einer anderen Stelle[13]): „Die quantitative Ordnung spezifischer Neutralität der Metalle gegen die Vitriolsäure richtet sich keineswegs nach der gewöhnlichen Ordnung, wie ein Metall durch das andere aus der Auflösung in der Säure

---

[11]) Richter, Über die neueren Gegenstände der Chemie II, 92; III, 176. — [12]) Ibid. III, achtes Stück S. 83. — [13]) Ibid. III, achtes Stück, S. 127.

abgeschieden wird, sie ist vielmehr mit der umgekehrten quantitativen Ordnung der Entbrennstoffung und respektiven Lebensluftstoffung vollkommen analogisch."

Erwähnt zu werden verdient, daß Richter den Namen Stöchiometrie eingeführt hat, der das Messen, die Bestimmung der Größenverhältnisse, in denen sich die Körper verbinden, bedeutet.

Fischer's Verdienst ist es gewesen, die Richter'schen Tafeln in eine einzige Tabelle gebracht zu haben. Er drückt sich in dieser Beziehung folgendermaßen aus [14]): Man darf nur die Verhältnismengen einer Säure gegen die verschiedenen alkalischen Grundlagen bestimmen; nachher ist es hinlänglich, die Verhältnismenge einer einzigen Verbindung von jeder anderen Säure mit einer alkalischen Grundlage kennen zu lernen, so erfährt man durch eine leichte Rechnung die Verhältnismengen der Säuren in allen übrigen Verbindungen." Man kann wohl sagen, daß Fischer's Tabelle die erste Äquivalententafel war; die Zahlen, welche den verschiedenen Basen beigelegt sind, bedeuten gleichwertige Mengen, da sie durch dieselbe Quantität Säure neutralisiert werden und ebenso umgekehrt. So war denn gegen das Jahr 1803 der Begriff Äquivalent festgestellt, wenn das Wort auch damals noch nicht gebraucht wurde. Ungefähr in dieselbe Zeit fällt die Entdeckung des Gesetzes der multiplen Proportionen und die Aufstellung der atomistischen Theorie durch Dalton, welche beide zuerst durch Thomson's Chemie bekannt wurden.

Lassen Sie mich der Prioritätsstreitigkeiten, welche durch diese wichtigen Ansichten und Versuche hervorgerufen wurden, nur mit wenigen Worten gedenken [15]). Die Idee der atomistischen Anschauung ist eine alte, und ich habe schon beim Beginn der heutigen Vorlesung einige griechische Philosophen genannt, welche die Theorie aufgestellt und vertreten haben. Diese Ansichten ziehen sich durch alle Jahrhunderte hindurch, werden bekämpft, finden aber auch stets ihre Verteidiger. Die Chemiker des 18. Jahrhunderts scheinen ziemlich allgemein diesen Anschau-

---

[14]) Berthollet, Versuch einer chemischen Statik; deutsche Übersetzung mit Erläuterungen von Fischer I, 135. — [15]) S. in dem oben angeführten Werke von Smith.

ungen gehuldigt zu haben. Ich erinnere Sie an Lavoisier's Ansichten über die Konstitution der Materie, welche ich Ihnen ausführlich mitgeteilt habe, an Berthollet, der sehr häufig von Molekülen redet — mit einem Worte, es waren die Ideen des Tages und wurden wohl hauptsächlich deshalb der dynamischen Hypothese vorgezogen, weil die Annahme von diskreten, voneinander getrennten Massenteilchen eine einfache Erklärung der Volumverminderung durch Abkühlung gab.

Dalton hat übrigens nicht behauptet, daß er diese Anschauungen in die Wissenschaft eingeführt habe. Er bemerkt in dieser Beziehung[16]):

„Die Möglichkeit der Existenz verschiedener Aggregatzustände hat zu der fast allgemein angenommenen Annahme geführt, daß alle Körper aus einer unendlichen Zahl kleiner Teilchen bestehen, die untereinander eine bald stärkere, bald schwächere Anziehungskraft ausüben, welche man Kohäsion nennt. Diese Atome sind beständig von einer Wärmeatmosphäre umgeben, welche durch ihre Repulsivkraft den Kontakt der Teilchen verhindert."

Dalton zeigt aber im Verlauf seines höchst interessanten Werkes, auf welche Weise man die relativen Gewichte dieser Teilchen finden könne, und die Möglichkeit der Atomgewichtsbestimmung gezeigt zu haben, ist das unsterbliche Verdienst des englischen Chemikers. Higgins hat freilich zu beweisen gesucht, daß er an dieser wichtigen Entdeckung teilhabe[17]), allein wenn man auch zugeben muß, daß Higgins die atomistische Theorie zur Erklärung der chemischen Verbindungen schon im Jahre 1789 benutzt hat[18]), so ist doch seine Ausdrucksweise lange nicht so scharf und bestimmt wie die Dalton's, und er hat auch meines Wissens nicht von Atomgewichten gesprochen.

Dalton kam darauf, die atomistische Hypothese als Grundlage der chemischen Anschauungen zu verwerten, nachdem er gefunden hatte, daß, wenn sich zwei Körper in mehreren Ver-

---

[16]) Dalton, New system of chemical philosophy I, 141. — [17]) Experiments and observations on the atomic theory by W. Higgins, 1814. — [18]) A comparative view of the phlogistic and antiphlogistic theories.

hältnissen verbinden, diese stets durch einfache Multiplen mit ganzen Zahlen ausdrückbar sind[19]). Er untersuchte in jener Zeit die Kohlenwasserstoffe, namentlich Grubengas und Äthylen, und fand, daß mit derselben Menge Wasserstoff im Äthylen genau doppelt so viel Kohlenstoff verbunden ist als im Grubengas. Er sah dann zu, ob sich eine solche Regelmäßigkeit auch bei anderen Verbindungen wiederfinde, und benutzte hierzu namentlich die Oxydationsstufen des Stickstoffs, wodurch er eine Bestätigung des Gesetzes erhielt. Dieses lautet: Bilden zwei Körper A und B mehrere Verbindungen und rechnet man die Zusammensetzung derselben stets auf dieselbe Gewichtsmenge des einen A aus, so stehen die damit verbundenen Mengen des Körpers B untereinander in einfachen ganzen Verhältnissen[20]). Für diese Gesetzmäßigkeit, welche der Ausdruck der erhaltenen Tatsachen war, suchte sich Dalton eine Erklärung in der atomistischen Theorie.

Nach derselben entstehen die chemischen Verbindungen durch Aneinanderlagerung von Atomen der Elemente, welche selbst keine weitere Zerlegung erleiden können. Dalton sagt in dieser Beziehung[21]): „Chemische Analyse und Synthese gehen nur bis zur Teilung und Wiedervereinigung der kleinsten Teilchen. Weder Schöpfung noch Zerstörung ist im Bereich chemischer Mittel." Dadurch, daß Dalton dem Atom jedes Elementes ein bestimmtes, unveränderliches Gewicht beilegt und die Möglichkeit der Vereinigung mehrerer Atome zugibt, ist seine Theorie mit dem Versuch in Übereinstimmung; derselbe wird sogar zur notwendigen Konsequenz. Je nach der Anzahl von Atomen, welche in eine Verbindung eintreten, gehört das entstehende Atom einer anderen Ordnung an:

---

[19]) Roscoe und Harden glauben in einer Monographie: Entstehung der Dalton'schen Atomtheorie in neuer Beleuchtung, übersetzt von Kahlbaum 1898 — nachweisen zu können, daß Dalton durch Untersuchung über Diffusion der Gase zur Atomistik geführt worden sei und verweisen auf verschiedene Stellen in Dalton's oben zitiertem Werk „New system of chemic.-philosophy (vgl. auch Zeitschr. phys. Chem. **20**, 359 u. **22**, 241). [20]) Es scheint, daß Dalton das Gesetz nie in dieser allgemeinen Form ausgesprochen hat. Vgl. Memoirs of John Dalton by W. Henry, p. 79 ff. — [21]) Dalton, New system usw. I, 212.

Die Atome der Elemente sind einfache Atome oder Atome erster Ordnung.

Verbindet sich 1 Atom eines Elementes A mit 1 Atom eines Elementes B, so entsteht 1 Atom zweiter Ordnung.

Verbinden sich 2 Atome eines Elementes A mit 1 Atom eines Elementes B, so entsteht 1 Atom dritter Ordnung.

Verbindet sich 1 Atom eines Elementes A mit 2 Atomen eines Elementes B, so entsteht 1 Atom dritter Ordnung.

Verbindet sich 1 Atom eines Elementes A mit 3 Atomen eines Elementes B, so entsteht 1 Atom vierter Ordnung.

Verbinden sich 3 Atome eines Elementes A mit 1 Atom eines Elementes B, so entsteht 1 Atom vierter Ordnung usw.

Ob sich auch 2 Atome eines Elementes mit 3 eines anderen verbinden können, darüber habe ich keine Angabe gefunden, doch scheint es, als ob Dalton diese Annahme für unzulässig gehalten habe. Verbindungen, die sich am einfachsten in dieser Art betrachten ließen, bestehen für ihn aus zwei zusammengesetzten Atomen; er muß selbstverständlich die Voraussetzung machen, daß auch die Atome höherer Ordnung untereinander Verbindungen eingehen können [22]).

Ich habe oben darauf hingewiesen, daß Dalton's Theorie mit den Tatsachen harmonierte; in welcher Weise er aus den Versuchen die Atomgewichte bestimmte, wollen wir jetzt beleuchten. Dabei kam es zuerst darauf an, die Anzahl der Atome in einer Verbindung festzustellen. Im allgemeinen fällt diese nach Dalton mit den möglichst einfachen Multiplen zusammen. Er geht bei dieser Bestimmung von folgenden Grundsätzen aus [23]):

1) Kennt man von zwei Elementen nur eine Verbindung, so ist diese aus einem Atom zweiter Ordnung gebildet.

2) Existieren zwei Verbindungen derselben, so besteht die eine aus einem Atom zweiter, die andere aus einem Atom dritter Ordnung.

3) Kommen drei Verbindungen vor, so müssen in diesen ein Atom zweiter und zwei Atome dritter Ordnung angenommen werden.

---

[22]) Dalton, New system usw. I, 213. — [23]) Ibid. I, 214.

Wie verfährt nun Dalton zur Bestimmung der Atomgewichte, der relativen Schwere der kleinsten Teilchen? Vor allem muß er hierzu eine Einheit wählen, als welche er den Wasserstoff annimmt, dessen Atomgewicht er gleich 1 setzt und worauf er alle übrigen Atomgewichte bezieht. Zur Feststellung derselben bedient er sich dann des ersten Grundsatzes. Von Wasserstoff mit Sauerstoff und mit Stickstoff war damals nur je eine Verbindung bekannt, das Wasser und das Ammoniak; aus ihren Zusammensetzungen lassen sich deshalb direkt die Atomgewichte von Sauerstoff und Stickstoff bestimmen, welche Dalton auf diese Weise zu 7 und 5 findet. Die erhaltenen Zahlen kontrolliert er durch die Verhältnisse der Stickstoff-Sauerstoffverbindungen[24]). Er kannte deren vier. Im Stickstoffoxyd findet er auf 5 Teile Stickstoff 7 Teile Sauerstoff; dieses ist also das Atom zweiter Ordnung beider Elemente. In der Salpetersäure sind nach seiner Ansicht auf 5 Teile Stickstoff 14 Teile Sauerstoff, also auf 1 Atom des ersteren Gases 2 des anderen vorhanden; 10 Teile Stickstoff mit 7 Teilen Sauerstoff verbunden sollen im Stickoxydul vorkommen, in welchem er deshalb 2 Atome Stickstoff und 1 Atom Sauerstoff voraussetzt. Die salpetrige Säure aber soll auf 5 Teile Stickstoff $10\frac{1}{2}$ Teile Sauerstoff enthalten. Er hätte darin 2 Atome Stickstoff und 3 Atome Sauerstoff annehmen können; er zieht vor, diesen Körper als Verbindung von Salpetersäure mit Stickoxydul zu betrachten.

Ferner findet er im Äthylen auf 1 Teil Wasserstoff 5,4 Teile Kohlenstoff und im Grubengas auf dieselbe Menge Kohlenstoff 2 Teile Wasserstoff. Er betrachtet deshalb das Äthylen als aus Atomen zweiter Ordnung bestehend und nimmt das Atomgewicht des Kohlenstoffs zu 5,4 an. Dann enthält auch das Kohlenoxyd Atome zweiter Ordnung, da er dort auf 5,4 Teile Kohlenstoff 7 Teile Sauerstoff findet, während die Kohlensäure 1 Atom dritter Ordnung wird, indem sie auf 5,4 Teile Kohlenstoff 14 Teile Sauerstoff enthalten soll.

Doch nicht immer hält sich Dalton streng an die von ihm aufgestellten Regeln. So betrachtet er den Schwefelwasser-

---

[24]) Dalton, New system usw. I, 215.

stoff als aus 1 Atom Schwefel und 2 Atomen Wasserstoff, die Schwefelsäure als aus 1 Atom Schwefel und 3 Atomen Sauerstoff bestehend, was ihn zum Atomgewicht 13 für den Schwefel führt.

Meiner Ansicht nach liegt deshalb in diesen Atomgewichtsbestimmungen eine Willkür, ganz abgesehen von den Regeln selbst, auf deren Berechtigung ich später noch zurückkommen werde. Die von Dalton aufgestellten Zahlen wurden dadurch in doppelter Weise relativ, wenn ich mich so ausdrücken darf, sie waren mit zwei unbekannten Konstanten behaftet. Erstens waren sie alle bestimmt in bezug auf eine beliebige Einheit, die des Wasserstoffs, und zweitens waren sie nur relativ richtig dieser Einheit gegenüber. Das Atomgewicht des Kohlenstoffs war ja eigentlich nur als *multiplum* oder *submultiplum* von 5,4 gefunden worden. Dalton scheint sich freilich dieser Willkür nicht bewußt gewesen zu sein.

Trotzdem fand seine Theorie sehr allgemeine Anerkennung; man staunte über die Einfachheit, mit welcher dieselbe die in jüngster Zeit aufgefundenen Gesetzmäßigkeiten erklärte. Bei dem raschen Fortschritt, den die Wissenschaft damals machte, bedurfte man eines Anhalts, um nicht zurückzubleiben, bedurfte man eines allgemeinen Standpunktes, von dem aus man die einzelnen Tatsachen, die verschiedenen Gesetzmäßigkeiten bequem übersehen konnte. Bald sollte es sich zeigen, daß diese Theorie die Feuerprobe überstehen konnte, daß sie nicht nur imstande war, die bekannten Erscheinungen zusammenzufassen, daß sich durch sie auch Gesetze erklären ließen, welche erst nachträglich aufgefunden wurden. Es gilt dies namentlich von dem Volumgesetz, das Gay-Lussac im Jahre 1808 entdeckte, einige Monate nach dem Erscheinen von Dalton's geistvollem Werke.

Schon 1805 hatten Humboldt und Gay-Lussac gelegentlich ihrer gemeinschaftlichen Untersuchung über die Zusammensetzung der Luft die Volumverhältnisse, in denen sich Wasserstoff und Sauerstoff verbinden [25]), von neuem bestimmt. Sie fanden kleine Unterschiede früheren Beobachtungen gegenüber und kamen

---

[25]) Journal de Phys. LX, 129.

zu dem höchst interessanten Resultat, daß Wasser aus der Verdichtung von 2 Volumen Wasserstoff und 1 Volumen Sauerstoff entstehe, während Meusnier und Lavoisier[26]) in der Verbindung 23 Volumteile Wasserstoff auf 12 Teile Sauerstoff, Fourcroy, Vauquelin und Seguin[27]) auf 100 Sauerstoff 205,2 Wasserstoff gefunden hatten.

Drei Jahre später dehnte Gay-Lussac seine Versuche auf andere Gase aus[28]). Das nach ihm benannte Gesetz über die gleichmäßige Ausdehnung derselben durch Temperaturerhöhung hatte er schon früher aufgefunden[29]). Er kannte außerdem das sogenannte Mariotte'sche Gesetz, dessen Entdecker Boyle ist, und welches die Beziehungen zwischen Druck und Volumen regelt; kurz, er hatte alle Daten, um die direkt erhaltenen Resultate auf gleichen Druck und gleiche Temperatur zu reduzieren, die Basis, um Versuche, wie er sie beabsichtigte, auszuführen. — Seine Untersuchung ist ein Muster von Genauigkeit und zeichnet sich hierdurch sehr vorteilhaft vor anderen experimentellen Untersuchungen jener Zeit aus. Die erhaltenen Resultate sind sehr einfach; er stellt dieselben ungefähr in folgender Weise dar: Zwei Gase verbinden sich stets nach einfachen Volumverhältnissen, und die Kontraktion, welche sie erleiden, also auch das Volum des entstehenden Produktes, wenn es gasförmig ist, steht in einfachster Beziehung zu den Volumen der Bestandteile.

So fand Gay-Lussac z. B., daß aus 2 Volumen Kohlenoxyd und 1 Volumen Sauerstoff 2 Volume Kohlensäure entstehen, daß 2 Raumteile Stickoxydul aus 2 Teilen Stickstoff und 1 Teil Sauerstoff gebildet werden, daß sich gleiche Volume Stickstoff und Sauerstoff zu Stickoxyd verbinden, und daß das Produkt die Summe der Volume der Bestandteile annimmt, daß sich schließlich 1 Volumen Stickstoff und 3 Volumen Wasserstoff zu 2 Volumen Ammoniak verdichten usw.

Gay-Lussac, der Dalton's atomistische Theorie sehr wohl kannte, führt am Schlusse seiner Abhandlung aus, wie die von ihm

---

[26]) Lavoisier, Oeuvres II, 360. — [27]) Ann. de Chimie VIII, 230; IX, 30. — [28]) Mém. de la Soc. d'Arcueil II, 207. — [29]) Ann. de Chimie XLIII, 137.

gefundenen Tatsachen mit jener Hypothese im Einklang seien, wie durch die Annahme eines für alle Gase gleichen molekularen Zustandes ihr analoges Verhalten gegen Druck- und Temperaturänderungen erklärt werde, und wie das von ihm gefundene Volumgesetz eine wesentliche Stütze für Dalton's Ansicht sei.

Man hätte glauben sollen, daß Dieser durch eine so unerwartete glänzende Bestätigung seiner Ideen hoch erfreut gewesen sei. Dem war nicht so. In dem zweiten Teile seines „New system of chemical philosophy", der im Jahre 1810 erschien, erklärte er Gay-Lussac's Versuche geradezu für falsch. Ich will versuchen, Ihnen die Gründe, welche ihn dazu bewogen, darzulegen, um so mehr, als man behauptet hat, Dalton hätte aus Eifersucht oder Unverstand Gay-Lussac's Verdienste bestreiten wollen.

Schon in dem ersten Teile seines Werkes hatte Dalton über die Volumverhältnisse der Gase spekuliert. Er sagt dort[30]):

„Als ich über die Theorie gemischter Gase nachzudenken begann, glaubte ich, daß die Teilchen aller Gase dieselbe Gestalt haben. (Unter Gestalt der Teilchen verstehe ich den undurchdringlichen Kern zusammen mit der ihn umgebenden Wärmeatmosphäre.) Ich nahm an, daß in 1 Volumen Sauerstoff ebenso viele Atome seien wie in 1 Volumen Wasserstoff. Später aber ward ich anderer Ansicht, und es führten mich hierzu folgende Argumente: 1 Atom Stickoxyd besteht aus 1 Atom Stickstoff und 1 Atom Sauerstoff. Wären nun in gleichen Volumen gleich viele Atome, so müßte sich bei der Verbindung von 1 Volumen Stickstoff mit 1 Volumen Sauerstoff 1 Volumen Stickoxyd bilden, aber nach Henry's Versuchen entstehen ungefähr 2 Volumen; das Stickoxyd würde deshalb nur halb so viele Atome im gleichen Raume enthalten können als Stickstoff oder Sauerstoff."

Auf diese Auseinandersetzungen weist Dalton in seiner Erwiderung hin und fährt dann fort[31]):

„Gay-Lussac macht die Hypothese, daß sich die Gase nach einfachen Volumen verbinden, seine Ansicht über Volume ist

---

[30]) Dalton, New System of chemical philosophy I, 188. — [31]) Ibid. II, 556.

dieselbe wie die meinige über Atome, und wenn es bewiesen werden könnte, daß alle Gase in gleichen Räumen eine gleiche Anzahl von Atomen enthielten, so würden beide Hypothesen identisch sein, nur daß die meinige allgemeine Gültigkeit hat, während die von Gay-Lussac nur auf Gase anwendbar ist. Gay-Lussac hat sich überzeugen können, daß ich früher eine gleiche Hypothese, wie er sie jetzt annimmt, gemacht hatte, daß ich sie aber als unhaltbar verließ."

Außerdem zeigt Dalton die geringe Übereinstimmung zwischen Gay-Lussac's und Henry's Resultaten, was ihn in seinem Schlusse, daß Ersterer schlecht gearbeitet habe, bestärkt. Nicht zu leugnen ist, daß Dalton's Argumentation gerechtfertigt ist. War einmal die atomistische Theorie als Grundlage für chemische Spekulationen gewählt, so konnte das Volumgesetz, wie es Gay-Lussac ausgesprochen hatte, nur dann damit in Harmonie gebracht werden, wenn die Annahme zulässig war, daß in gleichen Räumen aller Gase eine gleiche Anzahl kleinster Teilchen vorhanden sei, womit die physikalischen Eigenschaften der Gase übereinstimmen, was aber, wie Dalton ganz richtig aus bekannten Tatsachen folgert, unmöglich war. Auch die von ihm aufgestellten drei Regeln sprachen gegen die Richtigkeit dieser Hypothese (es hätten z. B. im Wasser auf 1 Atom Sauerstoff 2 Atome Wasserstoff angenommen werden müssen), und es mag sein, daß auch dieses für Dalton ein Grund war, so entschieden gegen Gay-Lussac aufzutreten.

Nach diesen Auseinandersetzungen wird es Ihnen klar geworden sein, daß eine wirkliche Schwierigkeit vorhanden war, Gay-Lussac's Gesetz mit der atomistischen Theorie in Übereinstimmung zu bringen. Avogadro hat zuerst gezeigt, wie dieselbe umgangen werden kann [32]). Der italienische Physiker unterscheidet zwischen *molécules intégrantes* und *molécules élémentaires*, was wir der Kürze und Einfachheit wegen mit Molekül und Atom übersetzen wollen. Die oben erwähnten, von Dalton hervorgehobenen Schwierigkeiten führen Avogadro darauf, in

---

[32]) Journal de Physique LXXIII, 58.

gleichen Volumen aller Gase eine gleiche Anzahl von Molekülen anzunehmen, deren Entfernungen voneinander im Verhältnis zu ihrer Masse er so groß voraussetzt, daß sie keine Anziehungen mehr aufeinander ausüben. Diese Moleküle sollen aber noch nicht die letzten Teile der Materie darstellen; unter dem Einfluß chemischer Kräfte sollen sie sich noch weiter zerlegen können. Nach Avogadro lösen sich also die Körper (Elemente und Verbindungen) beim Übergang in den Gaszustand noch nicht in unteilbare Partikeln auf, sondern nur in die *molécules integrantes*, welche aus den *molecules élémentaires* zusammengesetzt sind. Er begründet diese seine Ansicht durch folgende Betrachtungen: Soll das aus gleichen Volumen von Stickstoff und Sauerstoff ohne Kontraktion entstehende Stickoxydgas ebensoviele Moleküle enthalten, wie jene, so darf die Verbindnng nicht aus einer Aneinanderlagerung vorher getrennter Moleküle bestehen, welche notwendig eine Verminderung der Anzahl von Partikeln zur Folge haben würde, sondern sie muß durch einen Austausch zustande kommen. Sowohl das Stickstoff- wie das Sauerstoffmolekül müssen sich in zwei Teile (Atome) spalten, welche sich dann gegenseitig vereinigen.

Während also vor der Verbindung das Gasgemisch aus ungleichartigen Molekülen besteht, von denen die eine Hälfte aus 2 Atomen Stickstoff, die andere aus 2 Atomen Sauerstoff zusammengesetzt ist, wird das Verbindungsprodukt eine homogene, aber ebensogroße Anzahl von Teilen enthalten, welche durch die Aneinanderlagerung von 1 Stickstoff- und 1 Sauerstoffatom entstanden sind. Auch die Betrachtung der Volumverhältnisse bei der Bildung von Ammoniakgas führt auf eine Teilung der Gaspartikeln von Elementen. Alle diese Erörterungen werden am einfachsten, wenn man für Volum direkt Molekül (*molécule intégrante*) gebraucht, welche Begriffe, Avogadro's Definition nach, für den Gaszusatz identisch sind. Aus den Gay-Lussac'schen Zahlen findet man dann, daß das Molekül Ammoniak aus $1/_2$ Molekül Stickstoff und $3/_2$ Molekülen Wasserstoff besteht, daß das Molekül Wasser $1/_2$ Molekül Sauerstoff und 1 Molekül Wasserstoff enthält usw. Macht man die einfachste Hypothese in bezug auf Zerlegbarkeit des Moleküls, so daß man nur nicht genötigt ist,

Teile von Atomen einzuführen, so muß nicht nur das Molekül, Wasserstoff, sondern es müssen auch die Moleküle von Sauerstoff und Stickstoff aus 2 elementaren Atomen bestehen, und dann geben die Volumverhältnisse, in denen sich die Gase verbinden, die Anzahl chemisch kleinster Teile, welche dabei zusammentreten. Avogadro findet z. B., daß 2 Atome Wasserstoff und 1 Atom Sauerstoff zur Wasserbildung nötig sind, daß im Ammoniak auf 3 Atome des ersteren Gases 1 Atom Stickstoff vorhanden ist usw., kommt also zu ganz anderen Resultaten als Dalton.

Er hebt dies ausdrücklich in seiner Abhandlung hervor und weist darauf hin, wie er bei seinen Bestimmungen von einem physikalisch berechtigten Grundsatze ausgehe, während Dalton's Regeln willkürliche Annahmen enthielten. Er betont, daß letzterer, falls er physikalische und chemische Atome (*molécules intégrantes* und *elementaires*) identifizieren wolle, vorauszusetzen gezwungen werde, daß bei Verbindungen, die ohne Kontraktion entstehen, die zusammengetretenen Atome weiter als die unverbundenen voneinander entfernt sind.

Die Molekulargewichte der im gasförmigen Zustande bekannten Elemente kann Avogadro direkt aus ihren Dichtigkeiten ermitteln. Doch genügt ihm dies nicht, und er versucht diese Bestimmung auch bei anderen Elementen. Dabei nimmt er aber seine Zuflucht zu mehr oder weniger gewagten Hypothesen. So findet er das Molekulargewicht des Kohlenstoffs 11,3, das des Schwefels 31,3, das des Wasserstoffs gleich 1 gesetzt, also Zahlen, die mit den heute angenommenen nicht übereinstimmen. Ich will Sie nicht mit den weiteren Details dieser höchst interessanten Abhandlung ermüden, ich will nur noch bemerken, daß Avogadro auch die Möglichkeit aus 4 oder 8 usw. Atomen bestehender Moleküle von Elementen voraussieht und glaubt, daß die Natur gerade hierdurch den Unterschied zwischen einfachen und zusammengesetzten Körpern ausgeglichen habe.

Von ähnlichen Ansichten ausgehend, schreibt drei Jahre später (1814) Ampère eine Abhandlung über denselben Gegenstand[33]).

---

[33]) Ann. de Chim. XC, 43.

Doch sind seine Folgerungen weniger einfach, da er gleichzeitig durch die Stellung der Atome im Molekül die Kristallform der Körper zu erklären sucht.

Diese Spekulationen fanden übrigens nur wenig Beachtung in der chemischen Welt. Es scheint, als ob man einen Unterschied zwischen Molekül und Atom für nicht berechtigt hielt, und so übten weder Avogadro's noch Ampère's Ideen einen sofortigen Einfluß auf die Wissenschaft aus. Dies mag auch dadurch erklärt werden, daß diese Hypothese nur für gasförmige Körper zu entscheidenden Resultaten über die im Molekül enthaltene Anzahl von Atomen und hierdurch zur Bestimmung von Atomgewichten führte; für feste und flüssige Substanzen war sie nicht anwendbar. So suchten denn die Chemiker nach neuen Anhaltspunkten: der nächste Anstoß in dieser Richtung ward durch Wollaston gegeben.

Dieser hatte 1808 eine Arbeit über die kohlensauren Salze gemacht[34]), welche gleichzeitig mit einer Untersuchung der oxalsauren Salze von Thomson erschien[35]). In den Abhandlungen dieser Chemiker wurde gezeigt, daß die Kohlensäure mit 1 und 2 Teilen, die Oxalsäure mit 1, 2 und 4 Teilen Kali Verbindungen bilden könne. Diese Versuche machten großen Eindruck, da man damals nur wenige Tatsachen in dieser Richtung kannte, welche mit Schärfe nachgewiesen worden waren; sie wurden deshalb eine wesentliche Stütze für das Gesetz der multiplen Proportionen. Wenn aber so einerseits Wollaston Einfluß auf die rasche Anerkennung übte, welche die atomistische Theorie fand und deshalb auch von Autoritäten als ein Anhänger derselben betrachtet wird[36]), so hat er doch durch eine spätere Abhandlung[37]) dazu beigetragen, daß ein Teil der Chemiker das Atom als eine zu unbestimmte Basis für chemische Betrachtungen aufgab.

Im Jahre 1814 hält Wollaston seinem Landsmanne Dalton nicht mit Unrecht vor, wie unsicher und willkürlich seine Bestimmung der Anzahl Atome in einer Verbindung sei und wie

---

[34]) Phil. Trans. 1808, p. 96. — [35]) Ibid. p. 63. — [36]) Kopp, Gesch. d. Chemie II, 373. — [37]) Phil. Trans. 1814, p. 1; Ann. de chim. XC, 138.

dadurch die Atomgewichte ganz hypothetische Zahlen würden, weshalb man sie seiner Ansicht nach nicht adoptieren dürfe. Er rät, statt des Begriffes Atom das Äquivalent einzuführen, welches Wort er zum ersten Male gebraucht. Wollaston kannte Richter's Arbeiten sehr wohl[38]) und leitet den Begriff Äquivalent hauptsächlich aus dessen Untersuchungen ab. Ich muß übrigens gleich jetzt bemerken, daß für ihn nicht nur zwei Basismengen äquivalent (gleichwertig) sind, welche durch dieselbe Säuremenge neutralisiert werden, oder die Quantitäten von Metall, welche sich gegenseitig niederschlagen, welche sich also mit demselben Gewicht Sauerstoff verbinden, sondern daß er seine Bestimmungen weit über diese Grenzen ausdehnt, ohne sich, wie es scheint, klar geworden zu sein, daß er in denselben Fehler verfällt, den er Dalton vorhält. Ich gehe sogar noch weiter und behaupte, daß gerade durch ihn die Unsicherheit vergrößert worden ist, indem er zuerst das Äquivalent in dem Sinne von Atom gebraucht, also auch jenem die vage Bedeutung verlieh, welche diesem anhaftete; so führt gerade diese Abhandlung die Chemiker hauptsächlich zu der Verschmelzung beider Begriffe, zu der stillschweigenden und unrichtigen Annahme, die Atome seien äquivalent, welcher Irrtum zu großen Verwirrungen Veranlassung gab.

Ich will Ihnen eine kleine Probe von Wollastons Bestimmungen geben, damit Sie wenigstens eine Idee seiner Methode erhalten, und sich selbst von der Richtigkeit meines Urteils überzeugen können: Wollaston geht von dem Äquivalent des Sauerstoffs aus, das er gleich 10 setzt; daraus bestimmt er das Äquivalent des Wasserstoffs zu 1,3, offenbar, weil sich 1,3 Teile Wasserstoff mit 10 Teilen Sauerstoff (nach den damaligen Bestimmungen) zu Wasser verbinden; äquivalente Mengen sind also für Wollaston die Quantitäten, in denen sich die Körper vereinigen. Wie verfährt er aber, werden Sie fragen, bei Körpern, die sich in mehreren Verhältnissen verbinden, z. B. beim Kohlenstoff? Kennt er hier mehrere Äquivalente? Nein, ist die Antwort,

---

[38]) Schon Wollaston (l. c.) bemerkt, daß Wenzel's Analysen nicht mit dem Neutralitätsgesetz übereinstimmen.

er scheint nicht einmal daran zu denken, daß solches überhaupt möglich sein könne. Das Äquivalent des Kohlenstoffs nimmt Wollaston zu 7,5 an und bestimmt es aus dem der Kohlensäure, welches nach ihm 27,5 ist. Freilich gibt er keinen Grund an, warum er gerade diese Zahl gewählt und es bleibt uns selbst überlassen, dies ausfindig zu machen. Man könnte sich nun vorstellen, daß Wollaston die Menge Kohlensäure als Äquivalent bezeichnet, welche eine Basismenge sättigt, die gerade 10 Teile Sauerstoff enthält, wobei er also immer die obige Ansicht festgehalten haben müßte, daß Verbindungsgewicht mit Äquivalent identisch sei. Er wird aber dadurch gezwungen, seinen eigenen Zahlen zufolge, in der Kohlensäure auf 1 Äquivalent Kohlenstoff 2 Äquivalente Sauerstoff anzunehmen. In diesem Falle waren also Verbindungsgewicht und Äquivalent nicht mehr identisch; das eine war doppelt so groß als das andere. Daß derartige Resultate bei seiner Methode unvermeidlich waren, hätte ihm sofort klar sein müssen, da er das Gesetz der multiplen Proportionen kannte. Wollaston hält sich übrigens bei dieser Konsequenz durchaus nicht auf, er würdigt sie keines Wortes, fährt mit seinen Äquivalentbestimmungen unbeirrt fort, wobei wir ihm jedoch nicht folgen wollen, da sie uns weiter kein Interesse darbieten.

Ich glaube Ihnen nachgewiesen zu haben, daß Wollaston's Äquivalente an ähnlichen Unsicherheiten leiden, wie Dalton's Atomgewichte, und daß die von ihm ausgesprochenen Ansichten ein Rückschritt zu nennen sind, weil er glaubte, es nur mit realen, unzweideutigen, von jeder Hypothese befreiten, Begriffen zu tun zu haben.

Vielleicht erscheint Ihnen das hier ausgesprochene Urteil hart und ungerecht, allein wenn Sie die weitere Entwicklung der Chemie verfolgen und sich überzeugt haben, daß die nächsten Jahrzehnte gerade durch diese Verwechslung zwischen Äquivalent und Atom oder, wenn sie wollen, Verbindungsgewicht an einem rascheren Fortschritt gehemmt werden und daß es der heftigsten Kämpfe bedurfte, um von neuem eine Scheidung der Begriffe herbeizuführen, so werden auch Sie sich vielleicht zu meiner Ansicht bekehren. Freilich trägt Wollaston die Schuld nicht allein; auch in Deutschland entstand eine Schule, wahrscheinlich durch ihn angeregt, welche diese Ideen vertrat; anfangs freilich noch beherrscht durch Berzelius' mächtigen Einfluß, später jedoch, namentlich anfangs der vierziger Jahre, tonangebend. — Die Einzelheiten dieser höchst interessanten Entwicklung werde ich Ihnen nicht vorenthalten. In der nächsten Vorlesung muß ich aber Ihre Aufmerksamkeit zunächst den elektrischen Erscheinungen zuwenden, welche in jener Zeit einen großen Einfluß auf unsere Wissenschaft auszuüben beginnen.

Fünfte Vorlesung.

H. Davy's elektrochemische Theorie. — Entdeckung der Alkalimetalle. — Diskussion über ihre Konstitution. — Enthält die Salzsäure Sauerstoff? — Wasserstoffsäuretheorie.

Denken Sie sich in die Zeit zurück, in der die Alkalien für einfach und unzerlegbar gehalten wurden und Sie können leicht begreifen, mit welchem Enthusiasmus die chemische Welt die Entdeckung des Kaliums und des Natriums begrüßte. Sie alle kennen die bemerkenswerten Eigenschaften dieser Elemente, ihr metallisches Aussehen und ihr geringes spezifisches Gewicht, ihre Veränderlichkeit an der Luft, ihre leichte Entzündlichkeit auf Wasser usw., kurz, Sie werden es verstehen, daß, nachdem man Körper mit solchen Eigenschaften gesehen hatte, man sich allen möglichen Illusionen preisgab und auf die Idee kam, die bis jetzt bekannten Substanzen seien nur Verbindungen, es stehe der Chemie noch bevor, die wahren Elemente, welche in ihren Eigenschaften dem Kalium und Natrium gleichen sollten, zu entdecken. Sie werden ferner begreifen, wie man die Kraft, welche solche Leistungen hervorbrachte, bewunderte, wie man sie überschätzte. Von ihr hielt man alles für möglich und die Richtung, welche die Chemie jetzt zu gehen hatte, lag allen klar vor Augen; es war eine elektrochemische Richtung. Der galvanische Strom, dieses in jener Zeit noch so neue Agens, hatte das Wunder vollbracht, er war selbst ein Wunder — mit seiner Hilfe war es gelungen, die Verbindungen in ihre wahren Elemente zu zerlegen, kein Wunder also, daß man diese Kraft mit der, welche die Verbindungen erzeugt, mit der Affinität, für identisch hielt. Man glaubte hierdurch eine Erklärung für zwei Dinge gegeben zu haben, welche beide einer solchen bedurften: für die elektrischen und für die chemischen Erscheinungen; gleichzeitig waren sie untereinander in Zusammenhang gebracht. Damals erschien die Ausbildung der elektrochemischen Theorien als das höchste Ziel unserer Wissenschaft; später sehen Sie dieselben verlassen. Auf den ungeheuren Enthusiasmus ist eine ebensolche Gleichgültigkeit gefolgt[1]).

Es ist dies ein Beispiel, wie man solche in der Geschichte jeder Wissenschaft auffindet: eine große Leistung wird überhoben, alles andere soll dagegen verschwinden. Alle Anstrengungen werden auf Ausbildung dieser Richtung verwendet, und es wird ein System aufgestellt, welches diese Erscheinungen zur Basis hat. Da erscheinen Tatsachen im Widerspruch mit den so entstandenen Ansichten. Für die Einen Grund genug, die Theorie zu verlassen, für Andere nur ein Sporn, dieselbe auch mit den neuen Versuchen in Harmonie zu bringen, was sie zwingt, ihre Zuflucht zu weiteren Hypothesen zu nehmen. So entwickelt sich ein Streit, der erst endet, wenn den Verehrern der älteren Ansicht die Augen aufgehen, wenn sie erkennen, wie sehr man die anfangs so einfache und elegante Theorie verunstaltet hat. Nun fällt alles darüber her und niemand kann mehr begreifen, wie man sich jemals von solchen Ansichten hat leiten lassen können. Da, wo man früher höchste Weisheit zu erkennen glaubte, sieht man dann größte Torheit. So ändern sich die Zeiten!

Auch den elektrochemischen Theorien erging es ähnlich. Bedenkt man die erstaunlichen Entdeckungen, welche mittels des galvanischen Stromes zutage kamen, so begreift man die Bedeutung, welche man damals den elektrischen Erscheinungen beilegte, und ich glaube annehmen zu dürfen, daß wir ähnlich handeln würden, wenn wir in dieselbe Lage kämen. Hören Sie und urteilen Sie selbst!

---

[1]) Auf die neuerdings ausgearbeiteten elektrochemischen Theorien wird erst in den letzten Vorlesungen Rücksicht genommen.

Im Jahre 1789 entdeckte Galvani[2]), daß bei gleichzeitiger Berührung von Muskel und Nerv eines Frosches durch zwei verschiedene Metalle, welche untereinander in leitender Verbindung stehen, derselbe in Zuckungen gerät. Galvani's Erklärung dieser Tatsache, wonach der Sitz der elektrischen Kraft im Froschmuskel sei, den er mit einer Leydener Flasche vergleicht, ward 1792 von Volta bestritten[3]). Dieser nahm an, daß die Berührung zweier heterogener Metalle eine elektrische Strömung veranlaßt, so daß wir Volta als den Begründer der Kontakttheorie betrachten müssen[4]), während Ritter zuerst die engen Beziehungen zwischen Elektrizität und Chemie aufdeckte[5]), indem er zeigte, daß die elektrische Spannungsreihe mit der Ordnung, in der sich die Metalle gegenseitig fällen, identisch ist. Auch hat er zuerst die chemische Reaktion als Ursache des elektrischen Stromes erkannt. Er schreibt[6]): „Solange kein chemischer Prozeß vorgeht, ist die Kette ohne Wirkung. Aber sie ist von Wirkung, sobald zwischen den Leitern beider Klassen ein solcher vorgeht." Zwischen beiden Auffassungen der Kontakttheorie und der elektrochemischen Theorie entstand ein Kampf, der Jahrzehnte währte, und selbst, nachdem Helmholtz in seiner berühmten Abhandlung „Über die Erhaltung der Kraft"[7]), in klarster Weise den Zusammenhang zwischen Chemismus und Strömungselektrizität klargelegt, finden wir noch Anhänger der Kontakttheorie, mit denen wir uns aber nicht weiter zu beschäftigen haben.

Nicholson und Carlisle machten im Jahre 1800 die Entdeckung[8]), daß bei der Entladung der galvanischen Säule durch

---

[2]) De viribus el. in motu musculari commentarius in den commentariis Acad. Bononiae Taf. VII, 1791. — [3]) Giornale Physico-medico di D. Brugnatelli II, 146 bis 241. — Grens Journal für Physik Bd. II. — [4]) Brugnatelli, Giornale phys. medico, Bd. 13 und 14, übersetzt von Ritter. — [5]) Beweis, daß ein beständiger Galvanismus den Lebensprozeß im Tierreich begleite, Weimar 1798. — Gilbert, Ann. der Physik II, 80. Beiträge zur näheren Kenntnis des Galvanismus. Jena 1800. — [6]) Ritter, Das elektrische System der Körper, S. 62. Leipzig 1805. — [7]) Berlin, Reimer 1847. — [8]) Gilbert, Ann. der Physik VI, 350. Schon 1789 war die Zerlegung des Wassers Deimann und Paetz von Troostwyk mit Hilfe einer großen Elektrisiermaschine gelungen.

Wasser dieses in seine Bestandteile, Wasserstoff und Sauerstoff, zerlegt wird. Vielfach wurde versucht, ähnliche Erscheinungen auch bei anderen Substanzen hervorzurufen, doch rührt die erste größere Arbeit über die Art der Zersetzung chemischer Verbindungen durch den elektrischen Strom von Berzelius und Hisinger her und wurde im Jahre 1803 publiziert[9]. Die beiden Forscher studierten hauptsächlich die Einwirkung der dynamischen Elektrizität auf Salzlösungen, ferner auf Ammoniak, Schwefelsäure usw. Ihr Apparat war so eingerichtet, daß sie die an den verschiedenen Polen ausgeschiedenen Bestandteile getrennt auffangen konnten. Auf diese Weise gelangten sie zu dem höchst merkwürdigen Resultate, daß sich die Körper hinsichtlich ihres Verhaltens dem galvanischen Strome gegenüber in zwei Gruppen teilen lassen; daß sich der Wasserstoff, die Metalle, die Metalloxyde, die Alkalien, die Erden usw. am negativen Pole, der Sauerstoff, die Säuren usw. dagegen am positiven Pole der Kette ausscheiden. Außerdem glaubten sie Beziehungen entdeckt zu haben, zwischen den zersetzten Quantitäten der Stoffe, ihren gegenseitigen Affinitäten und den Elektrizitätsmengen der Kette.

Über die Ursache der Zersetzung sprechen sie sich nur sehr unbestimmt aus; sie glauben, man könne dieselbe durch eine größere oder geringere Anziehung erklären, welche die Elektrizität auf die verschiedenen Körper ausübe.

Ich wende mich nun zu Humphry Davy's Untersuchungen, die, wie er selbst sagt, im Jahre 1800 begonnen haben[10]. Er eröffnete dieselben mit einer scheinbar ganz unbedeutenden Frage. Schon bei den ersten Versuchen über die Wasserzersetzung[11] glaubte man bemerkt zu haben, daß durch die Elektrolyse alkalische und saure Substanzen entständen. Cruikshank[12] und Brugnatelli[13] bestätigten diese Beobachtung, und man glaubte an eine Verwandlung des Wassers in Alkalien und Säuren unter dem Einfluß der Elektrizität. Dieser Ansicht war schon Simon[14]

---

[9] Annales de chimie LI, 167. — [10] Phil. Trans. 1807, p. 2. — [11] Nicholsons Journ. IV, 183. — [12] Ann. de chim. XXXVII, 233. — [13] Phil. Mag. IX, 181. — [14] Gilbert, Ann. der Physik 1801, 5. Heft; Ann. de chim. XLVI, 106.

entgegengetreten und H. Davy hat sie durch entscheidende Versuche widerlegt [15]).

Er läßt die Zersetzung in Gefäßen von verschiedenem Material vor sich gehen, in Glas, Achat, Gold usw., und überzeugt sich, daß die Art und Menge der auftretenden Körper hierbei verändert wird, was ihn zu der Annahme einer Zersetzung des Gefäßes führt. Aber selbst wenn er die Zerlegungen in goldenen Bechern ausführt, bemerkt er das Auftreten des flüchtigen Alkalis (Ammoniaks) und der Salpetersäure. Diese, so schließt er jetzt, können ihre Entstehung der Luft (dem Stickstoff) verdanken, welche im Wasser absorbiert gewesen. Um sich von der Richtigkeit dieser Ansicht zu überzeugen, läßt er die Zersetzung in geschlossenen Räumen vor sich gehen, pumpt die Luft über dem Wasser aus und stellt eine Wasserstoffatmosphäre her. Es gelingt ihm so nachzuweisen, daß durch die Wirkung des elektrischen Stromes das reine Wasser in seine Bestandteile, Wasserstoff und Sauerstoff, zerlegt wird, daß dabei aber keinerlei Verwandlung desselben eintritt und daß alle derartigen Beobachtungen entweder durch eine Einwirkung auf das Gefäß, in welchem der Versuch vorgenommen wurde, oder durch eine Verunreinigung des Wassers zu erklären sind.

Diese Arbeit ist in vieler Hinsicht vergleichbar mit den ersten Versuchen Lavoisier's [16]). In beiden Fällen wird eine auf ungenauer Beobachtung beruhende Angabe zu widerlegen gesucht und zwar nicht durch Spekulation, nicht durch die Behauptung, dieselbe stehe mit allgemeinen Ansichten usw. im Widerspruch, sondern es werden den früheren oberflächlichen Versuchen, Experimente mit genauester Beachtung aller Bedingungen entgegengestellt, und in beiden Fällen wird der Zweck erreicht; die falsche ältere Ansicht wird durch eine richtige ersetzt. Oft werden solche Resultate, wie die hier von Lavoisier und Davy erhaltenen, negative genannt; allein Sie werden mir sicher beistimmen, wenn ich behaupte, daß sie von großem positivem Werte sein können.

---

[15]) Bakerian Lecture 1806. — [16]) S. S. 23.

Freilich bleibt Davy hierbei nicht stehen. Er untersucht jetzt die Zerlegung von Salzlösungen und findet Hisinger's und Berzelius' Angaben bestätigt. Doch verfährt er mit noch größerer Umsicht und sucht die Phänomene genauer zu verfolgen. Es stehen ihm alle Mittel zu Gebote und er versagt sich keines.

Die direkte Beobachtung zeigt Davy, daß durch den Strom der Wasserstoff, die Alkalien, die Metalle usw. an dem negativen Pole, der Sauerstoff und die Säuren am positiven Pole ausgeschieden werden. Er schließt daraus, daß die ersteren Substanzen eine positive elektrische Energie, der Sauerstoff und die Säuren aber eine negative Energie erhalten haben, daß hier wie immer die entgegengesetzt elektrisierten Körper sich anziehen und daß deshalb die positiven sich am negativen Pole ausscheiden und umgekehrt. Durch diese Annahme hat Davy eine Vorstellung, oder wenn Sie wollen, eine Erklärung für die im Stromkreise beobachteten Zersetzungserscheinungen gewonnen. Er geht aber einen Schritt weiter und sucht alle chemische Verbindung und Trennung auf ähnliche Ursachen zurückzuführen.

Volta, wie Sie wissen [17]), hatte angenommen, daß die bloße Berührung zweier heterogener Körper hinreicht, dieselben in entgegengesetzte elektrische Zustände zu versetzen; diese Hypothese erklärte ihm und seinen zahlreichen Anhängern das Entstehen des elektrischen Stromes. Davy bekannte sich zu dieser Ansicht und suchte ihre Richtigkeit durch direkte Versuche nachzuweisen [18]). Er berührte trockene, isolierte Säuren mit Metallen und zeigte mittels des Goldblattelektrometers, daß erstere hierdurch negativ, die Metalle aber positiv elektrisch werden; ähnliche Erscheinungen beobachtete er beim Reiben von Schwefel an Kupfer; ersterer wurde negativ, letzteres positiv. Davy fand weiter, daß diese elektrischen Spannungen, welche z. B. im letzten Falle bei gewöhnlicher Temperatur nur unbedeutend sind, beim Erwärmen beträchtlich zunehmen und beim Schmelzpunkt des Schwefels sehr groß sind. Bei noch weiterer Temperaturerhöhung vereinigen sich dann die beiden Körper unter Glüherscheinung,

---

[17]) Brugnatelli, Ann. di Chim. XIII u. XIV; vgl. auch Ann. de chimie XL, 225. — [18]) Phil. Trans. 1807, p. 32.

und die erhaltene Verbindung ist unelektrisch. Hieraus schließt Davy, daß die Verbindung in einem Austausch der entgegengesetzten Elektrizitäten beruht, und daß Wärme und Licht, welche gleichzeitig auftreten, eine Folge dieses Austausches sind. Chemische Affinität wird nach ihm durch verschiedenes elektrisches Verhalten hervorgebracht, und mit dem größeren oder geringeren Unterschiede wächst die Verwandtschaft, oder sie nimmt ab. Bei bedeutender Spannungsdifferenz tritt bei dem Ausgleich Feuererscheinung auf, bei schwach elektrisierten Körpern werden nur geringe Mengen von Wärme frei; immer aber muß, wenn überhaupt Verbindung eintreten soll, die elektrische Energie die Kohäsion der Substanzen überwinden können. Davy sucht die Abhängigkeit der chemischen Verwandtschaft von dem elektrischen Zustande direkt nachzuweisen, indem er sagt [19]):

„Wie die chemische Anziehung zwischen zwei Körpern aufhört, sobald man den einen künstlich in einen anderen elektrischen Zustand versetzt, als der ist, den er gewöhnlich besitzt, d. h. indem man ihm denselben elektrischen Zustand gibt, den der andere hat, so kann man auch ihre Affinität vermehren, indem man ihre natürlichen elektrischen Energien erhöht. So wird z. B. das Zink der Oxydation unfähig, wenn es negativ elektrisiert wird, das Silber dagegen verbindet sich sehr leicht mit Sauerstoff, wenn es stark positiv elektrisch ist. Ähnliches gilt für andere Metalle."

An einer anderen Stelle bemerkt er, daß die chemische Anziehung, wenn keine Kohäsion vorhanden wäre, den elektrischen Kräften proportional sein müßte; beides sind für ihn Wirkungen derselben Kraft; erstreckt sich diese auf die Massen der Körper, so entsteht Elektrizität, bei der Erregung der kleinsten Teilchen, Affinität [20]). Durch den elektrischen Strom wird den Atomen die bei der Verbindung freigewordene Elektrizität wieder zugeführt, und hierdurch tritt Zerlegung ein; dabei geht der positive Körper an den negativen Pol und umgekehrt.

---

[19]) Phil. Trans. 1807, p. 39. — [20]) Davy, Elements of chem. philosophy, p. 165.

Sie werden mir zugeben, daß diese Ansichten von einer einfachen und klaren Idee ausgehen und daß sie hieraus die Beobachtungen in leichtverständlicher Weise erklären; sie erfüllen also die Bedingungen, welche man an eine wissenschaftliche Hypothese stellen kann und sichern ihrem Begründer, Davy, für immer den Namen eines originellen Forschers. Sein Ruhm verbreitete sich rasch und als es ihm ein Jahr später gelang, die Metalle der Alkalien zu entdecken, da schien es, als ob erst er der Chemie den richtigen Weg gezeigt habe. Freilich waren es nur kurze Sonnenblicke, die Davy's Theorie erleuchteten; nach 10 Jahren schon sehen wir dieselbe verlassen. Sie mußte fallen, sobald die Berührung heterogener Körper nicht mehr als Quelle der Elektrizitätserregung angesehen wurde, und diese Ansicht wurde bald lebhaft angegriffen. Namentlich Ritter zeigte[21], daß galvanische Ströme nur dann entstehen, wenn gleichzeitig chemische Zersetzungen stattfinden; er nimmt an, daß die elektrischen Erscheinungen eine Folge der chemischen Prozesse sind, daß aber die Berührung nicht dazu hinreiche.

Hiermit war Davy's Theorie nicht in Einklang zu bringen; sie wurde aufgegeben, nicht aus chemischen, sondern aus physikalischen Gründen; aber schon war ein neues System entstanden, welches die Stelle des alten mit Erfolg einnehmen konnte. Es ist die elektrochemische Theorie von Berzelius. Ich verschiebe ihre Besprechung jedoch auf die nächste Vorlesung, da sie mich nötigt, auf Berzelius' Arbeiten überhaupt einzugehen, und ich jetzt Davy's Einfluß auf die Chemie noch dadurch näher charakterisieren will, daß ich Ihnen einiges über seine Entdeckung des Kaliums und Natriums mitteile, und daran die Diskussion über die Natur dieser Körper knüpfe.

Bei seinen Untersuchungen über die Verwandlung des Wassers in saure und basische Körper hatte Davy Gelegenheit gehabt, die zersetzende Kraft des elektrischen Stromes kennen zu lernen, da demselben nicht einmal Glas, Achat oder Feldspat zu widerstehen vermocht hatten. Er kam so auf die Idee, auch die

---

[21] Ritter, Elektrisches System, S. 62; siehe auch Gehlerts physik. Wörterbuch IV, 795.

Alkalien dieser Einwirkung auszusetzen, um sie in ihre Bestandteile, wenn solche vorhanden, zu trennen [22]). Er wendet zu dem Versuche zuerst wässerige koncentrierte Lösungen von Kali und Natron an, und da es ihm hier nicht gelingt, die Zersetzungsprodukte zu erhalten, so leitet er den Strom durch geschmolzenes Ätzkali. Er bemerkt jetzt die Bildung kleiner Metallkugeln, die aber mit lebhaftem Glanz verbrennen, sobald sie mit der Luft in Berührung kommen. Durch zweckmäßige Einrichtungen gelingt es ihm jedoch, kleine Mengen von Kalium und Natrium zu isolieren und ihre wesentlichsten Eigenschaften zu studieren. Beiläufig will ich bemerken, daß er das Kalium nur im flüssigen Zustande erhält; erst Gay-Lussac und Thénard, welche 1808 die Darstellung der Alkalimetalle mittels Reduktion durch Eisen lehrten [23]), auf diese Weise weit größere Quantitäten der neuen Körper zu ihrer Verfügung hatten und auch reinere Materialien benutzten, haben nachgewiesen, daß das Kalium bei gewöhnlicher Temperatur fest ist.

Ich kann mich hier nicht darauf einlassen, Ihnen die vollständige Geschichte des Kaliums und Natriums vorzutragen, welche dadurch an Interesse gewinnt, daß alle Versuche Davy's durch die französischen Chemiker sofort kontrolliert werden, daß diese dann auch selbständige Resultate zutage fördern, die Davy wieder anzweifelt usw.; allein ein Punkt dieser ziemlich lebhaft geführten Diskussion scheint mir wichtig genug, unsere Aufmerksamkeit zu verdienen: die Ansicht über die Konstitution des Kaliums und Natriums, und ihre Beziehung zu den Alkalien.

Davy hatte beobachtet, daß bei der Zerlegung der Alkalien, das Kalium oder Natrium am negativen Pole auftreten, während am positiven Pole gleichzeitig Sauerstoff entwickelt wird [24]). Er hatte außerdem gefunden, daß die neuen Körper die Eigenschaft haben, Metalloxyde zu reduzieren [25]) und glaubte zu wissen [26]), daß sich beim Verbrennen derselben in Sauerstoff das Alkali regeneriere. Aus diesen Resultaten zieht er den Schluß, daß die Alkalien Metalloxyde sind, und daß die von ihm entdeckten

---

[22]) Phil. Trans. 1808, p. 1. — [23]) Ann. de Chim. LXV, 325. — [24]) Phil. Trans. 1808, p. 6. — [25]) Ibid. p. 19. — [26]) Ibid. p. 8.

Körper eben jene Metalle darstellen[27]). Für diese Ansicht sprachen die physikalischen Eigenschaften derselben, namentlich ihr Metallglanz, während ihr geringes spezifisches Gewicht ein Grund, doch kein genügender, gegen die Annahme zu sein schien. Davy schlägt daher für die Substanzen die Namen *Potassium* und *Sodium* vor, welche schon durch ihre Endung die metallische Natur ausdrücken sollen.

Diese Hypothese über die Konstitution der Alkalien steht damals so fest bei Davy, daß er auch viele andere Körper, über deren Zusammensetzung man noch nicht so recht im klaren war, für Oxyde hält. So nimmt er, wie seine Zeitgenossen, in der Salzsäure Sauerstoff an und stellt, entgegen den Versuchen Berthollet's[28]), die Behauptung auf, daß auch das Ammoniakgas eine Sauerstoffverbindung sei[29]), vermutet die Anwesenheit dieses Elementes in der Kieselsäure, welche er zu reduzieren sucht[30]), in den Erden, deren Reduktion ihm bekanntlich gelungen ist[31]), schließlich aber auch im Phosphor und Schwefel[32]), eine Ansicht, welche durch Gay-Lussac und Thénard widerlegt wurde[33]).

Einige Zeit später, als er mit der Untersuchung des Ammoniumamalgams beschäftigt ist[34]), welches kurz vorher von Seebeck entdeckt[35]) und durch Berzelius und Pontin näher studiert worden war[36]), und dessen Verhalten er dem der übrigen Amalgame analog findet, nimmt er an, dasselbe entstehe durch Verbindung des Quecksilbers mit einer metallähnlichen hypothetischen Substanz, dem Ammonium, welches selbst Wasserstoff und Ammoniak enthalte. Indem er dann das Ammonium den Metallen gegenüberstellt, kommt er dazu, diesen eine ähnliche Konstitution zuzuschreiben, wie jenem, d. h. auch in ihnen Wasserstoff vorauszusetzen, welcher ihre Verbrennlichkeit erklären konnte. Davy gibt dies als eine Möglichkeit, welche er sehr richtig mit

---

[27]) Phil. Trans. 1808, p. 32. — [28]) Mémoires de l'Academie 1785, p. 324; Stat. chim. II, 280. — [29]) Phil. Trans. 1808, p. 35. — [30]) Ibid. 1810, p. 59. — [31]) Ibid. 1810, p. 16, 62 etc. — [32]) Ibid. 1809, p. 67 etc.; Ann. de Chimie LXXVI, 145. — [33]) Rech. physico-chimiques I, 187. — [34]) Phil. Trans. 1810, p. 37. — [35]) Gehlen, Journal für Chemie und Physik V, 482. — [36]) Bibliothéque brit. 1809, p. 122, Nr. 323 u. 324.

Cavendish's Phlogistontheorie identisch erkennt und selbstverständlich auch auf Kalium und Natrium ausdehnt.

Ungefähr gleichzeitig gelangten auch Gay-Lussac und Thénard zu derselben Ansicht[37]). Sie hatten die Einwirkung des Kaliums auf Ammoniakgas untersucht und dabei unter Wasserstoffentwicklung die Bildung einer grünen Substanz (des Kaliumamids) beobachtet. Bei diesem Versuche, welchen sie quantitativ ausführten, fanden sie die Menge des entwickelten Wasserstoffgases gleich der, welche dasselbe Gewicht Kalium aus Wasser frei gemacht haben würde, und zeigten außerdem, daß durch die Zersetzung der grünen Substanz durch Wasser neben Kali das gesamte angewendete Ammoniak regeneriert werde. Sie erklärten sich diese Beobachtungen durch die Annahme, daß das Kalium aus Kali und Wasserstoff bestehe, daß letzterer sowohl bei Behandlung mit Wasser als mit Ammoniak in Freiheit gesetzt werde, wobei sich gleichzeitig das Alkali mit Wasser oder Ammoniak verbinde. Für sie war also das Kaliumamid aus Ammoniak und Kali zusammengesetzt, in welche Bestandteile es sich bei der Einwirkung des Wassers zerlegen sollte.

Davy war unterdessen zu seiner ersten Erklärungsweise zurückgekehrt und greift jetzt die neuesten von Gay-Lussac und Thénard erhaltenen Resultate an[38]). Doch steht er hinsichlich der Genauigkeit des Versuchs hinter seinen Gegnern zurück, während er glücklicher und geistreicher ist in bezug auf die Interpretation. Für ihn rührt die Wasserstoffentwicklung bei der Einwirkung des Kaliums auf das Ammoniak von einer Zersetzung des letzteren her. Die grüne Substanz ist nach ihm aus Kalium und dem Rest des Ammoniakgases zusammengesetzt. Bei der Behandlung mit Wasser zerfällt das letztere in seine Bestandteile, regeneriert Ammoniak und gibt seinen Sauerstoff an das Kalium ab, welches hierdurch in Kali übergeht[39]). — Da er außerdem das geschmolzene Ätzkali für wasserfrei hält, so findet er in den Bedingungen der Darstellung des Kaliums einen Grund gegen seinen Wasserstoffgehalt.

---

[37]) Ann. de chim. LXVI, 203. — [38]) Ibid. LXX, 244, Anm. — [39]) Ibid. LXXV, 168 f., 264.

Gay-Lussac und Thénard verharren anfangs in ihrer früheren Vorstellung, Kalium und Natrium seien Wasserstoffverbindungen [40]), sie werden darin durch Berthollet's [41]) und D'Arcet's [42]) aus jener Zeit stammende Angabe über den Wassergehalt des geschmolzenen Kalis unterstützt. Im Jahre 1811 treten sie aber zu Davy's Ansicht über [43]). Der Grund ihres Meinungswechsels ist in folgenden Tatsachen zu finden: Sie hatten beobachtet, daß der durch Verbrennung des Kaliums entstehende Körper von Kali verschieden ist, mehr Sauerstoff als dieses enthält [44]), und machen darauf aufmerksam, daß der Wasserstoffgehalt des Kaliums einen Wassergehalt des neuen Oxydes bedinge, da bei der Verbrennung das Auftreten von freiem Wasser nicht bemerkt werde. Da nun weiter ihr Körper von trockener Kohlensäure in Sauerstoff und kohlensaures Kali zerlegt wird, so führt die Hypothese von der Zusammensetzung des Kaliums zu der Annahme von Wasser in Salzen, bei denen die Analyse keines anzeigt.

Von jener Zeit an ward die Unzerlegbarkeit der Metalle nicht mehr ernstlich bezweifelt. Damals wurde auch durch entscheidende Versuche Gay-Lussac's und Thénard's die elementare Natur von Phosphor und Schwefel aufs neue begründet [45]) und durch Berthollet Sohn der Sauerstoffgehalt des Ammoniaks als Irrtum erkannt [46]).

Lassen Sie mich hieran noch eine wissenschaftliche Diskussion zwischen Davy einerseits und Gay-Lussac und Thénard andererseits knüpfen, welche insofern von Bedeutung ist, als sie dazu führte, Lavoisier's Säuretheorie umzustoßen. Es handelt sich um die Zusammensetzung der Salzsäure. Lavoisier hatte auch in dieser, ebenso wie in allen Säuren, Sauerstoff angenommen. Die Gegenwart desselben war freilich niemals nachgewiesen worden, allein die allgemeine Theorie verlangte solches, und da sie fast ohne Ausnahme anerkannt war, so schien die Gegenwart von Sauerstoff in der Salzsäure nicht bezweifelt zu werden. Ich

---

[40]) Ann. de chim. LXXV, 299. — [41]) Mém. de la Soc. d'Arcueil II, 53. — [42]) Ann. de chim. LXVIII, 175. — [43]) Rech. phys. chim. II, 250 etc. — [44]) Ibid. I, 125. — [45]) Ann. de chim. LXXIII, 229. — [46]) Mém. de la Soc. d'Arcueil II, 268.

sage „fast allgemein anerkannt", denn Berthollet z. B. war anderer Ansicht. Derselbe hatte 1787 die von Scheele entdeckte Blausäure untersucht[47]) und darin nur Kohlenstoff, Wasserstoff und Stickstoff gefunden; man wußte außerdem durch Scheele's Untersuchungen, daß der Schwefelwasserstoff nur die Substanzen enthält, welche der Name andeutet, und so hielt sich denn Berthollet für berechtigt, auch andere Elemente neben dem Sauerstoff als säureerzeugend zu betrachten[48]). Er scheint übrigens mit dieser Meinung nicht viele Anhänger gefunden zu haben, und was die Salzsäure betrifft, so nahm er darin auch Sauerstoff an. Das Chlor wurde als oxydierte Salzsäure angesehen, es sollte durch Sauerstoffaufnahme aus dieser entstehen.

In diesen Ansichten ward man durch Henry's Versuche und die Deutung, die er ihnen gab, bestärkt[49]). Derselbe ließ durch gasförmige Chlorwasserstoffsäure, die über Quecksilber aufbewahrt war, elektrische Funken schlagen und erhielt Wasserstoffgas, während gleichzeitig das Metall angegriffen wurde, wie er glaubte, durch freien Sauerstoff. Dies führte ihn zu der Annahme von Wasser in der Salzsäure, was allgemein Anklang fand, da hiermit die Untersuchungen Anderer übereinzustimmen schienen.

Davy hatte im Jahre 1808 die Chlorwasserstoffsäure durch Natrium zersetzt[50]) und auf diese Weise Wasserstoff und Kochsalz erhalten, das er auch durch Verbrennen von Natrium in Chlor dargestellt hatte. Er wies 1809 nach, daß die Chlormetalle *(muriates)* beim Erhitzen mit Phosphorsäure- oder Kieselsäureanhydrid nicht zerlegt werden, daß aber sofort Zersetzung eintritt, sobald man Wasserdampf über das Gemenge leitet[51]). Davy glaubte in der Henry'schen Hypothese die Erklärung dieses Versuches zu finden: die Salzsäure konnte sich erst ausscheiden, sobald sie die zu ihrer Existenz nötige Wassermenge vorfand. In jener Zeit zeigten ferner Gay-Lussac und Thénard, daß sich bei der Einwirkung dieser Säure auf Silberoxyd neben Chlorsilber Wasser bildet, welches sie als vorher schon in der Salz-

---

[47]) Ann. de chim. I, 30. — [48]) Berthollet, Stat. chimique II, 8. — [49]) Phil. Trans. 1800, p. 191. — [50]) Ibid. 1809, p. 91. — [51]) Ibid. 1809, p. 93.

säure enthalten, annahmen [52]). Sie führten dann die Synthese des mehrfach erwähnten Körpers aus, indem sie Chlor und Wasserstoff dem Sonnenlicht aussetzten [53]). Bei dieser Gelegenheit stellten sie eine vollständige Theorie für Salzsäuregas und Chlor auf, mit der sie alle Versuche erklären konnten [54]). Für sie ist der erstere Körper die Verbindung eines unbekannten Radikals, des *muriaticum*, mit Sauerstoff und Wasser; Chlor dagegen ist wasserfreie Salzsäure mit mehr Sauerstoff verbunden oder auch gewöhnliche Salzsäure weniger Wasserstoff, wodurch sich dann der oben erwähnte Versuch der synthetischen Bildung des Chlorwasserstoffs sehr einfach erklärt. In ebenso logischer Weise lassen sich die übrigen hierher gehörigen Tatsachen aus dieser Hypothese folgern. Freilich bemühten sich die beiden französischen Gelehrten vergebens, den vermuteten Sauerstoffgehalt direkt nachzuweisen; ohne Erfolg leiteten sie salzsaures Gas über glühende Kohle, keine Veränderung war bemerkbar, und dieses negative Resultat mag sie wohl zu einer anderen Interpretation geführt haben [55]). Sie weisen darauf hin, daß auch die Hypothese, das Chlor *(acide muriatique oxygené)* sei ein einfacher Körper und die Salzsäure die Wasserstoffverbindung desselben, als Basis den beobachteten Erscheinungen dienen könne; sie ziehen aber vor, der alten Ansicht treu zu bleiben.

H. Davy, der, wie es scheint, selbständig zu der gleichen Annahme gelangt, nennt sich einen entschiedenen Anhänger derselben [56]). Er legt großen Wert darauf, daß sie mit der ursprünglichen Idee Scheele's, wonach Chlor dephlogistierte Salzsäure war, übereinstimme, und sucht sie durch neue Argumente und Versuche zu stützen. Er macht darauf aufmerksam, daß das Chlor nicht durch Entziehung von Sauerstoff, sondern nur bei der Behandlung mit wasserstoffhaltigen Körpern in Salzsäure übergeht, daß dasselbe ein neutraler Körper ist, und daß dies bei Zugrundelegung der alten Hypothese nicht mit der Lavoisier'schen Theorie übereinstimme, da man anzunehmen

---

[52]) Rech. phys. chim. II, 118. — [53]) Ibid. II, 159. — [54]) Mém. de la Soc. d'Areueil II, 339; Bullet. de la Soc. phil., No. 18, Mai 1809. — [55]) Mém. de la Soc. d'Arcueil II, 357. — [56]) Ann. de chim. LXXVI, 112 u. 129.

gezwungen werde, daß aus einer Säure durch Zuführung von Sauerstoff eine gegen Lackmus indifferente Substanz entstehe; schließlich hält er den Chemikern vor, zu wie vielen hypothetischen Substanzen man seine Zuflucht nehmen müsse, wenn man die ältere Ansicht aufrecht erhalten wolle, während die neue die Tatsachen in einfachster Weise interpretiere.

Gay-Lussac und Thénard geben dies nicht zu. Im Jahre 1811, als sie ihre Untersuchungen vollständig unter dem Titel: *Recherches physico-chimiques* publizieren, stellen sie beide Theorien nebeneinander und zeigen, wie beide den Tatsachen genügen [57]). Trotzdem erklären sie sich gegen das neue System. Der Grund, den sie dafür mitteilen, verdient angeführt zu werden: Wäre das Chlor ein einfacher Körper, so müßte das trockene Kochsalz beim Lösen in Wasser dieses zersetzen, damit salzsaures Natron entsteht, was ihnen mehr als unwahrscheinlich vorkommt. Nebenbei waren sie zu große Verehrer von Lavoisier, um einen von diesem aufgestellten Satz, wie den, daß alle Säuren Sauerstoff enthalten, so leichten Kaufes preiszugeben.

Nicht lange jedoch half ihr Sträuben, die Macht der Tatsachen war stärker als sie, und Gay-Lussac war ein viel zu klar sehender Kopf, um ihnen gegenüber blind zu sein. Übrigens waren es namentlich seine eigenen Versuche über das Jod [58]), das Courtois aufgefunden und Clément [59]) beschrieben hatte, dessen Analogie mit dem Chlor er erkannte und hervorhob, und die Entdeckung der Jodwasserstoffsäure, welche ihn im Jahre 1813 zu einem Anhänger der Davy'schen Ansicht machten. Von nun an bricht sich diese immer mehr Bahn, und selbst Berzelius vermag nicht, die Richtung der Ideen zu verändern, obgleich er in einer Abhandlung von 1815 sich alle erdenkliche Mühe gibt, die Chemiker von dem gewagten Schritte zurückzuhalten [60]). Nachdem er darauf hingewiesen hat, daß die Hypothese des *muriaticum* noch immer imstande ist, den Tatsachen Rechnung zu tragen, macht er darauf aufmerksam, wie nur diese

---

[57]) Rech. phys. chim. II, 94. — [58]) Ann. d. chim. XCI, 5. — [59]) Moniteur 1813, No. 336 u. 346. — [60]) Schweiger's Journ. f. Chemie XIV, 66.

mit der allgemeinen Säuretheorie übereinstimme, während man durch die Annahme, daß in der Salzsäure kein Sauerstoff vorhanden sei, eine Scheidewand ziehe zwischen dieser Verbindung und den übrigen Säuren, mit welchen sie doch die größte Ähnlichkeit zeige. Auch die Salze würden dann in zwei Klassen zerfallen müssen, d. h. man wäre gezwungen, in einer Gruppe von Körpern, deren Verhalten in jeder Beziehung ähnlich sei, Unterschiede in der Konstitution anzunehmen. Er glaubt ferner, aus den Verbindungsgesetzen schließen zu dürfen, daß das Chlor kein Element sei. Ich gehe darauf nicht näher ein, da seine Argumente nur wenig Erfolg hatten. Er kam damit zu spät. Gay-Lussac's Untersuchung der Blausäure (aus demselben Jahre[61]) beweist unwiderleglich die saure Natur dieser Verbindung und das Nichtvorhandensein von Sauerstoff, und so kann auch Berzelius Lavoisier's Definition der Säuren und des acifizierenden Prinzips nicht aufrecht erhalten.

Man sah sich jetzt nach einer anderen Ursache um, welche gewissen Körpern einen sauren Charakter verleiht. Der Begriff Säure erschien damals so bestimmt, die in diese Klasse gezählten Körper waren so entschieden getrennt von allen anderen Substanzen, daß man sich notwendig nach dem Grunde fragen mußte, welcher diesen Unterschied bedingte. Es ist außerdem nicht zu leugnen, daß Lavoisier und selbst die Chemiker aus dem Anfang unseres Jahrhunderts in gewisser Beziehung noch von den Ideen der griechischen Philosophen beherrscht waren. So wie diese allgemeine Eigenschaften dem Gehalt an einem gemeinsamen Bestandteil zuschrieben· und in demselben gewissermaßen jene personifizierten, so wie sie z. B. die Verbrennlichkeit durch die Gegenwart an Feuermaterie erklärten, so glaubte Lavoisier und seine Anhänger in dem Sauerstoff das säureerzeugende Prinzip gefunden zu haben.

Dementsprechend sehen wir auch Davy, nachdem er überzeugt war, daß die Salzsäure nur Wasserstoff und Chlor enthält, die Ansicht aussprechen, es sei das Chlor in derselben das

---

[61]) Ann. de chim. CV, 136.

acifizierende Prinzip, der Wasserstoff die Basis, das Radikal[62]). Später führt Gay-Lussac[63]) für die sauerstofffreien Säuren den Namen Wasserstoffsäuren, „Hydracides", ein und rechnet hierzu die Salzsäure, Blausäure, den Schwefelwasserstoff und die Jodwasserstoffsäure. Wenn auch die Ursache der sauren Natur eher in dem Chlor, Jod usw. als im Wasserstoff gefunden wurde, so war dieser doch der ihnen gemeinschaftliche Bestandteil und zur Bildung eines Namens daher besser geeignet. Davy's Untersuchungen über Chlorsäure und Jodsäure führen ihn zu viel allgemeineren Anschauungen. „Die sauren Eigenschaften sollen nicht durch Verbindung mit einem besonderen Element hervorgerufen werden, sondern sie entstehen durch besondere Verbindungen verschiedener Elemente"[64]).

Damals sucht er nachzuweisen, daß im Sauerstoff nicht der Grund liegen könne, welcher den eigentümlichen Charakter der Säure bestimmt. Denn wenn man z. B. dem Kochsalz Sauerstoff hinzufügt, so wird die Neutralität der Verbindung nicht gestört, während andererseits die Sättigungskapazität der Chlorsäure nicht geändert wird, wenn man ihr allen Sauerstoff entzieht. Dies veranlaßt Davy, die Chlorsäure nicht mehr als ein Oxyd des Radikals Chlor zu betrachten (gemäß der Lavoisier'schen Ansicht), welches mit Wasser verbunden das Säurehydrat bilde, er findet, daß die Chlorsäure ohne Wasser nicht bestehen kann, und sieht sie deshalb als eine ternäre Verbindung von Wasserstoff, Chlor und Sauerstoff an. Auch die Existenz des Euchlorin, welches er aus Chlorsäure und Salzsäure erhält[65]), gibt ihm einen Grund gegen Lavoisier's Hypothese über Säuren.

In Davy's Erörterungen finden sich die Grundlagen einer neuen Säuretheorie, doch hat er sie nicht weit genug verfolgt, sie hätten sonst vielleicht die Scheidung, die man jetzt zwischen sauerstofffreien und sauerstoffhaltigen Säuren zu machen anfing, vermieden. Ähnliches gilt auch von Dulong. Dieser hat 1815 der französischen Akademie eine Abhandlung vorgelesen, worin er seine Ansicht über Säuren niedergelegt hat. Leider scheint

---

[62]) Phil. Trans. 1810, p. 231. — [63]) Ann. de chim. XCI, 148; XCV, 162. — [64]) Phil. Trans. 1815, p. 218. — [65]) Ibid. 1811, p. 155.

jedoch die Arbeit nicht in extenso gedruckt worden zu sein, ich kann Ihnen daher nur weniges darüber berichten[66]. Dulong untersuchte damals die Oxalsäure (Kleesäure). Das Verhalten einiger Salze derselben, welche beim Erhitzen Wasser abgeben, brachte ihn auf die Idee, man könne den genannten Körper als eine Wasserstoffverbindung der Kohlensäure, als Hydrokohlensäure, betrachten. Beim Sättigen mit einem Metalloxyd verbindet sich der Sauerstoff desselben mit dem Wasserstoff der Oxalsäure zu Wasser, welches ausgetrieben werden kann, und eine Verbindung von Kohlensäure mit Metall bleibt zurück. Wir finden hier (bei Dulong und Davy) zum ersten Male die Ansicht vertreten, daß das bei der Salzbildung entstehende Wasser nicht vorher schon in der (Sauerstoff-) Säure enthalten sei, und daß im Salz nicht ein Metalloxyd, sondern das Metall als solches vorkommt.

Es wird berichtet, daß Dulong ähnliches auch für die übrigen Säuren angenommen habe, doch ist uns leider die Entwicklung seiner Ideen nicht überliefert. Übrigens fanden damals derartige Hypothesen nur wenig Anklang; von den verschiedensten Seiten wurden Stimmen laut, welche dieselben verdammten. Gay-Lussac erklärte sich entschieden dagegen[67], und Berzelius, der in jener Zeit anfing einen maßgebenden Einfluß auszuüben, führte jetzt, nachdem auch er die Existenz von sauerstofffreien Säuren zugeben mußte, eine strenge Grenze ein zwischen diesen und den sauerstoffhaltigen Verbindungen dieser Klasse, zwischen den Haloid- und den Amphidsalzen.

Wir dürfen jedoch nicht diesen einzelnen Punkt aus Berzelius' System herausgreifen; wir müssen dasselbe im Zusammenhang betrachten. Seine Ansichten sind von größter Bedeutung, da sie während 20 Jahren die theoretische Chemie beherrschten. Wir wollen ihnen die nächste Vorlesung widmen.

---

[66] Mém. de l'Acad. 1813—1815; Histoire p. CXCVIII; siehe auch Schweigger's Journ. f. Chem. XVII, 229. — [67] Ann. de chim. et de phys. I, 157 (1816).

Sechste Vorlesung.

Berzelius und sein chemisches System. — Dulong's und Petit's Gesetz. — Isomorphismus. — Prout's Hypothese. — Dumas' Dampfdichtebestimmungen. Gmelin und seine Schule.

———

Berzelius erhebt den Dualismus zur Basis seiner Theorien. Schon vor ihm hatte man die meisten Verbindungen als aus zwei Teilen bestehend angesehen. Eine einheitliche Betrachtungsweise in dieser Hinsicht wurde durch die elektrochemischen Erscheinungen in höherem Grade möglich, und diese in die Wissenschaft ein- und durchgeführt zu haben, ist das große Werk von Berzelius.

Für ihn werden zusammengesetzte Körper durch Nebeneinanderlagerung von Atomen hervorgebracht[1]. Aus den kleinsten Teilchen der Elemente entstehen so die Verbindungen erster Ordnung, welche ihrerseits zur Bildung der Verdindungen zweiter Ordnung Anlaß geben usw. Den Grund der Vereinigung zweier Atome sucht Berzelius, wie seine Vorgänger, in der Affinität, der Verwandtschaft, allein es ist für ihn, wie für Davy, diese wieder eine Folge der elektrischen Eigenschaften der kleinsten Teilchen. Er unterscheidet sich aber sehr wesentlich von dem englischen Chemiker in der Art, wie er die elektrische Verteilung annimmt. Auch kann man, ganz abgesehen davon, die beiden

———

[1] Essai sur la théorie des proportions chimiques et sur l'influence de l'Electricité, 1819, p. 26. S. auch Berzelius, Lehrbuch der Chemie, 1. Auflage, 3. Band, 1. Abteilung, vgl. auch Schweigger's Journal für Chemie und Physik VI, 119, 1812.

Theorien hinsichtlich ihrer Bedeutung für unsere Wissenschaft nicht vergleichen. Davy hatte wohl geniale Ideen ausgesprochen, in welcher Weise er sich die chemischen und elektrischen Erscheinungen zusammenhängend denke; er hat aber niemals aus diesen Hypothesen, mittels derer man eine Reihe von Tatsachen vortrefflich erklären könnte, eine Theorie zu schaffen gewußt, welche zur Grundlage eines chemischen Gebäudes hätte dienen können. Dies hat erst Berzelius getan — er hat es sich zur Lebensaufgabe gemacht, ein einheitliches System, welches auf alle bekannten Tatsachen anwendbar war, in der Chemie durchzuführen, und er hat es erreicht. Seine Ansichten haben daher für die Entwicklung der Chemie eine weit größere Bedeutung als die von Davy.

Nach Berzelius entsteht Elektrizität nicht erst durch die Berührung zweier Körper, sondern sie ist eine Eigenschaft der Materie, und zwar werden in jedem Atom zwei entgegengesetzte elektrische Pole vorausgesetzt[2]); dieselben enthalten aber nicht gleiche Mengen von Elektrizität, die Atome sind unipolar, die Elektrizität des einen Pols herrscht über die des anderen vor, so daß jedes Atom (also auch jedes Element) entweder positiv oder negativ elektrisch erscheint. In dieser Beziehung lassen sich die einfachen Körper in eine Reihe ordnen, so daß stets der vorhergehende elektronegativer ist als der folgende (Spannungsreihe). Der Sauerstoff steht obenan, er ist absolut elektronegativ[3]), während die anderen Körper nur relativ positiv oder negativ sind, je nachdem man sie mit Elementen vergleicht, die vor oder nach ihnen in der elektrischen Reihe stehen. Die Spannungsreihe stellt übrigens nicht eine Verwandtschaftstafel in dem Geoffroy-Bergmann'schen Sinne dar, sie drückt nicht die Affinität der einzelnen Körper zum Sauerstoff z. B. aus — Berzelius hat Berthollet's Lehren nicht vergessen — die Verwandtschaft ist nichts konstantes, von den physikalischen Bedingungen unabhängiges, wie es diese spezifische Unipolarität

---

[2]) Essai etc., p. 85. — [3]) In Schweigger, Journal f. Chemie VI, 129, wo er seine elektrochemische Theorie ausführlich darlegt, nennt Berzelius den Sauerstoff elektropositiv.

sein soll; auch weiß der schwedische Forscher wohl, daß der Sauerstoff den Metallen durch Kohle oder Schwefel, also durch andere elektronegative Körper entzogen werden kann. Die Affinität ist hauptsächlich bedingt durch die Intensität der Polarität, durch die Menge von Elektrizität, welche in beiden Polen enthalten ist. Diese aber ist variabel, sie ist veränderlich, namentlich mit der Temperatur. Im allgemeinen steigt sie bei Wärmezufuhr, und so erklärt sich, weshalb gewisse Verbindungen erst bei höherer Temperatur erfolgen [4].

Bei der Vereinigung zweier Elemente lagern sich die Atome mit ihren entgegengesetzten Polen nebeneinander und tauschen die freien Elektrizitäten aus, wodurch Wärme- und Lichterscheinungen hervorgerufen werden. Gleichzeitig erklärt sich der alte Grundsatz: Corpora non agunt nisi soluta, denn nur im flüssigen Zustande ist eine freie Beweglichkeit der kleinsten Partikeln möglich. — Wird eine Verbindung dem elektrischen Strome ausgesetzt, so erteilt dieser den Atomen wieder ihre ursprüngliche Polarität, wodurch dieselbe in ihre Bestandteile zerfällt.

Eine Verbindung erster Ordnung ist elektrisch (also auch chemisch) nicht wirkungslos, da bei der Vereinigung nur je ein Pol neutralisiert wird; sie ist noch unipolar und kann weitere Verbindungen (zweiter Ordnung) eingehen, die auch wieder mit elektrischen Kräften begabt sind; doch nehmen die Intensitäten derselben ab, je höher die Ordnung der Verbindung ist, da sich im allgemeinen die stärkeren Pole zuerst ausgleichen. Nach Berzelius hängt die spezifische Unipolarität der Oxyde nur von dem mit Sauerstoff verbundenen Radikal oder Element ab. Jener erzeugt die elektropositivsten und elektronegativsten Körper (Alkalien und Säuren); er kann nicht in beiden Fällen die Ursache sein und ist es deshalb in keinem Falle [5].

Alle chemischen Aktionen, also auch die dabei auftretenden Wärme- und Lichterscheinungen werden nach Berzelius durch

---

[4] Lehrb. d. Chem., Dresden 1827, III., 1. Abt., S. 73. — [5] Ibid. III., 1. Abt., S. 76.

Elektrizität hervorgebracht, „diese ist die erste Tätigkeitsursache der uns umgebenden Natur" [6]).

Soll ein Körper C die Verbindung AB zersetzen, so daß B frei wird, so muß C eine größere Menge elektrischer Polarität von A neutralisieren können, als es B tun kann. Ferner tritt nur dann ein doppelter Austausch zwischen AB und CD ein, wenn in AC und BD die elektrischen Polaritäten besser ausgeglichen sind, als sie es vorher waren. Bei derartigen Reaktionen nimmt Berzelius wie Berthollet einen Einfluß der vorhandenen Quantität und der Kohäsion auf die resultierenden Erscheinungen an, unterscheidet sich aber von diesem dadurch, daß er die Affinität von der Sättigungskapazität unabhängig, als Funktion der elektrischen Polarität betrachtet.

Diese Theorie wird die Basis der dualistischen Anschauungsweise. Berzelius begründet sie durch folgende Worte [7]):

„Sind die elektrochemischen Ansichten richtig, so folgt daraus, daß jede chemische Verbindung einzig und allein von zwei entgegengesetzten Kräften, der positiven und der negativen Elektrizität, abhängt, und daß also jede Verbindung aus zwei durch die Wirkung ihrer elektrochemischen Reaktion vereinigten Teilen zusammengesetzt sein muß, da es keine dritte Kraft gibt. Hieraus folgt, daß jeder zusammengesetzte Körper, welches auch die Anzahl seiner Bestandteile sein mag, in zwei Teile getrennt werden kann, wovon der eine positiv, der andere negativ elektrisch ist. So z. B. ist das schwefelsaure Natron nicht aus Schwefel, Sauerstoff und Natrium zusammengesetzt, sondern aus Schwefelsäure und Natron, die wiederum in einen positiven und negativen Bestandteil getrennt werden können. Ebenso kann auch der Alaun nicht als unmittelbar aus seinen Elementen zusammengesetzt betrachtet werden, sondern er ist als das Produkt der Reaktion zwischen schwefelsaurer Tonerde als negatives Element auf das schwefelsaure Kali als positives Element anzusehen, und so rechtfertigt die elektrochemische Theorie das, was ich über die zusammen-

---

[6]) Lehrb. d. Chem. III, 1. Abt., S. 77. — [7]) Ibid. S. 79.

gesetzten Atome erster, zweiter, dritter Ordnung usw. gesagt habe."

Wie Sie hieraus erkennen, hatte sich Berzelius eine bestimmte Ansicht über die Konstitution der Verbindungen gebildet; er ging darin so weit, daß er die unmittelbarste Annahme, die Substanz sei aus ihren elementaren Bestandteilen zusammengesetzt, für nicht zulässig hielt; er glaubte die Anordnung der Atome in den Verbindungen, hauptsächlich durch die Spaltung, welche sie unter dem Einfluß des elektrischen Stromes zeigten, so genau zu kennen, daß er nur eine bestimmte Auffassung für möglich hielt.

Als Anhang zu den Verbindungen betrachtet Berzelius die Lösungen, welche er nicht in eine Klasse mit ihnen stellt, schon deshalb, weil bei denselben ein Wärmeverbrauch beobachtet wird, dabei also kein elektrischer Ausgleich statthaben kann[8]).

Ehe ich mich zu den weiteren Darlegungen des Berzelius'schen Systems, namentlich zu der interessanten und äußerst wichtigen Methode seiner Atomgewichtsbestimmungen wende, will ich einiges über die Nomenklatur[9]) und Zeichenlehre[10]) anführen, welche derselbe schon einige Jahre früher vorgeschlagen hatte. Ich kann mich dabei um so kürzer fassen, als die erstere nur eine Vervollkommnung der durch Guyton, Lavoisier, Berthollet und Fourcroy[11]) eingeführten Methode ist, und Ihnen beides wohl bekannt ist, ich mich also auf das beschränken kann, was von wesentlicher Bedeutung ist, oder Berzelius Standpunkt charakterisiert.

Die Körper zerfallen in ponderable und imponderable. Zu den letzteren gehört die Elektrizität, der Magnetismus, Wärme und Licht. Die ersteren werden eingeteilt in Elemente und Verbindungen, Lösungen und Gemenge. Zu den einfachen Körpern rechnet er die Metalle und die Metalloide. Er gebraucht hier ein Wort, dessen sich schon Erman vor ihm zur Bezeichnung der Alkali- und Erdmetalle bedient hatte[12]); doch erst

---

[8]) Lehrbuch der Chemie III, 1. Abt., S. 80. — [9]) Journal de Physique LXXIII, 253. — [10]) Essai sur la théorie etc. p. 111. — [11]) Vgl. S. 34. — [12]) Gilbert, Ann. Physik XLII, 45.

Berzelius gibt ihm die Bedeutung, die wir ihm noch heute beilegen.

Die Sauerstoffverbindungen heißen entweder Oxyde oder Säuren. Diejenigen Körper dieser Klasse, welche weder basische noch saure Eigenschaften haben und verhältnismäßig wenig des negativen Elementes enthalten, werden Suboxyde genannt. Die basischen salzbildenden Sauerstoffverbindungen werden durch Oxyde bezeichnet; bildet ein Element oder Radikal zwei Körper dieser Art, so werden diese durch die Endung des Speziesnamens unterschieden, was in der lateinischen Nomenklatur, wie sie Berzelius vorschlägt, sehr leicht ausführbar ist, z. B. oxydum ferrosum (mit geringerem Sauerstoffgehalt) und oxydum ferricum. Schließlich werden noch die Superoxyde unterschieden, die verhältnismäßig viel Sauerstoff enthalten und reduziert werden müssen, ehe sie Salze bilden.

Interessant ist, was Berzelius über die Verbindungen mit Wasser anführt; dieses kann nach ihm in dreierlei Formen mit den Körpern vereinigt vorkommen. Entweder es spielt die Rolle einer Säure, wie in den ätzenden Alkalien, oder die einer Basis, wenn es sich mit Säuren verbindet. In beiden Fällen wird es Hydratwasser genannt und von dem Kristallwasser unterschieden, welches mit den Salzen zusammentritt und aus diesen entfernt werden kann, ohne daß dieselben hierdurch in ihrer Natur wesentlich geändert werden.

Berzelius' Zeichensprache ist ihm originell und hat sich bisher stets als überaus praktisch erwiesen, so daß wir seinen Vorschlag fast ohne Änderung beibehalten haben. Es wird dabei das Atomgewicht eines Elementes durch den Anfangsbuchstaben seines Namens in lateinischer Sprache dargestellt; durch Nebeneinandersetzen der Zeichen erhält man die Atome (Atomgewichte) der Verbindungen. Kommen mehrere Atome eines Elementes in diesen vor, so wird die Zahl, welche dies angibt, rechts oben (oder unten) neben den Buchstaben gesetzt. Eine Ausnahme hiervon machen die sogenannten Doppelatome (zwei Atome eines Elementes, die zusammen vorkommen); bei ihnen wird das Atomzeichen durchstrichen[13]). So z. B. bedeutet $H = H^2$ zwei Atome Wasserstoff, $HO = H^2O$ ein Atom Wasser, bestehend aus zwei Atomen Wasserstoff und einem Atom Sauerstoff usw.

Bei komplizierteren Verbindungen werden mehrere Buchstaben von anderen durch das Zeichen $+$ getrennt; die Art der Teilung ist durch die dualistische Ansicht bedingt. Der Kürze wegen wird das Atom Sauerstoff manchmal durch einen Punkt, das Atom Schwefel durch einen senkrechten Strich dargestellt, welche bei Verbindungen über das Zeichen des betreffenden damit verbundenen Elementes gesetzt werden, eine Schreibart, die übrigens jetzt verlassen ist.

Wir wollen es bei diesen Andeutungen bewenden lassen und zu einem weit wichtigeren Gegenstande des Berzelius'schen Systems übergehen, zu der Art, wie er die Anzahl Atome in einer Verbindung bestimmte. Er war der erste, welcher sich dabei nur auf chemische und physikalische Tatsachen stützte. Dalton's Regeln verwirft er vollständig, indem er mit Recht auf ihre Grundlosigkeit hinweist: „Wenn nur eine Verbindung bekannt ist, so liegt doch etwas Willkürliches in der Idee, ohne alle Rücksicht auf die übrigen Verhältnisse dieser Verbindung anzunehmen, daß sie aus einem Atom eines jeden Elementes bestehe[14]."

Daß übrigens Gesetzmäßigkeiten existieren müssen, welche die Anzahl der sich untereinander verbindenden Atome regeln, sucht Berzelius durch folgende Worte zu begründen[15]):

„Könnten sich eine unbegrenzte Anzahl Atome eines Elementes mit unendlich vielen Atomen eines anderen Elementes verbinden, so würden daraus unendlich viele Verbindungen entstehen, die sich in ihrer Zusammensetzung so wenig unterscheiden würden, daß selbst unsere besten Analysen keine Differenz zeigten. Die Ansicht, daß die Körper aus unteilbaren Atomen bestehen, durch deren Aneinanderlagerung die chemischen Verbindungen zustande kommen, reicht also noch nicht aus, um die multiplen Proportionen zu erklären; es müssen noch besondere Gesetze bei

---

[13]) Lehrbuch d. Chemie III, 1. Abt., S. 108. — [14]) Ibid. S. 88. — [15]) Essai sur la théorie etc., p. 28.

der Verbindung der Atome obwalten, welche die Zahl der Verbindungen beschränken, und es sind vorzüglich diese Gesetze, von denen die chemischen Proportionen abhängen."

Den ersten Anhaltspunkt findet er in Gay-Lussac's Volumgesetz.

Dies scheint ihm eine unzweideutige Entscheidung der Frage zu gestatten, indem für ihn Atom und Volum bei einfachen Gasen identisch sind. „Wir kennen z. B. mit voller Sicherheit die relative Anzahl von Atomen des Stickstoffs und Sauerstoffs in den Oxydationsstufen des Stickstoffs, die des Stickstoffs und Wasserstoffs im Ammoniak, die des Chlors und Sauerstoffs in dessen Oxydationsstufen usw. [16])." Bei den Gasen findet das Gesetz der multiplen Proportionen seine Bestätigung in der Gay-Lussac'schen Regel; Berzelius kann hier die Zahl der sich untereinander verbindenden Atome zählen, indem er die Volumina mißt. Da sich z. B. 2 Volume Wasserstoff mit 1 Volumen Sauerstoff verbinden, so besteht das Wasser aus 2 Atomen Wasserstoff und 1 Atom Sauerstoff. Er begreift nicht, wie man darin anderer Meinung sein könne, und polemisiert mit Thomson, der in 1 Volumen Wasserstoff nur halb so viele Atome voraussetzt, als im gleichen Raum Sauerstoff.

„Man hat angenommen, das Wasser sei aus 1 Atom Sauerstoff und 1 Atom Wasserstoff zusammengesetzt; da es aber 2 Volume des letzteren Gases auf 1 Volum des ersteren enthält, so schloß man daraus, in dem Wasserstoff und in den brennbaren Körpern überhaupt habe das Volum nur die Hälfte vom Gewichte des Atoms, während im Sauerstoff Volum und Atom dasselbe Gewicht haben. Da dies nur eine willkürliche Annahme ist, deren Richtigkeit nicht einmal geprüft werden kann, so scheint es mir viel einfacher und der Wahrscheinlichkeit angemessener zu sein, dieselbe Beziehung von Gewicht zwischen Volum und Atom in den brennbaren Körpern wie im Sauerstoff anzunehmen, weil nichts eine Verschiedenheit zwischen denselben vermuten läßt. Betrachtet man das Wasser als aus 2 Atomen

---

[16]) Lehrbuch d. Chemie III, 1. Abt., S. 89.

Radikal und 1 Atom Sauerstoff zusamengesetzt, so fallen die Corpuscular-(Atom-) und Volumtheorie zusammen, so daß ihre Verschiedenheit nur in dem Aggregatzustande, in welchem sie uns die Körper darstellt, besteht [17])."

Es muß hervorgehoben werden, daß Berzelius seine Ansicht über Identität von Volum und Atom nicht auf zusammengesetzte Gase ausdehnt, daß die Atome dieser weder mit den Atomen der Elemente noch unter sich gleichen Raum erfüllen. Daß dem so ist, geht aus Berzelius' Atomgewichtsbestimmungen hervor. Für ihn ist $H = 1 = 1$ Vol. 1 Atom Wasserstoff, $H_2O = 18 = 2$ Vol. 1 Atom Wasser, $HCl = 73 = 4$ Vol. 1 Atom Salzsäure usw. [18]).

Berzelius nimmt eben den von Avogadro und Ampère eingeführten Unterschied zwischen physikalischem und chemischem Atom nicht an, und sucht die Schwierigkeit, welche Dalton bewogen hatte, Gay-Lussac's Gesetz für unrichtig zu erklären, dadurch zu umgehen, daß er die einfachen und zusammengesetzten Gase vollständig voneinander trennt.

Selbstverständlich reicht das Volumgesetz nebst den Folgerungen, die Berzelius daraus zieht, nicht aus. Nur zu der Bestimmung der relativen Anzahl von Atomen von sehr wenigen Verbindungen läßt es sich gebrauchen, und der Gründer des ersten chemischen Systems muß daher noch andere Anhaltspunkte von allgemeiner Gültigkeit suchen. Er stellt folgende Regeln auf [19]), welche jedoch nur für anorganische Körper gelten sollen.

I. Ein Atom eines Elementes verbindet sich mit 1, 2, 3 usw. Atomen eines anderen Elementes.

Die Grenze gibt er nicht an. Im Jahre 1819 meint er zwar, daß sich selten mehr als 4 Atome eines Elementes mit 1 Atom eines anderen verbinden; später (1828) läßt er diese Beschränkung fallen.

II. Zwei Atome eines Elementes können sich mit 3 oder 5 Atomen eines anderen Elementes vereinigen.

---

[17]) Lehrbuch der Chemie III, 1. Abt., S. 44. — [18]) Freilich nennt er $HCl = 36,5$ ein Atom Salzsäure und sagt HCl sei das Doppelatom (siehe Lehrb. der Chem.), allein in Wirklichkeit gebraucht er meist die Formel HCl; ich komme übrigens unten nochmals darauf zurück. — [19]) Essai sur la théorie etc. p. 30.

Diese Regel führt ihn zur Diskussion der Frage, ob eine Verbindung von 2 Atomen eines Elementes mit 4 oder 6 eines anderen identisch sei oder nicht mit der Zusammensetzung aus 1 Atom des ersten mit 2 oder 3 des zweiten Elementes. In seinem Lehrbuche (1828) neigt er sich der letzteren Auffassung zu; damals waren auch schon isomere Körper bekannt.

Ganz ähnlich sind die Verbindungsgesetze zusammengesetzter Atome 1., 2. und 3. Ordnung, doch gelten hier gewisse Einschränkungen, daher rührend, daß, „wenn sich zusammengesetzte Atome verbinden, sie entweder den elektronegativen oder seltener den elektropositiven Bestandteil gemeinsam haben, und die Verhältnisse, in welchen sich dann diese Atome vereinigen, werden von dem gemeinschaftlichen Elemente in der Weise bestimmt, daß sich die Quantitäten desselben in dem einen Bestandteile zu den im anderen verhalten wie 1 zu 1, 2, 3, 4, 5, 6 usw., wie 3 zu 2 oder 4, oder schließlich wie 5 zu 2, 3, 4, $4\frac{1}{2}$ und 6“ [20]).

Es ist interessant zu sehen, in welcher Weise Berzelius mittels dieser Regeln die in einer Zusammensetzung enthaltene Anzahl von Atomen feststellt. Als Beispiel wähle ich die Sauerstoffverbindungen, welche unstreitig von größter Wichtigkeit sind.

Berzelius glaubt (namentlich durch die Betrachtung der Volumverhältnisse bei Gasen) gefunden zu haben, daß es gewöhnlich der elektronegative Bestandteil sei, von dem mehrere Atome vorkommen, und die oben erwähnten Regeln gehen dann für den hier zu berücksichtigenden Fall in folgende über [21]):

I. Bildet ein Element oder Radikal mehrere Oxyde und verhalten sich die Sauerstoffmengen in denselben, einer bestimmten Quantität des anderen Elementes gegenüber, wie 1 zu 2, so muß man annehmen, daß die erste Verbindung besteht aus 1 Atom Radikal und 1 Atom Sauerstoff, die zweite aus 1 Atom Radikal und 2 Atomen Sauerstoff (oder 2 Atomen Radikal und

---

[20]) Lehrbuch der Chemie, 3. Aufl., V, 35. — [21]) Essai sur la théorie etc. p. 118.

4 Atomen Sauerstoff). Ist das Verhältnis 2 zu 3, so besteht die erste Verbindung aus 1 Atom Radikal und 2 Atomen Sauerstoff, die zweite aus 1 Atom Radikal und 3 Atomen Sauerstoff usw.

Dieser Regel zufolge schreibt Berzelius im Jahre 1819 Natron NaO^2 und das Superoxyd NaO^3; ähnlich sind seine Formeln für die anderen Oxyde. Daher kommt es, daß die Atomgewichte, welche er damals für die Metalle aufstellt, doppelt so groß sind, wie die, welche er später (1828) definitiv annimmt [22]). In seinem Lehrbuche macht er nämlich, durch Gründe bewogen, die wir sogleich kennen lernen werden, zu der Regel I noch folgenden Zusatz [23]):

> Ist das Verhältnis der Sauerstoffmengen zweier Verbindungen wie 2 zu 3, so kann auch in der ersten 1 Atom Radikal mit 1 Atom Sauerstoff, in der zweiten 2 Atome Radikal mit 3 Atomen Sauerstoff verbunden sein.

II. Verbindet sich ein positives Oxyd mit einem negativen, z. B. eine Base mit einer Säure, so ist der Sauerstoff in der letzteren ein Multiplum mit einer ganzen Zahl vom Sauerstoff des ersteren, und diese Zahl ist dann gewöhnlich zugleich die Anzahl der Sauerstoffatome im negativen Oxyd.

Dies sind die beiden einzigen Regeln, welche Berzelius im Jahre 1819 in seiner Theorie der chemischen Proportionen aufstellt. In der Übersetzung der 2. Auflage seines Lehrbuches (1. deutsche Ausgabe) kommen neue hinzu, hervorgerufen durch Mitscherlich's Entdeckung des Isomorphismus und durch die Beziehungen, welche Dulong und Petit (1819) zwischen den Atomgewichten fester Elemente und ihren spezifischen Wärmen gefunden hatten.

Da beide Untersuchungen in bezug auf Berzelius' Ansichten über die hier behandelte Frage von größter Bedeutung sind,

---

[22]) Jahresbericht über die Fortschritte der physikalischen Wissenschaften von Jakob Berzelius. Aus dem Schwedischen übersetzt von Wöhler 1828, S. 73. — [23]) Lehrb. d. Chemie III, 1. Abt., S. 90.

so will ich die Resultate dieser Arbeiten hier einschieben, und dann erst mit der Darlegung der Atomgewichtsbestimmungen fortfahren.

Dulong und Petit wiesen durch exakte Versuche nach[24]), daß die Produkte aus den spezifischen Wärmen von Wismut, Blei, Gold, Platin, Zinn, Silber, Zink, Tellur, Kupfer, Nickel, Eisen, Kobalt und Schwefel in die Atomgewichte dieser Elemente nahezu gleich sind und zogen daraus den Schluß, daß dieser Satz auf alle einfachen Körper Anwendung habe und zur genauen Bestimmung der Atomgewichte führen könne.

Um das Gesetz aufzustellen, hatten Dulong und Petit die Atomgewichte der meisten Metalle im Verhältnisse zu dem des Schwefels nur halb so groß festgesetzt, wie sie Berzelius im Jahre 1819 angegeben hatte. Für Schwefel nahmen sie wie Berzelius 201 als Atomgewicht an ($O = 100$), setzten aber dann $Fe = 339$, während Berzelius 693 adoptiert hatte. Das Atomgewicht des Silbers war ihrem Gesetze zufolge nur ein Viertel von der Berzelius'schen Zahl. Bei Tellur und Kobalt kommen sie zu noch abweichenderen Resultaten, doch verdienen diese kein Zutrauen, da spätere Beobachter (Regnault[25]) und Kopp[26]) andere, besser stimmende Zahlen gefunden haben.

Ich will bei dieser Gelegenheit anführen, daß Neumann im Jahre 1831 gezeigt hat[27]), daß sich Dulong's und Petit's Gesetz auch auf analog zusammengesetzte Verbindungen ausdehnen läßt, d. h., daß die spezifischen Wärmen derselben multipliziert mit ihrem Äquivalentgewicht (wie Neumann sagt) gleiche Produkte geben. Der Satz wurde namentlich für die kohlensauren und die schwefelsauren Salze bewiesen.

Ehe ich zu Mitscherlich's interessanten Resultaten übergehe, will ich einige historische Angaben vorausschicken. Für Hauy war die Kristallform (Grundgestalt) ein wesentliches Merkmal zur Bestimmung der Natur eines Körpers, verschiedene Gestalt war für ihn ein Grund, verschiedene Zusammensetzung

---

[24]) Annales de Chimie et de Phys. X, 395. — [25]) Ibid. (2) LXXIII, 5; (3) I, 129; IX, 322 usw. — [26]) Ann. der Chem. u. Pharm. Supplementband III, 291. — [27]) Pogg. Ann. Phys. Chem. XXIII, 1.

anzunehmen[28]), was Berthollet bestritt[29]). Gay-Lussac beobachtete 1816, daß Kalialaunkristalle in einer Ammoniakalaunlösung an Volumen zunehmen, ohne ihre Form zu ändern[30]); sehr interessante Angaben in dieser Beziehung machte auch Beudant[31]), und J. N. v. Fuchs[32]) weist bereits 1817 auf die Ähnlichkeit der Kristallformen von Arragonit, Strontianit und Cerussit hin. Gehlen gibt an, daß es ihm gelungen sei, Kristalle von Natronalaun in der Form des Kialalauns zu erhalten[33]).

Dies waren einzelne Beobachtungen, welche Hauy's Lehre nicht zu erschüttern vermochten und die erst durch Mitscherlich's Entdeckung des Isomorphismus eine Bedeutung erhielten[34]). Dieser stellt 1820 fest, daß die einander entsprechenden phosphorsauren und arsensauren Salze mit gleicher Anzahl von Wasseratomen eine gleiche Kristallgestalt besitzen, so daß sogar die sekundären Formen übereinstimmen. Man nahm damals schon in beiden Säuren dieselbe Zahl von Atomen an, und so kam Mitscherlich auf die Idee, daß es die Gleichheit der atomistischen Konstitution sei, welche die Identität der Form zur Folge habe. Und wirklich gelang es ihm, diesen Satz durch eine Reihe von Tatsachen zu bestätigen. Er nannte Körper, die in korrespondierenden Verbindungen gleiche Kristallgestalt zeigen und die in solchen zusammen kristallisieren können, sich also nach unbestimmten Proportionen vertreten, isomorph, und zeigte den Isomorphismus der Selensäure und der Schwefelsäure, den von Magnesia, Zinkoxyd, Nickeloxydul, Eisenoxydul usw. in ihren neutralen schwefelsauren Salzen usw.; den von Tonerde, Eisenoxyd und Manganoxyd; außerdem wies er auch nach, daß Beudant's Beobachtung, nach welcher Eisenvitriol und Kupfervitriol, zwei Salze von verschiedenem Wassergehalt und verschiedener Kristallform, zusammen kristallisieren, darauf beruht,

---

[28]) Traité de minéralogie. — [29]) Statique chimique I, 433. — [30]) Kopp, Gesch. der Chemie II, 406. — [31]) Annales de Chim. et de Phys. IV, 72; VII, 399; VIII, 5; XIV, 326. — [32]) Schweig. Journ. XIX, 133. — [33]) Schweigger, Journ. der Chem. und Phys. XV, 383. Anmerk. — [34]) Annales de Chimie et de Phys. XIV, 172; XIX, 350; XXIV, 264 und 355.

daß der Wassergehalt der einen Verbindung geändert und gleich dem der anderen werde.

Andere Forscher haben Mitscherlich's Satz durch viele Beobachtungen bestätigt[35]), so daß man in jener Zeit einen großen Wert auf die Kristallgestalt der Körper legte und in ihnen ein vorzügliches Mittel zu besitzen glaubte, Aufschluß über die atomistische Konstitution zu erhalten. Namentlich war es Berzelius, der, sogleich die Tragweite der großen Entdeckung erkennend, sie für den Ausbau seines Systems verwandte. Der Isomorphismus führte ihn zu folgender Regel[36]):

> III. Wenn ein Körper isomorph mit einem anderen Körper ist, in welchem man die Anzahl der Atome kennt, so wird dadurch die Anzahl von Atomen in beiden bekannt, weil die Isomorphie eine mechanische Folge der Gleichheit in der atomistischen Konstruktion ist.

Von diesen Regeln geleitet, sucht Berzelius die in einer Verbindung enthaltene Anzahl von Atomen zu ermitteln, aus welcher er dann die Atomgewichte ableiten kann. Er ist sich klar bewußt, daß seine Regeln zu einer entscheidenden Bestimmung in vielen Fällen nicht führen können, und daß dieselben eigentlich nur bei gasförmigen Elementen unzweideutige Resultate geben. Aber gerade weil er weiß, auf welch schwankendem Boden er sich bewegt, verfährt er mit der größten Vorsicht, und es ist bewunderungswürdig, wie er oft, durch feinen Takt geleitet, da das Richtige trifft, wo ihm fast jeder Anhalt fehlt.

Für die Oxyde konstruiert sich Berzelius eine Reihe, welche ihm die relativen Mengen von Sauerstoff angibt, mit denen sich gewisse Gewichte der Metalle verbinden. Er braucht dabei nicht für jedes Metall eine solche Reihe aufzustellen; indem er Mitscherlich's Gesetz zu Hilfe nimmt, kann er die Oxydationsstufen, die einem Elemente fehlen, durch die eines isomorphen ersetzen.

---

[35]) Literatur im Artikel „Isomorphismus“, im Handwörterbuch der Chemie, herausgegeben von Liebig, Poggendorff u. Wöhler. In dem Artikel „Isomorphie“ der zweiten Auflage dieses Handwörterbuchs geht Arzruni namentlich auf die ueuere Entwicklung der Lehre vom Isomorphismus ein. — [36]) Lehrbuch der Chemie III, 1. Abt. S. 91.

Die Reihe ist[37]):

Rel. Sauerstoffmenge

Kupferoxydul 1
Kupferoxyd, Eisenoxydul usw. 2
Eisenoxyd, Manganoxyd, Mennige usw. 3
Braunes Bleisuperoxyd, Mangansuperoxyd usw. . . . 4
Mangansäure usw. 5

Ich lasse eine ähnliche aber richtigere Zusammenstellung vom Jahre 1835 folgen[38]):

Kupferoxydul 1
Kupferoxyd, Eisenoxydul usw. 2
Eisenoxyd, Manganoxyd usw. 3
Braunes Bleisuperoxyd, Mangansuperoxyd usw. 4
Salpetersäure, Chlorsäure usw. 5
Überchlorsäure, Übermangansäure usw. 7

In den hier angeschriebenen Verbindungen nimmt Berzelius 1, 2, 3, 4, 5 (und 7) Atome Sauerstoff an; er macht also die möglichst einfache Voraussetzung. Es handelt sich dann nur noch um die Bestimmung der Anzahl von Atomen des Radikals oder Elements, welche mit dem Sauerstoff verbunden sind. Seine Reihe gibt darüber keinen Aufschluß, und er sucht deshalb nach anderen Anhaltspunkten. Die natürlichst scheinende Annahme von 1 Atom Radikal, die er 1819 gemacht hatte, verwirft er jetzt, da sie ihn zu Atomgewichten führt, die nicht mit Dulong's und Petit's Gesetz in Übereinstimmung stehen. Er erreicht eine solche (mit Ausnahme für Silber, Tellur und Kobalt) dadurch, daß er zwei Atome des betreffenden Elementes in den Verbindungen voraussetzt und erhält für die Oxydationsstufen der meisten Metalle folgende Reihe:

$$R_2O, RO, R_2O_3, RO_2, R_2O_5, (R_2O_7),$$

oder auch $\qquad RO, RO, RO_3, RO_2, RO_5, (RO_7),$

indem er statt $R_2O_2 : RO$ und statt $R_2O_4 : RO_2$ schreibt.

Berzelius hebt mehrere Gründe hervor, die ihm für die Richtigkeit seiner Wahl zu sprechen scheinen: die am häufigsten vorkommenden Oxyde, wie Kupferoxyd, Magnesia, Kalk usw. erhalten die einfachste Formel RO; ferner lassen sich die Sauerstoffverbindungen des Stickstoffs und des Chlors, bei denen er

---

[37]) Lehrb. d. Chem. III, 1. Abt., S. 97. — [38]) Ibid., 3. Aufl., V, S. 89.

die Anzahl der Atome aus den Volumen kennt, hier einpassen. Deshalb hält er die Reihe für eine allgemein verbreitete, nennt sie Stickstoffreihe und stellt ihr die Schwefelreihe gegenüber.

Die relativen Mengen von Sauerstoff, die sich mit Schwefel verbinden, findet Berzelius zu 1, 2, $2^1/_2$ und 3. Er schreibt deshalb die Oxydationsstufen dieses Elementes: SO, SO_2, S_2O_5 und SO_3. In die Schwefel- und Stickstoffreihe sucht er soviel wie möglich alle Sauerstoffverbindungen einzuordnen, nimmt z. B. die Formel der Kieselsäure zu SiO_3 entsprechend der Schwefelsäure an, was später zu vielen Diskussionen Veranlassung gegeben hat.

Die Schwefelverbindungen (Sulfüre) werden den Sauerstoffverbindungen analog zusammengesetzt betrachtet. Den Schwefelwasserstoff schreibt er HS, weil das Wasser HO ist.

Bei den Atomgewichten, die Berzelius hieraus berechnet, geht er von $O = 100$ aus, doch will ich, um eine Vergleichung mit früheren und späteren Angaben zu ermöglichen, und da es nur auf die relative Größe der Zahlen ankommt, seine Werte auf das Atomgewicht des Wasserstoffs als Einheit berechnet angeben[39]):

	Atomgewichte für H = 1	Neueste Atomgewichte
Arsen . . . . As	75,33	74,40
Calcium . . . . . . Ca	41,03	39,7
Chlor Cl	35,47	35,18
Eisen . . . . Fe	54,36	55,5
Jod . . . . J	123,20	126,01
Kohlenstoff C	12,25	11,91
Mangan . . . . . . Mn	57,02	54,6
Natrium . . . . . . Na	46,62	22,88
Phosphor . . . . . . P	31,43	30,77
Quecksilber . . . . . Hg	202,86	198,5
Sauerstoff . . . . . O	16	15,88
Schwefel . . . . . . S	32,24	31,82
Silber . . . . Ag	216,61	107,11
Silicium . . . . . . Si	44,47	28,2
Stickstoff . . . . . . N	14,18	13,93

[39]) Berzelius' Jahresbericht 1828, S. 73; dort finden sich die Zahlen auch auf H = 1 berechnet.

Ehe ich die Betrachtungen über **Berzelius'** System schließe, will ich noch einiges über die Formeln von Salzsäure und Ammoniak erwähnen. Die Atome dieser Verbindungen werden HCl und NH$_3$ [40]) und zeigen uns also, daß **Berzelius** nicht in allen Fällen die Begriffe Atom und Äquivalent identifizierte, obgleich er die Namen als synonym gebrauchte. Man könnte freilich diese Ausnahme als nicht bestehend betrachten, da meist nur die Doppelatome HCl und NH$_3$ benutzt werden. Es ist natürlich schwer, sich über die Ansichten eines nicht mehr Lebenden genau Rechenschaft zu geben, jedenfalls muß man dabei die verschiedenen Epochen berücksichtigen. So glaube ich denn, daß **Berzelius** anfangs (bis zum Jahr 1830 etwa) gesucht hat, das Volumgesetz so weit als möglich (auch auf Verbindungen untereinander) auszudehnen, und daß dieses mit ein Grund war, für Salzsäure und Ammoniak die Formeln HCl und NH$_3$ anzunehmen, daß er aber später namentlich durch **Dumas'** Untersuchungen veranlaßt [41]), diesem Gesetz weit weniger Zutrauen schenkte und es auch nur auf permanente (und einfache) Gase anwandte [42]). Er ward dann nicht mehr gehindert, an eine Übereinstimmung zwischen Äquivalent und Atom auch bei diesen Körpern zu glauben und gebrauchte nur noch die Formeln HCl und NH$_3$.

Aus dem Vorhergehenden folgt, daß **Berzelius** die Trennung zwischen physikalischem und chemischem Atom nicht zugibt, wodurch er einen wesentlichen Unterschied zwischen Elementen und Verbindungen schafft. Die Atome der einfachen Gase nehmen nach ihm im allgemeinen die Hälfte (oder ein Viertel) des Raumes ein von den Atomen der zusammengesetzten. Während Gleichheit im Verhalten gegen Druck und Temperaturveränderungen Grund genug war, in gleichen Volumen Wasserstoff und Sauerstoff dieselbe Anzahl von Atomen vorauszusetzen, war dieselbe Ursache nicht genügend, um dieselbe Folgerung bei

---

[40]) Lehrbuch der Chemie, 3. Aufl., II, 187 u. 344. — [41]) Annales de Chimie et de Phys. (2) XLIX, 210; L, 170. — [42]) Lehrbuch der Chemie, 3. Aufl., V, 82.

Chlor und Chlorwasserstoff nach sich zu ziehen. Darin lag eine Inkonsequenz, welche freilich insofern keine Bedeutung hatte, als die nächsten hierhergehörigen Versuche dem Volumgesetz eine allgemeine Anwendung abzusprechen schienen.

Das chemische Gebäude, welches Berzelius errichtet hatte, und wie es Ende der zwanziger Jahre vollendet dastand (für die anorganischen Körper) war ein bewunderungswürdiges. Wenn man auch nicht behaupten kann, daß die Grundideen des Systems ausschließlich von ihm herrühren, wenn er auch Lavoisier, Dalton, Davy und Gay-Lussac vieles zu danken hatte, so war er es doch gewesen, der diese Ideen und Theorien zu einem harmonischen Ganzen verwebt und vieles Originelle zugefügt hatte; seine elektrochemische Hypothese hatte zwar Berührungspunkte mit der von Davy, war aber trotzdem wesentlich verschieden. Von Berzelius rührt außerdem die erste ziemlich allgemein anwendbare Methode der Atomgewichtsbestimmung her, welche so außerordentliche Dienste leistete, daß sie eine Feststellung dieser für die Chemie höchst wichtigen Zahlen ermöglichte, die nur in wenigen Fällen der Veränderung bedurfte.

So werden Sie es begreiflich finden, daß Berzelius' System zum herrschenden und sein Urteil maßgebend wurde. Die Publikation des Jahresberichtes, welche 1821 begann und nicht nur berichtend, sondern auch kritisch gehalten war, trug dazu bei, seinen Einfluß zu vermehren. Daher haben die Ideen Anderer nur ein untergeordnetes Interesse, doch will ich Ihnen die Ansichten einiger Zeitgenossen mitteilen, um hierdurch eine bessere Charakteristik jener Zeit zu erreichen.

In England war man über Dalton's Atom- und Wollaston's Äquivalentbegriff noch nicht hinausgekommen. Nur wenig von großer Bedeutung war dort inzwischen geleistet worden. Das einzige, was ich davon anführen will, ist die Prout'sche Hypothese, die zu mancherlei Diskussionen Veranlassung war.

Im Jahre 1815 glaubte Prout nachweisen zu können, daß die Atomgewichte der gasförmigen Elemente ganze Multiplen sind von dem des Wasserstoffs [43]). So ausgesprochen scheint der Satz von geringer Bedeutung zu sein: er gewinnt dadurch an Interesse, daß, wenn man ihm eine allgemeine Anwendbarkeit zugesteht, er fast notwendig dazu führt, e i n e Urmaterie anzunehmen, durch deren verschiedene Verteilung im Raume die mannigfaltigen Eigentümlichkeiten der Körper erklärt werden. T h o m s o n [44]) machte es sich zur Aufgabe, den P r o u t'schen Satz auf alle Elemente auszudehnen und führte zu diesem Zwecke eine große Zahl von Atomgewichtsbestimmungen aus. Seine Resultate sind übrigens wertlos, wie ihm B e r z e l i u s etwas derb vorhält [45]).

In späterer Zeit ist die P r o u t'sche Hypothese von D u m a s wieder aufgegriffen worden [46]), nachdem es sich gezeigt hatte, daß eine genauere Feststellung jener Zahlen zu ihren Gunsten sprach. Namentlich die Atomgewichte der bestbekannten Elemente, wie Sauerstoff, Wasserstoff, Stickstoff, Kohlenstoff, (Chlor?), Brom, Jod usw. schienen damit in Übereinstimmung; doch hat S t a s durch seine Versuche, welche bis vor mehreren Jahren als Muster der Genauigkeit gepriesen wurden, nachgewiesen [47]), daß die Hypothese selbst für d i e Elemente, welche sich ihr unterzuordnen schienen, in k e i n e m Falle strenge Gültigkeit hat, und nur als Annäherung gelten kann.

Die neuerdings durch N e w l a n d s, L. M e y e r und besonders durch M e n d e l e j e f f begründete überaus wichtige Theorie der periodischen Abhängigkeit der Eigenschaften der Elemente von der Größe ihrer Atomgewichte kann erst in einer späteren Vorlesung besprochen werden.

In Frankreich wurde das Volumgesetz in seiner weitesten Ausdehnung die Basis der Atombetrachtungen. Namentlich war es D u m a s, der in dieser Beziehung eine sehr entschiedene Stellung einnahm. Er weist nach, daß der Äquivalentbegriff als Basis eines Systems nicht zu brauchen sei, schon weil derselbe

---

[43]) T h o m s o n, Annals of phil. VI, 321. — [44]) An attempt to establish the first principles of Chemistry by experiment. — [45]) B e r z e l i u s, Jahresbericht II, 39. — [46]) Annales de Chim. et de Phys. (3) LV, 129. — [47]) Recherches sur les lois des proportions ohimiques etc., Bruxelles 1865, et Recherches sur les rapports réciproques des poids atomiques 1860.

seine Bedeutung verliert, wenn man ihn weiter als auf Säuren, Basen und sonst einander sehr ähnliche Verbindungen (Oxyde und Sulfüre) ausdehnt, und daß er namentlich dann ganz unbestimmt wird, wenn man Äquivalent mit Verbindungsgewicht zu identifizieren sucht[48]), da sich sehr viele Körper in mehreren Verhältnissen verbinden können. So z. B. sind im Kupferoxydul 8 Teile Kupfer mit 1 Teil Sauerstoff vereinigt, im Kupferoxyd dagegen sind auf 8 Teile Kupfer 2 Teile Sauerstoff enthalten. Hieraus berechnet sich das Äquivalent (Verbindungsgewicht) des Kupfers, das des Sauerstoffs als Einheit genommen, zu 8 oder zu 4.

Einen sicheren Anhalt glaubt Dumas in den Atombetrachtungen zu finden, bei denen er die Avogadro'sche Hypothese zugrunde legt. Er nimmt an, daß in gleichen Räumen aller Gase (bei gleicher Temperatur und demselben Druck) eine gleiche Anzahl (physikalischer) Atome enthalten ist. Diese sind aber chemisch noch teilbar. „Wir nennen Atome die Gruppe chemischer Teilchen, welche in den Gasen isoliert existieren. Die Atome der einfachen Gase enthalten eine gewisse Zahl von Teilchen, die uns unbekannt ist[49])." Das Verhältnis der Dichtigkeiten der Gase gibt Dumas das Verhältnis ihrer Atomgewichte. Bei der Feststellung der Atomgewichte fester Elemente bedient sich derselbe der von Dulong und Petit gegebenen Regel, welche er demnach als für Gruppen chemisch kleinster Teilchen, wie wir heute sagen, Moleküle, gültig betrachtet. Außerdem benutzt er zu demselben Zweck das spezifische Gewicht flüchtiger Verbindungen, indem er Annahmen nach Analogie über die Volumverhältnisse der darin enthaltenen unbekannten elementaren Gase macht. So findet er das Atomgewicht des Schwefels aus der Dichtigkeit des Schwefelwasserstoffs, das er, dem Wasser ähnlich, aus 2 Volumen Wasserstoff und 1 Volumen Schwefeldampf bestehend annimmt; das des Phosphors aus dem Phosphorwasserstoff, welcher wie das Ammoniak konstituiert sein soll. Bemerkenswert ist seine Atomgewichtsbestimmung des Kohlenstoffs. Er leitet sie aus dem spezifischen Gewicht von Äthylen und Grubengas

---

[48]) Dumas, Handbuch der Chemie, aus dem Franz. übersetzt. Nürnberg 1830. — [49]) Ders., l. c. I, 37.

ab. In dem letzteren nimmt er (wie auch Gay-Lussac schon früher) auf 1 Volum Kohlendampf 2 Volume Wasserstoff an; in dem ersteren gleiche Volume beider und findet so das Atomgewicht des Kohlenstoffs halb so groß, wie Berzelius es bestimmt hatte, nämlich zu 6, wenn das des Wasserstoffs gleich 1 gesetzt wird. Im allgemeinen aber sind die Werte, welche er den Atomgewichten der besser bekannten Elemente beilegt, gleich denen von Berzelius. Ausnahmen davon bilden Quecksilber, Silicium usw. Die Gewichte der chemisch kleinsten Teilchen gibt Dumas nicht an.

Berzelius bekämpfte die Grundlagen des eben betrachteten Systems, so nahe sie auch mit den seinigen verwandt waren [50]. Brüche von Atomen anzunehmen, meint er, sei widersinnig, und früher sei es gebräuchlich gewesen, Hypothesen aufzugeben, sobald sie ad absurdum führten. Überhaupt steht Dumas mit seinen Ansichten vereinzelt; er hätte aber vielleicht trotzdem an denselben festgehalten, wenn er nicht selbst Tatsachen gefunden hätte, welche ihn die Richtigkeit der Avogadro'schen Hypothese bezweifeln ließen.

Dumas war nicht nur ein geistreicher Kopf, er war auch ein vortrefflicher Experimentator, und da er die Dichtigkeiten von Gasen und Dämpfen als Grundlage seiner Atomtheorie gewählt hatte, so glaubte er, die Kenntnis derselben vermehren zu müssen. Es gelingt ihm, eine neue Methode auszuarbeiten, um derartige Bestimmungen bei hohen Temperaturen auszuführen, und er benutzt sie zur Feststellung der spezifischen Gewichte von Jod, Phosphor, Schwefel, Quecksilber usw. [51]. Seine Resultate, von welchen er eine Bestätigung seiner Ansichten erwartete, führen ihn zum Aufgeben derselben. Er findet die Dichte des Phosphors doppelt, die des Schwefels dreimal so groß, als er sie früher angenommen, während das spezifische Gewicht des Quecksilberdampfes nur die Hälfte von dem ist, was er vermutet hatte. Angesichts dieser Tatsachen fängt er an zu zweifeln, ja er „erklärt, daß selbst die einfachen Gase in gleichen Volumen nicht dieselbe

---

[50] Berzelius, Jahresbericht VII, 80. — [51] Annales de Chimie et de Phys. XXXIII, 337; XLIV, 288; XLIX, 210; L, 170.

Anzahl chemischer Atome enthalten". Nach ihm kann man freilich noch immer voraussetzen, „daß in gleichen Räumen aller
Gase eine gleiche Zahl molekularer oder atomarer Gruppen vorhanden seien. Es ist dies aber nur eine Hypothese, die nicht
nutzbringend werden kann[52]". Dumas muß zugeben, daß Gay-
Lussac's Gesetz, wenn man es in der Art, wie er getan, zu
Atomgewichtsbestimmungen verwendet, falsche Resultate liefert.
Er glaubt deshalb, daß es zu diesen nicht zu gebrauchen ist, und
verläßt jetzt Avogadro's Hypothese.

Auch Berzelius kann nun nicht mehr die Identität von
Volum und Atom bei elementaren Gasen aufrecht erhalten, er
muß seinen Satz auf die nicht kondensierbaren elastischen Flüssigkeiten beschränken[53]. Sie werden mir selbst zugestehen, daß
das Gesetz so ausgesprochen keiner großen Anwendung fähig,
ja mehr als unzureichend war für die Atomgewichtsbestimmungen
der meisten Elemente. Wie stand es aber mit den übrigen Anhaltspunkten? Dulong's und Petit's Hypothese war auch nicht
von ausnahmsloser Gültigkeit, wie ich schon bemerkte. Die Zahlen,
welche daraus für Silber, Kobalt und Tellur abgeleitet waren,
standen nicht im Einklang mit Berzelius' Bestimmungen, mit
der Atomgröße, wie sie chemische Analogien und der Isomorphismus verlangten. Auch sie war also strengen Anforderungen
gegenüber nicht haltbar. Es blieb noch Mitscherlich's Gesetz,
und von diesem glaubte auch die Mehrzahl der Chemiker, daß es
einen untrüglichen Schluß auf die atomistische Konstitution er-
laube. Andere Stimmen wurden aber laut, welche einen Zweifel
enthielten, besonders nachdem Mitscherlich gezeigt hatte, daß
es dimorphe Substanzen gibt, Körper, welche in zwei Kristallformen auftreten können[54]. Man machte darauf aufmerksam,
wie der Dimorphismus beweise, daß die Gestalt der Körper nicht
allein durch die Anzahl ihrer Atome bedingt sei[55].

So blieb denn von allen physikalischen Gesetzen, welche zur
Atomgewichtsbestimmung hätten verwendet werden können, keines,

---

[52]) Leçons sur la philosophie chimique, p. 268 et 270. — [53]) Siehe
S. 97. — [54]) Annales de Chimie et de Phys. (2) XXIV, 264. — [55]) Ibid. (2)
L, 171.

auf welches man volles Zutrauen hatte. Der Begriff Atom wurde deshalb als etwas unsicheres, hypothetisches angesehen, man glaubte sich mit dem Verbindungsgewicht oder Äquivalent begnügen zu müssen, welches letztere zudem durch Faraday's elektrolytisches Gesetz[56]) eine neue Stütze erhalten hatte. So finden wir denn am Ende der dreißiger Jahre die atomistische Theorie, das glänzendste, was die Chemie geleistet hatte, von den meisten Chemikern als einen überwundenen, zu hypothetischen Standpunkt verlassen. Eine neue Schule war entstanden, welche Wollaston's Äquivalent adoptiert hatte und Berzelius' System mit Erfolg zu verdrängen suchte.

An der Spitze dieser Richtung steht L. Gmelin, dessen Ansichten von um so größerer Bedeutung sind, als er sie in seinem vortrefflichen Handbuche niederlegte, das schon seiner Vollständigkeit wegen sehr verbreitet war.

Für Gmelin existiert kein strenger Unterschied zwischen Gemengen und Verbindungen und dadurch beweist er, daß er nicht an die reale Existenz von Atomen glaubt. Nach ihm sind zwei Stoffe, besonders wenn sie eine schwache Affinität zueinander haben, in unendlich vielen Verhältnissen verbindbar; je größer aber die Verwandtschaft ist, desto mehr tritt das Bestreben hervor, sich nur in wenigen·Proportionen zu vereinigen[57]). Diese stehen dann untereinander in einfachen Beziehnngen. „Man kann daher einem jeden Stoff ein gewisses Gewicht beilegen, nach welchem er sich mit bestimmten Gewichten anderer Elemente verbindet. Dieses Gewicht ist die stöchiometrische Zahl, das chemische Äquivalent, das Mischungsgewicht oder Atomgewicht usw. Die Verbindungen sind nach einem solchen Verhältnis zusammengesetzt, daß ein Mischungsgewicht des einen Stoffes mit $\frac{1}{4}$, $\frac{1}{3}$, $\frac{1}{2}$, $\frac{2}{3}$, $\frac{3}{4}$, 1, $1\frac{1}{2}$, 2, $2\frac{1}{2}$, 3, 4, 5, 6, 7 oder mehr Mischungsgewichten des anderen vereinigt ist." Gay-Lussac's Gesetz heißt nach Gmelin: „Es verbindet sich 1 Maß eines elastisch flüssigen Stoffes mit 1, $1\frac{1}{2}$, 2, $2\frac{1}{2}$, 3, $3\frac{1}{2}$ und 4 Maß des anderen."

---

[56]) Exper. Researches Ser. III, § 377; Ser. VII, § 783 u. ff., 1833. —
[57]) Handbuch der theoretischen Chemie, 2. Aufl., 1821.

Seine Äquivalententafel werden Sie alle kennen. Es war H $=1$, O $=8$, S $=16$, C $=6$ usw. Wasser wurde HO geschrieben, und man suchte überhaupt durch Einfachheit der Formeln das zu ersetzen, was sie an Inhalt verloren hatten. Die Chemie sollte nur noch beobachtende, fast nur beschreibende Wissenschaft sein. Geschicklichkeit im Experimentieren war alles, was man verlangte, die Spekulation wurde als gefahrvoll verbannt.

Dahin also war es gekommen: die anorganische Chemie im Verein mit der Physik hatten den Atombegriff nicht aufrecht erhalten können. Meine Aufgabe in den nächsten Vorlesungen wird es sein, Ihnen zu zeigen, wie derselbe durch die organische Chemie wieder in die Wissenschaft eingeführt wurde.

Siebente Vorlesung.

Die organische Chemie im Anfang ihrer Entwicklung. — Versuche, die Elementarbestandteile organischer Verbindungen zu bestimmen. — Isomerie und Polymerie. —
Ansichten über Konstitution. — Radikaltheorie.

Heute werde ich versuchen, Sie mit der Entwicklung der
organischen Chemie vertraut zu machen. Ich habe dies absichtlich bisher verschoben, weil ich sie im Zusammenhang betrachten
wollte, weil sie in den drei ersten Jahrzehnten unseres Jahrhunderts so gut wie keinen Einfluß auf die Ausbildung der
Theorien im allgemeinen hatte, und weil die Ansichten, welche
die Grundlage der anorganischen Chemie bilden, anfangs keiner
Anwendung auf den organischen Teil unserer Wissenschaft fähig
schienen. So sehen wir Berzelius die Lehre von den organischen
Verbindungen im Jahre 1828 noch gesondert von den übrigen
behandeln. Die elektrochemische Theorie, das Gesetz der multiplen Proportionen, das Volumgesetz schienen die Körper aus
dem Tier- und Pflanzenreiche nicht zu beherrschen; diese waren
der Lebenskraft unterworfen, deren Wesen vollständig unbekannt und geheimnisvoll blieb. Erst nachdem das Studium der
organischen Chemie die Geister mehr an sich zog, wurde es
möglich, auch auf diesen Teil unserer Wissenschaft die Gesetzmäßigkeiten auszudehnen, welche für die anorganischen Körper
maßgebend waren. Die Anschauungen und Hypothesen, zu welchen
die Untersuchung der besser bekannten Substanzen geführt hatten,
sollten nun bei dem jüngeren Teile der Wissenschaft verwertet
werden; namentlich war es der Dualismus, welcher jetzt auch
in der organischen Chemie eingeführt wurde.

Schon **Lavoisier**, wie Sie wissen, hatte angenommen, daß die Säuren aus Sauerstoff und einer Basis bestehen, daß die letztere bei anorganischen Verbindungen ein Element, bei organischen aber ein zusammengesetztes Radikal sei. Dieses Wort war nicht verloren gegangen. Die chemische Nomenklatur war darauf gebaut, und **Berzelius'** Dualismus war eine glückliche Erweiterung desselben. Alle Beobachtungen schienen damit zu harmonieren; die Salze, die damals bestbekannte Körperklasse, entstehen aus Säure und Base, sie lassen sich wieder in diese Bestandteile zerlegen. Warum sollte man nicht versuchen, in ähnlicher Weise auch die organischen Verbindungen zusammengesetzt anzusehen? Da die letzteren (nach der damaligen Ansicht) mindestens aus drei Elementen bestanden, so mußte eine einfache Teilung doch den einen Teil zusammengesetzt liefern. So ward die organische Chemie die „**Chemie der zusammengesetzten Radikale**". Dabei behielt man für dieses Wort die ursprüngliche Definition bei: Radikal war der von Sauerstoff befreite Rest eines Körpers, der, wie man hinzusetzte, die Rolle eines Elementes spielte. **Wöhler** und **Liebig** haben diesen Begriff umgestaltet; in ihrer bewunderungswürdigen Arbeit über das Bittermandelöl und die damit verwandten Verbindungen haben sie nachgewiesen, daß in diesen Substanzen eine sauerstoffhaltige Gruppe angenommen werden kann, welche bei den meisten Reaktionen unverändert bleibt, sich also wie ein einfacher Körper verhält, und den sie deshalb das Radikal des Bittermandelöls nannten.

Hierdurch war der erste große Schritt geschehen; die organische Chemie war selbstständig geworden; sie hatte sich von den Fesseln, welche man ihr angelegt hatte, befreit; sie hatte aus sich heraus, wenn auch nicht einen Begriff geschaffen, so doch einem früher schon vorhandenen eine neue, größere Bedeutung gegeben. Von jetzt an geht sie ihren eigenen Weg und kehrt sich nicht mehr an die Einschränkungen, welche man ihr auferlegen wollte. Das so harmonische Gebäude der Chemie leidet darunter wesentlich; alle Anstrengungen werden gemacht, um es den neuen Ideen anzupassen — allein umsonst, der Bruch ist unvermeidlich. Die junge Wissenschaft, sich ihrer Kraft sehr wohl bewußt, wagt es, am Fundamente zu rütteln und trotz Balken und Stützen fängt der Bau an zu schwanken. Der Angriff auf die elektrochemische Theorie führte zu einem erbitterten Kampfe zwischen den Vertretern derselben, Berzelius an der Spitze, und den Anhängern der Substitutions- oder Typen- theorie, welcher von letzteren glorreich bestanden wurde, und zu einer vollständigen Trennung zwischen organischer und an- organischer Chemie führte. Wenigstens suchte man in dieser, die Abhängigkeit der chemischen von den elektrischen Kräften noch wie früher beizubehalten, während die neuesten Tatsachen im Gebiete der organischen Chemie damit unverträglich schienen. So zerfiel denn unsere Wissenschaft von neuem in zwei Disziplinen, und die Prinzipien, welche in der einen maßgebend waren, wurden von der anderen verworfen.

Mit dem Verlassen der elektrochemischen Hypothese war gleichzeitig die Radikaltheorie aufgegeben worden; sie entbehrte jetzt der inneren Notwendigkeit und war auch in der aufgestellten Form nicht mehr ausreichend. Man hatte vieles als unbrauchbar über Bord geworfen, und es ist daher keineswegs unberechtigt, wenn wir nach den Grundlagen fragen, welche den Vertretern der neuen Schule blieben. Die Ansichten über Erhaltung des Typus, über Substitution, gewiß sehr wertvoll zum Verständnis mancher Reaktionen, konnten doch schwerlich als Basis eines vollständigen Systems benutzt werden. Allein unter den Trümmern, welche nach der Räumung des Schlachtfeldes auf diesem gefunden wurden, war ein Kleinod; während des Streites nur wenig beachtet, konnte es jetzt, wo es sich nicht mehr darum handelte, alte Ansichten zu verdrängen, sondern neue an ihre Stelle zu setzen, von großer Bedeutung werden. Die atomistische Theorie, von Vielen verachtet, von Manchen vergessen, sollte wieder im ersten Glanze erstehen; freilich bedurfte es dazu harter Kämpfe. Es mußten zur Bestimmung der Atomgröße neue Anhaltspunkte gewonnen werden. Gerhardt namentlich war es, der die Notwendigkeit hervorhob, vergleichbare Mengen für dieselben festzustellen. Woher aber den Maßstab nehmen? Liebig's mehrbasische

8*

Säuren und Dumas' Substitutionsregeln hatten den Chemikern endlich den Unterschied zwischen Atom und Äquivalent kennen gelehrt; von letzterem konnte also keine Rede mehr sein. Man griff zu Avogadro's Hypothese zurück, allein sie zeigte sich noch nicht genügend; chemische Gründe waren nötig, um die Chemiker zu überzeugen. Gerhardt, von Laurent sehr wesentlich unterstützt, bemühte sich vergebens, endgültige Beweise für die Richtigkeit seiner Ideen beizubringen. Da erschienen Williamson's Untersuchungen; sie gaben den Gedanken, welche Gerhardt vorgeschwebt hatten, einen realen Boden; der geistvolle englische Forscher hatte den Weg gezeigt, der nach ihm vielfach eingeschlagen wurde, und eine direkte Vergleichung der in Reaktion tretenden Größen erlaubte. So entstand der Begriff des chemischen Moleküls, der in Gerhardt's jetzt rasch zur Anerkennung gelangendem System, seinen formalen Ausdruck in der Typentheorie fand.

Lassen Sie mich diesen Überblick hiermit beschließen; ich habe Ihnen in allgemeinen Umrissen die verschiedenen Phasen der Entwicklungsgeschichte der nächsten 20 Jahre angedeutet; ich will hoffen, daß es Sie interessieren wird, auch die Einzelheiten derselben kennen zu lernen.

Schon Lemery in der zweiten Hälfte des 17. Jahrhunderts trennte die organische Chemie von der anorganischen. Er schied die Körper je nach ihrem Vorkommen in drei Klassen: in mineralische, animalische und vegetabilische[1]). Die Phlogistiker beschäftigten sich hauptsächlich mit der ersten Gruppe; Scheele freilich verdient als Entdecker einer ganzen Reihe organischer Körper genannt zu werden[2]). Lavoisier glaubte, daß die Verbindungen dieser Klasse aus Kohlenstoff, Wasserstoff und Sauerstoff bestehen; Berthollet wies den Stickstoffgehalt in den Substanzen animalischen Ursprunges nach[3]); später lernte man einsehen, daß alle Elemente an organischen Zusammensetzungen

---

[1]) Kopp, Gesch. d. Chemie IV, 241. — [2]) Siehe S. 10. — [3]) Journ. de Phys. XXVIII, 272, 1786.

teilnehmen können, daß aber der Kohlenstoff niemals fehlen darf [4]).

Es ist schwer zu sagen, was man im Anfange dieses Jahrhunderts unter organischen Körpern verstand; man rechnete natürlich in diese Klasse alle in dem Organismus vorkommenden Substanzen. Allein aus diesen waren so viele andere Verbindungen dargestellt worden, deren Stelle im Systeme doch auch bestimmt werden mußte, und bei denen es oft der Willkür anheimfiel, zu welcher Gattung man sie zählte. Die Einfachheit in der Zusammensetzung war oft ein Grund zur Einreihung in die anorganische Chemie. Bei manchen Substanzen hatte man mit der Zeit die Ansicht über ihre Natur geändert, so bei den Cyanverbindungen, die zuerst zu den organischen und dann zu den anorganischen Körpern gezählt wurden. Wo es ging, hielt man Lavoisier's Idee aufrecht, nach welcher in den organischen Substanzen die mit Sauerstoff verbundene Basis oder das Radikal aus mehreren Elementen besteht, was später Liebig's Definition: die organische Chemie ist die Chemie der zusammengesetzten Radikale, hervorgerufen hat.

Das Studium der hierher gehörigen Verbindungen blieb beträchtlich hinter dem der anderen zurück. Der Grund lag teils in der leichten Veränderlichkeit dieser Klasse von Körpern, also in der größeren Schwierigkeit, die sich ihrer Isolierung entgegensetzte, teils auch in dem Mangel an analytischen Methoden für dieselben. Im Anfang des letzten Jahrhunderts, als die qualitative Analyse schon einen sehr hohen Grad von Genauigkeit erreicht, sogar die quantitative Methode schon vortreffliche Vertreter in Proust, Klaproth und Vauquelin gefunden hatte, waren Lavoiser's Versuche über Alkohol, Öl und Wachs die einzigen, welche zur Feststellung der Zusammensetzung organischer Verbindungen vorlagen, und diese waren begreiflicherweise nicht sehr genau.

So können Sie sich erklären, daß Berzelius im Jahre 1819 noch zweifelte, ob das Gesetz der multiplen Proportionen auch

---

[4]) Gmelin, Handbuch der Chemie, 4. Aufl., IV, 3.

für die organische Chemie Geltung habe[5]).　Er wußte wohl, daß,
wenn sich organische Körper mit anorganischen, also z. B. organische Säuren mit Metalloxyden verbinden, dieselben Regelmäßigkeiten stattfinden, welche man in der anorganischen Chemie
beobachtet hatte; allein er glaubte, daß die Verhältnisse, in denen
sich Kohlenstoff, Wasserstoff, Sauerstoff und Stickstoff vereinigen, so
manigfaltig seien, daß Dalton's Gesetz seine Bedeutung verliere,
gerade weil 1, 2 . . . n Atome eines Elementes mit 1, 2 . . . . m
Atomen eines anderen zusammentreten könnten. Übrigens hat er
später selbst am meisten dazu beigetragen, die stöchiometrischen
Gesetze auf die organische Chemie auszudehnen, indem er die
damals gebräuchliche Methode der Elementaranalyse wesentlich
verbesserte und dadurch sich und Anderen Gelegenheit gab, die
Zusammensetzung organischer Körper zu ermitteln.

Es ist vielleicht nicht unzweckmäßig, hier einiges über die
Geschichte der Elementaranalyse mitzuteilen, gerade weil mit
ihrer Ausbildung die Ansichten über die organischen Verbindungen
wesentlich verändert wurden.

Auf Lavoisier's Methode, welche ich schon in einer der
ersten Vorlesungen angedeutet habe[6]), will ich nicht nochmals
zurückkommen. Zwischen ihm und seinen nächsten Nachfolgern
liegen nahezu 30 Jahre. Ich übergehe die Versuche von Saussure[7])
Berthollet[8]), sowie die ersten hierauf bezüglichen Arbeiten von
Berzelius[9]) usw., welche analytische Verfahren angegeben haben,
die vielleicht in speziellen Fällen ausreichten, die aber keineswegs als allgemeine Methoden betrachtet werden können. Dagegen verdient die Untersuchung von Gay-Lussac und Thénard
aus dem Jahre 1811 unsere Aufmerksamkeit[10]). Sie verbrannten
die organische Substanz mit chlorsaurem Kali, indem sie aus dem
Gemenge kleine Kügelchen formten, welche sie in ein senkrecht
stehendes, unten zum Glühen erhitztes Rohr fallen ließen. Oben

---

[5]) Essai sur la théorie etc., p. 96; vergl. auch Lehrb. d. Chemie III, I. Abt.,
S. 151. — [6]) Siehe S. 30. — [7]) Journ. de Physique LXIV, 316; Bibliothèque
britannique LIV, Nr. 4; Ann. of phil. IV, 34; Bibl. brit. LVI, 344. —
[8]) Mém. de la soc. d'Arcueil III, 64; Mém. de l'Acad. 1810, p. 121. — [9]) Gilbert, Ann. der Phys. XL, 46. — [10]) Rech. physico-chimiques II, 265.

war dasselbe durch einen Hahn mit Vertiefung geschlossen, welche zur Aufnahme der Kugeln bestimmt war; die Verbrennungsgase mußten durch ein seitliches Rohr in ein Eudiometer entweichen und wurden dort gemessen. Gay-Lussac und Thénard absorbierten dann die gebildete Kohlensäure und bestimmten den zurückbleibenden Sauerstoff. Sie kannten ferner die Menge verbrannter Substanz und die damit vermischte Quantität von chlorsaurem Kali; sie konnten daher mit Hilfe der Lavoisierschen Gleichung:

Substanz + verbrauchter Sauerstoff = Kohlensäure + Wasser,

die durch Verbrennung entstandene Wassermenge, also auch die Zusammensetzung der Verbindung berechnen.

In dieser Weise haben Gay-Lussac und Thénard die Analyse von 20 Substanzen ausgeführt. Ihre Resultate sind ziemlich genau, doch läßt die Methode noch viel zu wünschen übrig. Die Verbrennung war sehr heftig, von Explosionen begleitet und daher manchmal unvollständig.

Der nächste große Schritt für die Ausbildung der Elementaranalyse geschah durch Berzelius 1814[11]). Indem er mit einem Gemenge von chlorsaurem Kali und Chlornatrium verbrannte, erreichte er einen weit gleichmäßigeren Gang der Analyse. Sehr wesentlich und vorteilhaft unterscheidet sich seine Methode auch dadurch von der früheren, daß er nicht in ein glühendes Rohr die zur Verbrennung bestimmten Körper allmählich eintrug, sondern daß er die ganze Menge Substanz mit dem Verbrennungsmittel gemischt in eine Röhre brachte, die er in horizontaler Lage nach und nach zum Glühen erhitzte. Er war ferner der Erste, welcher das Wasser direkt wog, indem er es von Chlorcalcium absorbieren ließ, während er die Kohlensäure dem Volumen oder dem Gewichte nach bestimmte.

Diese Art der Ausführung der Analyse nähert sich schon sehr der heutigen Methode; verbessert wurde dieselbe noch durch die Anwendung von Kupferoxyd statt des chlorsauren Kalis, welches erstere Gay-Lussac zuerst bei stickstoffhaltigen Körpern ge-

---

[11]) Ann. of phil. IV, 330, u. 401.

brauchte[12]), das aber ein Jahr später von Döbereiner auch zur Verbrennung stickstofffreier Substanzen benutzt wurde[13]).

Mehr als 10 Jahre wurden nach dieser Methode Analysen ausgeführt, bis dieselbe im Jahre 1830 von Liebig[14]) in die heute noch benutzte Form gebracht wurde. Durch Liebig's Bemühung ist die Elementaranalyse eine leicht ausführbare Operation geworden, die, was Genauigkeit betrifft, sich jeder anderen an die Seite stellen läßt. Von dieser Zeit datiert ein rascher Aufschwung der organischen Chemie; jetzt, wo ein einfaches und sicheres Mittel gegeben war, die Zusammensetzung der Körper zu bestimmen, wurden Untersuchungen möglich und wirklich ausgeführt, an welche, als mit endlosen Schwierigkeiten verknüpft, man sich vorher nicht gewagt hatte.

Freilich waren schon nach Berzelius' Methode viele Analysen gemacht worden; und mehr und mehr hatte man die Überzeugung gewonnen, daß das Gesetz der multiplen Proportionen auch auf organische Verbindungen Anwendung finde, daß man ihnen Formeln beilegen könne, ähnlich denen, die man bei mineralischen Substanzen gebrauchte. Allein man nahm in den zwanziger Jahren noch einen wesentlichen Unterschied zwischen beiden Körperklassen an. Nur die letzteren sollten künstlich darstellbar sein, während die Synthese der ersteren, unseren Mitteln vollkommen unzugänglich, ausschließlich dem lebenden Organismus vorbehalten sei, wo sie unter dem Einfluß der Lebenskraft ausgeführt werden sollte. Aus solchen natürlich vorkommenden Körpern hatte man freilich durch (trockene) Destillation, Behandlung mit Salpetersäure, mit Kali usw. andere, auch zu den organischen Verbindungen gezählte Substanzen darstellen gelernt, allein es waren dies meist einfachere, und der Ausgangspunkt blieb stets das in der Natur vorhandene Material. In dieser Beziehung verdient eine für jene Zeit vortreffliche Untersuchung von Chevreul angeführt zu werden[15]), in welcher

---

[12]) Schweigger, Journ. XVI, 16. — [13]) Ibid. XVIII, 369; vgl. auch Chevreul, Rech chim. sur les corps gras. — [14]) Poggendorff; Ann. d. Phys. XXI, 1; ausführl. in der „Anleitung zur Analyse organischer Körper". Braunschweig 1837. — [15]) Recherches chim. sur les corps gras d'origine animale, 1823.

derselbe zeigte, daß die Fette aus einer Säure und dem von Scheele entdeckten Glycerin bestehen, und demnach in die Reihe der Äther (Ester) zu stellen seien, wohin man alle Körper rechnete, welche sich durch Kali in eine Säure und eine indifferente Substanz (einen Alkohol) trennen ließen.

Diese und ähnliche Untersuchungen konnten aber mit Recht den Glauben an eine Lebenskraft, unter deren Einfluß alles Organische entstehe, nicht wankend machen. Noch war es nicht gelungen, einen im Organismus vorkommenden Körper künstlich darzustellen; allein auch dieser große Schritt sollte nicht mehr lange auf sich warten lassen. Wir verdanken ihn Wöhler, der damit seine lange und glänzende wissenschaftliche Laufbahn eröffnete.

Wöhler hat im Jahre 1822 die Cyansäure entdeckt[16]), und war mit ihrer Untersuchung beschäftigt, als er 1828 die Beobachtung machte, daß beim Eindampfen der Lösung ihres Ammoniaksalzes Harnstoff, ein bekanntes Produkt des animalischen Lebens, gebildet werde[17]). Hiermit war freilich die Frage nicht vollständig gelöst; noch war die Synthese nicht aus den Elementen möglich, doch war das Wesentlichste geschehen: man hatte aus anorganischen Verbindungen, zu denen Viele damals die Cyansäure rechneten[18]), eine Substanz dargestellt, die man vorher nur im tierischen Organismus gefunden hatte. Trotzdem erfolgte der Umschwung der Ideen nur langsam, noch immer glaubte man die Lebenskraft nicht entbehren zu können, und noch Jahrzehnte später werden über ihre Existenz wissenschaftliche Diskussionen gepflogen. Heutzutage, wo die materialistische Richtung mehr und mehr die Oberhand gewinnt, werden nur Wenige zu finden sein, welche die Entstehung organischer Körper anderen Kräften zuschreiben, als denen, welche das Zustandekommen mineralischer Substanzen beherrschen. Freilich hat die experimentelle Wissenschaft auch in dieser Beziehung große Fortschritte gemacht, da ihr die Darstellung vieler organischer Körper aus den Elementen

---

[16]) Gilbert, Ann. der Phys. LXXI, 95. — [17]) Schweigger, Journ. Chem. Phys. LIV, 440. — [18]) Vgl. z. B. Dumas, Handbuch der Chemie.

gelungen ist. So führte Kolbe die vollständige Synthese der Trichloressigsäure aus [19]), Berthelot die der Ameisensäure und des Alkohols, womit er die glänzende Reihe seiner synthetischen Untersuchungen eröffnete [20]).

Es mag Manchem, dem zufällig eine Abhandlung über organische Verbindungen aus den zwanziger Jahren oder aus noch früherer Zeit in die Hand kommt, auffallend erscheinen, daß damals, wo dieser Teil der Chemie noch auf einer niedrigen Stufe der Entwicklung stand, schon Versuche gemacht wurden, um Aufschluß über die Konstitution, die Art der Lagerung der Atome in der Verbindung, zu erhalten. Man könnte dies als müßige Spekulation auffassen, während doch eine wissenschaftliche Chemie schon frühe auf derartige Betrachtungen hingewiesen wurde, und zwar durch die Erscheinnngen der Isomerie, auf welche ich deshalb schon hier näher eingehen muß.

Nachdem man angefangen hatte, sich von der quantitativen Zusammensetzung der Körper Rechenschaft zu geben, nachdem man namentlich konstante Gewichtsverhältnisse der Bestandteile als wesentliches Merkmal chemischer Verbindungen kennen gelernt hatte, nahm man als selbstverständlich an, daß die gleiche prozentige Zusammensetzung stets auch die gleichen Eigenschaften bedinge. Freilich wußte man, daß sehr viele, fast alle Körper in mehreren Zuständen vorkommen: im festen, flüssigen und gasförmigen, im kristallisierten und amorphen usw., allein das Aufsehen, welches die Entdeckung des Dimorphismus machte, beweist uns, wie sehr man damals geneigt war, die physikalischen und chemischen Eigenschaften nur als Funktion der prozentigen Zusammensetzung (und der Temperatur) zu betrachten. Da mußte es natürlich sehr überraschen, zu sehen, daß der Schwefel in zwei Kristallformen auftreten kann, zu hören, daß Arragonit reiner kohlensaurer Kalk sei, also mit dem Kalkspat dimorph usw. [21]).

---

[19]) Ann. der Chemie u. Pharm. LIV, 145. — [20]) Berthelot, Chimie fondée sur la Synthése; siehe auch dessen neuere Untersuchungen; Bulletin de la soc. chim. VII, 113, 124, 217, 274, 303, 310 usw. — [21]) Annales de Chimie et de Phys. [2], XXIV, 264.

In demselben Jahre 1823 sollte es sich noch zeigen, daß auch die chemischen Eigenschaften wechseln können ohne Änderung der Zusammensetzung: Liebig fand bei der Analyse der Knallsäure Zahlen, welche vollständig mit den für Cyansäure festgestellten übereinstimmten[22]). Anfangs glaubte man an einen Irrtum, spätere Untersuchungen bestätigten aber die Beobachtung, und die große Verschiedenheit zwischen beiden Körpern erschien vollständig unerklärlich. Zwei Jahre später entdeckte Faraday eine andere Tatsache dieser Art[23]). Er war mit der Untersuchung des Ölgases beschäftigt und fand hierbei einen Kohlenwasserstoff, der sich dem ölbildenden Gase sehr ähnlich verhielt, mit Chlor im Sonnenlicht aber keinen Chlorkohlenstoff erzeugte und auch die doppelte Dichtigkeit des Äthylens besaß[24]). In diese Zeit fällt ferner eine Untersuchung der Phosphorsäure durch Clark, welche denselben, da er den Wassergehalt der Salze vernachlässigte, zu der Ansicht führte, daß es zwei Phosphorsäuren von verschiedenen Eigenschaften, aber gleicher Zusammensetzung gäbe[25]). Ähnliches hatte Berzelius schon früher für die Zinnsäure nachgewiesen[26]). 1830 zeigte derselbe, daß die bei der Fabrikation der Weinsäure neben dieser entstehende Säure gleiche Zusammensetzung mit ihr hat. Er nennt die neue Substanz Traubensäure und führt für Körper dieser Art das Wort isomer ein, das nach ihm nur für Verbindungen mit gleicher Zusammensetzung, gleichem Atomgewicht, aber ungleichen Eigenschaften gebraucht werden soll[27]). Die von Faraday bei den Kohlenwasserstoffen beobachtete Erscheinung bezeichnet Berzelius ein Jahr später als Polymerie, welche diejenigen Fälle umfaßt, bei denen gleiche Zusammensetzung, ungleiche Eigenschaften und verschiedenes Atomgewicht vorliegen[28]). Metamere Körper

---

[22]) Annales de Chimie et de Phys. [2], XXIV, 294; XXV, 288; Schweigger, Journ. Chem. Phys. XLVIII, 376. — [23]) Phil. Trans. 1825. Ann. of. phil. XI, 44 u. 95. Schweigger, Journ. Chem. Phys. XLVII, 340 u. 441. — [24]) Ich erwähne hier beiläufig, daß Faraday bei dieser Gelegenheit auch das Benzol entdeckte. — [25]) Edinb. Journ. of Science VII, 298. Schweigger, Journ. Chem. Phys. LVII, 421. — [26]) Ibid. VI, 284. — [27]) Pogg. Ann. Phys. Chem. XIX, 305. — [28]) In jener Zeit nahm, wie sich hieraus zeigt, Berzelius die Dampfdichte auch von Verbindungen als maßgebend für ihr Atomgewicht an.

dagegen sind solche, die gleiche Zusammensetzung, gleiches Atomgewicht und ungleiche Eigenschaften besitzen, wenn die Verschiedenheit erklärt werden kann durch eine verschiedene Lagerung der Atome, durch eine verschiedene Konstitution [29]). Als Beispiel wählt Berzelius sehr bezeichnend schwefelsaures Zinnoxydul und schwefligsaures Zinnoxyd, welche er schreibt: $SnO + SO_3$ und $SnO_2 + SO_2$.

In jener Zeit werden auch verschiedene Zustände eines Elementes als Isomeriefälle betrachtet, und erst 1841 führt Berzelius hierfür das Wort Allotropie ein [30]). Dahin gehöriger Beispiele waren schon eine ganze Reihe bekannt; eines der interessantesten ist Graphit, Diamant und Ruß.

Sie werden begreifen, daß der Begriff Metamerie nur dann zu gebrauchen war, wenn man sich unter der Konstitution eines Körpers etwas denken konnte, und daß andererseits die Erscheinung der Isomerie die Chemiker notwendig zu Hypothesen über die Art der Lagerung der Atome führen mußte. Wie Sie wissen, bestand damals eine Anschauungsweise, welche namentlich Berzelius immer mehr und mehr auszudehnen versuchte. Ich meine den Dualismus, den ich schon mehrmals anzuführen Gelegenheit hatte, dessen Konsequenzen ich aber jezt bestimmter darlegen will.

Die Verbrennungserscheinungen hatten Lavoisier dahin geführt, die Körper so viel wie möglich aus zwei Teilen bestehend anzunehmen. Sehr vorteilhaft und verständlich war diese Art der Auffassung für die Salze, die danach aus Basis und Säure zusammengesetzt waren, was mit ihrem ganzen Verhalten übereinzustimmen schien, und für sie eine einheitliche Betrachtungsweise ermöglichte. Wie sehr diese Ideen eingewurzelt waren, und wie fest man auf sie baute, beweisen die in einer früheren Vorlesung angeführten [31]) Argumente Gay-Lussac's und Thénard's gegen die einfache Natur des Chlors.

Nachdem die Existenz sauerstofffreier Säuren, der sogenannten Wasserstoffsäuren, allgemein zugegeben war, entstanden ver-

---

[29]) Berzelius' Jahresbericht XII, 63. — [30]) Ibid. XX, 2. Abt., S. 13. — [31]) Siehe S. 83.

schiedene Ansichten über die Natur ihrer Salze. Einige Forscher, wie Davy und Dulong, suchten sie ebenso wie die anderen Salze als Metallverbindungen zu betrachten [32]), was jedoch damals keinen Anklang fand; andere blieben der früheren Auffassung treu, und für sie war noch immer das Kochsalz salzsaures Natron, welches freilich die Eigentümlichkeit hatte „Wasser" abzugeben. Wieder Andere sahen diese Körper gar nicht mehr als Salze an, sie verglichen dieselben mit den Oxyden, und die 1828 von Boullay dargestellten Doppelchlorüre und -jodüre gaben diesem Veranlassung, seine Ansichten ausführlicher zu entwickeln [33]). Danach waren die Chlorüre, Jodüre usw. der Alkalimetalle Basen, aus denen erst durch ihre Verbindung mit den Chlorüren und Jodüren der schweren Metalle, die ihrerseits den Säuren analog betrachtet wurden, wirkliche Salze entstanden. Noch Andere, und darunter Berzelius [34]), dessen Auffassung in jener Zeit das größte Gewicht hatte, nahmen das Kochsalz und die ähnlichen Körper als salzartige Verbindungen an, trennten sie aber von den gewöhnlichen Salzen. Nach ihnen zerfiel nämlich die ganze Gruppe in zwei Abteilungen, in die Amphidsalze, zu welchen die neutralen Sauerstoff-, Schwefelverbindungen usw. gehörten, und in die Haloidsalze, welche die Chlorüre, Jodüre usw. umfaßte. Die letzteren bestanden aus zwei Elementen oder Radikalen, einem Metall und einem Salzbildner, welches Wort jetzt für Chlor, Jod, Cyan usw. in Gebrauch kommt. Es blieb dabei völlig unerklärt, wie Substanzen von so ähnlichen Eigenschaften, wie es die Amphid- und Haloidsalze waren, so verschiedene Konstitution besaßen.

Wollte man die Sauerstoffsalze als Verbindungen einer Säure mit einer Basis ansehen, so war hierdurch weiter die Feststellung dieser Begriffe gegeben. Im Salpeter mußte z. B. KO die Base und N_2O_5 [35]) die Säure vorstellen, d. h. das, was wir heute Anhydride nennen. So kam man auch darauf, Essigsäure $C_4H_6O_3$, Ameisensäure $C_2H_2O_3$, Schwefelsäure SO_3 usw., also statt der

---

[32]) Siehe S. 90. — [33]) Annales de Chim. et de Phys. [2] XXXIV, 337; Journ. de Pharm. XII, 630. — [34]) Berzelius, Lehrbuch der Chemie, 3. Aufl., IV, 6. — [35]) Atomgewichte von Berzelius, siehe S. 104.

wirklich existierenden, teilweise imaginäre Körper zu schreiben. Die freien Säuren sollten „einen Anteil Wasser enthalten, den wir nicht abscheiden können, ohne die Säure mit einem anderen Körper zu verbinden"[36]), und obgleich Berzelius selbst früher das Hydratwasser von dem in den Salzen enthaltenen und zu deren Bestehen nicht nötigen unterschieden hatte[37]), so ward doch auch „dieses Wasser" bei den meisten Diskussionen über Konstitution der Basen und Säuren als nicht existierend weggelassen. Eine Konsequenz davon kann es gewesen sein, daß man sogar bei Körpern anderer Klassen, in welchen sich Wasserstoff und Sauerstoff in dem zur Wasserbildung nötigen Verhältnis fand, Wasser annahm und es dann beim Schreiben der Formel vernachlässigte. Es könnte manches angeführt werden, was zu derartigen Verirrungen Veranlassung gegeben hat, so z. B. die Art, wie Gay-Lussac und Thénard 1811 ihre analytischen Resultate über organische Verbindungen interpretierten[38]). Diese zerfallen nämlich nach ihnen in 1. solche, welche gerade so viel Sauerstoff enthalten, als nötig ist, um mit dem vorhandenen Wasserstoff Wasser zu bilden (Kohlenhydrate); 2. solche, welche weniger enthalten (Harze, Öle), und 3. solche, welche mehr enthalten (Säuren).

Diese vielleicht etwas ausführlich scheinenden Erörterungen hielt ich für nötig, ehe ich Sie näher mit den Ansichten über die Konstitution organischer Körper vertraut machen konnte. Wenn ich aber jetzt zu dieser sehr wichtigen Frage übergehe, so muß es meine Aufgabe sein, Ihnen zu zeigen, wie der Dualismus nach und nach auch hier eingeführt wurde, und wie hierdurch die Radikaltheorie entstand.

Im Jahre 1819 erklärte Berzelius, daß seine elektrochemische Theorie auf die organische Chemie nicht ausgedehnt werden könne, weil hier die Elemente unter dem Einflusse der Lebenskraft ganz veränderte elektrochemische Eigenschaften besäßen; er sieht in der Fäulnis, Verwesung, Gärung usw. Erscheinungen, welche das Bestreben der Elemente, in ihren normalen

---

[36]) Berzelius, Lehrb. der Chemie, 3. Aufl., II, 4. — [37]) Journ. de Physique LXXIII, 253. — [38]) Rech. physico-chimiques II, 265.

Zustand zurückzukehren, beweisen sollen[39]). Damals hielt er auch noch nicht für möglich, alle organischen Körper als binäre Gruppen aufzufassen. Freilich wurde der Dualismus so weit als möglich ausgedehnt; die Sauerstoffverbindungen wurden angesehen als „Oxyde von zusammengesetzten Radikalen, welche aber nicht frei existieren, sondern ganz hypothetisch sind"[40]), eine Anschauungsweise, die namentlich auf die Säuren anwendbar war. So hören Sie denn von dem Radikal der Essigsäure C_4H_6, der Benzoësäure $C_{14}H_{10}$ usw. sprechen, welche die von Sauerstoff befreiten Reste dieser Körper bedeuten.

Daß übrigens auch von anderer Seite und nach anderer Richtung hin versucht worden ist, Hypothesen über die Natur organischer Substanzen aufzustellen, ist begreiflich, doch darf ich solche übergehen, welche keine allgemeinere Bedeutung hatten und nur auf wenige Körper anwendbar waren. Einige derartige Beispiele müssen Sie mir aber schon erlauben anzuführen, da die betreffenden Ideen längere Zeit in der Wissenschaft verwertet wurden. Es handelt sich um eine Auffassung der Oxalsäure, welche man damals C_2O_3 schrieb, indem man die Elemente des Wassers vernachlässigte. Döbereiner, der im Jahre 1816 das Verhalten ihrer Salze näher studierte, wies nach, daß einige derselben beim Erhitzen Kohlensäure und Kohlenoxyd abgeben, weshalb er sich berechtigt glaubte, die „Kleesäure" als kohlensaures Kohlenoxyd zu betrachten[41]). Dies war ein Versuch, kompliziertere Verbindungen auf einfachere zurückzuführen, der insofern eine gewisse Bedeutung hat, als er sich auf Tatsachen stützt.

Weit wichtiger ist eine Bemerkung Gay-Lussac's über die Zusammensetzung des Alkohols und des Äthers, welche ungefähr aus derselben Zeit herrührt[42]) und die Grundlage der sogenannten Ätherintheorie geworden ist. Der Entdecker des Volumgesetzes macht darauf aufmerksam, daß die Dampfdichten von Alkohol, Äther, Wasser und ölbildendem Gase so beschaffen sind, daß der Äther aus ½ Volumen Wasser und 1 Volumen ölbildendem Gase,

---

[39]) Essai sur la théorie etc., p. 96. — [40]) Berzelius, Lehrb. der Chemie, 1. Aufl., III, 1. Abt., S. 149. — [41]) Schweigger, Journ. Chem. Phys. XVI., 105. — [42]) Annales de Chimie XCI, 160 u. XCV, 311.

der Alkohol aus gleichen Volumen beider entstehend betrachtet werden könne.

Diese Beobachtung legten Dumas und Boullay denjenigen Ansichten über die ätherartigen Verbindungen zugrunde, welche sie 1828 gelegentlich einer ausführlichen Untersuchung über diese Körper aussprachen [43]). Das ölbildende Gas ist für sie ein Radikal, d. h. eine Atomgruppe, welche den Elementen ähnlich, Verbindungen eingeht; sie stellen es dem Ammoniak gegenüber und bemühen sich zu zeigen, daß gerade wie dieses das Radikal der Ammoniaksalze sei, das ölbildende Gas in den Äthern angenommen werden müsse. Dabei suchen sie die Analogie so weit zu treiben, daß sie sogar behaupten, das Äthylen habe basische Eigenschaften und bläue Lackmustinktur nur deshalb nicht, weil es in Wasser unlöslich sei; seine alkalische Natur werde jedoch bewiesen durch seine Fähigkeit, Salzsäure zu neutralisieren und so den schon von Basilius Valentinus beobachteten salzsauren Äther zu bilden. In einer Tabelle zeigen sie dann, wie sich in den Formeln der von ihnen analysierten Äther das Radikal C_4H_4 oder $2\,C_2H_2$ (ölbildendes Gas) annehmen lasse, wodurch eine vollständige Harmonie mit den Ammoniaksalzen erreicht werde [44]).

Ölbildendes Gas . . . . $2\,C_2H_2$	NH_3 . . . . Ammoniak
Salzsaurer Äther . . $2\,C_2H_2 + H\,Cl$	$NH_3 + H\,Cl$ . . . . Salmiak
Äther (Schwefeläther) $4\,C_2H_2 + H_2O$	$2\,NH_3 + 2\,H_2O$ . . Ammoniumoxyd
Alkohol . . . . $4\,C_2H_2 + 2\,H_2O$	$2\,NH_3 + C_8H_6O_3 + H_2O$ Essigsaures
Essigäther $4\,C_2H_2 + C_8H_6O_3 + H_2O$	Ammoniak
Oxaläther . $4\,C_2H_2 + C_4O_3 + H_2O$	$2\,NH_3 + C_4O_3 + H_2O$ Oxalsaures Ammoniak [45]) usw.

Wir finden von Dumas und Boullay zuerst die Ansicht aufgestellt, daß die Ätherarten Salzen analog zu betrachten seien, freilich war für letztere nicht die gewöhnliche Anschauung, nach

---

[43]) Annales de Chimie et de Phys. [2] XXXVII, 15. — [44]) Ich zitiere hier wie immer die Formeln des Autors, gebrauche also an dieser Stelle Dumas' Atomgewichte, die auf H = 1 reduziert sind: O = 16, C = 6 usw. [45]) Die Tabelle in der oben angeführten Abhandlung enthält offenbar Druckfehler; vgl. Dumas, Handbuch der Chemie, übersetzt von Engelhardt, Nürnberg, V, 89.

der dieselben kein Wasser enthielten, gewählt; doch lag immerhin das Bestreben zugrunde, auch die organischen Verbindungen nach Art der anorganischen aufzufassen, und da diese Idee für eine ganze Körperklasse Anwendung finden konnte, so war sie von großer Bedeutung. Die Betrachtungsweise war wohl dualistisch doch nicht ganz im Sinne der damaligen Zeit. So sehen wir denn Berzelius anfangs sich sehr vorsichtig ihr gegenüber verhalten[46]); er findet darin höchstens „eine symbolische Ausdrucksweise, die man nicht als die wirkliche Zusammensetzung der Körper ausdrückend betrachten könne". Erst einige Jahre später bekehrte er sich auf kurze Zeit zu Dumas' Ideen und nennt dann das Radikal C_4H_8 Ätherin[47]).

Es scheint mir hier der Ort, die Resultate einer Arbeit Gay-Lussac's über die Cyanverbindungen darzulegen, welche schon im Jahre 1815 ausgeführt worden war und wesentlich dazu beitrug, dem Begriff Radikal eine bestimmte Bedeutung zu geben[48]). Gay-Lussac kontrollierte Berthollet's Versuche über die Zusammensetzung der Blausäure und bestätigte sie, indem er über jeden Zweifel erhob, daß die Säure sauerstofffrei sei und nur Kohlenstoff, Stickstoff und Wasserstoff enthalte. Die Untersuchung der Salze führte ihn dazu, das Verhalten der Quecksilberverbindung bei höherer Temperatur zu studieren, wobei er das Cyangas entdeckte. Das für uns Wesentliche an Gay-Lussac's Arbeit besteht in der Art, wie er die von ihm beschriebenen Körper auffaßt. Diese sind für ihn Verbindungen eines kohlenstickstoffhaltigen Radikals Cyan, identisch mit dem aus Cyanquecksilber isolierten Gase. Die Möglichkeit der Darstellung von Radikalen war hierdurch gegeben und infolge davon erhielt dieser Begriff eine realere Bedeutung. Zu bemerken ist noch, daß sich Gay-Lussac, indem er Cyan das Radikal der Blausäure nannte, eine gewisse Freiheit erlaubte, denn es war ja nicht „der von Sauerstoff befreite Rest einer Säure". Offenbar vergleicht der große französische Gelehrte die Blausäure mit Salzsäure und mit der

---

[46]) Berzelius, Jahresb. VIII, 286. — [47]) Ann. der Pharm. III, 282. — [48]) Annales de Chimie XCV, 136.

kurz vorher von ihm entdeckten Jodwasserstoffsäure. Sie sind
Wasserstoffverbindungen von Elementen oder Radikalen, gerade wie
die gewöhnlichen Säuren Sauerstoffverbindungen sind. Natürlich
konnte man, wenn man jetzt Radikal definieren und das Cyan in
diesen Begriff aufnehmen wollte, nicht mehr mit Lavoisier sagen:
„es sei der von Sauerstoff befreite Rest eines Körpers“, sondern es
war die andere Hälfte der Definition: „Radikal ist eine zusammengesetzte Gruppe, die sich wie ein Element verhält“[49]), zu be-
tonen; durch Gay-Lussac's Untersuchung, durch die Isolierung
des Cyans hatte diese Auffassung an Bedeutung gewonnen.
Übrigens scheinen derartige Reflexionen den Chemikern jener
Zeit nicht gekommen zu sein, im allgemeinen suchte man Radikale nur in Sauerstoffverbindungen, hauptsächlich in Säuren,
während andererseits Dumas' und Boullay's Annahme des
Ätherins beweist, daß man sich nicht ausschließlich darauf beschränkte.

Von entscheidender Wirkung auf die Ansichten über Radikale
war Wöhler's und Liebig's Arbeit über das Bittermandelöl
und seine Derivate aus dem Jahre 1832[50]). Sie führte die beiden
Forscher zur Annahme eines sauerstoffhaltigen Radikals und
schuf daher dem Begriff eine neue Bedeutung.

Wöhler und Liebig weisen zuerst nach, daß der Übergang des Bittermandelöls in die Benzoësäure in einer Sauerstoffaufnahme besteht, indem sie für die beiden Körper die Formeln:
$C_{14}H_{12}O_2$ und $C_{14}H_{12}O_4$ feststellen[51]); dabei nehmen sie aber in
der letzteren 1 Atom Wasser H_2O an, vernachlässigen dieses
und schreiben die Formel der Benzoësäure $C_{14}H_{10}O_3$. So kommen
sie darauf, beide als Verbindungen des Radikals Benzoyl, $C_{14}H_{10}O_2$,
anzusehen, das Bittermandelöl als Benzoylwasserstoff, die Benzoësäure als Sauerstoffverbindung des neuen Radikals zu betrachten.
Im Verlaufe der Arbeit zeigen sie, wie dasselbe Radikal noch in
einer ganzen Reihe von Substanzen angenommen werden kann:

---

[49]) Nomenclature chimique par Lavoisier, Guyton de Morveau
etc. p. 35. Lavoisier, Oeuvres I, 138. — [50]) Ann. der Pharm. III, 249.
— [51]) Berzelius' Atomgewichte.

durch Behandlung des Bittermandelöls mit Chlor und Brom stellen sie das Benzoylchlorür und -bromür, $C_{14}H_{10}O_2 . Cl_2$ und $C_{14}H_{10}O_2 . Br_2$, dar. Hieraus durch Jod- und Cyankalium die Jod- und Cyanverbindung des Radikals, $C_{14}H_{10}O_2 . J_2$ und $C_{14}H_{10}O_2 . Cy_2$. Mit Ammoniak und Alkohol endlich das Benzamid und den Benzoësäureäther.

Noch heute wird diese Arbeit als eine der größten Leistungen auf dem Gebiete der organischen Chemie betrachtet; Sie werden begreifen, welchen Eindruck sie damals machte: es war das erste Mal, daß man, von einer Verbindung ausgehend, durch einfache Reaktionen eine ganze Reihe gut definierter Körper erhalten hatte, welche sich, wenn man die eingeführte Betrachtungsweise annahm, leicht erklären ließen. So sehen wir denn auch Berzelius, damals im vollen Glanze seines Ruhmes und nur selten mit den Anschauungen Anderer einverstanden, der Untersuchung reichliches Lob spenden[52]). Er hofft, daß durch dieselbe für die Chemie ein neuer Tag hereinbreche, und schlägt Liebig und Wöhler vor, das neue Radikal Proin oder Orthrin (Morgendämmerung) zu nennen, eben weil er glaubt, daß durch die Annahme ternärer Radikale ein helleres Licht über unsere Wissenschaft verbreitet werde.

Und Berzelius hatte recht! Wenn auch nicht gerade die größte Bedeutung der Arbeit in dem Radikal mit drei Elementen liegt, so war doch jetzt selbst auf diesem Gebiete dem Sauerstoff die bevorzugte Rolle, die er seit Lavoisier spielte, entwunden; außerdem war dadurch, daß man bei der Wahl die Zusammensetzung des Radikals vollständig außer acht ließ, gezeigt, daß die Bedeutung dieses Begriffs anderswo zu suchen sei, und gerade in den experimentellen Resultaten lag die Berechtigung des Verfahrens. Das Benzoyl war ein Radikal, weil es sich wie ein Element mit anderen Elementen verband, und weil es aus diesen Verbindungen in andere ohne Zersetzung übertragbar war. Es war der Schlüssel zu den interessanten Reaktionen Liebig's und Wöhler's, es bildete die Grundlage der

---

[52]) Ann. der Pharm. III, 282.

Benzoësäurereihe, gerade wie das Cyan die Basis einer großen Zahl von Körpern wurde.

Das Cyan und das Benzoyl sind die Pfeiler der Radikaltheorie, welche ihre Krönung in der Entdeckung des Kakodyls fand. Ich kann sie nicht mit allen Einzelheiten dieser äußerst schwierigen und glänzend durchgeführten Untersuchung Bunsen's bekannt machen; es ist jedoch meine Pflicht, Ihnen die allgemeinen Resultate der Arbeit darzulegen.

Cadet hatte im Jahre 1760 durch Destillation von essigsaurem Kali mit arseniger Säure eine rauchende Flüssigkeit von ekelerregendem Geruch dargestellt[53]), die an der Luft leicht Feuer fing, und von der man wußte, daß sie arsenikhaltig und giftig war. Es scheint, daß diese Eigenschaften die Chemiker von dem Studium der Substanz zurückgeschreckt haben, denn mit Ausnahme einiger unbedeutender Versuche von Thénard hatte man sich während 70 Jahren gar nicht damit beschäftigt und sich begnügt, sie als Cadet'sche Flüssigkeit in den Lehrbüchern anzuführen. Dumas hatte in den dreißiger Jahren versucht, aus dem Rohprodukt, welches unter anderem mit metallischem Arsenik verunreinigt war, durch Destillation eine reine Verbindung abzuscheiden. Seinen Analysen zufolge gehörte derselben die Formel $C_8 H_{12} As_2$ ($C = 6$, $As = 75$) zu[54]), welche auch Bunsen's erste Angaben zu bestätigen schienen[55]), während die späteren die Formel $C_4 H_{12} As_2 O$ ($C = 12$) endgültig feststellten[56]). Bunsen nannte den Körper Kakodyloxyd und nahm darin $C_4 H_{12} As_2$ als Radikal an. Es gelang ihm, durch Behandlung mit den Wasserstoffsäuren das Chlorür, Bromür, Jodür, Cyanür und Fluorür desselben darzustellen, die Einwirkung des Baryumsulfhydrats erzeugte das Sulfür; durch Oxydation erhielt Bunsen die Kakodylsäure, $C_4 H_{12} As_2 . O_3 + H_2 O$; schließlich wurde es ihm möglich, durch Zersetzung des Chlorürs mittels

---

[53]) Mém. de Math. et de Phys. des savants étrangers III, 633. — [54]) Dumas, Handbuch der Chemie, übersetzt von Engelhardt, V, 177; vgl. Ann. der Chemie und Pharm. XXVII, 148. — [55]) Ann. der Chemie und Pharm. XXIV, 271 (1837). — [56]) Ibid. XXXI, 175; XXXVII, 1; XLII, 14; XLVI, 1.

Zink das Radikal Kakodyl zu isolieren, und dies trug natürlich sehr wesentlich dazu bei, seiner Betrachtungsweise Anerkennung zu verschaffen. Man begreift, wie lebhaft die Phantasie erregt werden mußte, als man von der Darstellung eines metallhaltigen organischen Radikals hörte, welches noch dazu die äußerst auffallende Eigenschaft der Selbstentzündlichkeit besaß.

Ich habe absichtlich die Darlegung dieser wichtigen Untersuchung Bunsen's, deren Vollendung erst in eine spätere Zeit (1843) fällt, hier angefügt, um Ihnen den Begriff Radikal, wie er jetzt nach und nach aufgefaßt wurde, klar machen zu können. Derselbe ist wesentlich verschieden von dem, was man früher darunter verstand, und die neue Auffassung wurde durch eine Reihe von Arbeiten hervorgerufen, von denen ich die wichtigsten kurz angeführt habe. Dabei war ich bemüht, Ihnen die Entwicklung der Dinge auseinanderzusetzen, jetzt sei es mir erlaubt, den Sinn des Begriffes, wie er sich schließlich in den Köpfen jener Zeit festsetzte, zu charakterisieren.

Ich beginne mit der berühmt gewordenen Definition Liebig's[57]): „Wir nennen also Cyan ein Radikal", sagt er in seiner Kritik über Laurent's Theorie 1837, „weil es 1. der nicht wechselnde Bestandteil in einer Reihe von Verbindungen ist, weil es 2. sich in diesen ersetzen läßt durch andere einfache Körper, weil 3. sich in seinen Verbindungen mit einem einfachen Körper dieser letztere ausscheiden und vertreten läßt, durch Äquivalente von anderen einfachen Körpern."

Diese drei Bedingungen, von denen nach Liebig mindestens zwei erfüllt sein müssen, damit eine Atomgruppe Anspruch auf den Namen Radikal erheben durfte, beweisen, daß erst das Studium der Natur einer Verbindung dazu führen konnte, das darin vorhandene Radikal zu ermitteln. Das Verhalten einer Substanz gegen Elemente und zusammengesetzte Körper mußte bekannt sein, wenn man ihr Radikal angeben sollte, und daraus schon mögen Sie die Bedeutung entnehmen, welche eine

---

[57]) Ann. der Chemie und Pharm. XXV, 3.

solche Bestimmung hatte. In der Wahl lag gewissermaßen das
Resultat der ganzen Untersuchung, denn die Spaltungsprodukte
waren gegeben, wenn man das Radikal kannte; dieses freilich
war selbst zusammengesetzt, mit seinem Zerfallen aber hörten
die verwandtschaftlichen Beziehungen auf, welche die Körper
mit gleichem Radikal untereinander verbanden. Daß sich das
Radikal wie ein Element verhielt, hatte sich mehr und mehr
bestätigt, es ging nicht nur mit Elementen Verbindungen ein,
sondern es war auch aus diesen isolierbar. Wie weit man in
dieser Vergleichung ging, zeigt Ihnen ein Wort, das ich einer
Dumas und Liebig gemeinschaftlichen Abhandlung entnehme [58]):
„Die organische Chemie besitzt ihre eigenen Elemente, welche
bald die Rolle des Chlors oder Sauerstoffs, bald aber auch die eines
Metalles spielen. Cyan, Amid, Benzoyl, die Radikale des Ammoniaks, der Fette, des Alkohols und seiner Derivate bilden
die wahren Elemente der organischen Natur, während die
einfachsten Bestandteile, wie Kohlenstoff, Wasserstoff, Sauerstoff
und Stickstoff, erst zum Vorschein kommen, wenn die organische
Materie zerstört ist." Sie werden daher begreiflich finden, daß
man sich die Atome, welche zu einer solchen Gruppe zusammen-
traten, durch stärkere Kräfte zusammengehalten dachte, als
diejenigen waren, welche sie mit anderen Atomen verbanden.
Dadurch erhielt das Radikal in den Vorstellungen der damaligen Chemiker eine sehr reale Bedeutung; es existierte in
der Verbindung, weshalb auch in einem bestimmten Körper nur
ein Radikal angenommen werden konnte, denn es war nur
eins vorhanden. Und so mußten denn mit der stets wachsenden Bedeutung, welche das Radikal einer Substanz für die
Ansicht über deren Konstitution erhielt, notwendig auch über
die Wahl desselben Divergenzen entstehen, je nach den Spaltungs-
produkten, welche man als die wichtigsten annahm. Die so
hervorgerufenen Diskussionen waren der Weiterentwicklung der
Wissenschaft sehr förderlich. Jeder suchte seine Anschauung
durch Gründe zu stützen, und diese konnte er nur in den

---

[58]) Compt. rend. V, 567.

Reaktionen der Verbindung finden. ¡Wir verdanken diesen Diskussionen daher eine sehr genaue Kenntnis gewisser Körperklassen.

Sie werden hoffentlich diese Auseinandersetzungen nicht überflüssig gefunden haben; dieselben sollten dazu dienen, Ihnen die Wichtigkeit der Radikaltheorie, deren weitere Ausbildung uns in der nächsten Vorlesung beschäftigen wird, verständlich zu machen.

Achte Vorlesung.

Weitere Ausbildung der Radikaltheorie. — Ansichten über Alkohol und seine Derivate. — Substitutionserscheinungen. — D u m a s' Regel. — Kerntheorie. — Äquivalent des Stickstoffs.

Wir stehen mitten in der Entwicklung der Radikaltheorie. In der letzten Vorlesung habe ich versucht, Ihnen die Bedeutung des Radikals auseinanderzusetzen, heute will ich mich näher mit seiner Natur beschäftigen. Sie sind schon auf die Streitigkeiten vorbereitet, welche die Wahl einer bestimmten Atomgruppe als Radikal einer Verbindung hervorgerufen hat, und ich halte es für meine Aufgabe, Sie zu Zeugen der wichtigsten Kämpfe zu machen. Namentlich war es die Konstitution des Alkohols und der sich von ihm ableitenden Ätherarten, bei denen die Meinungsverschiedenheiten zum Ausbruch kamen, und da nicht zu leugnen ist, daß gerade die Auffassung dieser Verbindungen einen wesentlichen Einfluß auf die allgemeinen Ansichten ausübte, da ferner die bedeutendsten Männer unserer Wissenschaft an diesen Diskussionen teilgenommen haben, so will ich an dieser Körpergruppe zu zeigen versuchen, wie mannigfaltig und widersprechend die Auffassungen über die Lagerung der Atome waren.

Schon in der letzten Vorlesung habe ich mich mit der sogenannten Ätherintheorie beschäftigt, welche durch eine Vergleichung der Ätherarten mit den Ammoniaksalzen entstand. In diesen war dabei das Radikal NH_3 angenommen, und wenn man auch der ganzen Auffassungsweise den Dualismus nicht abstreiten kann, so war sie doch nicht im Einklange mit den sonstigen Ansichten über Salze. Es existierte damals schon eine andere

Theorie der Ammoniakverbindungen, nach welcher sie keine Ausnahmestellung hatten, sondern einer rein dualistischen Betrachtung unterworfen waren.

Die Grundlege dieser Hypothese bildet das Radikal Ammonium, das, wie Sie wissen, Davy in die Wissenschaft eingeführt hatte [1]). Ampère [2]) und Berzelius [3]) hatten dann hauptsächlich beigetragen, demselben Geltung zu verschaffen. Der Vorteil dieser Auffassung gegenüber der anderen, bei einer rein dualistischen Grundlage, ist nicht abzuleugnen; denn hier erscheinen die Ammoniak- (Ammonium-) Verbindungen den gewöhnlichen Salzen analog, was ihr Verhalten notwendig erscheinen ließ. Man hat nämlich [4]):

Salmiak	$(N_2H_8)Cl_2$	KCl_2	Chlorkalium
Schwefelsaures Ammoniak	$(N_2H_8)OSO_3$	$KOSO_3$	Schwefelsaures Kali
Salpetersaures „	$(N_2H_8)ON_2O_5$	KON_2O_5	Salpetersaures „
Essigsaures „	$(N_2H_8)OC_4H_6O_3$	$KOC_4H_6O_3$	Essigsaures „

Es ist nun klar, daß man diese Art der Betrachtung auch auf die zusammengesetzten Äther übertragen konnte, indem man in denselben das Radikal C_4H_{10} statt C_4H_8 annahm. Berzelius tat diesen Schritt im Jahre 1833 [5]). Er wurde dazu nicht nur durch seine Vorliebe zu der Ammoniumtheorie, sondern auch durch neu aufgefundene Tatsachen geführt, die ich hier mitteilen will.

Magnus hatte in demselben Jahre durch Einwirkung wasserfreier Schwefelsäure auf Alkohol und Äther die Äthion- und Isäthionsäure entdeckt [6]). Die letztere war durch Zersetzung der anderen mit Wasser erhalten worden und sollte den Analysen nach mit ihr isomer sein. Ihr Barytsalz erhielt der herrschenden

---

[1]) Siehe S. 80. — [2]) Ann. d. Chimie et de Phys. (2) II, 16, Anm. — [3]) Gilbert, Ann. der Phys. XLVI, 131; Berzelius, Lehrb. d. Chem., 3. Auflage. — [4]) Berzelius nimmt als ein Atom Ammonium NH_4 an, doch kommt dies in Verbindung ebensowenig vor wie ein Atom Ammoniak NH_3, sondern es tritt immer das Doppelatom $NH_4 = N_2H_8$ auf. Schon der Isomorphismus des Chlorammoniums mit dem Chlorkalium mußte ihn bewegen, $NH_4 . Cl_2$ und nicht $(NH_4)_2Cl_2$ zu schreiben. — [5]) Pogg. Ann. der Phys. u. Chem. XXVIII, 626. — [6]) Ann. der Chem. u. Pharm. VI, 152.

Ätherintheorie zufolge die Formel $C_4H_8 + 2SO_3 + BaO + H_2O$; nach Magnus war es als Verbindung von Äther und wasserfreier Schwefelsäure mit Baryt aufzufassen. Liebig's und Wöhler's Analysen des weinschwefelsauren (äthylschwefelsauren) Baryts[7]), welche durch Magnus bestätigt worden waren[8]), hatten für denselben die Zusammensetzung $C_4H_8 + 2SO_3 + BaO + 2H_2O$ festgestellt, d. h. es sollte ein Atom Wasser mehr darin enthalten sein als in der neu entdeckten Verbindung. Berzelius macht nun darauf aufmerksam daß diese durch Kochen mit Wasser nicht in Weinschwefelsäure übergeführt werden könne, und daß deshalb die den Formeln zugrunde liegende Betrachtungsweise, wonach in diesen Substanzen fertig gebildetes Wasser vorhanden, irrig sei. Alkohol und Äther sind nach ihm Oxyde zweier Radikale, und zwar von C_2H_6 und von $\mathrm{E}_2H_5 = C_4H_{10}$. Die zusammengesetzten Äther blieben dadurch aus Äther, $\varkappa\alpha\tau'\grave{\epsilon}\xi o\chi\acute{\eta}\nu$, und Säure zusammengesetzt, allein es war in denselben kein Wasser mehr vorhanden, und sie wurden den Salzen vergleichbar:

Äther . . . . $C_4H_{10}O$	KO . . . . Kali
Haloidäther (Chloräthyl) $C_4H_{10}Cl_2$	KCl_2 . . . . . Chlorkalium
Essigäther . . . . . . $C_4H_{10}O + C_4H_6O_3$	$KO + C_4H_6O_3$ Essigsaures Kali
Salpeteräther . . . . . $C_4H_{10}O + N_2O_5$	$KO + N_2O_5$ Salpeters. Kali.

Berzelius sah die Wichtigkeit seines Vorschlages sehr wohl ein. Er hatte jetzt erreicht, wonach er längst getrachtet hatte. Auch auf die organischen Verbindungen oder doch wenigstens die bestuntersuchte Gruppe derselben war die dualistische Anschauung anwendbar, er hält die Freude, die ihm dies verursacht, nicht zurück. Er spricht es aus, daß die organischen Körper jetzt nach Art der mineralischen als binäre Gruppen aufzufassen seien, daß dabei nur zusammengesetzte Radikale die Rolle der anorganischen Elemente spielen, eine Ansicht, welche Dumas und Liebig später in einer besonderen Abhandlung ausführlich entwickeln[9]) (vgl. S. 139).

Der Grund zum Zerwürfnis war jetzt vorhanden, und nicht lange sollte es dauern, so brach der Kampf aus. Die nächste An-

---

[7]) Ann. d. Chem. u. Pharm. I, 37. — [8]) Magnus, l. c. — [9]) Compt. rend. V, 567.

regung dazu gibt Liebig, welcher der Ätherintheorie den Fehde-
handschuh hinwirft [10]). Diese hat nach ihm keine Berechtigung,
und alle Gründe, die man zu ihren Gunsten anführen könne, sollen
auf falschen Versuchen beruhen. Zu diesen gehört zuerst eine
Beobachtung Hennel's [11]), nach welcher die Schwefelsäure Ätherin
(ölbildendes Gas) absorbiere und direkt Weinschwefelsäure er-
zeuge. Liebig versucht nachzuweisen, daß das Ätherin Hennel's
mit Alkohol und Ätherdampf verunreinigt gewesen ist, und daß
das reine Gas nicht von Schwefelsäure absorbiert wird [12]). Er
greift dann die Formeln der Zeise'schen Platinchlorürverbin-
dungen an, welche nach ihrem Entdecker aus Ätherin, Platinchlorür und Chlorkalium bestehen sollen [13]). Liebig glaubt aus
den Analysen Zeise's und aus den Reaktionen der Substanz
schließen zu dürfen, daß nicht Ätherin, sondern Äther in denselben enthalten ist. Schließlich bestreitet er die Existenz des
von Dumas und Boullay dargestellten äthyloxalsauren (oxal-
weinsauren) Ammoniaks, welches diese aus Oxaläther und trockenem Ammoniakgas dargestellt hatten [14]). Nach Liebig bildet
sich derselbe Körper bei Einwirkung von wässerigem Ammoniak
und ist identisch mit Oxamid. — Damit schienen alle Anhaltspunkte der Ätherintheorie zerstört, und indem unser großer
Landsmann dieses hervorhebt, bekennt er sich zu Berzelius'
Hypothese über die ätherartigen Verbindungen und weicht von
ihm nur in der Auffassung des Alkohols ab. Auch in diesem
nimmt er das Radikal C_4H_{10} an, welches er Äthyl nennt, und
zwar ist für ihn der Alkokol das Hydrat des Äthers, $C_4H_{10}O$,
H_2O. Daß hierdurch in einem Volumen Alkohol die halbe Menge
von Atomen vorausgesetzt wurde wie in demselben Volumen
Äther, war für Liebig kein Hinderungsgrund. Man war jetzt
weiter als je entfernt, Avogadro's Hypothese zu adoptieren,
wie aus folgenden Äußerungen Liebig's zu entnehmen ist [15]):

----

[10]) Ann. der Chem. u. Pharm. IX, 1. — [11]) Pogg. Ann. der Phys. u. Chem. XIV,
282. — [12]) Berthelot hat später gezeigt, daß durch starkes Schütteln eine
Absorption bewirkt werden kann. — [13]) Mag. f. Pharm. XXXV, 105; Pogg.
Ann. XXI, 533. — [14]) Ann. de Chim. et de Phys. XXXVII, 15. — [15]) Ann. d.
Chem. u. Pharm. IX, 16.

„Abgesehen von dem Widerspruch, der darin liegt, wenn dem Äther als einem Oxyd die Fähigkeit abginge, sich auch mit Wasser zu einem Hydrat zu verbinden, während er sich wie andere Oxyde mit Säuren und sein Radikal wie die Metalle mit den Salzbildnern zu vereinigen vermag, so kann das spezifische Gewicht des Alkoholdampfes nicht als Grund für seine Konstitution als ein Oxyd eines anderen Radikals angesehen werden; ich glaube im Gegenteil, daß gerade der Umstand, daß sich Äther und Wasserdampf in gleichen Raumteilen und ohne Verdichtung vereinigen, für die Meinung spricht, daß diese Verbindung, nämlich der Alkohol, ein Hydrat des Äthers ist ... In der Bildung des Benzoëäthers aus absolutem Alkohol und Chlorbenzoyl sehen wir eine Wasserzersetzung, die sich nur auf die Zerlegung des Hydratwassers erstreckt."

Liebig war in seiner Argumentation zu weit gegangen: Zeise und Dumas protestieren mit recht dagegen. Ersterer wiederholt seine frühere Untersuchung über das entzündliche Platinchlorür und findet die ersten Resultate bestätigt; in der vom Kristallwasser befreiten Verbindung ist kein Sauerstoff mehr vorhanden, es kann darin also auch kein Äther angenommen werden, nur Ätherin[16]). Auch Dumas hält seine früheren Versuche aufrecht[17]). Er zeigt die Verschiedenheit der Einwirkung von wässerigem und trockenem gasförmigen Ammoniak; nur im ersten Falle bildet sich Oxamid, Ammoniakgas aber erzeugt den von ihm früher beschriebenen Körper, den er jetzt Oxamäthan nennt und dem er die Formel $C_4 O_3, N H_3, C_4 H_4$ ($C = 6$) beilegt[18]). Dumas bleibt deshalb auch bei seiner alten Ansicht stehen und weist darauf hin, daß von ihm die Idee herrühre, wonach der Äther (Schwefeläther) die Base der zusammengesetzten Äther sei, nach ihm der ganze Inhalt der Äthyltheorie, während er einen Schritt weiter gehe, indem er sich den Äther selbst aus Wasser und ölbildendem Gas zusammengesetzt denke.

---

[16]) Ann. d. Chem. u. Pharm. XXIII, 1. — [17]) Annales de Chim. et de Phys. LIV, 225. Ann. der Chem. u. Pharm. X, 277; ibid. XV, 52. — [18]) Es scheint, als ob Dumas nach seinen früheren Versuchen 1 Atom Wasser mehr angenommen habe; doch geben die Analysen darüber keine sichere Entscheidung.

Dumas hatte hierin recht. Aber gerade dieser eine Punkt, in dem er und Liebig auseinandergingen, und den Liebig schon früher hervorgehoben hatte[19]), die Annahme Dumas', nach der im Äther zwei Wasserstoffatome eine von den übrigen verschiedene Rolle spielen, gerade diese bekämpfte der deutsche Forscher. Die Entdeckung der Mercaptane durch Zeise[20]) gibt Liebig Gelegenheit, neue Beweise für die Richtigkeit seiner Ideen beizubringen[21]). Er betrachtet diese Verbindungen als dem Alkohol analog; sie sind aus Schwefeläthyl, $C_4H_{10}S$, und Schwefelwasserstoff, H_2S, zusammengesetzt, und ihre interessanten Metallverbindungen beweisen, daß darin wirklich zwei Atome Wasserstoff vorhanden sind, welche sich verschieden verhalten von den übrigen. Zwei Jahre später, 1836, stellt er dann nochmals alle Gründe zusammen, welche beide Ansichten für und gegen sich haben[22]), und glaubt schließlich aus den verschiedensten Tatsachen, namentlich aus den von Dumas damals schon entdeckten Substitutionserscheinungen den Schluß ziehen zu dürfen, daß der Äther kein Hydrat, sondern ein Oxyd sei.

Damit war der Gegenstand noch immer nicht erledigt. In der mit Peligot gemeinschaftlich ausgeführten Untersuchung des Holzgeistes hatte Dumas neue Stützen für seine Ansichten gefunden[23]). Es war ihm gelungen, die Zusammensetzung dieses Körpers, welchen verschiedene Chemiker ohne Erfolg in Angriff genommen hatten, festzustellen. Er hatte gezeigt, wie derselbe seinem ganzen Verhalten nach die größte Ähnlichkeit mit dem Alkohol besitzt und ebenso wie dieser ätherartige Verbindungen mit Säuren eingeht. Er setzt deshalb darin das Radikal C_2H_4, Methylen, voraus, polymer mit Ätherin. Von neuem werden die Vorteile dieser Betrachtungsweise hervorgehoben, welche nicht zu der Annahme hypothetischer Radikale führe[24]).

---

[19]) Ann. der Chem. u. Pharm. IX, 15. — [20]) Ibid. XI, 1. — [21]) Ibid. XI, 10. — [22]) Ibid. XIX, 270, Anmerkung. — [23]) Annales de Chim. et de Phys. LVIII, 5; Ann. der Chemie u. Pharm. XIII, 78; XV, 1. — [24]) Dumas und Peligot glauben das Methylen isolieren zu können.

Die Diskussion zwischen Berzelius, Dumas und Liebig, von der ich Ihnen einige Auszüge mitteilte, war für unsere Wissenschaft von großem Nutzen. Die Tatsachen wurden von den verschiedensten Seiten beleuchtet, und dies war der Fortentwicklung weit günstiger, als wenn eine theoretische Ansicht zu sehr in den Vordergrund getreten wäre. Die genannten Chemiker waren in jener Zeit die Repräsentanten unserer Wissenschaft, um sie scharten sich die anderen Forscher. Nur wenige derselben vertraten selbständige Ansichten, und die Chemie war demnach in drei Lager geteilt. Freilich wurde im Jahre 1837 eine Art Waffenstillstand geschlossen: bei einer persönlichen Zusammenkunft bekehrte Liebig Dumas zu seinen Ansichten, und wir sehen die beiden Gelehrten eine wissenschaftliche Abhandlung gemeinschaftlich publizieren [25]), in welcher sie mitteilen, die organische Chemie von nun an mit vereinten Kräften und von gleichem Gesichtspunkte aus bearbeiten zu wollen, alle noch nicht durch sie untersuchten Körper in ihren Laboratorien analysieren zu lassen, weitere Forschungen nach den verschiedensten Richtungen durch ihre Schüler anzubahnen und die Arbeiten Anderer einer strengen Kritik und Kontrolle zu unterwerfen. Doch war die Verbindung nur für kurze Zeit geschlossen, nach einem Jahre schon ist sie aufgehoben, und Jeder lenkt in besondere Bahnen ein, die mehr und mehr divergieren. Im Jahre 1840 stehen sich Beide schon wieder feindlich gegenüber, wenn auch vielleicht in ihren Äußerungen vorsichtiger und höflicher als früher.

Dumas hatte in der Zwischenzeit Beobachtungen gemacht, welche ihn veranlaßten, mit allen Traditionen zu brechen, den Dualismus und die elektrochemische Theorie zu verlassen und Ansichten auszusprechen, die namentlich Berzelius aufs heftigste angriff. Dieser, der bisher den wesentlichsten Anteil an der Entwicklung der Wissenschaft genommen hatte, der mit seinen Theorien den Gegnern die Spitze bot und mit Liebig und Dumas um die Palme gerungen hatte, versucht jetzt ohne Erfolg

---

[25]) Compt. rend. V, 567. ·

Dumas' und Laurent's Ideen die seinigen gegenüberzustellen. Er stützt sich auf unbegründete Hypothesen, die erst viel später, durch Kolbe, einen realen Boden und dadurch eine wissenschaftliche Bedeutung erhalten.

Ehe wir uns zu dieser Periode, zu der Substitutions-, Kern-, und Paarlingstheorie wenden, müssen wir noch einer weiteren Entwicklung der Radikale im früheren Sinne gedenken, mit der dann die verschiedenen Auffassungen über Alkohol und die davon sich ableitenden Verbindungen abschließen.

Regnault hatte bei seiner Untersuchung des Öles der holländischen Chemiker gefunden, daß dasselbe bei der Destillation mit Kalihydrat Salzsäure verliert und einen Körper von der Zusammensetzung $C_4H_6Cl_2$ erzeugt [26]). Er faßt denselben als das Chlorür des Radikals Aldehyden, C_4H_6, auf und bestätigt seine Anschaungsweise durch die Darstellung der Brom- und Jodverbindung dieses Radikals, welches er auch im Aldehyd und in der Essigsäure voraussetzt. Er schreibt:

C_4H_6 . . . . Hypothetisches Radikal Aldehyden
C_4H_6,Cl_2 . . . . Chloraldehyden
C_4H_6,Br_2 . . . . Bromaldehyden
$C_4H_6,Cl_2 + H_2Cl_2$ . . . . Chlorkohlenwasserstoff (Äthylenchlorür)
$C_4H_6,Br_2 + H_2Br_2$ . . . Bromkohlenwasserstoff
$C_4H_6,O + H_2O$ . . . . . Aldehyd
$C_4H_6,O_3 + H_2O$ . . . . . Essigsäure.

Diese Untersuchung Regnault's, im Jahre 1835 ausgeführt, war durch Liebig angeregt und sollte Dumas beweisen, daß selbst in dem Äthylenchlorür nicht das Radikal Ätherin vorhanden sei; sie sollte die Ätherintheorie stürzen und mag auch viel dazu beigetragen haben, Dumas zum Aufgeben seiner früheren Ansichten zu bewegen. Freilich hat infolge dieser Arbeit auch Liebig das Radikal Äthyl verlassen und die ätherartigen Verbindungen durch die Annahme von Acetyl, C_4H_6, zu erklären gesucht [27]). Wieder werden diese Körper mit den Ammoniaksalzen verglichen, doch wird jetzt in den letzteren das Radikal Amid vorausgesetzt.

---

[26]) Ann. der Chem. u. Pharm. XV, 60. — [27]) Ibid. XXX, 139.

Acetyl	$Ac = C_4H_6$	$Ad = N_2H_4$. Amid
Ölbildendes Gas	AcH_2	AdH_2 . . . . Ammoniak
Äthyl	AcH_4	AdH_4 . . . . Ammonium
Äther	AcH_4O	AdH_4O . . . . Ammoniumoxyd
Äthylchlorür	AcH_4Cl_2	AdH_4Cl_2 . . . Salmiak
Alkohol	$AcH_4O + H_2O$	$AdH_4O + H_2O$
Mercaptan	$AcH_4S + H_2S$	$AdH_4S + H_2S$ Schwefelwasserstoff-Schwefelammonium
Isäthionsäure . . .	$AcH_2 + 2SO_3$	$AdH_2 + SO_3$ Rose's wasserfreies schwefelsaures Ammoniak.
Essigsäure	$AcO + O_2$	
Aldehyd	$AcO + H_2O$	

Für die Ammoniaksalze und die zusammengesetzten Äther
waren also drei Ansichten aufgestellt worden, die sich voneinander
nur durch die Anzahl der Wasserstoffatome unterscheiden,
welche man im Radikal annahm. Es sind diese:

1. die Ammoniaktheorie von Lavoisier, entsprechend
   der Ätherintheorie von Dumas und Boullay;

2. die Ammoniumtheorie von Davy, Ampère und
   Berzelius, entsprechend der Äthyltheorie von Berzelius und Liebig;

3. die Amidtheorie von Davy und Liebig, entsprechend
   der Acetyltheorie von Regnault und Liebig.

Liebig glaubte durch seine neue Hypothese alle Schwierigkeiten überwunden, alle Streitigkeiten, ob Äthyl-, ob Ätherintheorie, entschieden zu haben und schließt seine Abhandlung mit
folgenden Worten: „Beide früher entgegenstehende Ansichten
haben, wie man leicht bemerkt, unter diesem Gesichtspunkte
einerlei Grundlage, und jede weitere Frage über die Wahrscheinlichkeit der einen oder anderen Theorie ist damit von selbst
erledigt."

Liebig hatte in gewisser Beziehung recht; die Frage, ob
Äthyl oder Ätherin im Alkohol vorhanden sei, wurde nicht mehr
diskutiert, nicht etwa, weil man das Acetyl vorzog, sondern weil
man anfing, den Radikalen eine andere Bedeutung zu geben.
Die Substitutionserscheinungen, welche man damals schon kannte,
wurden nach und nach von allgemeiner Anwendbarkeit, und mit

der Entdeckung der Trichloressigsäure gewannen die Hypothesen, welche Dumas und Laurent aufgestellt hatten, einen
großen Einfluß. Dadurch wurde nicht nur die Radikaltheorie in
der damaligen Form bedroht, sondern auch die Basis der
chemischen Betrachtungsweise, der Dualismus und die elektrochemische Theorie angegriffen und schließlich aus der Wissenschaft verdrängt. Sie führten dazu, die Radikale als veränderlich,
die chemischen Verbindungen als etwas Einheitliches — Unitares
— zu betrachten und die Zweiteilung als willkürlich zu ver-
dammen; in noch späterer Zeit dann, im Verein mit den aus der
Theorie der mehrbasischen Säuren sich entwickelnden Begriffen,
zu einer Revidierung der Atomgröße bei Verbindungen, zu der
Feststellung des chemischen Moleküls und zur Typentheorie.
Gleichzeitig nimmt der Äquivalentbegriff eine festere Form an
und wird von dem des Atoms getrennt: man erkennt, daß die
Atome nicht äquivalent, sondern verschiedenwertig sind; es
bildet sich die Atomizitätstheorie aus, welche zu der Bestimmung
der rationellen Konstitution, wie wir sie heute verstehen, angeregt hat.

Lassen Sie uns diese an Entdeckungen und Hypothesen
reiche Zeit nicht nur aus der Vogelperspektive, sondern auch in
der Nähe betrachten. Sie werden dabei erkennen, daß die Entwicklung der Chemie in den letzten 70 Jahren an interessanten
und bedeutenden Momenten keiner Periode unserer Wissenschaft
nachsteht. Die Teilnahme an derselben wird eine stets wachsende,
und es ist eine schwierige Aufgabe, aus dem ungeheuren Material,
welches in dieser Zeit bearbeitet wurde, das herauszusuchen,
was wesentlich und fördernd war, die Entwicklung der Ideen so
zu geben, daß sie logisch und zugleich der Wirklichkeit entsprechend ist, Jedem Gerechtigkeit widerfahren zu lassen und
doch nicht über Einzelheiten oder Prioritätsstreitigkeiten den
Faden zu verlieren.

Die Geschichte dieser Epoche ist noch niemals im Zusammenhange beschrieben worden[28]), und wenn ich einen solchen Versuch

---

[28]) Wurtz, Histoire des doctrines chimiques, erschien erst während
des Drucks der ersten Auflage dieser Vorlesungen und H. Kopp's Ent-

wage, so geschieht dies, wohl wissend, daß eine objektive Darstellung dieser Zeit kaum möglich ist, und daß ich dabei eher
den Kritiker als den Historiker abgebe. Ich habe mich jedoch
bestrebt, diesen Auseinandersetzungen dadurch einigen Wert zu
verleihen, daß ich stets darauf bedacht war, der Wahrheit so
nahe zu kommen, wie mir möglich, und mich nicht von Vorurteilen oder Persönlichkeiten leiten zu lassen.

Schon der Begriff Äquivalenz konnte zu dem der Ersetzbarkeit oder Substitution führen: die Mengen zweier Säuren
waren dann äquivalent, wenn sie dieselbe Quantität Base
sättigten. In einem neutralen Salze konnte also eine Säure durch
ihr Äquivalent ersetzt werden, ohne daß die Neutralität aufgehoben wurde. Mehr Berechtigung erhielt der Ausdruck „Ersetzbarkeit“, nachdem Mitscherlich die Erscheinungen des Ismor-
phismus studiert hatte; man konnte jetzt sagen, daß gewisse
Elemente in einem Kristall ohne Änderung der Form durch
andere vertreten werden. Diese Substitutionen hatten dabei
die Eigentümlichkeit, daß sie an keine bestimmten Gewichtsverhältnisse gebunden waren; um so auffallender erscheint es
vielleicht, daß gerade sie ein wesentliches Hilfsmittel für die
Atomgewichtsbestimmungen wurden; dem lag eben die Hypothese
zugrunde, daß ein Atom nur durch ein anderes ersetzt werden
konnte, d. h., daß die Zahl der Atome in isomorphen Verbindungen
identisch sein sollte. Da man überhaupt aber nur chemisch
ähnliche Substanzen verglichen hatte, so war durch den Isomorphismus wohl ein Ausbau der herrschenden Ansichten möglich
gewesen, aber diese Klasse von Erscheinungen hatte niemals zu
einem Angriff gegen das System geführt.

Ein solcher entstand aber jetzt aus einer Reihe von Tatsachen,
auf die ich hier eingehen muß. Gay-Lussac hatte die Beobachtung gemacht, daß beim Bleichen des Wachses durch Chlor
für jedes austretende Volumen Wasserstoff ein gleiches Volumen
Chlor aufgenommen wird[29]). Ähnliches hatte er bei der Ein-

wicklung der Chemie in der neueren Zeit erst einige Jahre, E. v. Meyer's
Geschichte der Chemie erst 20 Jahre später.

[29]) Gay-Lussac, Leçons de Chimie.

wirkung von Chlor auf Blausäure gefunden. Wöhler und Liebig hatten in der früher schon besprochenen Abhandlung über die Benzoylverbindungen bei der Behandlung des Bittermandelöls mit Chlor das Chlorbenzoyl entdeckt und bemerken ausdrücklich, daß dieses aus dem Bittermandelöl gebildet werde, indem 2 Atome Chlor an die Stelle von 2 Atomen Wasserstoff treten [30]). Dumas untersucht im Jahre 1834 die Einwirkung des Chlors auf das Terpentinöl [31]), wobei auch wieder jedes austretende Volumen Wasserstoff durch ein gleiches Volumen Chlor ersetzt wird. Als er dann die Zersetzungsprodukte des Alkohols durch Chlor und Chlorkalk studiert, um die Natur und Bildungsweise des Chlorals und Chloroforms aufzuklären, bringt er die von Gay-Lussac für einen Fall beobachtete empirische Regel in folgende allgemeine Form [32]):

1. Wird ein wasserstoffhaltiger Körper der dehydrogenisierenden Einwirkung des Chlors, Broms oder Jods ausgesetzt, so nimmt er für jedes Volumen Wasserstoff, das er verliert, ein diesem gleiches Volumen Chlor, Brom usw. auf.

2. Enthält der Körper Wasser, so verliert er den diesem entsprechenden Wasserstoff ohne Ersatz.

Die zweite Regel wurde hauptsächlich aufgestellt, um die Bildung des Chlorals zu erklären und gleichzeitig die von Dumas vor sechs Jahren für den Alkohol adoptierte Formel $C_8H_8 + 2H_2O$ $(C = 6)$ zu rechtfertigen. Die Erscheinungen der Substitution sollen nach Dumas einen neuen Beweis liefern von der Verschiedenheit der Wasserstoffatome, von denen acht mit Kohlenstoff und vier mit Sauerstoff verbunden seien. Nur bei den ersteren findet Vertretbarkeit statt, während die anderen ohne Ersatz entzogen werden.

Man hat $(C_8H_8 + 2H_2O) + 4Cl = C_8H_8O_2 + 4HCl$
Aldehyd

$$C_8H_8O_2 + 12Cl = C_8H_2Cl_6O + 6HCl$$
Chloral.

---

[30]) Ann. der Pharm. III, 263, 1832. — [31]) Ann. de Chim. et de Phys. (2) LVI, 140. — [32]) Ibid. LVI, 113.

Die allgemeine Gültigkeit der von ihm aufgestellten Gesetzmäßigkeiten sucht Dumas noch an verschiedenen Beispielen nachzuweisen: indem er die richtige Zusammensetzung des Öls der Holländer feststellt, weist er darauf hin, daß der durch Chlor daraus entstehende, von Faraday untersuchte[33] Chlorkohlenstoff ein neues Argument für die Richtigkeit seiner Ansichten liefert; ein solches findet er auch in der Einwirkung von Chlor auf Blausäure und Bittermandelöl usw.

Damit begnügt sich Dumas nicht. Er geht noch einen Schritt weiter, indem er Oxydationen als Substitutionserscheinungen auffaßt, so z. B. den Übergang des Alkohols in Essigsäure[34]). Hier wird jedes austretende Volumen Wasserstoff durch $1/_2$ Volumen Sauerstoff ersetzt. Man hat nämlich:

$$(C_8H_8 + H_4O_2) + O_4 = (C_8H_4O_2 + H_4O_2) + H_4O_2$$
$$\text{Alkohol} \qquad\qquad\qquad \text{Essigsäure.}$$

Ebenso wird die Bildung der Benzoësäure aus dem Bittermandelöl erklärt:

$$C_{28}H_{10}O_2 . H_2 + O_2 = C_{28}H_{10}O_2 . O + H_2O.$$
$$\text{Bittermandelöl} \qquad\qquad \text{Benzoësäure.}$$

Um die Einwirkungen des Sauerstoffs durch seine Regel begreifen zu können, drückt er diese in folgender Weise aus: Wird eine Verbindung der dehydrogenisierenden Wirkung eines Körpers ausgesetzt, so nimmt sie von diesem eine dem verlorenen Wasserstoff äquivalente Menge auf.

In dieser Fassung scheint mir Dumas' Satz am bedeutendsten. Er zeigt uns, daß gleiche Volume Wasserstoff, Chlor, Brom und Jod äquivalent sind, während sie nur den halben Wert eines gleichen Sauerstoffvolumens haben. Hier tritt also klar der Unterschied zwischen beiden hervor; es ist der Anfang einer Trennung von Atom und Äquivalent.

Die Erscheinungen der Substitution oder Metalepsie, wie sie Dumas nannte, wurde in den folgenden Jahren sowohl von ihm selbst, als auch von Peligot[35]), Regnault[36]), Malaguti[37]), be-

---

[33]) Phil. Trans. 1821, p. 47. — [34]) Ann. de Chim. et de Phys. (2) LVI, 143. — [35]) Ann. der Chem. und Pharm. XII, 24; XIII, 76; XIV, 50; XXVIII, 246. — [36]) Ibid. XVII, 157; XXVIII, 84; XXXIII, 310; XXXIV, 24 usw. — [37]) Ibid. XXIV, 40; XXV, 272; XXXII, 15; LVI, 268 usw.

sonders aber von Laurent weiter verfolgt, und es sind namentlich die selbständigen Erweiterungen, welche der letztere Dumas' Regel gegeben hat, die wir jetzt ins Auge fassen wollen.

Laurent hat die Chemie durch eine sehr große Reihe experimenteller Arbeiten bereichert, welche leider in manchen Fällen der nötigen Genauigkeit entbehren; es standen ihm nur sehr geringe materielle Mittel zu Gebote, und statt sich deshalb auf wenige Gebiete zu beschränken, hat Laurent, der höchst ideenreich war, vorgezogen, vieles anzufangen und oberflächlich durchzuführen. Hierdurch verdarb er seinen Ruf als Experimentator und ward gleich beim Beginn seiner wissenschaftlichen Tätigkeit angefeindet, später aber namentlich von Berzelius und Liebig unverhältnismäßig schlecht behandelt. Dies wirkte natürlich auf ihn zurück, er ging seinen eigenen Weg und ward immer unverständlicher, namentlich durch eine Nomenklatur, die fast nur von ihm gebraucht wurde. Viele seiner geistreichen und originellen Ideen gingen dadurch unserer Wissenschaft verloren oder werden Anderen als Verdienst zugeschrieben; vieles ward uns erst durch Gerhardt überliefert, der ein langjähriger Freund und Mitarbeiter Laurent's war und mit einer bestimmten Ausdrucks- und Auffassungsweise vielleicht weniger Geist, aber mehr Klarheit verband.

Schon frühe hatte Laurent angefangen, sich mit den Substitutionserscheinungen zu beschäftigen; er studierte zuerst das Naphtalin und dessen Derivate[38]), dann gleichzeitig mit Regnault die Abkömmlinge des Äthylenchlorürs[39]), später die Einwirkung von Chlor auf zusammengesetzte Äther[40]), auf die Destillationsprodukte des Teers, hauptsächlich auf Phenol[41]) usw.

Durch diese vielfachen Untersuchungen überzeugte sich Laurent sehr bald, daß die Form, welche Dumas dem Substitutionsgesetz gegeben hatte, keine allgemein richtige war, daß in sehr vielen Fällen mehr oder weniger Chlor- oder Sauerstoff-

---

[38]) Ann. der Chemie und Pharm. VIII, 8; XIX, 38; XXXV, 292; XLI, 98; LXXII, 297; LXXVI, 298 usw. — [39]) Ibid. XII, 187; XVIII, 165; XXII, 292. — [40]) Ibid. XXII, 292. — [41]) Ibid. XXII, 292; XXIII, 60; XLIII, 200 usw.

äquivalente aufgenommen werden als Wasserstoffäquivalente verloren gehen, und umgekehrt; daß dies sogar bei Verbindungen stattfindet, welche keinen Sauerstoff enthalten, für welche also die Ausnahme nicht durch Dumas' zweite Regel erklärt werden konnte[42]). Gleichzeitig aber weist Laurent darauf hin, daß das substituierte Produkt, wenn es durch äquivalente Vertretung entstanden ist, noch gewisse Analogien mit dem ursprünglichen zeigt, und er behauptet, daß das eintretende Chlor den Platz des ausgeschiedenen Wasserstoffs einnimmt und gewissermaßen dessen Rolle spielt. Seine Anschauungen lassen sich etwa in folgender Weise wiedergeben[43]):

Viele organische Substanzen verlieren, wenn sie mit Chlor behandelt werden, eine gewisse Zahl Wasserstoffäquivalente, welche als Salzsäure entweichen; dem eliminierten Wasserstoff substituiert sich eine gleiche Zahl Chloräquivalente, so daß die physikalischen und chemischen Eigenschaften der ursprünglichen Substanz nicht wesentlich verändert werden. **Die Chlormoleküle nehmen daher den durch die Wasserstoffmoleküle leer gelassenen Raum ein. Das Chlor spielt gewissermaßen in der neuen Verbindung dieselbe Rolle wie der Wasserstoff in der ursprünglichen Substanz**[44]).

Laurent sucht sich einen Ausdruck der beobachteten Tatsachen und der darauf gegründeten Hypothesen in der sogenannten Kerntheorie[45]). Diese ist für unsere Wissenschaft, in der sie keine allgemeine Anerkennung fand, dadurch von Bedeutung, daß wir viele darin niedergelegte Ideen, wenn auch in einer anderen Form, adoptiert haben, und daß sie von Gmelin dem organischen Teile seines vortrefflichen Handbuches zugrunde

---

[42]) Siehe S. 153. — [43]) Méthode de Chimie par Laurent, p. 242; Thèse de docteur, Paris, 20. décembre 1837, p. 11, 88 und 102; Ann. de Chim. et de Phys. (2) LXIII, 384; Compt. rend. X, 413; Revue scientifique I, 161. — [44]) Ich will hier daran erinnern, gerade weil hierüber ein Prioritätsstreit entstand, vgl. Compt. rend. X, 409 und 511, daß schon Liebig und Wöhler in ihrer Untersuchung des Bittermandelöls annehmen, daß bei der Bildung des Benzoylchlorürs das Chlor an die Stelle des Wasserstoffs getreten sei (vgl. S. 152). — [45]) Ann. de Chimie et de Phys. (2) LXI, 125; vgl. auch Gmelin, Handbuch der Chemie IV, 16.

gelegt wurde. Ich will deshalb auch die Hauptsätze seiner Ansichten hervorheben.

Nach Laurent sind in allen organischen Verbindungen gewisse Kerne enthalten, welche entweder ursprüngliche (Stammkerne, radicaux fondamentaux) oder abgeleitete genannt werden. Die ersteren sind Verbindungen von Kohlenstoff mit Wasserstoff, in welchen das gegenseitige Verhältnis der Anzahl Atome ein einfaches ist (1 zu 2, 3, 4 usw., 2 zu 3 usw.). Für ein bestimmtes Verhältnis existieren mehrere Kerne, die untereinander polymer sind. Diese Fundamentalradikale sind außerdem noch so gewählt, daß die darin enthaltenen Wasserstoff- und Kohlenstoffatome paarweise vorkommen.

Aus den Stammkernen entstehen die Nebenkerne durch Substitution des Wasserstoffs durch andere Elemente, z. B. durch Chlor, Brom, Jod, Sauerstoff, Stickstoff usw. Später nimmt er auch eine Vertretung durch Radikale oder Atomgruppen an. Bei derartigen Reaktionen gilt stets Dumas' Regel, d. h. es wird der abgegebene Wasserstoff durch äquivalente Mengen anderer Elemente ersetzt. Dies ist aber nicht die einzige Art der Veränderung, welche der Kern erfahren kann, und darin unterscheidet sich gerade Laurent von Dumas. Es können sich nämlich auch Atome, und zwar in unbestimmter Menge an das Radikal anlagern und von diesem wieder ohne Ersatz entfernt werden, während, wie gesagt, aus dem Kern kein Atom genommen werden kann, ohne daß sein Äquivalent eintritt, es würde sonst die Zerstörung der ganzen Gruppe erfolgen. Eine solche tritt unfehlbar ein, sobald Kohlenstoff in der Form von Kohlensäure Kohlenoxyd usw. der Verbindung entzogen wird; dann geht entweder eine vollständige Zersetzung vor sich, oder es bildet sich ein neuer Kern, dessen Beziehung zu dem ersten aber nicht weiter bestimmt wird. — Die Nebenkerne zeigen nach Laurent eine große Ähnlichkeit in ihren physikalischen und chemischen Eigenschaften mit den Stammradikalen; die durch Anlagerung entstandenen abgeleiteten Kerne dagegen haben einen anderen Charakter erhalten. So bewirkt die Anlagerung von Wasserstoff und Sauerstoff (Wasser) meist die Bildung von Alkoholen, durch die Aufnahme von 2 Atomen Sauerstoff entsteht ein neutrales Oxyd, durch die von 4 Atomen Sauerstoff eine einbasische und durch die von 6 Atomen Sauerstoff eine zweibasische Säure.

Laurent macht sich auch eine geometrische Vorstellung der organischen Verbindungen. Danach sind die Kerne Säulen, in deren Ecken die Kohlenstoffatome stehen, während die Kanten durch die Wasserstoffatome gebildet sind. Solche Kanten können weggenommen und durch andere ersetzt werden, ohne daß die Figur bedeutende Veränderungen erleidet. Wollte man jedoch die Stelle frei lassen, so würde der innere Zusammenhang aufhören und das Ganze zerfallen. Man kann an die Säule noch Atome in Form von Pyramiden anbauen und auf diese Weise die ganze Figur umhüllen, wodurch natürlich ihre Gestalt verändert wird. Diese Pyramiden kann man wieder entfernen, und die erste Säule kommt wieder zum Vorschein.

Wir sind in unserer nüchternen Wissenschaft nicht an solche bilderreiche Ansichten gewöhnt, und es mag daher scheinen, als ob hinter denselben nichts für die Chemie wertvolles versteckt sei. Um dies zu widerlegen, will ich die Laurent'schen Hypothesen in unsere gewöhnliche Sprache übersetzen; Sie werden dann seine Ideen besser begreifen.

Die Kerntheorie ist offenbar aus der Radikaltheorie hervorgegangen, doch erst durch eine wesentliche Umgestaltung derselben. Das Radikal Laurent's ist nicht eine unveränderliche Gruppe von Atomen, sondern es ist eine Verbindung, die durch Substitution nach Äquivalenten verändert werden kann, wobei sie aber ihre charakteristischen Eigenschaften nicht einbüßt. So ist es denn Laurent möglich, alle seine Radikale von Kohlenwasserstoffen abzuleiten, was natürlich den älteren Ideen vollständig widerspricht. Diese Radikale können sich mit anderen Atomen vereinigen, und in den so entstehenden Körpern sind die Kerne als solche vorhanden; sie präexistieren darin, und in diesem Punkte stimmt also Laurent mit seinen Vorgängern überein. Durch diese beiden Hypothesen kann er sich alle bei den Substitutionserscheinungen beobachteten Tatsachen erklären, nicht nur die, welche Dumas' Regel folgen, sondern

auch diejenigen, welche damit im Widerspruche stehen, und
solcher hatte er sehr viele gefunden. Gleichzeitig gibt ihm seine
Anschauung die Gründe, warum beide Arten von Reaktionen
möglich sind. Durch die Annahme von der Veränderlichkeit der
Radikale, umfaßte begreiflicherweise eine Gruppe weit mehr Verbindungen, als dies bei der älteren Radikaltheorie möglich war;
Laurent konnte also, wie man heute sagen würde, weit mehr
„genetische Beziehungen" entdecken, und das war ein unbestreit-
barer Vorteil. Da er die Anzahl von Kohlenstoffatomen in dem
Kern konstant annahm, zerfielen die Körper in Reihen nach
ihrem Kohlenstoffgehalt, was die Grundlage zu einer vorzüg-
lichen Systematik abgab. Zwischen den so entstehenden Reihen
war für ihn kein verknüpfendes Band vorhanden, und dadurch
unterscheidet sich Laurent's Einteilung von den heutigen
Klassifikationen, welche auch diese Beziehungen so viel wie möglich
hervortreten lassen. Solches war damals freilich noch nicht ausführbar.

Nach diesen Auseinandersetzungen darf ich behaupten, daß
in Laurent's Kerntheorie vieles neue und gute ausgesprochen
ist. Ihre Bedeutung liegt hauptsächlich darin, daß sie einer allgemeinen Anwendung fähig war und als Basis eines ausführlichen
Lehrbuches vortrefflich benutzt werden konnte, wie dies Gmelin
bewiesen hat. In dieser Hinsicht zeichnet sie sich sehr vorteilhaft vor der Radikaltheorie aus, welche durch die zu bestimmte
Form, welche man dem Radikal gegeben hatte, immer nur nach
gewissen Richtungen hin von Nutzen sein konnte, während sie
andere Beziehungen übersah.

Ich glaube, daß es vorteilhaft sein wird, Ihnen an einigen
Beispielen zu zeigen, in welcher Art Laurent seine Theorien
benutzte, und welches seine Formeln für verschiedene Verbindungen
waren. Ich will dabei Ihnen bekannte Körpergruppen wählen.

Kern Etheren, C_4H_8 (C = 12)[46].

Chlorwasserstoffsaures Etheren . . . . $C_4H_8 + H_2Cl_2$
Chloretheras . . . . $C_4H_6Cl_2$
Chlorwasserstoffsaures Chloretheras . . . . $C_4H_6Cl_2 + H_2Cl_2$

---

[46] Ann. der Chemie und Pharm. XXII, 303.

Chloretheres . . . . $C_4H_4Cl_4$
Chlorwasserstoffsaures Chloretheres . . . $C_4H_4Cl_4 + H_2Cl_2$
Chloretheris . . . . $C_4H_2Cl_6$
Chlorwasserstoffsaures Chloretheris . . . $C_4H_2Cl_6 + H_2Cl_2$ [47])
Chloretheros . . . . C_4Cl_8
Etheroschlorid . . . . $C_4Cl_8 + Cl_4$
Chloral . . . . $C_4Cl_6O + H_2O$
Bromal . . . . $C_4Br_6O + H_2O$
Chloressigsäure (damals unbekannt) . . . $C_4H_2Cl_4O + O_2$

Kern Methylen, C_2H_4.

Chloroform . . . . $C_2Cl_4 + H_2Cl_2$
Bromoform . . . . $C_2Br_4 + H_2Br_2$
Cyan . . . . C_2Az_2
Blausäure . . . . $C_2Az_2 + H_2$
Cyansäure . . . . $C_2Az_2 + O$ [48]).

Kern $C_{14}H_{14}$.

Bittermandelöl . . . . $C_{14}H_{10}O_2 + H_2$
Benzoësäure . . . . $C_{14}H_{10}O_2 + O$
Hydrobenzamid . . . . $C_{14}H_{10}Az^4/_3 + H_2$ [49]).

Absichtlich habe ich gerade diese Beispiele gewählt. Dieselben
führen uns auf einen Punkt von Laurent's Ansichten, den wir
bisher nur flüchtig berührt hatten. Da er nämlich Substitutionen
des Wasserstoffs durch Stickstoff annahm, so können wir die
Frage aufwerfen, welches das Äquivalent des Stickstoffs war.
Durch die Ableitung des Cyans aus dem Methylen erkennen wir,
daß Laurent 1 Atom = 14 Teile Stickstoff äquivalent mit
2 Atomen oder Gewichtsteilen Wasserstoff setzte. Diese Hypothese
paßte nicht auf das Hydrobenzamid, welches Laurent durch
Behandlung des Bittermandelöls mit Ammoniak erhalten hatte.
Sollte der neue Körper auf denselben Kern bezogen werden, von
dem er den Benzoësäurealdehyd ableitete, so mußten $^2/_3$ Atome,
d. h. 9,33 Teile Stickstoff mit 2 Teilen Wasserstoff gleichwertig
sein. Laurent wußte aus diesem Dilemma nicht heraus-

---

[47]) Das Prinzip der angewandten Nomenklatur rührt von Dumas her
(Ann. der Chemie und Pharm. XIV, 50), Laurent hat dasselbe fast immer
benutzt. — [48]) In Frankreich schrieb man damals, wie auch jetzt noch
vielfach, das Zeichen für das Stickstoffatom Az, von Azote. Ich habe dasselbe hier aus einem weiter unten ersichtlichen Grunde gebraucht. —
[49]) Annales de Chimie et de Phys. (2) LXII, 23.

zukommen. Bineau entschied die Frage[50]). In einer ausführlichen Abhandlung vom Jahre 1838 sucht er der Aufgabe, das Äquivalent des Stickstoffs zu bestimmen, eine Lösung zu geben. Nachdem er erörtert hat, daß die gewöhnliche Methode, diese Zahl festzustellen, eine große Willkürlichkeit enthalte, indem man meist die Menge eines Körpers, welche in seiner niedrigsten Oxydationsstufe mit 100 Teilen Sauerstoff verbunden sei, mit dieser Quantität Sauerstoff äquivalent voraussetze, während man doch mit demselben Rechte von irgend einer anderen Oxydationsstufe ausgehen könne, kommt er auf andere Anhaltspunkte in dieser Beziehung. Diese findet er namentlich in den Wasserstoffverbindungen. Er vergleicht das Ammoniak dem Wasser und frägt, wieviel Sauerstoffatome nötig sind, um den mit 1 Stickstoffatom verbundenen Wasserstoff vollständig zu oxydieren. Bekanntlich bedarf man hierzu $1^1/_2$ Atome, und so findet Bineau 14 Teile Stickstoff mit 24 Teilen Sauerstoff und 3 Teilen Wasserstoff gleichwertig, d. h. das Äquivalent des ersteren, 16 Teilen Sauerstoff gegenüber, zu $9,33 = Az^2/_3$; er führt dafür das Zeichen N ein, indem er darauf aufmerksam macht, daß das Hydrobenzamid sich jetzt Dumas' Regel füge. Es ist sehr begreiflich, daß Laurent der Bineau'schen Bestimmung beitrat.

Die Kerntheorie erntete fast von keiner Seite Beifall. Dumas benutzte vieles bei der Aufstellung der Typentheorie, und obgleich er Laurent dabei citierte, so wurden doch Ansichten, welche unstreitig zuerst von diesem ausgesprochen waren, Dumas zugeschrieben. Freilich fanden sie auch, durch die größere Autorität und Stellung, welche dieser besaß, eher Anklang.

Liebig aber sprach sich sehr energisch gegen Laurent aus[51]), und er hatte mit seinen Beschuldigungen nicht ganz unrecht. Bei der Anwendung seiner Theorie hatte sich Laurent viele Willkürlichkeiten zuschulden kommen lassen, die Liebig vortrefflich hervorzuheben wußte. Ferner greift er die von Laurent entdeckten Tatsachen an, die demselben zur Stütze

---

[50]) Annales de Chimie et de Phys. (2) LXVII, 225. — [51]) Annalen der Chemie und Pharm. XXV, 1.

seiner Ansichten dienten, und auch diese vermögen nicht immer
der scharfen Kritik Liebig's zu widerstehen.

Viel heftiger noch waren Berzelius' Ausfälle[52]), die er
irrtümlich gegen Dumas richtete. Für den Schöpfer der elektrochemischen Theorie war die Ansicht, daß sich das negative Chlor
an die Stelle des positiven Wasserstoffs setzen könne, ohne den
Charakter des Produkts wesentlich zu verändern, durchaus unan-
nehmbar. Er machte alle erdenklichen Anstrengungen, die immer
wachsende Zahl der Substitutionsprodukte mit seinen Theorien in
Einklang zu bringen, ich verschiebe jedoch die ausführliche Darlegung seiner Ansichten auf eine spätere Vorlesung und will heute
mit einer Bemerkung Gerhardt's schließen[53]), die uns den klaren
und verständigen Blick dieses damals noch ganz jungen Mannes
erkennen läßt.

Laurent's Formel für das Öl der Holländer war $C_4H_6Cl_2$
$+ H_2Cl_2$. Dasselbe sollte durch Behandlung mit Chlor in Chlorkohlenstoff, C_4Cl_{12}, übergehen[54]). Nach Gerhardt ist Laurent's
Formel deshalb schon unrichtig, da sie eine Zersetzung der Salzsäure durch Chlor unter Salzsäurebildung voraussetzt.

---

[52]) Vgl. Compt. rend. VI, 629, 1838 und Berzelius' Jahresbericht
1840, XIX, 361. — [53]) Journal für praktische Chemie XV, 17. — [54]) Phil.
Trans. 1821, p. 47.

Neunte Vorlesung.

Anschließend an das, was ich in der letzten Vorlesung über die Substitutionserscheinungen und speziell über deren Auf-fassung durch Dumas[1]) und Laurent[2]) ausgeführt habe, sei es mir gestattet, heute mit einer allgemeinen Bemerkung zu beginnen.

Ich möchte Sie nämlich darauf hinweisen, wie infolge der Substitutionserscheinungen der Begriff Äquivalent eine bestimm-tere Form erhielt. So wie man nämlich mit Dumas an-nahm, daß die sich ersetzenden Mengen gleichwertig sind, was nach Laurent's Ansichten, welche eine direkte Vergleichung zwischen Anfangs- und Endprodukt ermöglichten, eine große Berechtigung hatte, so war nur noch eine Reihe von Versuchen nötig, um die Äquivalente der sich vertretenden Körper zu bestimmen. In dieser Richtung arbeitet denn auch ein Teil der Chemiker; man hat deshalb bei den in jener Zeit publizierten Schriften sehr darauf zu achten, welcher Schule der Autor an-gehört, denn gerade jetzt fängt die Gmelin'sche Schule an, welche auch in Äquivalentformeln schrieb oder schreiben wollte, einen großen Einfluß zu gewinnen. Während die Anhänger der

---

[1]) Dumas, Handbuch der angew. Chemie, übersetzt von Engelhardt, V, 97. — [2]) Ann. der Chemie und Pharm. XII, 187.

Substitutionstheorie, die sich der Äquivalente bedienten, trotz mancher Fehler und Irrtümer doch immer das Bestreben hatten, die Begriffe voneinander zu trennen und jeden in seiner Weise konsequent zu verfolgen, könnte man fast das Gegenteil von ihren Widersachern behaupten. Man wußte, daß 1 Äquivalent Tonerde, Al_2O_3, dreimal so viel Schwefelsäure zur Sättigung braucht als 1 Äquivalent Kali, KO, man wußte, daß 1 Äquivalent Phosphorsäure, P_2O_5, drei- (eigentlich zwei-) mal mehr Basis zur Bildung eines Neutralsalzes bedarf als 1 Äquivalent Salzsäure, und doch ließ man sich nicht beirren, für diese Quantitäten den Ausdruck „Äquivalente" zu gebrauchen.

Gerade weil unsere heutige Chemie wesentlich auf dem Unterschied der Begriffe Atom und Äquivalent basiert, muß auch alles, was zu einer solchen Trennung führen konnte, doppelt betont werden, und ich wollte Sie darauf hinweisen, daß in den dreißiger Jahren durch die Substitutionserscheinungen ein neues Mittel zur Äquivalentbestimmung gegeben war, worin also in Beziehung auf die uns jetzt speziell interessierende Frage ein Fortschritt lag. Allein auch von anderer Seite ward gezeigt, daß die Atome zusammengesetzter Körper nicht äquivalent sein müssen; entscheidende Gründe wurden geltend gemacht, um die Unterschiede hervorzuheben, welche in dieser Hinsicht eine der bestuntersuchten Klassen von Verbindungen, die Säuren besitzen. Die hierher gehörigen Versuche fallen der Zeit nach früher als die Aufstellung der Typentheorie durch Dumas, die nächste Entwicklungsstufe der Substitutionserscheinungen, und ich glaube schon deshalb sie vorher behandeln zu sollen. Wenn auch beide Gebiete damals weit getrennt schienen, so ist doch eine Beeinflussung nicht nur denkbar, sie läßt sich sogar nachweisen, und es darf deshalb die chronologische Ordnung nicht aus dem Auge verloren werden.

Selten waren zu einem großen Erfolge so wenige Arbeiten nötig wie zur Aufstellung der Theorie mehrbasischer Säuren. Gleich elegant und bestimmt sind Versuch und Idee, welche der experimentellen Wissenschaft dieses weite Feld der Forschung öffneten und der Theorie so neue und sichere Anhaltspunkte

boten. Nur Wenige haben teilgenommen an dieser für die
Chemie wichtigen Eroberung, doch sind es wackere Streiter gewesen, welche uns dies Land gewannen, und einmal betreten,
war uns der Boden sicher, trotz des Widerspruches einer Autorität, deren Worte, sonst mit ängstlicher Gewissenhaftigkeit befolgt,
hier im Winde verhalten.

Der erste Anstoß zu einer Veränderung der Ansichten über
Säuren geschah durch Graham. Seine Untersuchung der Phosphorsäure, die Art, wie er die Resultate darstellt, frei von vorgefaßten Meinungen und Hypothesen, klar und bestimmt in der
Ausdrucksweise, beweisen uns, daß wir mit einem scharfen, hell-
sehenden Kopfe zu tun haben. Berücksichtigt man die Ideen,
welche unmittelbar durch die Untersuchung angeregt werden
mußten, überblickt man die geistigen Fortschritte, welche freilich
nicht ausschließlich, aber doch zum großen Teil durch Graham's
Arbeit gemacht wurden, so wird man zugeben, daß selten durch
eine einzige Abhandlung so großes geleistet wurde.

Durch Clark's Untersuchung der Phosphorsäure [3]) war man
zu der Ansicht gelangt, daß dieser Körper in zwei isomeren Zuständen existiere, welche namentlich in den Salzen große Ver-
schiedenheiten zeigen sollten [4]). Das gewöhnliche phosphorsaure
Natron fällte neutrale Silbersalze gelb, und die Lösung reagierte
sauer, das pyrophosphorsaure Salz dagegen fällte weißes pyro-
phosphorsaures Silber, und die Neutralität blieb erhalten. Man
wußte freilich, daß das eine Natronsalz mit mehr Wasser kristallisiert als das andere, hielt dies aber für Kristallwasser und
legte darauf kein Gewicht, so daß man beide Säuren als isomere
Modifikationen betrachtete [5]). Graham hat diesen Irrtum beseitigt, es gelang ihm, Klarheit in dieses damals dunkle Gebiet
zu bringen, dadurch, daß er das Wasser, welches in den Säure-
hydraten enthalten war, nicht als zur Konstitution unwesentlich,
vernachlässigte, sondern nachwies, daß dasselbe die Rolle der

---

[3]) Schweigger, Journ. Chem. Phys. LVII, 421. — [4]) Siehe auch
Stromeyer, Schweigger's Jahrb. d. Chemie und Physik 1830, I, S. 125.
Schweigger, Journal 1830, LVIII, S. 123. — [5]) Vgl. Berzelius, Lehrb. der
Chemie, 3. Aufl. II, 60.

Basis übernehme [6]). Der berühmte englische Forscher zeigte im Jahre 1833, wie die gewöhnliche Phosphorsäure und alle ihre Salze sich betrachten lassen als Verbindungen von 1 Atom Phosphorsäure, P_2O_5, mit 3 Atomen Basis, welche vollständig oder teilweise durch Wasser ersetzt sein können. So besteht nach ihm das gewöhnliche (neutral reagierende) phosphorsaure Natron aus 1 Atom Phosphorsäure, verbunden mit 2 Atomen Natron und 1 Atom Wasser; beim Zusammenbringen mit salpetersaurem Silber wird das Silbersalz mit 3 Atomen Silber niedergeschlagen, während gleichzeitig salpetersaures Natron und Salpetersäure in Lösung bleiben, wodurch das schon von Berthollet (in ähnlichen Fällen) beobachtete Sauerwerden beim Vermischen zweier Neutralsalze [7]), diese Ausnahme vom Richter'schen Gesetz, erklärt wurde. Es werden dabei 2 Atome Natron und 1 Atom Wasser gegen 3 Atome Silberoxyd ausgetauscht.

Ein weiteres, sehr wichtiges Resultat der Graham'schen Untersuchung folgt aus der Analyse der Pyrophosphorsäure und ihrer Verbindungen. Graham zeigt, daß beim Erhitzen des oben erwähnten Natronsalzes über 350⁰ das darin enthaltene Wasser entweicht und auf diese Weise das bereits bekannte pyrophosphorsaure Natron entsteht, welches aber nicht, wie man glaubte, mit dem ursprünglichen Salz isomer ist, sondern sich eben durch den Mindergehalt von 1 Atom Wasser unterscheidet, was für die Natur der Säure von wesentlicher Bedeutung ist. Auch der weiße Niederschlag, welcher mit Silbersalzen erzeugt wird, enthält nur 2 Atome Silberoxyd, wie es denn eine ganz allgemeine Eigenschaft der Pyrophosphorsäure ist, nur 2 Atome Basis (oder Wasser) zu sättigen, wodurch sie sich sehr scharf von der gewöhnlichen Phosphorsäure unterscheidet. In der letzteren verhält sich der Sauerstoffgehalt der Basis zu dem der Säure wie 3 zu 5, in der anderen wie 2 zu 5.

Ferner findet Graham, daß beim Erhitzen des sauren phosphorsauren Natrons, welches nach ihm aus 1 Atom Phosphor-

---

[6]) Phil. Trans. 1833, p. 253. Ann. der Chem. und Pharm. XII, 1. —
[7]) Berthollet, Stat. chim. I, 117.

säure, 1 Atom Natron und 2 Atomen (Basis) Wasser besteht,
beide Wasseratome entweichen, und ein bisher unbekanntes Salz,
das metaphosphorsaure Natron, gebildet wird. Die darin
enthaltene Säure ist dadurch charakterisiert, daß sie durch 1 Atom
Basis gesättigt wird, während sie im freien Zustande 1 Atom
Wasser enthält. Die Silberverbindung war wieder verschieden
von den beiden übrigen; hier war das Verhältnis der Sauerstoffmengen von Basis und Säure wie 1 zu 5.

Schließlich wird in der Untersuchung nachgewiesen, daß die
Meta- und Pyrophosphorsäure ebenso wie die meisten ihrer Salze,
wenn sie mit Wasser gekocht oder noch besser mit kohlensaurem
Natron geschmolzen werden, in gewöhnliche Phosphorsäure bzw.
in ein Salz derselben übergehen.

Aus Graham's Arbeit ließen sich zwei wichtige theoretische
Schlüsse unmittelbar folgern.

1. In den Säuren ist eine gewisse Anzahl Wasseratome enthalten, durch deren Vertretung die Salze entstehen.

2. Die Atome der Säuren sind den Atomen der Basen nicht
immer äquivalent, bei einigen ist sogar das Verhältnis ein
wechselndes. So hatte Graham aus demselben Phosphorsäure-
anhydrid drei Hydrate darstellen gelehrt, die ganz verschiedene
Basismengen aufnehmen konnten.

Liebig sprach im Jahre 1838 mit großer Klarheit und Bestimmtheit diese Folgerungen aus[8]). Ein Mann von seiner Genialität
konnte sich aber nicht damit begnügen, Gedanken zu veröffentlichen, die nur Konsequenzen von Versuchen Anderer waren.
Wir verdanken Liebig eine vortreffliche Untersuchung über eine
Reihe organischer Säuren, aus welcher hervorging, daß die
Phosphorsäure, was ihr Verhalten den Basen gegenüber betrifft,
nicht allein steht, daß auch andere Säuren die Eigenschaft besitzen, durch ein Atom mehrere Atome Basis zu sättigen. So
konnte er denn, auf breiter Grundlage fußend, die Idee der
mehrbasischen Säuren einführen.

---

[8]) Ann. der Chemie und Pharm. XXVI, 113; vgl. Compt. rend.
V, 863.

Liebig's experimentelle Untersuchungen erstrecken sich auf die Knallsäure, Cyanursäure, Mekonsäure, Komensäure, Weinsäure, Äpfelsäure, Citronensäure usw. Bei allen diesen Verbindungen findet er in den Salzen Verhältnisse, welche denen der Phosphorsäure ähnlich sind. Namentlich aber sucht er die drei Cyansäuren, d. h. Cyansäure, Knallsäure[9]) und Cyanursäure, den drei Phosphorsäuren an die Seite zu stellen. Hier wie dort ist nach ihm eine Atomgruppe vorhanden, welche die Fähigkeit hat, bald 1, bald 2, bald 3 Atome Basis zu sättigen. Während sich aber bei der einen das Atomgewicht nicht verändert, nimmt dieses bei der anderen im Verhältnis der Sättigungskapazitäten zu, so daß die entstehenden Salze untereinander polymer sind. Im letzteren Falle bleibt also der Quotient aus der Sauerstoffmenge von Basis in Säure unverändert, während solches nach Graham bei den Varietäten der Phosphorsäure nicht der Fall ist.

Liebig schreibt:

$3\,MO\,.\,P_2O_5$ Phosphorsaures Salz $3\,MO\,Cy_6\,O_3$ Cyanursaures Salz
$2\,MO\,.\,P_2O_5$ Pyrophosphors. Salz $2\,MO\,Cy_4\,O_2$ Knallsaures Salz
$MO\,.\,P_2O_5$ Metaphosphors. Salz $MO\,Cy_2\,O$ Cyansaures Salz

Ungleich wichtiger sind die Erörterungen Liebig's, welche ihn dazu führen, eine Trennung zwischen Säuren, die sich der Phosphorsäure analog verhalten, und den übrigen vorzuschlagen. Sein Gedankengang ist hier ungefähr folgender: Nicht bei allen Säuren, welche mit der Phosphorsäure die charakteristische Eigenschaft teilen, durch 1 Atom mehrere Atome Basis zu neutralisieren, sind die Verhältnisse so kompliziert wie bei der letzteren, und es ist daher nicht bei allen so leicht nachzuweisen, daß sie in diese Kategorie gehören. Bei der Phosphorsäure mag man das Atomgewicht wählen, wie man will, niemals wird man erreichen können, daß in den drei verschiedenen Modifikationen 1 Atom Säure 1 Atom Basis sättigt[10]). Welches sind nun die Merkmale, die uns erkennen lassen, daß wir es mit einem Körper dieser Gruppe zu tun haben?

---

[9]) Liebig gibt der Knallsäure die Formel $2\,H_2O\,.\,Cy_4O_2$ ($H = 1$, $C = 12$, $O = 16$). — [10]) Unter Säure ist hier wie in den vorhergehenden Entwicklungen das Anhydrid zu verstehen.

Zur Entscheidung dieser überaus wichtigen Frage benutzt Liebig das Experiment. Er vergleicht das Verhalten der Phosphorsäure mit dem der Schwefelsäure, einer Verbindung, bei der er keinen Grund hat, sie in dieselbe Klasse zu zählen, indem er sagt[11]):

„Bringen wir zu dem sauren schwefelsauren Kali eine andere Base, welche mit dem Kali nicht isomorph ist, und die mit der Schwefelsäure ein Salz ohne Halhydratwasser[12]) bildet, Natron z. B., so teilt sich das saure Salz in zwei neutrale, in Glaubersalz und schwefelsaures Kali, welche voneinander getrennt kristallisieren.

„Wird zu dem sauren phosphorsauren Natron hingegen eine gewisse Menge Kali gebracht, so entsteht phosphorsaures Natronkali, vollkommen analog in seiner Zusammensetzung dem sauren Salz. Es enthält 3 Atome Basis, 2 davon sind Natron und Kali, 1 Atom von den zwei vorher darin enthaltenen Atomen Wasser ist ersetzt durch Kali, das zweite Atom bleibt in der Zusammensetzung des neuen Salzes.

„Dieses Verhalten trennt die Phosphorsäure und Arsensäure von der größeren Zahl aller anderen Säuren; in ihrer Eigenschaft, sich mit mehreren Atomen Basis zu verbinden, liegt an und für sich die Fähigkeit, Salze derselben Klasse mit verschiedenen Basen zu bilden, verschieden von denen, die man Doppelsalze nennt. Ich betrachte diesen Charakter als entscheidend für die Konstitution dieser und aller Säuren, welche ähnliche Verbindungen wie die Phosphorsäure bilden.“

So war also ein Kriterium zur Trennung der Phosphorsäure und ihrer Analoga von den übrigen Säuren gefunden, und Liebig benutzt dasselbe, um festzustellen, daß alle von ihm untersuchten Körper in diese Klasse gehören. Sehr interessant und wichtig sind die Gründe, welche ihn bestimmen, auch die Weinsäure dieser Gruppe einzureihen. Man schrieb damals diese Verbindung

---

[11]) Liebig, l. c. S. 144. — [12]) Halhydratwasser nennt Liebig dasjenige Wasser der Salze, welches durch Äquivalente neutraler Salze abgeschieden und vertreten werden kann.

$C_4H_4O_5$, so daß ihr Atomgewicht nur 1 Atom Basis sättigte. Die Existenz des Seignettesalzes und des Ammoniakweinsteins, welche man aus der sauren Kaliverbindung durch Neutralisation mit den betreffenden Basen erhalten kann, beweisen Liebig, daß auch die Weinsäure die Fähigkeit hat, zwei Atome Basis zu sättigen, was ihn dazu führt, ihr Atomgewicht zu verdoppeln, d. h. sie $C_8H_8O_{10}$ zu schreiben. Der geistvolle Autor dieser berühmten Abhandlung hat also sehr wohl verstanden, daß die angestellten Betrachtungen ein neues Hilfsmittel zur Bestimmung des Atomgewichtes geben.

Die Trennung der Säuren in verschiedene Gruppen begründet Liebig durch folgende Worte[13]):

„Man könnte die Säuren einteilen in ein-, zwei- und dreibasische. Unter zweibasischen Säuren würde man solche verstehen, deren Atom sich mit zwei Atomen Basis vereinigt in der Art, daß diese beiden Atome Basis zwei Atome Wasser der Säure ersetzen. Der Begriff des basischen Salzes bleibt hiermit unverändert. Verbindet sich 1 Atom einer Säure mit 2 oder mehr Atomen Basis und wird nur 1 Atom Wasser abgeschieden, mithin weniger als die Anzahl der Äquivalente fixer Basis beträgt, so ist ein eigentlich basisches Salz entstanden[14]).“

So war denn dieser große Schritt geschehen; durch Graham's Arbeit vorbereitet, durch Liebig's Untersuchungen ausgeführt und begründet. Wenn wir ganz gerecht sein wollen, und wir legen darauf Wert, so dürfen wir nicht verschweigen, daß Liebig die erste Abhandlung über diesen Gegenstand mit Dumas gemeinschaftlich 1837 publizierte[15]); es war die einzige Frucht jener in Aussicht genommenen Assoziation der beiden Gelehrten.

In derselben Abhandlung, in welcher Liebig die Theorie der mehrbasischen Säuren ausführlich entwickelt, wonach die

---

[13]) Liebig, l. c. 169. — [14]) Auch in der Eigenschaft, Pyrosäuren zu bilden, findet Liebig einen Grund, die betr. Säuren zu den mehrbasischen zu zählen (l. c. S. 169). — [15]) Compt. rend. V, 863. Einem Briefe zufolge, den Liebig 1838 an die französische Akademie richtet (Compt. rend. VI, 823; Ann. der Chemie und Pharm. XLIV, 57), scheint es, als ob Dumas' Verdienst bei dieser Untersuchung sehr unbedeutend gewesen sei.

Säuren in mehrere Klassen zerfallen, sucht er durch eine „Hypothese" die bisher bestandene Trennung zwischen Wasserstoff- und Sauerstoffsäuren aufzuheben. Diese „Hypothese" ist ein Zurückgreifen auf Davy-Dulong'sche Ideen[16]).

Ein ähnlicher Versuch, freilich weit weniger durchgeführt, war vorher von Clark gemacht worden. Derselbe soll nach Griffin[17]) schon in seinen Vorlesungen 1826 derartige Ansichten ausgesprochen haben. Wie er 1836 an Mitscherlich geschrieben[18]), findet er in dem Isomorphismus von schwefelsaurem Natron und übermangansaurem Baryt einen Grund für diese Auffassung. Man gab damals diesen Verbindungen die Formeln:

$$NaOSO_3 \quad \text{und} \quad BaOMn_2O_7,$$

wonach sie eine ungleiche Anzahl von Atomen enthielten. Clark schlägt vor, das Atomgewicht des Natriums zu verdoppeln (dasselbe also viermal so groß anzunehmen, als heute geschieht), und ihm die Zahl beizulegen, welche Berzelius 1819 angenommen hatte[19]). Da er ferner die Säuren als Wasserstoffverbindungen betrachtet, aus denen die Salze durch Ersetzung des Wasserstoffs durch Metalle entstehen, so ist für ihn Schwefelsäure H_2SO_4, Übermangansäure $HMnO_4$; also das schwefelsaure Natron NaS_2O_8, der übermangansaure Baryt $BaMn_2O_8$, wodurch die Gleichheit der Atomzahl in beiden Verbindungen erreicht wird.

Ganz andere Gründe, an Gehalt und Zahl weit überlegen, führen Liebig dahin, die Davy-Dulong'sche Hypothese wieder aufzugreifen. Graham hatte nachgewiesen, daß die Pyro- und Metaphosphorsäure in wässeriger Lösung bestehen können, ohne sofort in gewöhnliche (dreibasische) Phosphorsäure überzugehen. Liebig frägt daher, ob sich diese drei Säuren wirklich durch je ein Atom Wasser voneinander unterscheiden, ob es die Aufnahme oder Abgabe von Wasser sei, welches die Änderungen in

---

[16]) Vergl. S. 87. — [17]) Griffin, The Radical Theory in Chemistry, London 1858. — [18]) Ann. der Chemie und Pharm. XXVII, 160. — [19]) Vgl. S. 99.

der Basizität der Phosphorsäure bewirke. Er glaubt nicht, daß man zwingende Gründe für die Annahme dieser Hypothese finden könne, und so wäre denn auch die entgegengesetzte Voraussetzung, nach der die Salze durch Vertretung des Wasserstoffs der Säure (Hydrate) durch Metalle entstehen, nicht unbedingt zu verwerfen. Diese Idee als richtig vorausgesetzt, würden die Säuren kein fertig gebildetes Wasser enthalten, würden sie nicht mehr betrachtet werden können als aus Anhydrid und Wasser bestehend, ebensowenig wie die Salze Verbindungen darstellten aus Säure (Anhydrid) und Basis.

Eine wesentliche Stütze der letzteren Hypothese, nach welcher in den Salzen Metalle als solche anzunehmen wären, findet Liebig in dem Verhalten des Brechweinsteins bei höherer Temperatur. Nach der Analyse kommt der bei 100^0 getrockneten Verbindung die Formel $C_8 H_8 K Sb_2 O_{14}$ zu. Man nahm darin ein Atom wasserfreie Weinsäure, ein Atom Kali und ein Atom Antimonoxyd an, so daß man schrieb $C_8 H_8 O_{10} + KO + Sb_2 O_3$ (vorausgesetzt, daß man die Formel der Weinsäure verdoppelte). Nach Liebig verliert dieselbe beim Erhitzen auf 300^0 noch zwei Atome Wasser, eine Eigenschaft, die sie mit keinem anderen Salze dieser Säure teilt. Die Annahme von Wasser in der bisher wasserfrei betrachteten Säure erscheint Liebig wegen der Konsequenzen, welche sie nach sich zieht, verwerflich, und so glaubt er, „daß nichts übrig bleibt, als die Wasserbildung einer Reduktion des Antimonoxyds zuzuschreiben. Dadurch würde die wirkliche Existenz einer Basis im metallischen Zustande mit einer Sauerstoffsäure verbunden, wenn auch nur für gewisse Verbindungen, nicht mehr als eine bloße Vermutung zu betrachten sein [20]".

Bei einer anderen Gelegenheit, wo Liebig diese Verhältnisse bespricht, schreibt er die Formel der Weinsäure, $C_8 H_4 O_{12} \cdot H_3$, und des bis 300^0 erhitzten Brechweinsteins, $C_8 H_4 O_{12} \begin{cases} K \\ Sb_2 \end{cases}$, wobei ich nicht versäumen will, darauf aufmerksam zu machen, daß

---

[20]) Liebig, Ann. der Chemie und Pharm. XXVI, 159.

hier die Vertretung von drei Atomen Waserstoff durch ein Atom Antimon angenommen wird[21]).

Liebig gibt zu, daß es schwer zu begreifen sei, wie durch die Schwefelsäure das Kali reduziert werde, was man annehmen muß, falls man das schwefelsaure Kali als Kaliumverbindung auffassen will, er zeigt aber einen Fall, wo eine solche Hypothese unerläßlich zur Erklärung der Tatsachen ist. Die Zersetzung des schwefelblausauren Silbers durch Schwefelwasserstoff unter Bildung von Schwefelsilber und freier Säure wäre allen Anschauungen über Verwandtschaft zuwider, wenn dem Salze die Zusammensetzung $AgS + Cy_2S$ entspräche, während nach der Formel $Ag.Cy_2S_2$ die Reaktion eine normale wird. Ferner gibt die im ersten Momente wenig befriedigende Hypothese von der Reduktion der Oxyde durch Säuren doch Rechenschaft von dem Verhalten mancher Säuren, welche dem Silberoxyd gegenüber eine höhere Sättigungskapazität zeigen, als dem mit stärker basischen Eigenschaften begabten Natron gegenüber.

Schließlich macht Liebig darauf aufmerksam, daß durch die Annahme der Dulong'schen Hypothese eine Vereinigung der Wasserstoff- und Sauerstoffsäuren erzielt werde, wozu man durch ihre gleichartigen Reaktionen fast gezwungen sei. So gibt Kalk immer dieselbe Wassermenge ab, ob er mit Schwefelsäure oder mit Salzsäure neutralisiert wird. Die damals angenommene Erklärungsart, wonach das eine Mal das Wasser in der Säure fertig gebildet gewesen, das andere Mal erst erzeugt wird, trägt nach Liebig der vorhandenen Analogie keine Rechnung. Er sucht die Schranke niederzureißen, und seine Worte sind bedeutungsvoll genug, hier einen Platz zu verdienen[22]).

„Um eine und dieselbe Erscheinung zu erklären, bedienen wir uns zweierlei Formen; wir sind gezwungen, dem Wasser die mannigfaltigsten Eigenschaften zuzuschreiben; wir haben basisches Wasser, Halbhydratwasser, Kristallwasser; wir sehen es Verbindungen eingehen, wo es aufhört, eine von diesen drei Formen anzunehmen, und dies alles aus keinem anderen Grunde, als weil

---

[21]) Die betreffende Abhandlung ist von Dumas und Liebig, Compt. rend. V, 863. — [22]) Ann. der Chemie und Pharm. XXVI, 179.

wir eine Schranke zwischen Haloidsalzen und Sauerstoffsalzen gezogen haben, eine Schranke, die wir in den Verbindungen selbst nicht bemerken, sie haben in allen ihren Beziehungen einerlei Eigenschaften."

So kommt denn Liebig auf Davy's Ideen zurück, indem er seine Ansichten in folgender Weise darlegt [23]):

„Säuren sind gewisse Wasserstoffverbindungen, in denen der Wasserstoff vertreten werden kann durch Metalle.

„Neutrale Salze sind diejenigen Verbindungen derselben Klasse, worin der Wasserstoff vertreten ist durch das Äquivalent eines Metalles. Diejenigen Körper, die wir gegenwärtig wasserfreie Säuren nennen, erhalten ihre Eigenschaft, mit Metalloxyden Salze zu bilden, meistens erst beim Hinzubringen von Wasser, oder es sind Verbindungen, welche in höheren Temperaturen die Oxyde zerlegen.

„Beim Zusammenbringen einer Säure mit einem Metalloxyd wird der Wasserstoff in den meisten Fällen abgeschieden in der Form von Wasser. Für die Konstitution der neuen Verbindung ist es völlig gleichgültig, auf welche Weise man sich das Auftreten dieses Wassers denkt, in vielen Fällen wird es durch die Reduktion des Oxyds gebildet, in anderen mag es auf Kosten der Elemente der Säure entstehen, wir wissen es nicht.

„Wir wissen nur, daß ohne Wasser bei gewöhnlicher Temperatur kein Salz gebildet werden kann, und daß die Konstitution der Salze analog ist den Wasserstoffverbindungen, welche wir Säuren nennen. Das Prinzip der Theorie von Davy, welches bei der Beurteilung derselben vorzugsweise im Auge behalten werden muß, ist also, daß er die Sättigungskapazität einer Säure abhängig macht von ihrem Wasserstoffgehalt oder von einer Portion ihres Wasserstoffs, so daß, wenn man die übrigen Elemente der Säure zusammengenommen das Radikal derselben nennen will, die Zusammensetzung des Radikals nicht den entferntesten Einfluß auf diese Fähigkeit besitzt."

---

[23]) Ann. der Chemie und Pharm. XXVI, 181.

Im wesentlichen sind diese Sätze noch heute als richtig erkannt; sie bilden zusammengenommen mit dem, was ich oben über die mehrbasischen Säuren angeführt habe, die Grundlage unserer Ansichten über Säuren. Freilich sind durch Gerhardt und Laurent die Merkmale, durch welche sich die mehrbasischen Säuren von den einbasischen unterscheiden, bedeutend vermehrt worden, so daß auch die Begriffe und Definitionen eine viel festere und entscheidendere Form angenommen haben. Noch später hat man Basizität und Atomizität einer Säure trennen lernen und hat Regeln aufgestellt, wodurch auch diese gezählt werden können. Diese Entwicklungen fallen jedoch in eine Zeit, welche von der jetzt betrachteten zu weit entfernt liegt, als daß wir dieselben hier unmittelbar anreihen dürften.

Daß Berzelius Liebig's Ansichten nicht teilen konnte, wird Ihnen begreiflich erscheinen. Sie anerkennen, hieß die Basis seiner Theorien, den Dualismus, verlassen. Freilich war die neue Anschauungsweise keine rein unitare; die Säuren sollten aus Radikal und Wasserstoff, die Salze aus Radikal und Metall bestehen, es war also noch eine Zweiteilung vorhanden, doch in einem Sinne, wie ihn Berzelius nicht zugeben konnte. Namentlich mußte diesem die Art der Salzbildung, wie sie Liebig sich dachte, widerstrebend sein. Es waren nicht mehr zwei Verbindungen erster Ordnung, ein elektropositiver und ein -negativer Bestandteil, die sich vereinigten; die Salzbildung sollte in einer Vertretung des Wasserstoffs bestehen. Wie war dies mit der elektrochemischen Theorie, wonach Verbindungen nur durch Aneinanderlagerung von Atomen erzeugt werden sollten, zu vereinigen? Wir sehen denn auch Berzelius gegen die Theorie der Wasserstoffsäuren, wenn ich Dulong's Ideen durch dieses Wort bezeichnen darf, protestieren [24]); doch waren seine Gründe nicht hinreichend, um die größere Zahl der Chemiker von der Annahme dieser Theorien zurückzuhalten, weshalb ich nicht näher darauf eingehen will und mich von neuem den Tatsachen zuwende,

---

[24]) Jahresbericht von Berzelius, Jahrgang 1838, XVIII, 264; Ann. der Chemie und Pharm. XXXI, 1.

welche eine unitare Betrachtungsweise herbeiführen sollten: ich meine den Erscheinungen der Substitution, der Ersetzbarkeit des Wasserstoffs durch elektronegative Elemente.

Neben Dumas und Laurent waren besonders Regnault und Malaguti mit derartigen Untersuchungen beschäftigt. Die von Diesen erhaltenen Resultate, die Theorien Laurent's, und auch Liebig's Ansichten über Säuren waren auf Dumas nicht ohne Einfluß geblieben. Eine äußerst interessante Entdeckung, welche er im Jahre 1839 macht, veranlaßt ihn, seine jetzigen Ansichten über Substitution darzulegen, die früher aufgestellten Sätze wenigstens teilweise zurückzunehmen und neue von weit größerer Bedeutung an ihre Stelle zu setzen. Aus den empirischen Regeln der Substitution entsteht so die Typentheorie.

Dumas hatte durch Einwirkung von Chlor im Sonnenlicht auf Essigsäure einen kristallisierten Körper erhalten, dessen Zusammensetzung durch $C_4 Cl_6 H_2 O_4$ [25]) ausgedrückt und daher als Essigsäure, $C_4 H_8 O_4$, betrachtet werden konnte, in welcher 6 Atome oder Volume Wasserstoff durch 6 Atome Chlor vertreten waren [26]). Das Interessante und Wichtige der Reaktion lag in den Eigenschaften der erhaltenen Verbindung, welche Dumas Chloressigsäure nannte. Dieselbe war nämlich eine Säure von derselben Sättigungskapazität wie die Essigsäure, so daß Dumas behaupten konnte, daß durch den Eintritt von Chlor an die Stelle von Wasserstoff der Hauptcharakter der Verbindung nicht geändert werde oder, wie er sich ausdrückt, „daß es in der organischen Chemie gewisse Typen gibt, welche bestehen bleiben, selbst wenn man an die Stelle des Wasserstoffs, den sie enthalten, ein gleiches Volumen von Chlor, Brom oder Jod bringt".

Sie sehen, wie Dumas durch die Entdeckung der Chloressigsäure auf denselben Standpunkt geführt wird, den Laurent schon früher eingenommen, Dumas aber anfangs, als über die

---

[25]) In den französischen Abhandlungen behält Dumas das Atomgewicht $C = 6$ bei. — [26]) Ann. der Chemie und Pharm. XXXII, 101.

Grenzen des Tatsächlichen hinausgehend, von sich gewiesen hatte[27]). Übrigens tut man Dumas unrecht, wenn man seine Typentheorie nur als Anwendung oder vielleicht Ausdehnung Laurent'scher Ideen hinstellt. Laurent war ein genialer spekulativer Kopf, der sich aber nicht scheute, Hypothesen auszusprechen, für die ein wissenschaftlicher Beweis noch nicht vollständig zu führen war, und dieses, meine ich, sei auch auf seine Ansichten über Substitution anzuwenden. Daß dies wenigstens der Eindruck war, welchen Zeitgenossen empfunden haben, geht aus Liebig's Kritik der Laurent'schen Theorien hervor[28]). Es fehlten noch die Tatsachen, welche in bestimmter und entscheidender Weise die Analogie zwischen Anfangs- und Endprodukt nachwiesen: durch Ideen allein kann unsere Wissenschaft nicht fortschreiten, nur da, wo der Gedanke, durch den Versuch hervorgerufen, gewissermaßen durch ihn bedingt wird, ist eine Weiterentwicklung vorhanden. Nicht nur Dumas' Stellung und Name verschafften jetzt Theorien Anklang, die man ein Jahr vorher kaum berücksichtigt hatte, einen solchen Autoritätsglauben besaßen die Chemiker jener Zeit nicht; zwischen der Kern- und der Typentheorie lag die Entdeckung der Chloressigsäure, und wenn sich auch mit „Worten ein System bereiten läßt", so legt man doch glücklicherweise in der Chemie größeren Wert auf einen entscheidenden Versuch, als auf gewagte Spekulationen.

Zwischen Essigsäure und Chloressigsäure war eine Analogie nicht zu verkennen, und namentlich nachdem Berzelius, der seine Gründe hatte, eine Ähnlichkeit beider nicht zuzugestehen, ihre Unterschiede hervorgehoben hatte und mit einer gewissen Ironie nach den verwandtschaftlichen Beziehungen beider fragte[29]), zeigt Dumas die Reaktionen, welche sie unter dem Einflusse von Kali erleiden, und weist auf die Gleichartigkeit derselben hin[30]).

---

[27]) Compt. rend. VI, 689. Damals nennt Dumas Laurent's Theorie eine Ausdehnung seiner Ideen, die ihn nichts angehe. — [28]) Ann. der Chemie und Pharm. XXV, 1. — [29]) Berzelius, Jahresbericht XIX, 367 usw. — [30]) Ann. der Chemie und Pharm. XXXIII, 179.

Man hat $C_4 H_2 Cl_6 O_4 = C_2 O_4 + C_2 H_2 Cl_6$
$ C_4 H_2 H_6 O_4 = C_2 O_4 + C_2 H_2 H_6$ [31]).

Neben kohlensaurem Kali entsteht also in dem einen Falle Sumpfgas, im anderen Chloroform, zwei Körper, die untereinander wieder dieselbe Zusammensetzungsdifferenz zeigen wie die beiden Essigsäuren, und von denen der letztere, wie Dumas noch besonders nachweist [32]), aus dem anderen durch Einwirkung von Chlor entstehen kann.

Durch die Entdeckung der Trichloressigsäure war die Grundlage gegeben, auf welche Dumas seine Typentheorie stellt [33]). Nach ihm gehören nämlich alle Körper, welche dieselbe Zahl von Äquivalenten in derselben Weise verbunden enthalten und ähnliche Haupteigenschaften besitzen, in denselben chemischen Typus. Dieses sind meistens Verbindungen, die auseinander durch sehr einfache Reaktionen entstehen können, wie Essigsäure und Chloressigsäure; Chloroform, Bromoform und Jodoform; Äthylen und die daraus durch Substitution von Chlor entstehenden Produkte.

Dumas glaubt in dem Begriffe des chemischen Typus eine Basis zu einer neuen Klassifikation, welche sich den jüngst beobachteten Tatsachen anschließt, gefunden zu haben, bedient sich aber gleichzeitig des molekularen Typus, welchen Regnault eingeführt hatte [34]), und den Dumas auch mechanischen Typus nennt. Dahin gehören z. B. folgende Verbindungen:

Sumpfgas	$C_2 H_2 H_6$
Methyläther	$C_2 O \; H_6$
Ameisensäure	$C_2 H_2 O_3$
Chloroform	$C_2 H_2 Cl_6$
Chlormethyl	$C_2 Cl_2 H_6$
Chlorkohlenstoff	$C_2 Cl_2 Cl_6$

Diese Körper, die man sich durch Substitution auseinander entstehend denken kann, und welche sehr verschiedene

---

[31]) Diese Reaktion soll schon früher von Persoz (Introduction à 'Etude de la Chimie moléculaire) gefunden worden sein, wie dieses von Pelouze und Millon (Ann. der Chemie und Pharm. XXXIII, 182) hervorgehoben wurde. — [32]) Ann. der Chemie und Pharm. XXXIII, 187 und 275. — [33]) Ibid. XXXIII, 259; XXXV, 129 und 281; XLIV, 66. — [34]) Ibid. XXXIV, 45.

Eigenschaften besitzen können, werden in eine natürliche Familie gerechnet. Der letzteren Idee liegt ein viel allgemeinerer Gesichtspunkt zugrunde, als der ist, welcher Dumas zur Aufstellung der chemischen Typen bewogen hat; die Körper der letzteren Reihe bilden nur eine Unterabteilung derer, welche demselben mechanischen Typus zugezählt werden müssen. Dies sieht auch Dumas sehr wohl ein, denn er sagt[35]): „Jedesmal wenn ein Körper sich verändert, ohne aus seinem molekularen Typus herauszutreten, verändert er sich nach dem Substitutionsgesetz. Jedesmal wenn ein Körper bei seiner Modifikation in einen anderen molekularen Typus übergeht, wird bei der Reaktion das Substitutionsgesetz nicht mehr eingehalten." Und weiter: „Der Alkohol, die Essigsäure, die Chloressigsäure gehören zu derselben natürlichen Familie, die Essigsäure und die Chloressigsäure zu derselben Gattung." Deshalb kann man behaupten, daß, der Idee nach, mechanischer Typus und Kern auf dasselbe hinauskommen; beide umfassen die Körper, welche durch äquivalente Substitution auseinander entstehen oder doch auseinander entstehend gedacht werden können.

Wie Sie bemerkt haben, ist Dumas jetzt zur Einsicht gelangt, daß sein Substitutionsgesetz nicht auf alle Reaktionen anwendbar ist, daß eben nicht immer für den abgegebenen Wasserstoff ein Äquivalent eines anderen Elementes aufgenommen wird. Er muß dies um so mehr zugeben, als er jetzt kein fertig gebildetes Wasser mehr in den organischen Verbindungen (wie z. B. im Alkohol) annimmt[36]), wodurch also seine zweite Regel ihre Gültigkeit verliert[37]). Er muß daher, und tut es auch ausdrücklich, anerkennen, daß „das Phänomen der Substitution kein allgemeines ist"; er findet sogar darin „einen seiner wesentlichsten Charaktere"[38]).

Wenn er in dieser Weise die Anwendbarkeit des Substitutionsgesetzes beschränkt, so wird seine Gültigkeit nach einer anderen Seite hin erhöht. Nicht nur der Wasserstoff einer organischen

---

[35]) Ann. der Chemie und Pharm. XXXIII, 279. — [36]) Ibid. XXXIII, 261. — [37]) Vgl. S. 147. — [38]) Ann. der Chemie und Pharm. XXXIII, 264.

Substanz kann nach Dumas vertreten werden, sondern alle darin
enthaltenen Elemente, Sauerstoff, Stickstoff, selbst mit dem
Kohlenstoff kann man wahre Substitutionen vornehmen[39]), und
es können diese nicht nur durch andere Elemente, sondern auch
durch zusammengesetzte Gruppen, wie Cyan, Kohlenoxyd, schweflige Säure, Stickoxyd, salpetrige Säure, Amid usw., ersetzt werden.
Die Annahme von der Vertretbarkeit des Kohlenstoffs, die damals
als unsinnige Hypothese den lebhaftesten Widerspruch erfuhr
und sogar in Deutschland lächerlich gemacht wurde[40]), war eine
Folge von Walter's Versuchen[41]), welcher durch Behandlung
der Camphersäure mit Schwefelsäureanhydrid unter Kohlenoxyd-
entwicklung die Sulfocamphersäure erhalten hatte, welche Dumas
als Camphersäure betrachtete, in der ein Atom Kohlenstoff durch
die Gruppe SO_2 vertreten ist.

Faßt man den Begriff des molekularen Typus in seiner
weitesten Form auf, so kann man behaupten, daß jene Idee
Dumas' von der Ersetzung des Kohlenstoffs durch spätere Versuche vollständig gerechtfertigt wurde. Schon Wöhler hat auf
eine Vertretung des Kohlenstoffs durch Silicium hingewiesen[42])
und Friedel und Crafts haben durch Reaktionen, denen ganz
analog, welche zur Umwandlung eines Kohlenwasserstoffs in den
zugehörigen Alkohol benutzt werden, das Siliciumäthyl in den
Silicononylalkohol übergeführt, welchen sie, wie auch der
Name andeutet, als Nonylalkohol auffassen, in welchem ein Atom
Kohlenstoff durch ein Atom Silicium vertreten ist[43]). In neuerer
Zeit wurden Siliciumverbindungen aufgefunden, welche nicht nur
gewissen Kohlenstoffverbindungen analog betrachtet werden können,
sondern sich auch ähnlich wie diese verhalten, namentlich gilt
dies von dem Triäthylsilicol[44]). Noch bemerkenswerter erscheint
die große Ähnlichkeit des Thiophens mit dem Benzol, da man

---

[39]) Ann. der Chemie und Pharm. XXXIII, 269. — [40]) Ibid. XXXIII,
308. — [41]) Ibid. XXXVI, 59. — [42]) Ibid. CXXVII, 268. — [43]) Compt. rend.
LXI, 792, auch Ann. der Chemie und Pharm. CXXXVIII, 19; vgl. ferner
Friedel und Ladenburg, Ann. d. Chemie und Pharm. CXLIII, 118; CXLV,
174 und 179; CXLVII, 355 und Compt. rend. LXVI, 816. — [44]) Ladenburg, Ann. der Chemie und Pharm. CLXIV, 300.

ersteres aus dem letzteren durch Vertretung von C_2H_2 durch S ableiten kann[45]).

Ich will hier noch bemerken, daß die Ansicht Dumas' von der Vertretung des Kohlenstoffs im Widerspruch mit Laurent's Kerntheorie war und eine Klassifikation der organischen Körper nach der Anzahl ihrer Kohlenstoffatome erschwerte. Beider Ideen nähern sich einander, was den Begriff des Radikals, weniger was die Zusammensetzung desselben betrifft. Auch Dumas hebt jetzt ausdrücklich hervor, daß das Radikal keine unveränderliche Gruppe sei, sondern daß in demselben, ebenso wie in allen Verbindungen, Atome durch andere ersetzbar seien. Übrigens hat Gerhardt schon zwei Jahre früher ähnliche Ansichten ausgesprochen, und wir werden daher diesen Punkt noch in einer anderen Vorlesung ausführlich zu erwähnen haben.

Die nächste, vielleicht die wichtigste Konsequenz der Typentheorie war, daß sie eine unitare Betrachtungsweise verlangte. Die Verbindung war nicht mehr als ein aus zwei Teilen Bestehendes aufzufassen, sondern sie bildete ein einheitliches Ganze, welches dadurch verändert wurde, daß an die Stelle eines Atoms ein anderes treten konnte. Dumas vergleicht sie einem Planetensystem; die einzelnen Weltkörper sind hier Atome, und statt durch Gravitation sind sie durch Affinität zusammengehalten. Dabei können Atome durch andere ersetzt werden; solange die Zahl der Äquivalente und die gegenseitige Stellung der Atome erhalten bleibt, ändert sich das System nicht.

Nach der Typentheorie waren die Eigenschaften einer Verbindung weit mehr durch die Lagerung der Atome, als durch deren Natur bedingt, und dieser Satz, den, als durch die Erfahrung bestätigt, Dumas jetzt verteidigt, führt ihn zu einem Angriff auf die elektrochemische Theorie. Hören wir ihn selbst[46]):

„Eine der unmittelbarsten Folgerungen der elektrochemischen Theorie ist die Notwendigkeit, alle chemischen Verbindungen als binäre Körper zu betrachten. Immer muß man, in jeder von

---

[45]) Vgl. V. Meyer, Ber. chem. Ges. XVI, 1465. — [46]) Ann. der Chemie und Pharm. XXXIII, 291.

ihnen, die beiden Bestandteile wiederfinden, welche man als positive und negative unterscheidet. Keine Ansicht war geeigneter, die Fortschritte der organischen Chemie aufzuhalten." Und an einer anderen Stelle [47]: „Überall, wo die Substitutions- und Typentheorie gleichartige Moleküle annimmt, worin einige Elemente durch andere ersetzt werden, ohne daß das Gebäude dadurch in seiner Form oder in seinem äußeren Verhalten modifiziert ist, spaltet die elektrochemische Theorie diese nämlichen Moleküle einzig und allein, darf man sagen, um darin zwei sich gegenüberstehende Gruppen zu finden, welche sie sich dann kraft ihrer wechselseitigen elektrischen Tätigkeit miteinander verbunden denkt."

Dumas leugnet nicht den Einfluß von elektrischen Kräften auf chemische Reaktionen, es könnten sogar nach ihm chemische und elektrische Kräfte identisch sein; was er angreift, ist die elektrochemische Theorie von Berzelius, nach welcher der Wasserstoff stets positiv, das Chlor stets negativ sein soll. Bei der Entstehung oder Zersetzung von Verbindungen glaubt er die Wirksamkeit elektrischer Kräfte zu erkennen, aber was er für falsch und mit den Substitutionserscheinungen für unvereinbar erklärt, ist die Annahme, daß der elektrische Zustand der Atome unveränderlich sei.

Der verhängnisvolle Augenblick war jetzt gekommen; es handelte sich darum, den Dualismus und die elektrochemische Theorie, welche damit in bester Übereinstimmung war und seit zwanzig Jahren fast unangefochten geherrscht hatte, den gegen sie ausgesprochenen Ansichten gegenüber zu verteidigen. Mittel und Wege mußten ersonnen werden, wie man die neu entdeckten Tatsachen, die Substitutionserscheinungen, mit den elektrochemischen Ideen in Verbindung bringen konnte.

Berzelius hatte, noch ehe das Gewitter wirklich losbrach, die ihm drohende Wolke heraufziehen sehen und seine Vorkehrungen getroffen. Schon als Laurent in seinen ersten Abhandlungen annahm, daß der Wasserstoff des Kerns, des Stamm-

---

[47]) Ann. der Chemie und Pharm. XXXIII, 294.

radikals durch Chlor ersetzt werden könne, hatte Berzelius, ganz richtig die Gefahr erkennend, welche derartige Ansichten für seine Theorien haben könnten, die Behauptungen Laurent's energisch zurückgewiesen [48]). Der Eintritt elektronegativer Elemente in Radikale wird als eine unhaltbare Hypothese hingestellt, selbst die sauerstoffhaltigen Radikale, die er vor wenigen Jahren noch mit so großer Freude begrüßt hatte, werden verworfen. Nach Berzelius ist diese Annahme „von derselben Art wie die, welche die schweflige Säure als das Radikal der Schwefelsäure, das Manganperoxyd als das Radikal der Mangansäure ansehen wollte. Ein Oxyd kann kein Radikal sein. Es liegt im Begriff dieses Wortes, daß dasselbe den Körper bedeutet, welcher in dem Oxyd mit Sauerstoff verbunden ist".

Berzelius kennt jetzt nur noch Radikale, welche Kohlenstoff und Stickstoff, Kohlenstoff und Wasserstoff oder Kohlenstoff, Stickstoff und Wasserstoff enthalten. „Der Schwefel kann ebensowenig wie der Sauerstoff zur Zusammensetzung eines Radikals gehören." Dabei müssen „die ternären Radikale als Verbindungen von einem binären Körper mit einem einfachen oder als Verbindungen von zwei binären betrachtet werden" [49]).

Den von Liebig und Wöhler entdeckten Verbindungen wird jetzt das Radikal $C_{14}H_{10}$ zugrunde gelegt und dies durch die Analogie gerechtfertigt, welche Benzoësäure, Benzoyl und der Kohlenwasserstoff $C_{14}H_{10}$ mit Mangansäure, Manganperoxyd und Mangan zeigen.

Man hat

$C_{14}H_{10}O_3$ Benzoësäure	MnO_3 Mangansäure
$C_{14}H_{10}O_2$ Benzoyl	MnO_2 Manganperoxyd
$C_{14}H_{10}$	Mn Mangan [50]).

Das Benzoylchlorid faßt Berzelius dem Chromoxychlorid ähnlich auf, indem er für dieses die Formel von H. Rose adoptiert [51]). Er schreibt:

---

[48]) Berzelius' Jahresbericht XVIII, 358. — [49]) Ann. der Chemie und Pharm. XXXI, 13. — [50]) Vgl. auch Berzelius, Lehrbuch der Chemie, 3. Aufl., VI, 205. — [51]) Poggendorff. Ann. Phys. Chem. XXVII, 573.

$$2\,CrO_3 \;+\; CrCl_6 \qquad \text{Chromoxychlorid}$$
$$2\,C_{14}H_{10}O_3 \;+\; C_{14}H_{10}Cl_6 \quad \text{Benzoylchlorid.}$$

Ganz analog damit wird auch die Formel des Chlorkohlenoxyds, das **Dumas** als Kohlensäure betrachtete, worin 1 Atom Sauerstoff durch 2 Atome Chlor vertreten sind[52]).

Berzelius schreibt $CO_2 + CCl_4$ Phosgengas.

Diese Formeln erhalten in **Berzelius'** Augen dadurch Berechtigung, daß er jetzt mehr als je den Dualismus herauskehrt: „Da die Kräfte, welche chemische Verbindungen hervorbringen, nicht zwischen mehr als zwei Körpern von entgegengesetzter elektrochemischer Tendenz wirken, so müssen sich alle Verbindungen in zwei Bestandteile zerlegen lassen, von denen der eine elektropositiv, der andere elektronegativ ist[53]).“

Infolge dieser Ansichten zerfallen alle Körper, welche neben Kohlenstoff und Wasserstoff noch Sauerstoff, Chlor, Brom oder Schwefel enthalten, in mehrere Teile, welche manchmal ganz willkürlich gewählt zu sein scheinen; auch wird, um die Teilung in binäre Radikale durchführen zu können, häufig das Atomgewicht verdoppelt oder verdreifacht, wodurch dann höchst verwickelte Formeln entstehen, von denen ich nur wenige anführen kann:

Malaguti's Chloräther:
$$C_4H_6O_3 \;+\; 2\,C_4H_6Cl_6\ {}^{54}).$$

Malaguti's geschwefelter Chloräther:
$$C_4H_6O_3 \;+\; 2\,C_4H_6Cl_6 \;+\; (C_4H_6O_3 \;+\; 2\,C_4H_6S_3)\ \text{usw.}\,{}^{55}).$$

Sehr wichtig, wie wir dies in der Folge noch erkennen werden, ist seine Auffassung der Chloressigsäure; er betrachtet sie als eine Verbindung von Oxalsäure mit Kohlenchlorid:
$$C_2Cl_3 \;+\; C_2O_3,$$
während die Essigsäure das Trioxyd des Radikals Acetyl C_4H_6 oder C_4H_3 bleibt. Auch 1840 bestreitet er noch die Ähnlichkeit der Konstitution beider Verbindungen und läßt sich darin nicht

---

[52]) **Dumas**, Handbuch der Chemie, übersetzt von **Engelhardt**, I, 589. — [53]) Ann. der Chemie und Pharm. XXXI, 12. — [54]) **Berzelius'** Jahresbericht XIX, 375; auch hier schreibt **Berzelius** noch statt H_2: H. — [55]) Ann. der Chemie und Pharm. XXXI, 113; XXXII, 72.

durch ihr gleichartiges Verhalten gegen Kalihydrat wankend machen [56]).

Eine solche Ansicht war übrigens nicht lange haltbar gegenüber der stets wachsenden Zahl von Substitutionsprodukten, von denen sehr viele nicht verkennbare Analogien mit den Muttersubstanzen zeigten. Als Melsens 1842 die Zurückführung der Chloressigsäure in Essigsäure durch Behandlung mit Kaliumamalgam gelang [57]) und er so nachwies, daß auch das Chlor wieder durch Wasserstoff vertreten werden kann, wodurch der ursprüngliche Körper regeneriert wird, wurde auch Berzelius zu einem Zugeständnis gezwungen. Er sagt [58]): „Wenn wir uns die Zersetzung der Essigsäure durch Chlor zu Chlorkohlenoxalsäure (Chloressigsäure) ins Gedächtnis zurückrufen, so bietet sich eine andere Ansicht über die Zusammensetzung der Acetylsäure als möglich dar, nach welcher sie nämlich eine gepaarte [59]) Oxalsäure wäre, deren Paarling C_2H_3 ist, wie der Paarling in der Chlorkohlenoxalsäure C_2Cl_3 ist; demzufolge würde die Einwirkung des Chlors auf die Acetylsäure in der Verwandlung des Paarlings C_2H_3 in C_2Cl_3 bestehen.“

Vielleicht hat Berzelius nicht bemerkt, daß er hierdurch den Hauptsatz der Substitutionstheorie, welchen er wenige Jahre vorher noch leidenschaftlich bekämpfte, zugegeben hat. Das Chlor konnte den Wasserstoff „des Paarlings“ ersetzen, und es wurde dadurch die Konstitution der Verbindung nicht wesentlich geändert. Berzelius schrieb:

$$C_2O_3 \; + \; C_2Cl_3 \quad \text{Chloressigsäure}$$
$$C_2O_3 \; + \; C_2H_3 \quad \text{Essigsäure.}$$

War hierdurch nicht ein wesentlicher Grundsatz der elektrochemischen Theorie verletzt? Ich glaube ja. Es mußte jetzt angenommen werden, daß „im Paarling“ Kräfte vorhanden sind, verschieden von den elektrischen, oder daß in der Verbindung die elektrischen Eigenschaften der Elemente verändert sind, was

---

[56]) Ann. der Chemie und Pharm. XXXVI, 233. — [57]) Annales de Chimie et de Physique (3) X, 233. — [58]) Lehrbuch der Chemie, 5. Aufl., I, 460 und 709. — [59]) Berzelius bedient sich hier eines Wortes, das durch Gerhardt in die Wissenschaft eingeführt worden war.

beides gleich sehr den früheren Ideen von Berzelius widersprach.

So hatte denn die Substitutionstheorie den Sieg davongetragen. Berzelius hat freilich niemals seine Niederlage zugestanden, doch hat er tatsächlich nachgegeben. Die elektrochemische Theorie wurde jetzt verlassen. Im Sterben ihatte sie noch die Paarlinge erzeugt; waren diese lebensfähig? Anfangs schien es nicht so; man hielt sie für eine müßige Erfindung eines ermüdeten Geistes. Ich will dies teilweise zugeben; ein Fünkchen Leben hatten sie aber doch, sie wären sonst nicht entwicklungsfähig gewesen, und es wäre selbst einem Manne, wie Kolbe, nicht möglich geworden, sie zu dem zu erheben, was sie wurden.

Davon in einer späteren Vorlesung.

Zehnte Vorlesung.

Die Schlacht war geschlagen, der Sieg entschieden. Es hatte sich gezeigt, daß die von Berzelius aufgestellte elektrochemische Hypothese nicht den mannigfaltigen Reaktionen der organischen Chemie, namentlich nicht den Substitutionserscheinungen Rechnung zu tragen imstande ist. Die Fundamente waren durch die Vertretbarkeit des positiven Wasserstoffs durch das negative Chlor erschüttert worden, und das Gebäude, die elektrochemische Theorie, stürzte zusammen. Die organische Chemie hatte nachgewiesen, daß die Gesetze, welche man ohne ihre Berücksichtigung aufgestellt hatte, nicht mit ihren Erfahrungen übereinstimmten; es frug sich aber jetzt, ob sie auch Positives leisten könne; ob es möglich sei, von den Tatsachen ausgehend, welche sie hervorgebracht hatte und noch hervorbringen würde, neue Gesichtspunkte abzuleiten, welche als Grundlage eines chemischen Systems dienen konnten.

Für die anorganischen Verbindungen hielt man die elektrochemische Betrachtungsweise und den Dualismus aufrecht. Zu diesem Zwecke wurde eine scharfe Trennung derselben von den organischen Verbindungen nötig, um eine Lehre dort benutzen zu können, welche sich hier als unbrauchbar erwiesen hatte. Wollte man diese vollständig verdrängen, wollte die organische Chemie die Früchte ihres Sieges genießen, so mußte sie dem

Gegner bestimmte Gesichtspunkte bieten, auf die hin er sich neu konstituieren konnte. Das vermochte sie zunächst nicht; man hatte bis jetzt mehr dahin getrachtet, das Alte umzustoßen, als Neues zu bauen. Freilich war vielfach versucht worden, die organischen Verbindungen in einheitlichem Sinne aufzufassen; die Radikal-, Kern- und die Typentheorie waren entstanden, und alle hatten ihre Vertreter, aber gerade die Mannigfaltigkeit der Ansichten bewies ihre Unzulänglichkeit. Wir finden ein buntes Durcheinander, die Anhänger der verschiedenen Systeme lagen im fortwährenden Kampfe, und nicht immer blieb der anständige Ton gewahrt.

Es ist daher schwer zu sagen, welche Ideen in dem Anfange der vierziger Jahre die herrschenden waren; selbst die Meinungen über die Grundlagen jeder Konstitutionsbetrachtung gingen weit auseinander. Die Gmelin'sche Schule hatte an Anhang bedeutend gewonnen, und ihr erschien die atomistische Theorie zu hypothetisch. Wir dürfen uns nicht wundern, wenn wir jetzt die Chemiker sich mehr und mehr dieser Richtung zuwenden sehen, wenn sogar das Wort „Atomgewicht" allmählich durch „Äquivalent" verdrängt und dieses dann wie bei Wollaston im Sinne von Verbindungsgewicht gebraucht wird [1]). Seit dem Sturze des Berzelius'schen Systems, des einzigen, welches in einheitlichem Sinne die ganze Wissenschaft umfaßte, seit dem Entstehen der verschiedensten Hypothesen und Theorien, die keiner allgemeinen Anwendung fähig und keine lange Dauer zu versprechen schienen, entstand bei Vielen eine gewisse Abneigung gegen jede Spekulation, welche man als verfrüht und der Wissenschaft nachteilig betrachtete. Nur die nüchterne Auffassung der Beobachtungen war zeitgemäß, und als Vertreter einer solchen Richtung war Gmelin der rechte Mann. Er verband mit einem umfassenden Wissen einen unendlichen Fleiß und wußte beide Eigenschaften in seinem Handbuche zu verwerten. Vollständigkeit und Gewissenhaftigkeit in der Anführung der Tatsachen war die Parole, und sie wurde eingehalten.

---

[1]) Vgl. Liebig, Ann. der Chemie und Pharm. XXXI, 36.

Da für diese Schule die Formeln nur die Zusammensetzung der Körper in abgekürzter Schreibart darstellten, so hatte sie das Recht, ihre „Äquivalente“ oder „Mischungsgewichte“ unter den möglichen Multiplen beliebig zu wählen. Einfachheit in der Symbolisierung schien ihr das Maßgebende; ihre Zahlen haben daher für die Entwicklung keine wesentliche Bedeutung. Ich will hier nur bemerken, daß sie Berzelius' Formeln der meisten Verbindungen annahm, wobei sie das Doppelatom als ein Äquivalent betrachtete; sie erreichte dies durch Halbierung der Atomgewichte von Sauerstoff, Schwefel, Kohlenstoff, Selen usw. im Verhältnis zum Wasserstoff, Chlor, Brom, Jod, Stickstoff, Phosphor und den Metallen [2]).

Sie müssen übrigens nicht glauben, daß in dem Anfange der vierziger Jahre die Berzelius'schen Atomgewichte nicht mehr gebraucht wurden. Im Gegenteil: Sie finden diese von Liebig und seinen zahlreichen und bedeutenden Anhängern noch angewendet [3]), und erst gegen Ende dieses Jahrzehnts (nach dem Erscheinen der Gerhardt'schen Abhandlung) bedienen auch sie sich der Gmelin'schen Äquivalente. Schon in einer früheren Vorlesung habe ich die Gründe angedeutet, welche diesen Abfall von der atomistischen Theorie verursacht haben [4]). Wenn ich damals sagte, daß keine der physikalischen Regeln, welche Beziehungen zwischen Atomgewicht und gewissen Eigenschaften der Materie ausdrückten, allgemeiner Anwendung fähig schien, so war doch andererseits das Gesetz, welches Dalton zur Aufstellung der atomistischen Theorie bewogen hatte, das Gesetz der multiplen Proportionen, noch nicht angegriffen worden. Die zahlreichen organischen Verbindungen, deren Untersuchung bereits vollendet war, hatten dasselbe nur zu bestätigen vermocht. Freilich mußte man zugeben, daß eine weit größere Zahl von

------

[2]) Vgl. Gmelin, Handbuch der theoretischen Chemie, 1. Aufl., S. 34. Gmelin halbiert damals auch das Atomgewicht des Phosphors, schreibt also Phosphorsäure wie Berzelius: P_2O_5. — [3]) In Liebig's Annalen wird das Zeichen für das Doppelatom nicht gebraucht, statt $\overline{H}O$ also H_2O geschrieben, wie Liebig bemerkt, wegen Mangel der nötigen Chiffren. — [4]) Vgl. S. 111.

Atomen zusammentreten können, als dies von Dalton oder Berzelius für möglich gehalten worden war, und hierdurch hatte das Gesetz offenbar an Schärfe verloren. Schon jetzt hätte die Frage gestellt werden können, ob der Satz ein Gesetz genannt werden dürfe, da man über die Grenzen der Verbindbarkeit von Atomen nichts zu bestimmen imstande war und schließlich jede Zusammensetzung auf unveränderliche Gewichte der Bestandteile bezogen werden kann, wenn man ein beliebig großes Multiplum wählen darf. Derartige Ideen scheinen übrigens in jener Zeit nicht aufgekommen zu sein[5]), und so war für diejenigen, welche die atomistische Theorie zu erhalten und Spekulationen über die Konstitution der Verbindungen aufzustellen suchten, noch immer ein Anhaltspunkt da. Unter diesen hatte in den letzten Jahren Dumas durch die Begründung der Typentheorie die bedeutendste Rolle gespielt. In dieser Theorie, welche freilich teilweise Laurent entlehnt war, lag entschieden viel Brauchbares für eine Klassifikation der organischen Verbindungen, doch ward der Nutzen derselben erst dann allgemeiner erkannt, nachdem sie mit der Radikaltheorie verschmolzen worden war, d. h. nachdem man Radikale in die Typen eingeführt hatte. Solches konnte erst geschehen, nachdem der Begriff Radikal ein vollständig anderer geworden war, und es muß jetzt meine Aufgabe sein, Ihnen darzulegen, wodurch und durch wen diese Entwicklung hervorgerufen wurde.

Wenn man die Schriften der Gründer der Radikaltheorie durchstudiert, so könnte man in Versuchung kommen zu behaupten, daß sie es nicht nur waren, welche den Begriff Radikal in seiner ersten Bedeutung feststellten, sondern daß sie auch gleichzeitig das Wesentlichste geleistet haben, in bezug auf die spätere Auffassung dieses Wortes. So ist z. B. folgende Stelle von Berzelius bemerkenswert[6]).

„Wir wollen uns vorstellen, wir könnten vermöge irgend eines Umstandes die relative Stellung der einfachen Atome in dem zusammengesetzten Atom des schwefelsauren Kupferoxyds

---

[5]) Vgl. übrigens Berzelius in Liebig's Annalen XXXI, 17; ferner Dumas, ibid. XLIV, 66. — [6]) Jahresbericht 1835, XIV, 348.

sehen. Es ist dann offenbar, daß, wie diese auch sein möge, wir darin weder Kupferoxyd noch Schwefelsäure wiederfinden werden. Denn alles ist nur ein einziger zusammenhängender Körper. Wir können uns im Atom des Salzes die Elemente auf mehrfache Art zusammengepaart vorstellen, z. B. aus 1 Atom Schwefelkupfer verbunden mit 4 Atomen Sauerstoff, d. h. als Oxyd eines zusammengesetzten Radikals; aus 1 Atom Kupferbioxyd und 1 Atom schwefliger Säure, aus 1 Atom Kupfer und 1 Atom eines Salzbildners SO_4 und endlich aus 1 Atom Kupferoxyd und 1 Atom Schwefelsäure. Solange die einfachen Atome zusammensitzen, ist die eine dieser Vorstellungen so gut wie die andere. Handelt es sich aber um das Verhalten, wenn das zusammengesetzte Atom durch die Elektrizität oder durch die Einwirkung anderer Körper, zumal auf nassem Wege, zersetzt wird, so wird das Verhältnis ganz anders. Nach den beiden ersten Ansichten wird das zusammengesetzte Atom niemals zersetzt, wohl aber nach den beiden letzteren. Nach der Ansicht $Cu + SO_4$ kann das Kupfer gegen andere Metalle vertauscht werden; wird aber das Kupfer ohne Wiederersetzung weggenommen, wie es bei der Einwirkung der Elektrizität der Fall ist, so zerfällt das, was vom Atom des Salzes übrig bleibt, in Sauerstoff und Schwefelsäure. Wird dagegen das Kupfersalz entweder durch eine sehr schwache elektrische Kraft oder durch andere Oxyde in Kupferoxyd und Schwefelsäure zersetzt, so erhalten sich diese nachher, und das Salz kann aus ihnen wieder zusammengesetzt werden. Diese Verhältnisse müssen natürlich eine Ursache haben, und diese Ursache kann wohl schwerlich eine andere sein als die, daß, wenn sich Schwefelsäure und Kupferoxyd zu einem zusammengesetzten Salzatom vereinigen, die relative Lage der Atome in den vereinigten binären Körpern nicht wesentlich verändert wird, welche dadurch willkürlich oft verbunden oder getrennt werden können. Daraus folgt aber ungezwungen, daß bei der Zersetzung zu anderen binären Verbindungen zwischen den Elementen, die Atome eine Umsetzung in ihrer relativen Lage erleiden müssen, wodurch ihr Vermögen, sich von neuem zu verbinden, entweder vermindert wird, oder wie gewöhnlich ganz aufhört. Salpetersaures Ammoniak, welches in Salpetersäure, Ammoniak und Wasser zerlegt und aus diesen wieder zusammengesetzt wird, kann durch Wärme in Stickoxydul und Wasser zerlegt werden, ohne daß es nachher wieder aus diesen zusammenzusetzen ist. Dies muß darin seinen Grund haben, daß bei der letzteren Zersetzungsweise die Atome der Elemente in andere relative Lagen versetzt werden, die für ihre Wiedervereinigung hinderlich sind."

Es sind dies Ideen, so klar, unbefangen und vorurteilsfrei, wie sie nur irgend verlangt werden können. Dasselbe gilt auch von den folgenden Erörterungen Liebig's[7]):

„Eine Theorie ist die Erläuterung positiver Tatsachen, die uns nicht gestattet, aus dem Verhalten eines Körpers in verschiedenen Zersetzungsweisen mit apodiktischer Gewißheit Schlüsse rückwärts auf seine Konstitution zu machen, eben weil die Produkte sich ändern mit den Bedingungen zur Zersetzung.

„Jede Ansicht über die Konstitution eines Körpers ist wahr für gewisse Fälle, allein unbefriedigend und ungenügend für andere."

Wenn ich nun auch zugebe, daß in diesen Sätzen unserer beiden großen Lehrer die Grundlagen der neueren Radikaltheorie ausgedrückt sind[8]), so würde es mir doch unrichtig erscheinen, wenn man sie deshalb für die Schöpfer der nun zu besprechenden Ansichten erklären wollte. Sie haben durch ihre sonstige Tätigkeit auf dem Gebiete der theoretischen Chemie bewiesen, daß für sie das Radikal eine bestimmte, unveränderliche Gruppe ist, und daß sie nur eine Ansicht über die Konstitution der Verbindungen für zulässig hielten. Ich erinnere an die mannigfaltigen Diskussionen über die Auffassungen des Alkohols und seiner Derivate. Wären dieselben möglich gewesen, wenn Ideen wie die obigen für Berzelius, Liebig und Dumas wirklich

---

[7]) Ann. der Chemie und Pharm. XXVI, 176. — [8]) So beginnt z. B. Gerhardt die Auseinandersetzungen seiner theoretischen Ansichten (vgl. Gerhardt, Traité de Chimie IV, 561) durch den Hinweis auf die verschiedenen Formeln, welche für den schwefelsauren Baryt möglich; d. h. mit Betrachtungen, die den oben von Berzelius angeführten ganz ähnlich sind.

leitend und bestimmend gewesen wären? Dies war sicher nicht vor der Entdeckung der Substitutionserscheinungen der Fall. Die Wirkung, welche diese Tatsachen auf die Auffassung der Radikale hervorbrachte, haben wir bei Berzelius und Dumas schon untersucht. Es bleibt uns übrig, Liebig's Verhältnis zu denselben zu charakterisieren. Sein Urteil über Laurent's Kerntheorie darf uns hier nicht maßgebend sein; auch auf ihn war die Entdeckung der Trichloressigsäure nicht ohne Einwirkung gewesen; er gibt nicht nur die Vertretbarkeit des Wasserstoffs durch negative Elemente zu, sondern stimmt auch Dumas' Auffassung dieser Tatsachen bei, wie aus folgendem hervorgeht[9]):

„Man hat in der anorganischen Chemie die sonderbare Beobachtung gemacht, daß das Mangan der Übermangansäure durch Chlor vertreten werden kann, ohne die Form der Verbindung zu ändern, welche die Übermangansäure mit Basen zu bilden vermag. Eine größere Unähnlichkeit kann es nicht geben, als die zwischen Mangan und Chlor. Sie können sich in gewissen Verbindungen vertreten ohne Änderung der Natur der Verbindung. Ich sehe nicht ein, warum ein ähnliches Verhalten für andere Körper, für Chlor und Wasserstoff z. B., unmöglich sein soll, und gerade die Auffassung der Erscheinungen, wie sie von Dumas hingestellt wird, scheint mir den Schlüssel zu den meisten Erscheinungen in der organischen Chemie abzugeben."

Freilich geht ihm Dumas zu weit. Die Vertretbarkeit des Kohlenstoffs z. B. will Liebig nicht zugeben und druckt in seinen Annalen[10]) den bekannten Brief des Herrn S. C. H. Windler ab, der sich in derber Weise über Dumas lustig macht. Wie dem übrigens sei, selbst nach diesen Erörterungen könnte es scheinen, als ob Liebig durch seine Ansichten wesentlich zur weiteren Entwicklung der Radikaltheorie beigetragen hätte. Ich glaube dies nicht und finde die Stütze dafür in einer Abhandlung des großen Forschers über die Äthertheorie aus dem Jahre 1839[11]). Liebig sucht hier durch die Annahme des Radikals Acetyl die Schwierigkeiten der Frage nach der Konstitution des

---

[9]) Ann. der Chemie und Pharm. XXXI, 119, Anmerkung. — [10]) Ibid. XXIII, 308. — [11]) Ibid. XXX, 129, vgl. S. 144.

Äthers zu lösen; er beweist uns hierdurch, daß für ihn noch immer die Radikale ihre alte Bedeutung behalten haben, wie dies auch die ganze Anlage seines Handbuches zeigt [12]).

Meiner Meinung nach haben Laurent's und Gerhardt's Arbeiten hauptsächlich dazu geführt, das Radikal zu dem zu machen, was es heute noch ist. Laurent hat durch die Aufstellung der Kerntheorie die Veränderlichkeit der Radikale betont, was später auch von Dumas hervorgehoben wurde [13]). Gerhardt hat aber zuerst auf die Möglichkeit der Annahme zweier Radikale in einer Verbindung hingewiesen und dadurch jeden Gedanken an die reale Existenz von abgesonderten Gruppen zerstört. Dieser Teil der Entwicklungsgeschichte ist es, mit dem wir uns jetzt zu beschäftigen haben.

Man kann in Gerhardt's frühesten Publikationen eine Beeinflussung durch seinen genialen Lehrer Liebig kaum verkennen. Wir wissen, daß dieser das Vorhandensein von Wasser in den Säuren angreift; Gerhardt, durch eine sehr glückliche Ausdehnung der Ideen, negiert die Präexistenz von Wasser in den meisten organischen Verbindungen; sie ist ihm namentlich im Alkohol ebenso unwahrscheinlich, wie die des Ammoniaks in den stickstoffhaltigen Substanzen, aus welchen solches durch Kali entwickelt wird. Er kennt eine Klasse von Körpern von einfacher Zusammensetzung und außerordentlicher Beständigkeit, wie Wasser, Kohlensäure, Salzsäure und Ammoniak, die sich fast bei jeder organischen Zersetzung bilden, ohne daß man imstande gewesen ist, die zerlegten Substanzen aus diesen zusammenzusetzen [14]).

Für Gerhardt war also die Bildung eines Körpers aus einem anderen kein Grund für die Annahme, daß der erste fertig gebildet in dem zweiten vorhanden war; die Substanzen brauchen kein Wasser zu enthalten, um solches bei gewissen Reaktionen abzuscheiden. Die Ursache des häufigen Auftretens dieser und ähnlicher Verbindungen liegt in ihrer Stabilität und in der großen Verwandtschaft, welche die Bestandteile zueinander haben.

---

[12]) Siehe Handbuch der Chemie von Justus Liebig, Heidelberg 1843, namentlich II, 1 usw. — [13]) Vgl. S. 133. — [14]) Journal für praktische Chemie XV, 37.

Gerade diese Ansicht war aber von wesentlicher Bedeutung und führte Gerhardt 1839 zu der Theorie der Reste und der kopulierten Verbindungen [15]). Er sagt [16]): „Wenn zwei Körper aufeinander reagieren, so tritt aus dem einen ein Element (Wasserstoff) aus, das sich mit einem Elemente (Sauerstoff) des anderen vereinigt, um eine stabile Verbindung (Wasser) zu erzeugen, während die Reste zusammentreten." So ist für Gerhardt Mitscherlich's Nitrobenzol [17]) entstanden zu denken aus einem Rest des Benzols und einem Rest der Salpetersäure. Der Kohlenwasserstoff gibt Wasserstoff, die Salpetersäure Sauerstoff ab. Auch das Sulfobenzid [18]) wird in dieser Weise aufgefaßt; es enthält die Reste $C_{24}H_{10}$ des Benzols und SO_2 der Schwefelsäure [19]). Dabei ist dieses SO_2 nicht identisch mit schwefliger Säure, so wie sie z. B. im schwefligsauren Blei vorkommt, sondern es ist in der Verbindung in einer ganz eigenen Form, in der Substitutionsform, enthalten.

Obgleich diese letztere Ansicht sehr eigentümlich ist, so war sie doch vortrefflich dazu geeignet, den Glauben an die Präexistenz von Radikalen zu verdrängen. Die Reste waren imaginäre Wesen, die dadurch der Wirklichkeit noch mehr entrückt wurden, daß man sie als von den ebenso zusammengesetzten und frei vorkommenden Atomgruppen verschieden annahm.

Ungefähr zwei Jahre später (1841) spricht Mitscherlich [20]) ähnliche Ideen aus, die er übrigens auf eine weit größere Klasse von Körpern ausdehnt. Auch für ihn enthalten die Verbindungen keine fertig gebildeten Radikale, welche bei den Zersetzungen die Rolle von Elementen spielen; er sieht in dem Auftreten von Wasser den Grund der beobachteten Spaltungsrichtungen, sucht also diesen nicht in der Konstitution der angewandten Substanzen. Die Produkte, welche bei der Einwirkung von Säuren auf Basen oder Alkohole entstehen (Salze und Ätherarten), werden ebenfalls

---

[15]) Annales de Chimie et de Phys. LXXII, 184. — [16]) Compt. rend. XX, 1031. — [17]) Poggendorff, Ann. der Phys. XXX, 625. — [18]) Vgl. Mitscherlich, Pogg. Ann. der Phys. XXXI, 628. — [19]) Dumas' Atomgewichte: C = 6, O = 16, S = 32 usw. — [20]) Poggendorff, Ann. der Phys. LIII, 95.

dieser Betrachtungsweise unterworfen und darauf hingewiesen, daß sie durch Wasseraufnahme wieder in ihre Bestandteile zerfallen.

Die Idee der Reste war zur Erklärung der Substitutionserscheinungen sehr geeignet; dieselben gehorchten nach Gerhardt folgender Regel[21]): „Das austretende Element wird entweder durch ein Äquivalent eines anderen Elementes oder durch den Rest des reagierenden Körpers ersetzt." Die Anwendung derselben war übrigens beschränkt; denn neben den Substitutionen kennt Gerhardt noch Additionen, und zwar von zweierlei Art. Erstens solche, bei denen die Sättigungskapazität geändert wird, zu welchen er die Salzbildung rechnet, dann aber Anlagerungen, bei denen dies nicht der Fall ist. Auf sie richtet Gerhardt sein Hauptaugenmerk und nennt sie gepaarte Verbindungen *(corps copulés)*. In diese Klasse gehören vorzüglich die durch Einwirkung von Schwefelsäure auf organische Körper entstehenden Substanzen, z. B. die von Mitscherlich entdeckte Sulfobenzolsäure und ihre Salze[22]). Diese bildet sich bekanntlich durch Einwirkung von Schwefelsäure auf Sulfobenzid. Nach Gerhardt paaren sich die beiden Körper, wobei die Sättigungskapazität der Schwefelsäure, welche damals noch als einbasisch betrachtet wurde, erhalten bleibt.

Man hat:

$$C_{24}H_{10}(SO_2) + SO_3H_2O = C_{24}H_{10}(SO_2).SO_3.H_2O.$$

Sulfobenzid   Schwefelsäure   Sulfobenzolsäure

Die Weinschwefelsäure (Äthylschwefelsäure) wird als aus schwefelsaurem Äthyl und Schwefelsäure gepaart aufgefaßt und $C_8H_{10}(SO_2)O_2.SO_3H_2O$ geschrieben, während die Sulfobenzoësäure, deren Basizität gleich der Summe der Basizitäten ihrer Bestandteile sein soll, bei deren Bildung die Sättigungskapazität auch unverändert geblieben ist, zu den konjugierten Säuren gezählt wird, einer Klasse von Körpern, welche Dumas zuerst unterschieden hat[23]). Sie kann aber auch entstanden gedacht werden

<hr>

[21]) Annales de Chimie et de Phys. LXXII, 196. — [22]) Poggendorff's Annalen XXXI, 283 u. 634. — [23]) Dumas und Piria, Ann. der Chem. und Pharm. XLIV. 66 Annales de Chimie et de Phys. V, 353.

durch Paarung einer substituierten Benzoësäure, $C_{28}H_{10}(SO_2)O_4$, mit Schwefelsäure.

Die Ansicht über die kopulierten Körper, wie sie im vorhergehenden ausgesprochen ist, wird von Gerhardt sehr bald verlassen. Er behält den Namen bei, gibt aber der Sache eine andere Bedeutung. Absichtlich habe ich jedoch zunächst die ältere Auffassung angeführt, weil das Wort auch von Berzelius und Kolbe gebraucht wurde, die ihm wieder eine besondere Auslegung erteilten. Es schien mir interessant, gerade bei einem so vielfach und in so verschiedenem Sinne benutzten Ausdruck die Abstammung historisch zu verfolgen.

Im Jahre 1843 rechnet Gerhardt alle Verbindungen zu den gepaarten, welche durch Einwirkung von Säuren auf Alkohole, Kohlenwasserstoffe usw. entstehen und bei deren Bildung die Körper sich unter Wasseraustritt vereinigen[24]). Die Paarungen waren demnach keine Anlagerungen mehr, nicht eine Vereinigung zweier Verbindungen; sondern sie entstanden durch das Zusammentreten zweier Reste, waren also Substitutionsprodukte, was übrigens Gerhardt nicht annimmt. Sie konstituierten für ihn noch immer eine besondere Gruppe und wurden wohl hauptsächlich deshalb nicht mit den Muttersubstanzen verglichen, weil sie eine von diesen verschiedene Sättigungskapazität hatten. Auch hierin ist nämlich Gerhardt jetzt anderer Ansicht geworden: „Die Basizität der kopulierten Verbindungen ist gleich der Summe der Basizitäten der sich paarenden Körper weniger Eins." Aus diesem Satze, der als Axiom hingestellt wird, ergibt sich die zweibasische Natur der Schwefelsäure, welche, mit neutralen Körpern, wie Alkoholen oder Kohlenwasserstoffen, gepaart, einbasische Säuren erzeugt, während die Essigsäure, Salpetersäure, Salzsäure usw. diese Eigenschaft nicht besitzen und daher auch von Gerhardt als einbasisch betrachtet werden.

Die allgemeine Anwendbarkeit des oben erwähnten Basizitätsgesetzes sucht Gerhardt im Jahre 1845 nachzuweisen[25]). Er nennt jetzt alle Verbindungen, welche durch Vereinigung zweier

---

[24]) Compt. rend. 1845, XVII, 312. — [25]) Compt. rend. des travaux de Chimie par Laurent et Gerhardt 1845, p. 161.

Substanzen unter Wasseraustritt entstehen und bei Wasseraufnahme wieder in diese Bestandteile zerfallen, gepaart, rechnet also jetzt in diese Klasse die neutralen Äther, Äthersäuren usw. und formuliert das Gesetz

$$B = (b + b') - 1,$$

wo B die Basizität der kopulierten Verbindung, b und b' die Basizitäten der bei der Bildung beteiligten Körper bedeuten. Gerhardt bemerkt hierbei ausdrücklich, daß diese Gleichung nur bei der Paarung je eines Äquivalents gelte[26]), das bei der Paarung zweier Äquivalente eines Körpers mit einem Äquivalent eines anderen die Gleichung zweimal angewendet werden müsse, um die richtige Basizität des entstehenden Produktes zu finden. So kann z. B. die Schwefelsäure, welche für Gerhardt jetzt zweibasisch ist, mit neutralen Substanzen Säuren und neutrale Körper bilden. Zu den letzteren gehört der Schwefelsäureäther; er entsteht aus zwei Äquivalenten Alkohol und einem Äquivalent Säure. Seine Basizität B ergibt sich aus den folgenden Gleichungen, worin B_1 die Basizität der Äthylschwefelsäure bedeutet:

$$B_1 = (2 + 0) - 1 = 1$$
$$B = (1 + 0) - 1 = 0.$$

Strecker hat 1848 die Regeln in eine allgemeinere Form zu bringen geglaubt, indem er sagt[27]): „Die Basizität der gepaarten Verbindung ist gleich der Summe der Basizitäten der Komponenten, weniger der halben Anzahl ausgetretener Wasseräquivalente[28]), oder auch die Basizität wird für je zwei austretende Wasserstoffatome um eine Einheit verringert." Übrigens mußte auch bei dieser Ausdrucksweise stets dasselbe Resultat erhalten werden, welches Gerhardt's Regel verlangt, sie kann nur als Vereinfachung (nicht als Verallgemeinerung) angesehen werden, da hier eine einmalige Anwendung für alle Fälle genügt.

Wenn später gezeigt wurde, daß selbst diese Form des Basizitätsgesetzes nicht immer zu richtigen Folgerungen führt[29]), und

<hr>

[26]) Gerhardt gebraucht damals Äquivalent in dem Sinne Gmelin's, so daß es für uns manchmal Atom, manchmal Molekül bedeutet. — [27]) Ann. der Chemie und Pharm. LXVIII, 51. — [28]) Strecker nimmt das Wasseräquivalent zu 9 an, das des Wasserstoffs gleich 1 gesetzt. — [29]) Vgl. Becketoff, Bulletin phys.-math. de l'Académie de St. Pétersbourg XII, 369, 1854.

wenn auch in noch neuerer Zeit die Ausnahmestellung, welche durch die Idee der gepaarten Verbindungen gewissen Körperklassen gegeben, als unrichtig erkannt wurde[30]), so läßt sich doch nicht leugnen, daß die Annahme der Copula eine gewisse Rolle in der Entwicklungsgeschichte gespielt hat. Namentlich führten diese Ansichten zu neuen Kriterien der Erkennung mehrbasischer Säuren, was damals, wo es solcher nur wenige gab, sehr wichtig war.

Von sehr großem Wert für den Fortschritt der Wissenschaft war der den Paarungen zugrunde liegende Gedanke, daß die meisten Verbindungen als aus Resten anderer Körper bestehend aufgefaßt werden können, gerade weil hierdurch der Starrheit und Unveränderlichkeit der Radikale entgegengetreten wurde. Wie fruchtbringend diese Ideen waren, zeigt z. B. die Entdeckung der Anilide und Anilidsäuren.

Nach Gerhardt sind die Amide als Verbindung der Reste von Ammoniak und Säure anzusehen; so soll nach ihm Oxamid nach der Gleichung entstehen[31]):

$$C_2H_2O_4 + 2\,NH_3 = C_2H_2O_2 \cdot (NH)_2 + 2\,H_2O\,(C = 12,\ O = 16),$$

d. h. durch Vertretung zweier Sauerstoffatome durch zweimal den Rest Imid NH. Indem er eine ähnliche Ersetzung auch durch den Rest des Anilins, dessen Natur durch Hofmann's umfassende Arbeiten festgestellt worden war[32]), für möglich hält und durch den Versuch zu beweisen sucht, kommt er auf die Darstellung des Oxanilids, dessen Bildung durch folgende Gleichung versinnlicht wird:

$$C_2H_2O_4 + 2\,C_6H_7N = C_2H_2O_2(C_6H_5N)_2 + 2\,H_2O.$$

Er führt die Analogie zwischen Ammoniak und Anilin noch weiter durch die Entdeckung der Anilidsäuren, die er den Aminsäuren analog auffaßt[33]). So schreibt er die Sulfanilidsäure, welche er durch Einwirkung von Schwefelsäure auf Oxanilid

---

[30]) Vgl. Kekulé, Ann. der Chemie und Pharm. CIV, 130. — [31]) Compt. rend. 1845, XX, 1032. — [32]) Ann. der Chemie und Pharm. XLV, 250; XLVII, 37. — [33]) Journal de Pharm. (3) IX, 401 u. X. 5; vgl. Ann. der Chem. u. Pharm. LX, 308.

erhält, $SH_2O_3 . C_6H_5N$, und findet in ihrer Existenz einen neuen Beweis der zweibasischen Natur der Schwefelsäure.

Vielleicht erscheint es auffallend, daß Gerhardt in diesen Verbindungen die Reste NH und C_6H_5N statt NH_2 und C_6H_6N einführt. Er mag hierin durch Laurent beeinflußt worden sein, der schon einige Jahre früher das Amid durch das Imid zu ersetzen versuchte[34]). Gerhardt konnte sich ohne weitere Konsequenzen zu dieser Auffassung bekennen: seine Formeln sollten ja nicht die Lagerung der Atome ausdrücken, sondern nur zusammengezogene Gleichungen sein; sie sollten nicht darstellen, was die Verbindungen sind, sondern nur was sie waren oder werden[35]), sie sollten nur die Bildungs- und Zersetzungsweise der Körper veranschaulichen. Er hat zuerst die Ansicht vorgebracht, daß man aus den Zersetzungsprodukten nicht auf die Lagerung der Atome schließen dürfe, weil diese durch die Reaktion in Bewegung versetzt würden[36]). Nach ihm waren daher für einen Körper mehrere Formeln möglich; man konnte in demselben verschiedene Reste (Radikale) annehmen, je nach den Zersetzungen, welche man hervorzuheben wünschte, und gerade hierdurch war dem so heftig und lange geführten Streit über die Natur der Radikale die Spitze abgebrochen. Später kommt Gerhardt zum Gebrauch der empirischen Formeln, welche von Liebig bei den immer größer werdenden Meinungsverschiedenheiten über die rationelle Konstitution empfohlen worden waren[37]). 1851 führt derselbe mit Chancel gemeinschaftlich die synoptischen Formeln ein[38]), die niemals allgemeinere Anerkennung fanden, da sie unbequem und nicht leicht verständlich sind; war die Form neu, so war doch die Idee die alte geblieben; auch diese Schreibweise sollte nur Bildung und Zersetzung der Substanzen anschaulich machen: es waren zusammengezogene Gleichungen. Der große Vorteil bei dieser Art der Auffassung lag in der Möglichkeit, mehrere rationelle Formeln für einen Körper auf-

---

[34]) Compt. rend. I, 39. — [35]) Gerhardt, Introduction à l'étude de la Chimie 1848. — [36]) Vgl. Baudrimont, Compt. rend. 1845. — [37]) Ann. der Chemie und Pharm. XXXI, 36. — [38]) Journal für praktische Chemie LIII. 257.

stellen zu können, wodurch neue Analogien und Unterschiede hervortraten, was Anlaß zu sehr vielen Untersuchungen bot[39]).

Von vielleicht noch größerer Bedeutung ist Gerhardt's Wirksamkeit bei einer anderen Frage, die Feststellung der Atom- und Molekulargewichte betreffend. Wenn der Anstoß zu der Revision dieser so wichtigen Zahlen auch von ihm allein herrührt, so war er bei der weiteren Ausarbeitung von Laurent beeinflußt, mit welchem er damals in einem sehr nahen Verkehr stand; ja, ich möchte sagen, daß Letzterer zuerst das klar aussprach[40]), was Gerhardt wollte. Übrigens ist es äußerst schwierig, die Verdienste Beider auseinander zu halten, da sie vieles gemeinschaftlich publizierten und wahrscheinlich alles zusammen besprachen; ich bitte deshalb, meine Angaben in dieser Beziehung nicht zu wörtlich zu nehmen.

Die erste Abhandlung Gerhardt's über den betreffenden Gegenstand stammt aus dem Jahre 1842[41]). Er bedient sich dabei vielfach des Ausdrucks Äquivalent in einem Sinne, den wir heute nicht mehr billigen können, und der durch Wollaston und Gmelin in die Chemie eingeführt worden war. Es ist für Gerhardt ein Wort, dessen Bedeutung er nicht in dessen Abstammung sucht, denn sonst könnte er nicht H_2SO_4 und HCl je ein Äquivalent nennen, wo er gerade nachweisen will, daß die Schwefelsäure zweibasisch, also mit der Salzsäure nicht gleichwertig ist. Was Gerhardt bestimmen will, sind Atom- und Molekulargrößen, die er einstweilen noch nicht voneinander zu unterscheiden weiß, und für die er das Wort „Äquivalent" gebraucht, indem er gleichzeitig die von ihm angegriffenen Zahlen als „Atomgewichte" bezeichnet.

Gerhardt's Äquivalente sind nicht gleichwertige, aber vergleichbare Mengen, wobei die verschiedensten Gesichts-

---

[39]) Es sei hier beiläufig bemerkt, daß Gerhardt einige Jahre später wieder das Imid NH durch das Amid NH_2 ersetzt, nachdem schon 1844 Laurent (Journal für prakt. Chemie XXXVI, 13) die Hofmann'sche Auffassung des Anilins als Phenamid angenommen und zu beweisen gesucht hatte. — [40]) Annales de Chim. et de Phys. (3), XVIII, 266, 1846. — [41]) Journal für praktische Chemie XXVII, 439; ferner Annal. de Chim. et de Phys. (3) VII, 129; VIII, 238.

punkte berücksichtigt werden, die für Atom-, Molekül- und Äquivalentbestimmungen geltend gemacht werden können.

Es muß gewiß jedem Unbefangenen auffallend und sonderbar vorkommen, wenn er sieht, daß Gerhardt's Vorschläge, die er für die „Äquivalente" der einfachen Körper macht, mit Ausnahme der Zahlen für die Metalle, fast vollständig mit Berzelius' Atomgewichten aus dem Jahre 1826 übereinstimmen; bemerkenswert ist auch, daß Gerhardt Berzelius nicht erwähnt, und offenbar gar nicht wußte, daß er größtenteils dessen Zahlen adoptiert; ebenso wie der schwedische Forscher diese Übereinstimmung nicht beobachtet zu haben scheint, da er Gerhardt's Abhandlung heftig angreift[42]). Das Merkwürdigste finde ich aber darin, daß zur Zeit, als Gerhardt seinen Vorschlag macht, sehr bedeutende Chemiker (ich nenne nur Liebig und seine Schüler[43]) für die wichtigsten Elemente, wie Kohlenstoff, Sauerstoff, Wasserstoff, Chlor usw. gerade das Verhältnis der Atomgewichte gebrauchen, welches Gerhardt als neu empfahl, daß aber wenige Jahre später die Gmelin'schen Äquivalente, gegen welche die besprochene Abhandlung gerichtet ist, fast durchgängig adoptiert werden.

Übrigens lag das Wertvolle in Gerhardt's Abhandlung weit weniger in dem Vorschlage, den er für die „Äquivalente" der Elemente macht, als in seinen Ansichten über die „Äquivalente" der Verbindungen. Indem er die Zersetzungen organischer Substanzen durch Gleichungen verfolgt, gelangt er zu dem Satze, daß die dabei auftretenden Mengen von Kohlensäure, Wasser und Ammoniak durch ganze Multiplen von C_2O_4, H_2O_2 und NH_3 ausdrückbar sind[44]). Diese Quantitäten müssen deshalb nach ihm eine gleiche Anzahl von Äquivalenten bedeuten, während in jener Zeit angenommen wurde, daß die Äquivalente von Kohlensäure und Wasser nur halb so groß seien.

---

[42]) Berzelius, Jahresbericht XXIII, 319. — [43]) Liebig macht (Ann. der Chemie und Pharm. XXXI, 36) darauf aufmerksam, daß es wohl nie gelingen werde, die wahren Atomgewichte zu ermitteln, und daß es daher besser sei, sich der Äquivalente zu bedienen — [44]) $C = 6$, $O = 8$, $N = 14$, $H = 1$.

Durch ganz ähnliche Betrachtungen stellt er die Äquivalente von Kohlenoxyd und schwefliger Säure zu C_2O_2 und S_2O_4 fest, wobei er als wesentliche Stütze für seine Annahmen hinzufügt, daß gerade diese Quantitäten in Dampfform gleiche Volume einnehmen. So kann er denn behaupten, daß die Äquivalente von Kohlenstoff, Sauerstoff und Schwefel nicht, wie die Gmelin'sche Schule annahm, 6, 8 und 16, sondern doppelt so groß, d. h. 12, 16 und 32 seien, indem er an vielen Beispielen nachweist, daß keine nach den von ihm aufgestellten Grundsätzen gebildete Äquivalentformel existiere, welche kleinere Mengen der betreffenden Elemente als die letzteren enthalte, und daß in den Verbindungen stets eine paare Anzahl von Kohlenstoff-, Sauerstoff- und Schwefelatomen vorkomme, wenn man diese durch Gmelin's Äquivalente ausdrücke.

Gerhardt verdoppelt deshalb die Äquivalente von Kohlenstoff, Sauerstoff, Schwefel usw. im Verhältnis zu denen des Wasserstoffs, Chlors, Stickstoffs usw., wodurch er die Berzelius'schen Zahlen erhält. Von den Anhängern des schwedischen Chemikers unterscheidet er sich sehr wesentlich durch die Formeln, welche er für die organischen Verbindungen vorschlägt. Nach ihm hat man diese im Verhältnis zu vielen anorganischen Körpern verdoppelt, weshalb er sie halbiert; sie sind, wie er sich ausdrückt, auf $H = 2$ oder $O = 200$ bezogen, während bei den meisten anorganischen Verbindungen $H = 1$ oder $O = 100$ zur Vergleichung gewählt war, und dadurch die Substanzen in solche zerfielen, welche wie Wasser, Kohlenoxyd, Kohlensäure usw. 2 Volume ($H = 1 = 1$ Vol.) einnehmen, während andere, wie Alkohol, Äthylen, Chloräthyl usw., d. h. alle damals organisch genannten Körper (deren Dampfdichten freilich nicht immer bekannt waren) dem doppelten Volumen entsprechen.

Sie werden mir gestatten, daß ich hier die Darlegung der Gerhardt'schen Ansichten abbreche, um zurückzublicken, und die Gründe aufzusuchen, welche die Chemiker veranlaßt hatten, gerade bei organischen Substanzen viervolumige Formeln zu schreiben, was doch um so mehr auffallen muß, als sowohl Berzelius wie Dumas, anfangs wenigstens, glaubten, die Atomgewichte der Verbindungen so bestimmen zu müssen, daß sie in Dampfform gleiche Volume darstellen.

In jenen Zeiten waren nur verhältnismäßig wenige Dampfdichten bekannt, und man verstieß daher in vielen Fällen gegen jene Regel, ohne es zu wissen. Eine andere sehr wesentliche Ursache lag in der allgemein verbreiteten Annahme, daß die Säure der in einem Salz mit Basis vereinigte Körper sei, oder wie man sich auch ausdrücken kann, daß die meist hypothetischen Anhydride (statt der Hydrate) als Säure betrachtet wurden. So ergab die Analyse des essigsauren Kalis bei Zugrundelegung der Berzelius'schen Atomgewichte als kleinste Formel $K.C_4H_6O_4$, woraus nach Abzug des Kalis KO als Atom der Essigsäure $C_4H_6O_3$ blieb, welches keine weitere Teilung zuließ. Diejenigen, welche Atom und Äquivalent als identisch auffaßten, mußten eine Bestätigung für die Richtigkeit der Formel in dem Umstande finden, daß diese Menge Essigsäure durch 1 Äquivalent Kali, KO ($K = 78$) nentralisiert wird; so wurden notwendig die Formeln aller einbasischen Säuren verdoppelt. Die Aufstellung der Theorie mehrbasischer Säuren veranlaßte Liebig, die Formeln mehrerer zweibasischer Säuren zu verdoppeln, so z. B. die der Weinsäure (vgl. S. 166). Dies wirkte dann auf die Atomgrößen neutraler Körper, wie Alkohol, zusammengesetzte Äther usw., zurück: ersterem hatte man zuerst die 2 Volumen entsprechende Formel C_2H_6O gegeben, und Berzelius nahm, um dies zu erreichen, im Alkohol ein anderes Radikal an als im Äther[45]). Liebig aber, für den der Alkohol das Hydrat des Äthers war, legte beiden die Gruppe Äthyl C_4H_{10} zugrunde[46]), und es traten erst jetzt die nahen chemischen Beziehungen zwischen Alkohol und Essigsäure hervor. Nun schrieb man Äthylen C_4H_8, und Chloräthyl $C_4H_{10}Cl_2$, d. h. alle Verbindungen der Äthylreihe enthielten 4 Atome Kohlenstoff. Ganz ähnliche Gründe waren die Ursachen der Verdoppelung der übrigen Formeln.

Gerhardt will dieselben, wie gesagt, halbieren; hierzu bewegen ihn neben den Volumverhältnissen noch andere Gesichts-

---

[45]) Vgl. S. 138. — [46]) Vgl. S. 140.

punkte. Nach ihm bestehen nämlich die salzbildenden Metalloxyde nicht, wie bei Berzelius, aus einem Atom Metall und einem Atom Sauerstoff, sondern sie sind dem Wasser, das er jetzt H_2O schreibt, vergleichbar, und enthalten 2 Atome Metall[47]), während in den Oxydhydraten 1 Atom Metall und 1 Atom Wasserstoff mit 1 Atom Sauerstoff verbunden ist[48]). Er ist deshalb genötigt, die Atomgewichte der Metalle zu halbieren, setzt $K = 39$, $Na = 23$, $Ca = 20$ usw., und nennt diejenige Menge einbasischer Säure ein Äquivalent, welche bei Vertretung eines Wasserstoffs durch 39 Teile Kalium ein neutrales Salz liefert, während er die Äquivalente der zweibasischen Säuren doppelt so groß annimmt[49]). Die Formel der Essigsäure wird also $C_2H_4O_2$, während die der Oxalsäure, $C_2H_2O_4$, erhalten bleibt.

Daß Gerhardt trotz dieser durchdachten und vortrefflichen Bemerkungen, welche heute größtenteils adoptiert sind, nicht auf dem Standpunkte stand, den wir einnehmen, zeigt eine Stelle seiner Abhandlung[50]), wo er glaubt, darauf hinweisen zu müssen, daß durch seine Vorschläge Atom-, Volum- und Äquivalenttheorie zusammenfallen, was unserer Ansicht nach nicht zu erreichen ist. Erst Laurent hat 1846 die verschiedenen Begriffe voneinander getrennt[51]), und dadurch die Gerhardt'schen Zahlen annehmbar gemacht; derselbe hat gezeigt, daß jene Werte durchaus nicht äquivalent seien und deshalb diesen Namen nicht verdienten. Sie drücken, wie er hervorhebt, diejenigen Mengen aus, welche in Reaktion treten und stellen daher Molekulargewichte dar.

Wenn auch Gerhardt's Bestreben dahin ging, bei den Äquivalentbestimmungen nur vergleichbare Größen zu benutzen, so hat dies erst Laurent ausgesprochen und zum Prinzip erhoben. Nach ihm muß man von einem „terme de comparaison" ausgehen, und auf diesen die Formeln aller Verbindungen beziehen. Da er sich darüber klar ist, daß die in gleichen Volumen enthaltenen Mengen chemisch nicht immer denselben Effekt bewirken, so legt er sich die Frage vor, ob er die Körper in Gasform, je nach dem

---

[47]) Vgl. auch Griffin, Chemical Recreations. — [48]) Ann. de Chim. et de Phys. (3) XVIII, 266. — [49]) Ibid. (3) VII, 129. — [50]) Ibid. (3) VII, 140. — [51]) Ibid. (3) XVIII, 266.

Raume, den sie einnehmen, oder ob er ihre Äquivalente vergleichen soll. Das letztere verwirft er der Schwierigkeit wegen,
welche eine Äquivalentbestimmung bei nicht analogen Substanzen
mit sich bringt, und entscheidet sich für das erstere, d. h. er
wählt die Formeln, die Moleküle, der Körper so, daß sie in
Dampfform zwei Volume ($H = 1 = 1$ Vol.) darstellen. Dabei
muß er freilich gewisse Ausnahmen zugeben, auf die er aufmerksam macht. So wußte man durch Bineau[52]), daß die Formeln
NH_4Cl des Salmiaks und H_2SO_4 der Schwefelsäure[53]) vier Volumen
entsprechen, welche Mengen trotzdem von Laurent als die Molekulargewichte ausdrückend betrachtet werden. Es lagen hier bestimmte Gründe vor, welche diese Annahmen notwendig zu machen
schienen. Der Isomorphismus des Salmiaks mit dem Chlorkalium
schloß die Formel $N_{1/2}H_2Cl_{1/2}$ aus (die auch nur bei Halbierung der
Atomgewichte von N und Cl zulässig gewesen wäre), die zweibasische Natur der Schwefelsäure, welche Laurent als bewiesen
betrachtete, verlangte ein Molekulargewicht, im Widerspruche mit
Avogadro's Hypothese. Wenn also auch diese das Hauptkrite-
rium bei der Feststellung der Formeln war, so wurden die
erhaltenen Resultate durch die chemischen Reaktionen und physikalischen Eigenschaften, wie spezifische Wärme, spezifische Volumina, Kristallform usw. kontrolliert. Ferner spielte bei diesen
Bestimmungen das Gesetz der paaren Atomzahlen, welches schon
1843 von Gerhardt für spezielle Fälle angedeutet worden war[54]),
eine wichtige Rolle. Laurent spricht dasselbe jetzt dahin aus,
daß in allen Verbindungen die Summe von Wasserstoff-, Chlor-,
Brom-, Stickstoff- usw. Atomen stets eine paare sein müsse.
Dasselbe gewinnt namentlich dadurch an Bedeutung, weil es
Laurent benutzt, um nachzuweisen, daß die Moleküle dieser von
ihm Dyadides genannten Elemente[55]) aus zwei Atomen bestehen.

Durch Laurent wurden die Gerhardt'schen Ideen wesentlich geläutert; er machte dieselben dadurch allgemeiner zugänglich
und verständlich, daß er ein größeres Gewicht auf die Worte, deren

---

[52]) Ann. de Chimie et de Phys. (2) LXVIII, 416. — [53]) Vgl. ibid. (3)
XVIII, 289. — [54]) Ibid. (3) VII, 129. — [55]) Ibid. (3) XVIII, 266; vgl. auch
Laurent, Méthode de Chimie, p. 77.

er sich bediente, legte und diese durch Definitionen feststellte. Gerade hierin lag aber ein bedeutender Fortschritt, denn es wurde jetzt die Trennung von Atom, Molekül und Äquivalent wirklich durchgeführt, welche es ermöglichte, Avogadro's Hypothese 35 Jahre nach ihrer Aufstellung wieder als Grundlage eines Systems zu benutzen. Für Laurent ist das Molekül die kleinste Menge einer Substanz, deren man bedarf, um eine Verbindung zustande zu bringen und welche in Dampfform stets (oder doch mit wenigen Ausnahmen) das doppelte Volumen eines Atoms Wasserstoff einnimmt. Das Atom ist die kleinste Quantität eines Elementes, welche in zusammengesetzten Körpern vorkommt, während die Äquivalente gleichwertige Mengen analoger Substanzen bedeuten [56]).

Ich will versuchen, Ihnen die Wichtigkeit, welche diese Definitionen für die Chemie haben, dadurch anschaulich zu machen, daß ich einige der Folgerungen, welche bei den damaligen Erfahrungen daraus gezogen wurden, mitteile.

Die konsequente Durchführung des Äquivalentbegriffes bestimmte Laurent und Gerhardt [57]), für manche Metalle mehrere Äquivalente anzunehmen: „Die Idee des Äquivalentes schließt die Ansicht einer gleichartigen Funktion in sich; man weiß, daß ein und dasselbe Element die Rolle von zwei oder mehreren anderen spielen kann, weshalb es vorkommen muß, daß diesen verschiedenen Funktionen auch verschiedene Gewichte entsprechen. Andererseits sieht man verschiedene Gewichte desselben Metalls, wie z. B. des Eisens, Kupfers, Quecksilbers usw., den Wasserstoff der Säuren ersetzen und dabei Salze bilden, welche dasselbe Metall, aber verschiedene Eigenschaften besitzen. Diese Metalle haben also dann verschiedene Äquivalente."

Diese Idee war nicht neu [58]), da man aber niemals wirkliche Äquivalentformeln gebraucht hatte, so hatte sie keine weiteren Konsequenzen gehabt. Jetzt, wo Laurent und Gerhardt diese

---

[56]) Ann. de Chim. et de Phys. (3) XVIII, 296; ferner Compt. rend. des travaux chimiques par Laurent et Gerhardt 1849, p. 257. — [57]) Compt. rend. des travaux chimiques par Laurent et Gerhardt 1849, p. 1 etc. — [58]) Vgl. S. 108.

Schreibweise einführen, erhält sie einen gewissen Wert. So suchen z. B. die Reformatoren der Chemie da Analogien zu errreichen, wo sie früher verborgen geblieben waren; die Formeln der Sesquioxyde können denen der normalen Basen ähnlich angenommen und dadurch in die Auffassung der Salze eine Einheit gebracht werden, welche bisher nicht möglich war. Bekanntlich enthält das neutrale schwefelsaure Eisenoxydul auf dieselbe Menge Schwefel $^3/_2$ mal soviel Eisen als das neutrale schwefelsaure Eisenoxyd; es können, wie man sich ausdrücken darf, 28 Teile Eisen des Oxydulsalzes 1 Teil Wasserstoff ersetzen, welcher auch durch $18^2/_3$ Teile der Oxydverbindungen vertreten werden kann; beide Mengen sind also mit 1 Teil Wasserstoff äquivalent. Bezeichnet man, wie Laurent und Gerhardt, mit ferrosum (Fe $=$ 28) das Äquivalent des Eisens in den Oxydulsalzen und mit ferricum (fe $= {}^2/_3 . 28$) das Äquivalent in den Oxydsalzen, so werden die Formeln von schwefelsaurem Eisenoxydul $(Fe_2)SO_4$ und schwefelsaurem Eisenoxyd $(fe_2)SO_4$ miteinander vergleichbar. Ähnliches gilt für andere Metalle, wie Kupfer, Quecksilber, Zinn usw.; bei diesen müssen in den Oxydul- und Oxydsalzen verschiedene Äquivalente angenommen werden, von denen das eine das doppelte Gewicht des anderen besitzt[59]).

Vollständige Analogie in der Schreibweise der Salze wird erreicht, wenn man sich auch für die Säuren der Äquivalentformeln bedient. Es wird dann z. B.:

Schwefelsaures Eisenoxydul	Kupferchlorid	Quecksilberchlorür
$SO_4 (Fe_2)$	$Cl_2 (Cu_2)$	$Cl_2 (hg_2)$

Bei dieser Art der Symbolisierung verschwinden die Unterschiede zwischen ein- und mehrbasischen Säuren, und es ist gewiß ein Vorteil der Molekularformeln, daß sie diese so wichtigen Eigentümlichkeiten hervortreten lassen. Dies haben Laurent und Gerhardt sehr richtig erkannt, namentlich war es letzterer, der mit großem Glück versucht hat, die Trennung dieser Körper-

---

[59]) Laurent's Ansichten über die Art, wie man sich die Existenz mehrerer Äquivalente desselben Elementes erklären könne, finden sich in seiner „Méthode de Chimie", p. 127.

klassen durch Aufstellung neuer Kriterien mit größerer Bestimmtheit auszuführen [60]).

Gerhardt erschien die Bildung von Doppelsalzen mit nicht isomorphen Basen nicht genügend zur Fixierung der Basizität einer Säure; er macht darauf aufmerksam, daß die zwei- (und mehr-) basischen Säuren zwei (und mehr) Äther bilden können, von denen einer (oder mehrere) sauer, und einer neutral ist. Das Molekül des letzteren, wenn man dasselbe zwei Volumen entsprechend annimmt, enthält bei einbasischen Säuren einmal, bei zwei- (und mehr-) basischen Säuren zwei- (und mehr-) mal den Rest des Alkohols. Ferner geben die Amid- und die kurz vorher entdeckten Anilidverbindungen [61]) weitere Anhaltspunkte. Während nämlich die einbasischen Säuren nur ein Amid, ein Nitril und ein Anilid erzeugen, geben die sauren Ammoniaksalze zweibasischer Säuren durch Wasserverlust außerdem Veranlassung zur Bildung einer Amidsäure und eines Imids, und nur sie können Anilidsäuren hervorbringen.

Schon einige Jahre früher hatte Laurent auf einen anderen Unterschied zwischen diesen Körpern hingewiesen [62]). Nach ihm gestattet bloß die Formel der zwei- und mehrbasischen Säuren die Annahme von darin vorhandenem Wasser, während in einem Molekül einer einbasischen Säure nur die Bestandteile eines halben Moleküls Wasser vorzukommen brauchen; dieselben sind deshalb nach ihm nicht imstande, Anhydride zu bilden.

Man hat Salpetersäure $HNO_3 = (HO)_{1/2} + (NO_2)_{1/2}$
während Schwefelsäure $H_2SO_4 = H_2O + SO_3$ ist.

Das damals schon bekannte Unterchlorigsäureanhydrid ist für Laurent $ClHO$, in welchem 1 Atom Wasserstoff durch 1 Atom Chlor ersetzt ist [63]).

---

[60]) Laurent und Gerhardt, Compt. rend. mensuels des travaux chimiques 1851, p. 129; Journal für praktische Chemie LIII, 460. — [61]) Vgl. S. 193. — [62]) Annales de Chimie et de Phys. (3) XVIII, 266. — [63]) Durch Gerhardt's Entdeckung des Essigsäureanhydrids usw. hielt man diese Ansichten für widerlegt. Prinzipiell sind sie es nicht; es war immerhin eine Ausdehnung des Begriffes Anhydrid, ihn auf die von Gerhardt entdeckten Körper anzuwenden. Zwischen $C_2H_4O_2$ und $C_4H_6O_3$ einerseits und $C_4H_6O_4$ und $C_4H_4O_3$ andererseits besteht nicht vollständig dieselbe Beziehung.

Sehr wichtig waren ferner Laurent's Ansichten über die Moleküle der Elemente. Es war eine Folgerung der Avogadro'schen Hypothese, zu der sich Laurent bekennt[64]), die Moleküle der einfachen Körper aus mindestens zwei Atomen zusammengesetzt zu betrachten. Laurent sucht diese Ansicht durch chemische Gründe zu stützen: nach ihm kommen die sogenannten „Dyadides", wie Wasserstoff, Chlor, Brom, Jod, Stickstoff, Phosphor, Arsen, Antimon, stets nur in paarer Anzahl vor, und schon diese Regel, wenn sie auch für die Moleküle der Elemente gelten soll, macht die Existenz einzelner Atome im freien Zustande unmöglich. Laurent hebt außerdem die bekannten Wirkungen des statuts nascendi hervor und erklärt sie durch die Annahme, daß im Augenblick der Abscheidung der Elemente aus den Verbindungen die einzelnen Atome isoliert seien und sich daher viel leichter mit anderen Atomen vereinigen als sonst, wo man es nur mit Molekülen oder Atomgruppen zu tun hat, die erst zersetzt werden müssen, ehe Reaktionen zustande kommen können.

Laurent und Gerhardt fanden mit ihren durchgreifenden Reformen zunächst fast keinen Anklang, im Gegenteil scheint es, als ob jetzt der Äquivalentbegriff in seiner ersten unsicheren Form mehr Anhänger gefunden habe als früher, als ob den Chemikern Gay-Lussac's Volumgesetz weniger als je zur Basis eines Systems passend erschienen wäre, weshalb man im allgemeinen nicht die geringste Neigung zeigte, mit Laurent eine Teilbarkeit des Moleküls der Elemente anzunehmen. Freilich fehlten noch zwingende und namentlich chemische Gründe. Laurent und Gerhardt hatten eine sehr glückliche Idee gehabt, indem sie aussprachen, daß die Formeln der Körper vergleichbare Mengen darstellen müßten; doch fehlte noch der Maßstab. Die Raumerfüllung der Gase war nur in verhältnismäßig wenigen Fällen bekannt, und selbst unter diesen waren solche, bei denen die daraus abgeleiteten Molekulargrößen unbrauchbar waren, da sie mit den chemischen Eigenschaften im Widerspruche standen

---

[64]) Er scheint freilich nicht zu wissen, daß Avogadro dieselbe zuerst ausgesprochen hat.

oder doch zu stehen schienen. Noch fehlte eine Reihe von Tatsachen, welche diese Ideen bestätigten und ihnen schließlich allgemeine Anerkennung verschafften. Wir verdanken Williamson die Kenntnis derselben; dieser lehrte einen Weg, das Molekül auf chemischem Wege festzustellen, und er hat sich dadurch ein nicht hoch genug anzuschlagendes Verdienst um unsere Wissenschaft erworben. Hat er auch die Reform in der Chemie nicht angeregt, so haben doch seine Untersuchungen erst ihre Durchführung nötig und möglich gemacht.

Elfte Vorlesung.

Oft hört man in unserer Wissenschaft behaupten, sie dürfe sich nur aus sich heraus entwickeln, der Einfluß der übrigen Disziplinen sei schädlich, wenn er nach einer anderen Richtung ausgeübt werde, als die ist, nach welcher die chemischen Tatsachen zu führen scheinen. Ich begreife ganz gut, daß man nicht, um eine bessere Übereinstimmung mit physikalischen Gesetzen zu erlangen, eine Theorie in der Chemie wählt, welche gewissen Tatsachen widerspricht, namentlich begreife ich es vom didaktischen Standpunkte aus; daß man aber, sobald die Erscheinungen in unserer Wissenschaft es erlauben, der Harmonie mit anerkannten Naturgesetzen oder auch Theorien und Hypothesen wegen die Ansichten modifiziert, halte ich für ebenso richtig und notwendig. Es scheint mir daher zweckmäßig, jetzt, wo wir in der Entwicklungsgeschichte inmitten einer durchgreifenden Reform angelangt sind, Ihnen einige der nicht ausschließlich chemischen Gründe vorzuführen, welche zugunsten des Laurent-Gerhardtschen Systems sprechen. Ich beschränke mich dabei auf Tatsachen, welche die Teilbarkeit des Moleküls von Elementen zu fordern scheinen, weil gerade diese Hypothese, nachdem sie schon wiederholt ausgesprochen worden war, noch immer keinen Anklang fand.

Unter den für die Chemie gewiß sehr wertvollen Resultaten, welche **Favre** und **Silbermann** 1846 in ihrer Arbeit über Verbrennungswärmen[1]) niederlegten, befindet sich ein sehr eigentümliches Faktum, das hier angeführt zu werden verdient. Beim Verbrennen von Kohle in Sauerstoffgas entsteht nämlich weniger Wärme, als bei der Verbrennung in Stickoxydulgas. **Favre** und **Silbermann** glaubten diese sehr auffallende Tatsache nur durch die Hypothese erklären zu können, daß in beiden Fällen neben der Kohlensäurebildung eine Zersetzung vor sich gehe, d. h. eine Trennung vorher verbundener Atome; danach müssen also auch in den frei vorkommenden Sauerstoffgaspartikeln mehrere (zwei) Atome angenommen werden, und die zu ihrer Zersetzung verbrauchte Wärmemenge muß größer sein als die, welche zur Abscheidung des Sauerstoffs vom Stickstoff absorbiert wird.

Brodie kommt durch eine, auf chemische Verbindung und Zersetzung sich beziehende Hypothese zu der Teilbarkeit des Wasserstoff- und Sauerstoffmoleküls[2]). Ihm erscheint der Gegensatz, der nach den damals herrschenden Ansichten zwischen der Bildung von Verbindungen und der Abscheidung von Elementen besteht, nicht in der Natur begründet. Für ihn ist jede Verbindung nur die Folge einer Zersetzung, so wie diese nur durch neue Verbindungen veranlaßt sein kann. Die Richtigkeit dieses Gedankens wird an verschiedenen Beispielen zu beweisen gesucht, wobei gewisse Zeichen und Ausdrücke eingeführt werden, welche den Gegensatz (allgemeiner das Verhältnis) der sich verbindenden Atome anschaulich machen sollen. Nach **Brodie** besteht zwischen diesen eine Beziehung (Polarität) derart, daß das eine dem anderen gegenüber als positiv oder negativ bezeichnet wird. Diese Beziehung, welche von **Brodie** auch chemische Differenz genannt wird, hängt von der Beschaffenheit aller derjenigen Partikeln ab, mit denen das betreffende Atom derzeit verbunden ist.

Zum besseren Verständnis lasse ich einige der von **Brodie** angegebenen Belege folgen: Silber verbindet sich nicht direkt mit Sauerstoff, während Chlorsilber durch Kochen mit Kali unter

---

[1]) Compt. rend. XXIII, 200. — [2]) Philos. Trans. 1850, II, 759.

Silberoxydbildung zerlegt wird. Dies rührt nach Brodie daher, daß erst durch die Verbindung mit Chlor bzw. Kalium, Silber und Sauerstoff die zur Verbindung nötige Polarität erhalten. Er schreibt:

$$\overset{+}{Ag}\overset{-}{Cl} + \overset{+}{K}\overset{-}{O} = Ag\,O + K\,Cl\,[3]).$$

Nach Faraday[4]) wird ganz trockener kohlensaurer Kalk selbst bei den höchsten Temperaturen nicht zersetzt, während bei Gegenwart von Wasser die Zerlegung sofort beginnt, ebenso soll nach Millon[5]) Schwefelsäureanhydrid über Kaliumoxyd destilliert werden können, und die Salzbildung erst bei Zusatz von Wasser beginnen. Brodie schreibt:

$$\overset{+}{K}\overset{-}{O} + \overset{+}{H}S\overset{-}{O}_4 = H\,O + K\,S\,O_4.$$

Besonders hier erkennt man deutlich, warum Brodie glaubt, daß die Verbindung stets von einer Zersetzung begleitet ist, während das vorhergehende Beispiel auch den umgekehrten Satz zu rechtfertigen scheint. Damit ist aber die Existenz freier elementarer Atome unverträglich, weshalb Brodie nachzuweisen bemüht ist, daß dieselben stets in Paaren auftreten und sich dann unter einander verbinden. Das schlagendste der von ihm angeführten Beispiele ist die Wasserstoffentwicklung, welche bei der Behandlung des von Wurtz entdeckten Kupferwasserstoffs[6]) mit Salzsäure entsteht:

$$\overset{+}{Cu}_2\overset{-}{H} + \overset{+}{H}\overset{-}{Cl} = \overset{+}{Cu}_2\overset{-}{Cl} + \overset{+}{H}\overset{-}{H}.$$

Daß eine solche durch Behandlung des Metalls mit der Säure nicht beobachtet wird, soll daher rühren, daß dem Wasserstoff in der Salzsäure stets dieselbe Art von Polarität zukommt und die Affinität des Kupfers für das Chlor nicht genügt, die Salzsäure zu zerlegen[7]).

---

[3]) H = 1, O = 8, K = 39, Ag = 108, C = 6 usw. — [4]) Die Angabe ist jetzt als falsch nachgewiesen, vgl. Gay-Lussac, Ann. de Chim. et de Phys. LXIII, 219. — [5]) Diese von Brodie citierte Tatsache habe ich in Milon's Abhandlungen nicht finden können. — [6]) Ann. der Chemie und Pharm LII, 256. — [7]) Vgl. Wurtz, Leçons sur quelques points de philosophie chimique p. 64.

So erklärt sich auch die Bildung von Stickstoff durch Erhitzen von salpetrigsaurem Ammoniak:

$$\overset{+}{N}\overset{-}{O_4}\overset{+}{H_4}\overset{-}{N} = 4\,HO + \overset{+}{N}\overset{-}{N}.$$

Ganz besonders eignet sich diese Betrachtungsweise zur Erklärung der damals teilweise schon gekannten und hauptsächlich durch Brodie selbst studierten Reduktionen mittels Wasserstoffsuperoxyd[8]). Das Auftreten von Sauerstoffgas ist ihm eine Folge der verschiedenen Polaritäten, welche dieses Element in den zwei Oxyden besitzt:

$$\text{Man hat z. B. } \overset{+}{H}\overset{-}{O}\overset{+}{O} + \overset{-}{Ag}_{1/2}\overset{+}{Ag}_{1/2}\overset{-}{O} = HO + \overset{+}{O}\overset{-}{O} + Ag.$$

Ähnlich soll die Reduktion des übermangansauren und des bichromsauren Kalis verlaufen. Immer werden zwei Atome gleichzeitig in Freiheit gesetzt, die sich infolge ihrer chemischen Differenz miteinander verbinden[9]).

Auch die Entdeckung des Ozons durch Schönbein[10]), die Erkennung seiner Natur als isomere Modifikation des Sauerstoffs[11]), besonders der Nachweis, daß es verdichteter Sauerstoff ist, wie dies von Andrews und Tait[12]) auf Grund sehr interessanter Versuche zuerst behauptet, namentlich aber durch Soret nachgewiesen wurde[13]), finden nur durch die Hypothese von der Teilbarkeit der elementaren Moleküle eine Erklärung. Hat das Ozon, wie dies aus Soret's Untersuchungen wahrscheinlich erscheint, das $1\,^1/_2$fache spezifische Gewicht des Sauerstoffs, so müssen die kleinsten Partikeln dieses letzteren Gases mindestens 2 Atome enthalten, während die des Ozons aus 3 Atomen bestehen. Ist

---

[8]) Phil. Trans. 1850, II. Abt., S. 759. — [9]) Vgl. auch die Erklärung, welche Wurtz von der Tatsache gibt, daß die Verbindung des Stickstoffs und Sauerstoffs viel leichter bei Gegenwart von Wasserstoff vor sich geht (Wurtz, Leçons, p. 65). — [10]) Pogg. Ann. der Phys. und Chem. L, 616; LIX, 240; LXIII, 250; LXV, 69, 161, 190 usw.; vgl. „Über das Ozon", Basel 1844. — [11]) Marignac und De la Rive, Archives des sciences phys. et natur. Genève XII, 315; XVII, 61; XVIII, 153. — [12]) Ann. der Chem. und Pharm. CIV, 128; CXII, 185; Annales de Chim. et de Phys. (3) LII, 333, und LXII, 101. — [13]) Ann. der Chem. und Pharm. CXXXVIII, 45; Supplementband V, 148.

aber diese Annahme für den Sauerstoff zugegeben, zo kann sie für die anderen Elemente nicht wohl umgangen werden. Die verschiedenen Dampfdichten, welche für den Schwefel gefunden wurden [14]), können nur so erklärt werden, daß das Molekül bei niedriger Temperatur aus dreimal (bzw. viermal) so vielen Atomen besteht, als bei sehr hoher Temperatur.

Es ist gewiß nicht ohne Interesse, daß Clausius im Jahre 1857 durch die mechanische Wärmetheorie auch auf eine Teilbarkeit des physikalischen Moleküls geführt wurde [15]). Da nach dieser Theorie die lebendige Kraft der fortschreitenden Bewegung gleicher Volume zweier Gase bei gleichem Druck der absoluten Temperatur proportional ist, so schloß Clausius, daß die lebendige Kraft der fortschreitenden Bewegung der einzelnen Moleküle aller Gase bei gleichen Temperaturen dieselbe sei, was die Erfüllung der Avogadro'schen Hypothese voraussetzt.

Die Zahl der Tatsachen, welche zugunsten derselben sprechen und den verschiedenen Zweigen der Naturwissenschaft angehören, ließe sich noch vermehren; ich beschränke mich auf die Angaben dieser und gehe zu chemischen Gründen über, welche schließlich doch allein die Anerkennung der Hypothese zur Folge hatten. Unter diesen nehmen die Versuche, welche jetzt ausgeführt wurden und zu dem Begriff des chemischen Moleküls führten, entschieden die erste Stelle ein. Ich will nicht behaupten, daß dieser Begriff bisher nicht vorhanden war; er trat nur jetzt in einer viel bestimmteren Form auf. Diese Behauptung wird wohl dadurch gerechtfertigt, daß ich die Tatsachen und Hypothesen, welche vor Williamson bestanden und einen Einfluß auf die Bestimmung der Molekulargröße mittels chemischer Mittel übten, hier zusammenstelle.

Die atomistische Theorie gab dazu den ersten Anhalt; es mußte doch die Formel jeder Verbindung durch ganze Multiplen der Atomgewichte ausdrückbar sein, was freilich, so lange diese nicht mit Sicherheit bestimmt waren, keine zwingenden Konse-

---

[14]) Siehe Dumas: Annales de Chim. et de Phys. (2) L, 170, und Deville und Troost, Compt. rend. XLIX, 239. — [15]) Poggendorff, Ann. der Phys. und Chem. C, 353.

quenzen hatte, da man im Notfalle auch das Atomgewicht eines Bestandteils verändern konnte. Unbestreitbar war aber bei einer auch nur einigermaßen konsequenten Durchführung der Atomistik ein gewisser Zusammenhang zwischen den verschiedenen Formeln vorhanden. Eine solche Beziehung wurde namentlich durch Laurent und Gerhardt bei organischen Verbindungen in höherem Maße erreicht. Mir scheint aus der Kerntheorie hervorzugehen, daß Laurent die Anzahl der Kohlenstoffatome im Radikal so lange unverändert annahm[16]), bis Kohlenstoff in irgend einer Form austrat; Gerhardt hat diese Regel, welche freilich nicht immer richtig ist (z. B. bei der Bildung polymerer Körper), zuerst klar ausgesprochen[17]), und Sie werden mir zugeben, daß durch dieselbe die Molekulargewichte ganzer Reihen von Verbindungen durch die Kenntnis dieser Größen bei einigen Körpern gegeben waren. Das sogenannte Gesetz der paaren Atomzahlen gab ein weiteres Kriterium für die kleinste Formel; vielfach haben Laurent und Gerhardt dadurch Veranlassung gefunden, früher angenommene Formeln zu ändern.

Einen sehr bedeutenden und fördernden Einfluß übte der Begriff der mehrbasischen Säuren auf die Feststellung der Formel aus, wie sich ja auch Liebig, der denselben zuerst bestimmt auffaßte, veranlaßt sah, das Atomgewicht der Weinsäure zu verdoppeln[18]), um der chemischen Natur dieser Substanz Genüge zu tun. Für eine Klasse von Körpern, für die Säuren, war die Erkenntnis der Kriterien für Polybasizität, welche wir Liebig, Laurent und Gerhardt verdanken, von eben so großer Tragweite, wie die späteren Versuche Williamson's für andere Gruppen von Verbindungen.

Die Substitutionserscheinungen trugen dazu bei, die Moleküle verschiedener Verbindungen miteinander vergleichen zu können, wie solches leicht begreiflich ist: oft mußte man die Formel eines Körpers verdoppeln oder verdreifachen, um nicht in den aus ihm durch Einwirkung von Chlor usw. entstehenden Produkten Teile

---

[16]) Vgl. S. 151. — [17]) Journ. für praktische Chemie XXVII, 439. — [18]) Ann. der Chem. und Pharm. XXVI, 154.

von Atomen annehmen zu müssen. Bindend wurden diese Tatsachen erst durch die gleichzeitig von Dumas eingeführten unitaren Anschauungen und durch die oben angeführte Gerhardtsche Regel. Für die Gegner dieser Ansichten war dem nicht so, wie ich Ihnen durch ein Beispiel beweisen werde. Durch Behandlung von Cyanäthyl mit Kalium gewannen Kolbe und Frankland 1848 das Methyl, dem sie die Formel $C_2 H_3$ $(C = 6)$ beilegten[19]), und das sie der Einwirkung des Chlors unterwarfen, um es eventuell in Methylchlorür zu verwandeln. Statt dessen erhielten sie eine Verbindung von der Zusammensetzung des Chloräthyls, welche aber, statt wie dieses bei $+ 12^0$ flüssig zu werden, noch bei $- 18^0$ gasförmig blieb. Sie betrachteten dieselbe mit dem Chloräthyl isomer und formulierten sie $C_2 H_3 . C_2 {}^{H_2}_{Cl}$, als eine gepaarte Verbindung des Methyls mit einem anderen Atom Methyl, worin 1 Äquivalent Wasserstoff durch Chlor vertreten ist. Für Kolbe und Frankland war also die Existenz des ersten Substitutionsproduktes $C_4 H_5 Cl$ kein Grund, dem Stammkohlenwasserstoff die Formel $C_4 H_6$ beizulegen. Laurent war anderer Ansicht. Er hatte schon vor der Isolierung der Alkoholradikale für diese, falls sie gefunden würden, die heute angenommenen Formeln vorgeschlagen[20]). Später, nachdem Kolbe in der Elektrolyse der Fettsäuren eine allgemeine Methode zu ihrer Darstellung entdeckt hatte[21]), kommen Laurent und Gerhardt ausführlich auf diese Ansicht zurück und bezeichnen die Alkoholradikale als Homologe des Grubengases[22]). A. W. Hofmann schließt sich ihnen an, wenn er auch die Möglichkeit einer Isomerie zwischen den Radikalen und den Grubengashomologen offen läßt[23]). Anders Frankland, der für die Radikale die 2 Volumen entsprechenden Formeln den 4-volumigen gegenüber verteidigt und nach wie vor Methyl als $C_2 H_3$, Äthylwasserstoff $C_4 H_6$ formuliert[24]).

---

[19]) Ann. der Chem. und Pharm. LXV, 279. — [20]) Ann. de Chim. et de Phys. (3) XVIII, 283. — [21]) Ann. der Chem. und Pharm. LXIX, 257. — [22]) Compt. rend. mensuels des travaux chim. 1850. — [23]) Ann. der Chem. und Pharm. LXXVII, 161. — [24]) Ibid. 221.

Für Laurent, Gerhardt und Hofmann war eben der Begriff des chemischen Moleküls zugänglicher; sie versuchen den Gegnern ihre Ideen in dieser Beziehung deutlich zu machen, doch scheint es ihnen nicht gelungen zu sein, jene zu überzeugen. Noch fehlten entscheidende Versuche. Gerhardt hatte Hunderte von Beispielen nötig, um zu zeigen, daß H_4O_2 und nicht H_2O den Formeln N_2H_6 und H_2Cl_2 entspricht. Schwerfällig ist auch der Nachweis Laurent's in bezug auf die Verdoppelung der Molekulargewichte von Wasserstoff, Chlor usw. Trotzdem ist nicht zu leugnen, daß diese Chemiker damals schon die richtigen Grundanschauungen hatten, und ich zweifle nicht, daß auch sie aus den Tatsachen, welche von Williamson jetzt entdeckt und so vortrefflich ausgebeutet wurden, die für unsere Wissenschaft so fruchtbaren Konsequenzen hätten ziehen können.

Durch Einwirkung von Kaliumäthylat auf Jodäthyl hatte Williamson gehofft, die Synthese eines Alkohols ausführen zu können [25]); Äthyl sollte an die Stelle von Kalium treten und so äthylierter Äthylalkohol entstehen, eine Voraussetzung, die vollständig im Geiste der Zeit lag. Wurtz hatte kurz vorher [26]) das Äthylamin entdeckt, das er als ein substituiertes Ammoniak auffaßte, welche Ansicht durch die von Hofmann gefundene interessante Bildungsweise dieser Substanz und vieler ähnlicher Körper [27]) bestätigt wurde. Frankland versuchte bereits mit dem von ihm dargestellten Zinkäthyl [28]) die Einführung von Alkoholradikalen in organische Körper [29]). Allein Williamson's Versuch gab ein unerwartetes Resultat; statt eines Alkohols erhielt er Äther. Er versteht aber, seine Ideen, die nach einer ganz anderen Richtung gelenkt waren, den Resultaten anzupassen und erkennt sofort die volle Wichtigkeit seines Versuchs. Er erklärt die Bildung des Äthers unter den von ihm eingehaltenen Bedingungen, dann aber auch die Ätherbildung überhaupt, und beweist die Richtigkeit seiner Auffassung durch eine Reihe glänzender Experimente.

---

[25]) Ann. der Chem. und Pharm. LXXVII, 37. — [26]) Compt. rend. XXVIII, 223. — [27]) Ann. der Chem. und Pharm. LXVI, 129 usw. — [28]) Ibid. LXXI, 213; LXXXV, 329. — [29]) Ibid. LXXXV, 354.

Man war damals über die Formeln von Alkohol und Äther verschiedener Ansicht. Liebig's Äthyltheorie zufolge hatte man ziemlich allgemein Alkohol $C_4H_{12}O_2$ und Äther $C_4H_{10}O$ ($C=12$, $O=16$) geschrieben; jetzt hatte man vielfach mit den Atomgewichten die Formeln halbiert; Alkohol wurde $C_4H_6O_2$ und Äther C_4H_5O ($C=6$, $C=8$), während Gerhardt diesen Körpern die Symbole C_2H_6O und $C_4H_{10}O$ ($C=12$, $O=16$) zulegte. Laurent hatte außerdem schon 1846 darauf aufmerksam gemacht[30]), daß Alkohol und Äther, ebenso wie Kaliumoxyd und Kalihydrat, vom Wasser ableitbar seien[31]). Er schrieb:

$$HHO \qquad EtHO \qquad EtEtO \qquad KHO \qquad KKO.$$

Wasser   Alkohol   Äther   Kalihydrat   Kaliumoxyd

Williamson sah ein, daß nur die letzte Auffassung mit seinem Versuch übereinstimmte. Die Gleichung, welche die von ihm entdeckte Reaktion ausdrückte, formulierte er:

$$C_2\frac{H_5}{K}O \;+\; C_2H_5J \;=\; \frac{C_2H_5}{C_2H_5}O \;+\; KJ \;(C=12).$$

Um die gegnerische Ansicht zu bekämpfen, nach der man hätte schreiben müssen:

$$C_4H_5O.KO \;+\; C_4H_5J \;=\; 2(C_4H_5O) \;+\; KJ \;(C=6)$$

und bei welcher man voraussetzte, daß das Kaliumalkoholat eine Verbindung von Kali mit Äther sei, aus der sich bei der Zersetzung der letztere abschied, während gleichzeitig ein zweites „Atom" derselben Substanz aus Jodäthyl entstand, führte Williamson die Reaktion mit Jodmethyl aus. Er erwartete einen Methyläther zu erhalten, während der zuletzt angeführten Auffassung gemäß ein Gemenge von Methyl- und Äthyläther entstehen mußte. Der Versuch war demnach entscheidend, und rechtfertigte Williamsons Hypothese; sowohl bei der Einwirkung von Jodmethyl auf Kaliumäthylat, wie von Jodäthyl auf Kaliummethylat entstand der sogenannte gemischte Methyläthyläther:

---

[30]) Ann. de Chim. et de Phys. (3) XVIII, 266. — [31]) Griffin beansprucht die Priorität der Ansicht, wonach die Alkalien kein Wasser enthalten; siehe Griffin, Radical Theory, p. 9.

$$\begin{matrix}C_2H_5\\K\end{matrix}O + JCH_3 = \begin{matrix}C_2H_5\\CH_3\end{matrix}O + JK$$

$$\begin{matrix}CH_3\\K\end{matrix}O + JC_2H_5 = \begin{matrix}CH_3\\C_2H_5\end{matrix}O + JK.$$

Diese Versuche waren für **Williamson** ein Beweis, daß der Äther aus dem Alkohol durch Vertretung eines Atoms Wasserstoff durch Äthyl entsteht, daß er also im Molekül mehr Kohlenstoffatome enthält, als der Alkohol. Die Entstehung der gemischten Äther war für ihn ein Grund, jede andere Ansicht auszuschließen.

Es handelte sich jetzt darum, auch die Entstehung des Äthers unter bekannten Umständen, namentlich durch Behandlung von Alkohol mit Schwefelsäure, zu erklären, und auch diese Frage findet ihre Lösung durch **Williamson**, nachdem man sich schon Jahrzehnte mit derselben beschäftigt hatte. Anfangs hatte man die Ätherbildung durch die wasserentziehende Wirkung der Schwefelsäure erklärt[32]). Diese Ansicht vertrug sich sehr gut mit **Dumas'** Ätherintheorie. **Hennel**, obgleich Anhänger derselben, hielt diese Auffassung mit der Bildung der Weinschwefelsäure, welche er beobachtete, nicht vereinbar[33]); auch war sie im Widerspruch mit der Tatsache, daß Wasser gleichzeitig mit Äther überdestilliert. Namentlich war es **Liebig**, der eine neue Theorie der Ätherbildung durch mannigfaltige Versuche begründete[34]). Derselbe wies nach, daß die Entstehung der Äthylschwefelsäure der Entstehung von Äther vorangeht, und nach ihm entzieht die Schwefelsäure dem Alkohol nicht Wasser, sondern Äther, der sich mit der Schwefelsäure vereinigt. Die Äthylschwefelsäure wurde ja damals als Verbindung dieser beiden Körper angesehen, als ein saures Salz des Äthyloxyds.

Es war Äthylschwefelsäure $= C_4H_{10}O + 2SO_3 + H_2O$
$$(C=12,\ O=16,\ S=32).$$

---

[32]) Vgl. besonders **Fourcroy** und **Vauquelin**, **Scherer**, Journal VI, 436; ferner **Gay-Lussac**, Ann. de Chim. XCV, 311, und Ann. de Chim. et de Phys. (2) II, 98. — [33]) Ann. de Chim. et de Phys. (2) XLIX, 190. — [34]) Ann. der Chem. und Pharm. IX, 31; XIII, 27; XXIII, 31.

Nach Liebig's Versuchen spaltet sich die Äthylschwefelsäure zwischen 127° und 140° in Äther und Schwefelsäure. Die auffallende Erscheinung, daß ein Körper bei derselben Operation entsteht und sich zersetzt, erklärte Liebig durch die Annahme, daß die Bildung nur an den Stellen vor sich ging, wo der Alkohol zutropfte, also die Temperatur bis auf den Siedepunkt dieses Körpers abgekühlt war. Der Ätherbildungsprozeß beruhte also nach Liebig auf einer Verbindung der Schwefelsäure mit dem Äther des Alkohols, welche Verbindung an höher erhitzten Stellen der Flüssigkeit in die Bestandteile zerlegt wird; es destilliert dann der Äther über und mit ihm verdampft das Wasser, welches bei der Entstehung der Äthersäure abgeschieden wird.

Dieser Theorie gegenüber stellte Berzelius[35]) eine andere Ansicht auf, welche besonders durch Mitscherlich vertreten und weiter ausgeführt wurde[36]). Dieser zufolge wirkt die Schwefelsäure durch Kontakt; sie nimmt keinen Teil an der Reaktion; durch katalytische Kraft zerlegt sie den Alkohol in Äther und Schwefelsäure. Diese Auffassung ist in der Folge von großer Bedeutung geworden, hier aber stimmt sie nicht mit den Tatsachen überein, insofern als die Bildung der Äthylschwefelsäure bereits bewiesen war. Viel näher der Wahrheit kommt Liebig's Ansicht, welche ziemlich allgemein angenommen und erst bezweifelt wurde, nachdem Graham 1850 nachgewiesen hatte[37]), daß Alkohol und Äthylschwefelsäure zur Ätherbildung notwendig sind, daß letztere aber allein, selbst beim Erhitzen auf 143°, keinen Äther erzeugt, sondern sich bei Gegenwart von Wasser in Alkohol und Schwefelsäure zerlegt.

Diese Tatsache weiß Williamson sehr gut zu verwenden; sie wird durch folgende Gleichung erklärt:

$$\begin{array}{c}C_2H_5 \\ H\end{array}SO_4 \;+\; \begin{array}{c}C_2H_5 \\ H\end{array}O \;=\; \begin{array}{c}H \\ H\end{array}SO_4 \;+\; \begin{array}{c}C_2H_5 \\ C_2H_5\end{array}O,$$

Äthylschwefel-   Alkohol   Schwefelsäure   Äther
säure

---

[35]) Berzelius' Jahresbericht XV, 245. — [36]) Poggendorff, Ann. der Phys. und Chem. LIII, 95; LV, 209. — [37]) Ann. der Chem. und Pharm. LXXXV, 108; vgl. Journal de pharm. (3) XVIII, 124.

während die Bildung der Äthersäure folgender Gleichung entspricht:

$$\begin{matrix} H \\ H \end{matrix} SO_4 + \begin{matrix} C_2H_5 \\ H \end{matrix} O = \begin{matrix} H \\ H \end{matrix} O + \begin{matrix} C_2H_5 \\ H \end{matrix} SO_4.$$

Wird dieselbe von rechts nach links gelesen, so ist sie eine Interpretation des Graham'schen Versuchs, der Zersetzung der Äthylschwefelsäure durch Wasser in Alkohol und Schwefelsäure. Daß
beim Erhitzen von Äthylschwefelsäure kein Äther entsteht, war
verständlich, sobald man die verdoppelte Formel des Äthers zugab.

Williamson aber, nicht zufrieden, die Richtigkeit seiner
Anschauungen durch die Übereinstimmung mit den bekannten
Tatsachen gezeigt zu haben, erfindet neue Experimente, um dieselben zu prüfen[38]). Der eingeschlagene Weg ist der gleiche wie
früher: er wählt die zwei aufeinander einwirkenden Körper aus
Gruppen mit verschiedener Anzahl von Kohlenstoffatomen, läßt
also jetzt Äthylschwefelsäure auf Amylalkohol reagieren, was ihm
den erwarteten Äthylamyläther liefert:

$$\begin{matrix} C_2H_5 \\ H \end{matrix} SO_4 + \begin{matrix} C_5H_{11} \\ H \end{matrix} O = \begin{matrix} H \\ H \end{matrix} SO_4 + \begin{matrix} C_5H_{11} \\ C_2H_5 \end{matrix} O.$$

Er studiert außerdem die Einwirkung von Schwefelsäure auf
Gemische von Äthyl- und Amylalkohol, wobei er die Bildung von
drei Äthern nachweisen kann; von Äthyl-, Amyl- und Äthylamyläther. In diesen Reaktionen findet er „die beste Auskunft für die
Art, wie die Schwefelsäure bei der Bildung von gewöhnlichem Äther
wirkt. Es entsteht Essigäther ebenso aus Essigsäure, wie Äther
aus Alkohol durch Vertretung eines Atoms Wasserstoff durch
Äthyl. Und wenn man eine Säure so definiert, daß sie einen durch
Metalle oder Radikale vertretbaren Wasserstoff enthält, so kann
der Alkohol hinsichtlich dieser Reaktionen wie eine Substanz
betrachtet werden, die sich wie eine Säure verhält."

Eine weitere Konsequenz von Williamson's Versuchen war
die Feststellung der Molekulargröße der Essigsäure; diese entsteht
nach ihm aus Alkohol durch Vertretung von zwei Wasserstoffatomen des Äthyls durch ein Atom Sauerstoff; es wird durch
Oxydation das Radikal C_2H_5 Äthyl in C_2H_3O Othyl übergeführt.

---

[38]) Ann. der Chem. und Pharm. LXXXI, 73.

Jetzt wird die Essigsäure als Wasser aufgefaßt, in welchem ein Atom Wasserstoff durch Othyl vertreten ist. Damit schien die von Kane festgestellte Formel des Acetons [39]), $C_6H_{12}O_2$, nicht in Übereinstimmung; sie war übrigens schon halbiert worden, und Williamson suchte das Entstehen dieses Körpers bei der Destillation von essigsauren Salzen durch die Gleichung zu erklären:

$$\begin{matrix}C_2H_3O\\K\end{matrix}\;O \;+\; \begin{matrix}C_2H_3O\\K\end{matrix}\;O \;=\; \begin{matrix}CO.KO\\K\cdot\end{matrix}\;O \;+\; \begin{matrix}C_2H_3O\\CH_3\end{matrix}\,.$$

Nach ihm wird also bei der Reaktion das Kaliumperoxyd durch ein Methyl aus dem Othyl vertreten. Auch hier kontrolliert er sich durch Anwendung der schon erwähnten Methode. Er destilliert Gemenge von essigsaurem und valeriansaurem Salz, wodurch er gemischte Acetone erhält:

$$\begin{matrix}C_2H_3O\\K\end{matrix}\;O \;+\; \begin{matrix}C_5H_9O\\K\end{matrix}\;O \;=\; \begin{matrix}COKO\\K\end{matrix}\;O \;+\; \begin{matrix}C_5H_9O\\CH_3\end{matrix}\,.$$

Diese für die Chemie so fruchtbare Abhandlung schließt Williamson mit den Worten: „Die hier angewendete Methode, die rationelle Konstitution der Körper durch Vergleichung mit Wasser festzustellen, scheint mir großer Ausdehnung fähig zu sein, und ich stehe nicht an zu sagen, daß ihre Einführung durch Vereinfachung unserer Ansichten und durch Feststellung eines gemeinsamen Vergleichungspunktes zur Beurteilung chemischer Reaktionen nützen wird".

Der *„terme de comparaison"*, den schon Laurent vergeblich gesucht hatte, war also jetzt gefunden; man mußte sich die Körper aus dem Wasser entstehend denken, wie denn auch Williamson dieses 1851 in seiner berühmten Abhandlung über Salze [40]) als Typus für alle Verbindungen vorschlägt. Seine Methode der Feststellung von Molekulargrößen ist eine rein chemische; er denkt sich die Körper aus dem Wasser durch Vertretung von ein oder zwei Wasserstoffatomen entstanden. Indem er seine Ansichten an den schon bekannten Tatsachen und durch neue Versuche prüft, erhalten dieselben, ich möchte fast sagen, zwingende Berechtigung. Dabei sind seine Experimente nicht

---

[39]) Ann. der Chemie und Pharm. XXII, 278. — [40]) Journal of the chemical Society IV, 350.

willkürlich gewählt, sondern sie sind stets durch dieselbe Art logischer Schlußfolgerung hervorgerufen. Er hat den denkenden Chemikern ein Mittel an die Hand gegeben, die Molekulargrößen der Körper auf chemischem Wege zu bestimmen. Von welch allgemeiner Anwendbarkeit die von ihm entdeckte Methode ist, zeigen uns die schönen Versuche von Gerhardt, den sie zu der Darstellung der gemischten Anhydride führt[41]), und von Wurtz, der sie mit gleichem Erfolge zur Feststellung der Formeln der Alkoholradikale benutzt[42]). Auch die Art, wie Friedel und Crafts[43]) die Molekulargröße des Kieselsäureäthers bestimmt haben, beruht auf einem Ideengang, welcher den Chemikern erst nach dem Bekanntwerden der Williamson'schen Untersuchungen klar wurde.

Es darf hier nicht unerwähnt bleiben, daß Chancel nur wenige Monate nach Williamson's Publikation, am 7. Oktober 1850, eine Abhandlung veröffentlicht[44]), in welcher er, durch ähnliche Experimente wie jener, zu denselben Resultaten gelangt. Chancel destilliert äthylschwefelsaures Kalium mit Kalium-Äthylat und -Methylat, und erhält so den Äthyl- und den Äthylmethyläther. Ihm eigentümlich ist die Art, das Molekulargewicht der zweibasischen Säuren festzustellen, obgleich sie im Prinzip mit Williamson's Methode zusammenfällt. Chancel stellt durch Destillation von äthylschwefelsaurem Kali mit methylkohlensaurem oder methyloxalsaurem Kali die Äthylmethyläther der Kohlensäure und Oxalsäure dar. Die Reaktionen werden durch folgende Geichungen ausgedrückt:

$$CO_3 \left(\begin{matrix} H \\ CH_2 \end{matrix}\right) K + SO_4 \left(\begin{matrix} H \\ C_2H_4 \end{matrix}\right) K = CO_3 \left(\begin{matrix} H \\ CH_2 \end{matrix}\right) \left(\begin{matrix} H \\ C_2H_4 \end{matrix}\right) + SO_4K_2$$

$$C_2O_4 \left(\begin{matrix} H \\ CH_2 \end{matrix}\right) K + SO_4 \left(\begin{matrix} H \\ C_2H_4 \end{matrix}\right) K = C_2O_4 \left(\begin{matrix} H \\ CH_2 \end{matrix}\right) \left(\begin{matrix} H \\ C_2H_4 \end{matrix}\right) + SO_4K_2.$$

Williamson's und Chancel's Versuche waren von der größten Bedeutung für die Entwicklung der Wissenschaft, denn unsere heutigen Ansichten beruhen mit auf dem Begriff des chemi-

---

[41]) Annales de Chimie et de Phys. (3) XXXVII, 332; Ann. der Chemie u. Pharm. LXXXII, 127; LXXXIII, 112; LXXXVII, 57 und 149. — [42]) Ann. der Chemie u. Pharm. XCVI, 364. — [43]) Annales de Chim. et de Phys. (4) IX. — [44]) Compt. rend. XXXI, 521.

schen Moleküls. Leider ist es nicht immer möglich, dieses mit
derselben Schärfe festzustellen, wie in den oben betrachteten
Fällen. Es hat sich aber herausgestellt, daß mit wenigen Aus-
nahmen, auf die wir später zurückkommen werden, das chemische
Molekül übereinstimmt mit der aus dem Volum bestimmten, bei
Zugrundelegung der Avogadro'schen Hypothese gefolgerten
Molekulargröße. Dies führte zur Annahme der allgemeinen
Identität von physikalischem und chemischem Molekül, wodurch
ein neues und fast immer ausreichendes Mittel zur Erkenntnis
der so wichtigen Molekulargrößen gegeben ist.

Allein auch nach anderer Richtung übten Williamson's
Versuche und Anschauungen einen Einfluß aus; ich meine in
bezug auf die Ansichten über die Konstitution der Verbindungen.
Es ward jetzt eine Verschmelzung der neueren Radikal- oder
Resttheorie mit Dumas' Typentheorie angebahnt, aus welcher
die Gerhardt'sche Typentheorie entstand. Freilich waren bei
dieser Entwicklung auch die Arbeiten anderer Gelehrten von
mindestens ebenso großer Bedeutung, besonders da sie teilweise
schon früher ausgeführt worden waren. Diese wollen wir daher
jetzt näher ins Auge fassen.

Wurtz erhielt 1849 bei der Behandlung von Cyansäure-
äther, Cyanursäureäther und den von ihm aus diesen dargestellten
substituierten Harnstoffen mit Kali Basen, dem Ammoniak äußerst
ähnlich, welche ihr Entdecker mit diesem verglich, indem er sie
als Ammoniak auffaßte, in welchem ein Atom Wasserstoff durch
die Radikale Methyl, Äthyl, Amyl usw. vertreten ist[45]). Es lag
in dieser Anschauung ein wesentlicher Fortschritt, es war der
erste erfolgreiche Versuch, in die Typen Radikale einzuführen[46]).
Daß Liebig schon 1839 eine ähnliche Auffassung für die damals
noch hypothetischen Körper aussprach[47]), beweist wohl dessen
genialen Forscherblick, kann aber Wurtz' Verdienst nicht beein-
trächtigen.

<hr>

[45]) Compt. rend. XXVIII, 224, 323; XXIX, 169, 186; Ann. der Chemie
und Pharm. LXXI, 330. — [46]) Vgl. übrigens Laurent, Annales de Chim.
et de Phys. XVIII, 266. — [47]) Handwörterbuch der Chemie von Liebig,
Poggendorff u. Wöhler, I, 698.

Durch Hofmann's Methode der Darstellung dieser künstlichen Basen [48]) erhielten Wurtz' Ansichten über die Konstitution dieser Körper eine wesentliche Stütze. Es gelang dem Ersteren, durch Behandlung der Alkoholjodüre mit Ammoniak die Radikale in dieses einzuführen, und seine Versuche haben eine um so größere Bedeutung, als er auch sekundäre, tertiäre und schließlich vom Chlorammonium und Ammoniumoxydhydrat ableitbare Verbindungen darstellen lehrte.

Man hat:

$$NH_3 + JC_2H_5 = N\begin{array}{l} C_2H_5 \\ H_2 \end{array}\!,\ HJ$$

$$N\begin{array}{l} H_2 \\ C_2H_5 \end{array} + JCH_3 = N\begin{array}{l} C_2H_5 \\ C\ H_3 \\ H \end{array}\!,\ HJ$$

$$N\begin{array}{l} H \\ C_2H_5 \\ C\ H_3 \end{array} + JC_5H_{11} = N\begin{array}{l} C_2H_5 \\ C\ H_3 \\ C_5H_{11} \end{array}\!,\ HJ$$

$$N\begin{array}{l} C_2H_5 \\ C\ H_3 \\ C_5H_{11} \end{array} + JC_2H_5 = N\begin{array}{l} (C_2H_5)_2 \\ C\ H_3 \\ C_5H_{11} \end{array} J$$

$$N\begin{array}{l} (C_2H_5)_2 \\ C\ H_3 \\ C_5H_{11} \end{array} J + AgHO = AgJ + N\begin{array}{l} H \\ (C_2H_5)_2 \\ C\ H_3 \\ C_5H_{11} \end{array} O.$$

Ich will nicht unerwähnt lassen, daß Paul Thénard schon 1845 die organischen Phosphorverbindungen entdeckt hatte [49]), daß diese aber ihre richtige Interpretation jetzt erst erhielten [50]).

Von anderen, im Anfange der fünfziger Jahre ausgeführten Untersuchungen, welche zur Aufstellung der neueren Typentheorie beitrugen, erwähne ich noch die Entdeckung der Säurechloride durch Cahours [51]), der Anhydride einbasischer organischer Säuren durch Gerhardt, Williamson's Arbeiten über zweibasische

---

[48]) Ann. der Chemie und Pharm. LXVI, 129; LXVII, 61 und 129; LXX, 129; LXXIII, 180; LXXIV, 1, 33, 117; LXXV, 356; LXXVIII, 253; LXXIX, 11. — [49]) Compt. rend. XXI, 145; XXV, 892. — [50]) Vgl. Frankland, Ann. der Chemie u. Pharm. LXXI, 215. — [51]) Ibid. LXX, 39, Schon 20 Jahre früher hatten Liebig und Wöhler das Benzoylchlorür und Benzoylamid dargestellt; siehe Ann. der Chem. und Pharm. III, 249.

Säuren und schließlich die Darstellung der Säureamide von Gerhardt und Chiozza[52]).

Gerhardt hatte sofort die Tragweite der Williamson'schen Untersuchungen verstanden; er konnte in denselben nur eine Bestätigung der von ihm und Laurent schon früher vertretenen, aber niemals mit dieser Schärfe ausgesprochenen Ansichten erkennen[53]). Er sah ein, daß sich Williamson's Reaktion der Ätherbildung auch auf die einbasischen Säuren anwenden lasse, und daß man auf diese Weise die Oxyde oder Anhydride derselben erhalten müsse[54]). Der Versuch gelang, und so war es denn Gerhardt, der ebenso wie Laurent die Existenz der Anhydride einbasischer Säuren geleugnet hatte, vorbehalten, diese Ansicht durch seine eigene Untersuchung zu widerlegen; freilich hatte er früher nur die Unmöglichkeit ausgesprochen, einem Molekül einbasischer Säure ein Molekül Wasser zu entziehen, und dieser Satz blieb bestehen. Gerade er zeigte, daß stets zwei Moleküle einbasischer Säure zur Anhydridbildung zusammentreten, und die Beweisführung gelang ihm nach der Williamson'schen Methode. Durch Behandlung von essigsaurem Kali mit Acetylchlorür erhielt Gerhardt das Essigsäureanhydrid:

$$\left.\begin{array}{l}C_2H_3O\\K\end{array}\right\}O + C_2H_3OCl = \left.\begin{array}{l}C_2H_3O\\C_2H_3O\end{array}\right\}O + KCl,$$

durch Anwendung von Benzoylchlorür, das intermediäre Anhydrid von Benzoë- und Essigsäure:

$$\left.\begin{array}{l}C_2H_3O\\K\end{array}\right\}O + C_7H_5OCl = \left.\begin{array}{l}C_2H_3O\\C_7H_5O\end{array}\right\}O + KCl.$$

Ehe ich mich zu den von Gerhardt und Chiozza gemeinschaftlich ausgeführten Arbeiten über die Anhydride und Amide zweibasischer Säuren wende, muß ich Sie mit der Auffassung vertraut machen, welche Williamson für diese Säuren einführte, durch welche eben die Anregung zu jener Arbeit gegeben wurde. Die Ausdehnung, die der englische Forscher 1851, also ein Jahr

---

[52]) Compt. rend. XXXVII, 86. — [53]) Siehe seine Reklamation: Ann. der Chem. und Pharm. XCI, 198. — [54]) Annales de Chimie et de Phys. XXXVII, 332.

nach seiner ersten Untersuchung über Ätherbildung, den früher gewonnenen Anschauungen gab, war eine äußerst wichtige. Wenn man vielleicht behaupten kann, daß derselbe in seinen vorhergehenden Publikationen sich an die Anschauungen Laurent's und Gerhardt's anlehnte und diese nur durch neue, freilich sehr entscheidende Versuche bestätigte, so tritt er jetzt ganz selbstständig und originell auf.

Williamson weist nach, wie die Existenz der zweibasischen Säuren auf dem Vorhandensein mehrbasischer Radikale beruht[55]). Die Bildung der substituierten Ammoniake in der von Wurtz entdeckten Reaktion, welche er formuliert:

$$\begin{matrix}K_2\\H_2\end{matrix}\,O_2 + \begin{matrix}C_2H_5\\CN\end{matrix}\,O = \begin{matrix}K_2\\CO\end{matrix}\,O_2 + \begin{matrix}C_2H_5\\N\end{matrix}H_2,$$

gibt ihm Veranlassung, sich in der folgenden Weise auszusprechen: „Das Atom CO ist mit zwei Wasserstoffatomen äquivalent; indem es sie ersetzt, hält es zwei Atome des Kalihydrats, in welchem der Wasserstoff enthalten war, zusammen, wodurch notwendig eine zweibasische Verbindung, das kohlensaure Kali, entsteht.“

Indem er weiter annimmt, daß das Kohlenoxyd sein Atomgewicht verdoppeln kann, ohne Änderung seiner Basizität, erhält er in C_2O_2 das Radikal der Oxalsäure und kann die Bildung des Oxamids durch die Gleichung veranschaulichen:

$$\begin{matrix}(C_2H_5)_2\\(CO)_2\end{matrix}\,O_2 + N_2H_2H_4 = 2\left(\begin{matrix}C_2H_5\\H\end{matrix}O\right) + \begin{matrix}(CO)_2\\N_2H_4\end{matrix}.$$

Sehr wichtig ist die Auffassung der Schwefelsäure als zweibasisches Hydrat des Radikals SO_2, und sehr interessant sind die Versuche, welche Williamson zur Stütze dieser Ansicht ausführt. Es gelingt ihm, neben dem bekannten Chlorid, SO_2Cl_2, welches Regnault aus schwefliger Säure und Chlor dargestellt hatte[56]), durch Behandlung von Schwefelsäure mit Phosphorchlorid auch das Chlorschwefelsäurehydrat zu isolieren[57]).

---

[55]) Journal of the chemical Society IV, 350. — [56]) Annales de Chimie et de Phys. (2) LXIX, 170; LXXI, 445. — [57]) Proc. Roy. Soc. VII, 11; Ann. der Chemie u. Pharm. XCII, 242.

Man hat:

$$SO_2\genfrac{}{}{0pt}{}{\genfrac{}{}{0pt}{}{H}{O}}{\genfrac{}{}{0pt}{}{O}{H}} + PCl_5 = SO_2\genfrac{}{}{0pt}{}{\genfrac{}{}{0pt}{}{Cl}{\ }}{\genfrac{}{}{0pt}{}{O}{H}} + POCl_3 + HCl.$$

Durch diesen Versuch wiederlegt er die Ansicht Gerhardt's, nach welcher der Chloridbildung bei zweibasischen Säuren stets die Entstehung des Anhydrids vorangehen sollte [58]). Dieser hatte nämlich schon ein halbes Jahr, ehe diese letzte Abhandlung Williamson's erschienen war, im Juni 1853, in Gemeinschaft mit Chiozza Untersuchungen über die Derivate zweibasischer Säuren, namentlich über deren Anhydride und Chlorüre, veröffentlicht, worin er unter anderem nachweisen zu können glaubte, daß die erste Einwirkung des Phosphorchlorids in einer Wasserentziehung bestehe, und daß erst in dem zweiten Stadium der Reaktion ein chlorhaltiger Körper erzeugt werde. Übrigens kamen Gerhardt und Chiozza damals zu sehr wichtigen Resultaten; sie faßten zuerst die zweibasischen Anhydride als Wasser auf, dessen beide Wasserstoffe durch ein Radikal vertreten sind, sie lehrten ferner die Darstellung von Succinylchlorür und ähnlichen Chloriden kennen. In zwei späteren Abhandlungen [59]) beschäftigen sie sich mit der Untersuchung der den zweiatomigen Säuren entsprechenden Amide. Sie zeigen, wie diese von zwei Molekülen Ammoniak abstammen, welche durch Vertretung von je einem Atom Wasserstoff durch ein zweibasisches Radikal zusammengehalten sind. Die Aminsäuren entsprechen dem gemischten Typus $NH_3 + H_2O$, welcher nur durch das eintretende mehrwertige Säureradikal entstehen kann, wodurch die frühere Behauptung Gerhardt's, daß nur zweibasische Säuren Veranlassung zur Bildung von Aminsäuren geben könnten, erklärt wird.

Durch diese und ähnliche Versuche, namentlich aber durch die geistvollen Interpretationen, welche Williamson aus seinen Untersuchungen gezogen hatte, wird es Gerhardt möglich, eine

---

[58]) Compt. rend. XXXVI, 1050. — [59]) Ibid. XXXVII, 86; XXXVIII, 457.

vollständige Klassifikation der organischen Verbindungen nach neuem Prinzip aufzustellen[60]), die er im vierten Bande seines vortrefflichen Handbuches niedergelegt hat.

Ein wesentliches Moment des Gerhardt'schen Systems besteht in der Verknüpfung der Gegensätze durch Mittelglieder.

Er stellt nicht, wie die Dualisten, Substanzen wie Kali und Schwefelsäure als absolut entgegengesetzt einander gegenüber, sondern verbindet sie durch Übergänge und erhält so Reihen, in welche er die Körper einordnet. Zur Bildung solcher Reihen benutzt er zwei Gesichtspunkte, deren einer freilich nicht von ihm herrührt. Schiel hatte schon 1842 darauf aufmerksam gemacht[61]), daß die Alkoholradikale eine Reihe bilden, deren einzelne Glieder um $n \cdot CH_2$ differieren, und daß die entsprechenden Alkohole einen Siedepunktsunterschied von 18^0 für $1 \cdot CH_2$ zeigen, was H. Kopp schon früher für Äthyl- und Methylverbindungen nachgewiesen hatte[62]). Dumas zeigte 1843[63]), daß auch die fetten Säuren untereinander dieselbe Zusammensetzungsdifferenz besitzen. Gerhardt benutzt jetzt diese sehr merkwürdige Regelmäßigkeit, die sich bekanntlich bei sehr vielen organischen Substanzen wiederfindet und nennt die Körper, welche sich um $n \cdot CH_2$ unterscheiden, homolog. Es hatte sich gezeigt, daß dieselben chemisch große Ähnlichkeit miteinander haben, und daß sich ihre physikalischen Eigenschaften langsam und stetig verändern, was namentlich aus Kopp's ausführlichen und vortrefflichen Untersuchungen hervorging[64]). Gerhardt stellt weiter den Begriff der isologen Verbindungen fest; auch dieses sind chemisch ähnliche Körper, deren Zusammensetzungsdifferenzen jedoch von $n \cdot CH_2$ verschieden sind. Essigsäure und Benzoësäure sind bekannte Beispiele hierher gehöriger Substanzen.

Die homologen und isologen Reihen bilden die eine Art der Gerhardt'schen Klassifikation, die andere Richtung wird durch die heterologen Reihen bestimmt. Dahin werden alle Körper

---

[60]) Gerhardt, Traité de Chimie organique, t. IV, quatrième partie. — [61]) Ann. der Chem. u. Pharm. XLIII, 107. — [62]) Ibid. XLI, 79. — [63]) Ibid. XLV, 330. — [64]) Ibid. XLI, 169; L, 71; LV, 166; LXIV, 212; XCII, 1; XCIV, 257; XCV, 121, 307; CXVI, 153, 303; XCVIII, 367; C, 19 usw.

gezählt, welche durch einfache Reaktionen (durch doppelten Austausch) auseinander entstehen können, und welche durch ihre Bildungsweise verwandt, aber chemisch verschieden sind. Diese Anordnung der Verbindungen vergleicht Gerhardt sehr passend einem Kartenspiel, das sowohl nach Farben als nach dem Wert der einzelnen Blätter aufgelegt ist. Gerade wie hier jede fehlende Karte durch den leeren Platz, ihrem Wert und ihrer Farbe nach bestimmt ist, so sind auch bei den fehlenden Gliedern der chemischen Klassifikation die Haupteigenschaften, Entstehung und Zersetzung, im voraus anzugeben.

Die Glieder einer und derselben heterologen Reihe, also auch die Repräsentanten der verschiedenen homologen und isologen Reihen, vergleicht Gerhardt mit vier sehr genau studierten anorganischen Substanzen, mit vier Urtypen, dem Wasser, der Salzsäure, dem Wasserstoff und dem Ammoniak, also mit Wasserstoffverbindungen. Ein Körper, der einem dieser Typen angehören sollte, mußte aus diesem durch Vertretung von Wasserstoffatomen durch Radikale entstanden gedacht werden können. So rechnet er Alkohole, Äther, Säuren, Anhydride, Salze, Aldehyde und Acetone usw. dem Typus Wasser zu; auch die Mercaptane, Sulfüre usw. gehören hierher; sie entsprechen eigentlich dem Typus Schwefelwasserstoff, welcher aber nur eine Unterabteilung des Typus Wasser ist. Chlorüre, Bromüre, Jodüre und Cyanüre werden auf die Salzsäure bezogen. Ammoniak wird der Repräsentant der Amine, Amide, Imide, Nitrile, wie auch der entsprechenden Phosphorverbindungen. Dem Typus Wasserstoff H_2 fallen endlich die Kohlenwasserstoffe, die Alkohol- und die metallhaltigen Radikale zu.

Der große Schritt war also jetzt geschehen: in die mechanischen Typen Regnault's und Dumas' waren Radikale eingeführt. Wenn wir zurückblicken und uns fragen, wem wir hauptsächlich diese so vortreffliche Erweiterung der früheren Typentheorie verdanken, so verdienen besonders die Namen von Laurent und Wurtz hervorgehoben zu werden. Ersterer hatte schon im Jahre 1846 den Alkohol und den Äther auf das Wasser bezogen; drei Jahre später entdeckte Wurtz das Äthylamin, welches er als substituiertes Ammoniak auffaßt. Diese Ansicht fand um so rascher Anerkennung, als die Ähnlichkeit beider eine überraschende ist[65]. Ich will nicht unterlassen, hier nochmals zu bemerken, daß der Begriff Radikal jetzt in dem Sinne aufgefaßt wurde, wie ihn Gerhardt schon 1839 definierte. Radikale waren Reste von Verbindungen, Atomgruppen, die sich bei gewissen Reaktionen unzersetzt aus einer Substanz in eine andere übertragen lassen, welche deshalb aber durchaus nicht selbständig zu existieren brauchen und nur „die Beziehung ausdrücken sollten, in denen sich Elemente oder Atomgruppen ersetzen"[66].

Die so erhaltenen Symbole für die Verbindungen stellen nicht die Lagerung der Atome dar, es sind nur Umsetzungsformeln, welche an eine Reihe von Analogien erinnern. Man begreift daher, wie Gerhardt für dieselbe Substanz mehrere Radikale und mehrere rationelle Formeln möglich erachten konnte. Die wahre Konstitution der Körper zu ermitteln, erschien ihm eine nicht zu lösende Aufgabe, da zu ihrer Beurteilung nur Bildungs- und Zersetzungsweisen leiten können, deren Mannigfaltigkeit keinen Schluß auf die Lagerung der Atome gestatte. So entsteht z. B. schwefelsaurer Baryt aus Schwefelsäure und Baryt, aus schwefliger Säure und Baryumsuperoxyd und außerdem aus Schwefelbaryum und Sauerstoff. Die Konstitution des Salzes könnte daher durch die drei Formeln symbolisch dargestellt werden:

$$\mathrm{Ba_2O + SO_3,\ Ba_2O_2 + SO_2,\ Ba_2S + O_4}\,[67]$$
$$(\mathrm{O} = 16,\ \mathrm{S} = 32,\ \mathrm{Ba} = 68{,}5).$$

Schon an diesem einzigen Beispiel glaubt Gerhardt beweisen zu können, daß alle Bestrebungen, welche darauf gerichtet sind, durch Symbole die Lagerung der Atome auszudrücken, nur auf Abwege führen.

---

[65] Über den Anteil, welchen Hunt an der Entwicklung der Typentheorie genommen hat, vgl. Hunt in Silliman's Americ. Journ. of science V, 265; VI, 173; VIII, 92; IX, 65; ferner Phil. Mag. (4) III, 392; seine Reklamation findet sich Compt. rend. LII, 247 und Wurtz' Antwort: Repert. de chimie pure III, 418. — [66] Gerhardt, Traité de Chimie organique IV, 569. — [67] Vgl. S. 191.

Die Reaktionen sind für Gerhardt doppelte Umsetzungen. Gerade hier zeigt sich der Gegensatz zwischen seinem und dem dualistischen System, bei dem man sich alle Verbindungen durch Additionen entstanden dachte. Gerhardt geht so weit, daß er sogar da, wo sich zwei Moleküle zu einem einzigen vereinigen, eine doppelte Umsetzung oder, wie er sagte, typische Reaktion annimmt. So entsteht nach ihm das Äthylenchlorür aus dem ölbildenden Gase infolge der substituierenden Wirkung des Chlors. Es bildet sich zuerst C_2H_3Cl, welches mit der gleichzeitig auftretenden Salzsäure vereinigt bleibt [68].

Die allgemeine Anordnung und Übersichtlichkeit des Gerhardt'schen Systems läßt nichts zu wünschen übrig. Wenn sich seit jener Zeit die Ansichten bedeutend verändert und geklärt haben, wenn wir auch die Typen nach dem heutigen Standpunkte für ungenügend halten müssen, so wird doch Gerhardt's Verdienst um die Chemie niemals bestritten werden. Leider konnte er sich der Anerkennung, welche sein bewunderungswürdiges Handbuch fand, nicht mehr erfreuen. Er starb kurz nach Vollendung desselben, 1856.

[68]) Vgl. S. 156.

Zwölfte Vorlesung.

Sie werden mir gestatten, daß ich Ihre Aufmerksamkeit nochmals der Typentheorie in der Form, wie sie von Gerhardt aufgestellt worden war, zuwende. Dieser hatte die organischen Verbindungen in natürliche Familien, wie ich mich ausdrücken darf, eingeteilt, deren Repräsentanten die vier Typen Wasser, Salzsäure, Ammoniak und Wasserstoff waren, welche von ihm auch Typen der doppelten Zersetzung genannt wurden. Dabei muß hervorgehoben werden, daß Gerhardt die Existenz von gepaarten Radikalen voraussetzt, um auch die Substitutionsprodukte in die Typen einreihen zu können und „mehrere Systeme von doppelter Zersetzung eines Körpers miteinander zu verbinden"[1]. Er benutzte hierzu wenigstens teilweise eine Kolbe'sche Anschauungsweise, deren Darlegung ich Ihnen noch schuldig bin. Es muß nämlich hervorgehoben werden, daß die gepaarten Verbindungen nicht mehr den früher von Gerhardt festgestellten Sinn haben. Nicht nur der Name der „corps copulés" ist in „corps conjugés" verwandelt, auch die Bedeutung der Sache war wieder geändert worden. Das früher ausführlich besprochene Basizitätsgesetz findet keine Anwendung mehr[2]; jetzt

---

[1] Gerhardt, Traité IV, 604. — [2] Vgl. S. 192.

können auch einbasische Säuren mit neutralen Körpern gepaarte Verbindungen erzeugen; es werden zu diesen eben alle durch Substitution entstehenden Körper (namentlich Säuren) gerechnet, also Substanzen, welche durch Einwirkung von Chlor, Brom, Jod, Salpetersäure, Schwefelsäure usw. auf organische Materien gebildet werden. Die gepaarten Radikale waren demnach, wie wir heute sagen würden, substituierte Radikale; sie umfaßten noch außerdem die metallhaltigen Atomgruppen, wie Kakodyl usw.

Während Gerhardt die Chloressigsäure

$$\left.\begin{array}{l} C_2\,Cl_3\,O \\ H \end{array}\right\} O, \text{ die Pikrinsäure } \left.\begin{array}{l} C_6\,H_2\,(N\,O_2)_3 \\ H \end{array}\right\} O$$

und die Sulfobenzoesäure $\left.\begin{array}{l} C_7\,H_4\,(S\,O_2)\,O \\ H_2 \end{array}\right\} O_2$ usw. in diese Klasse von Körpern zählte, wollten andere Chemiker, wie Mendius[3]), nur Substanzen der letzten Art gepaart nennen, während wieder Andere, wie Limpricht und Uslar[4]), fast alle organische Verbindungen als in diese Kategorie gehörend angesehen haben wollten; es entspann sich darüber eine Diskussion, welche mit der Einführung der gemischten Typen und dem Verlassen der gepaarten Verbindungen endigte.

Schon Gerhardt hatte die Aminsäuren, welche er in seinem Lehrbuche zu den acides conjugés zählt, im Jahre 1853 auf den Typus Ammoniak + Wasser bezogen[5]). Darauf zurückgehend, zugleich aber der Idee eine wesentliche Ausdehnung gebend, zeigt Kekulé 1857, wie durch die Annahme von gemischten Typen die Scheidung zwischen gepaarten und anderen Verbindungen vollständig unnötig wird[6]). Die Möglichkeit dieser Hypothese beruhte auf dem von Williamson 1851 eingeführten Begriff mehrbasischer Radikale; durch diesen ward es verständlich, wie zwei vorher getrennte Moleküle zu einem einzigen vereinigt werden. Williamson hatte durch die Natur des Radikals SO_2 das Zusammentreten von zwei Molekülen Wasser erklärt, wodurch die kondensierten Typen entstanden; Kekulé benutzt diesen

---

[3]) Ann. der Chem. und Pharm. CIII, 39. — [4]) Ibid. CII, 239. — [5]) Vgl. S. 224. — [6]) Ann. der Chem. und Pharm. CIV, 129.

Gedanken zur Aufstellung der gemischten Typen. Er drückt sich dabei folgendermaßen aus: „Eine Vereinigung von mehreren Molekülen kann nur dann stattfinden, wenn durch den Eintritt eines mehratomigen Radikals an die Stelle von zwei oder drei Wasserstoffatomen eine Ursache des Zusammenhaltens stattfindet." Da sich eine unbegrenzte Anzahl von heterogenen Molekülen auf diese Art vereinigen können, so waren selbst die kompliziertesten Verbindungen auf Typen zu beziehen, und man brauchte seine Zuflucht nicht mehr zu gepaarten Radikalen zu nehmen, wie dies auch Kekulé hervorhebt: „Die sogenannten gepaarten Verbindungen sind nicht anders zusammengesetzt, wie die übrigen chemischen Verbindungen; sie können in derselben Weise auf Typen bezogen werden, in welchen Wasserstoff durch Radikale vertreten ist; sie folgen in bezug auf Bildung und Sättigungsvermögen denselben Gesetzen, die für alle chemischen Verbindungen gültig sind."

Zum besseren Verständnis der Kekulé'schen Ansichten lasse ich hier einige der von ihm vorgeschlagenen Formeln folgen:

$$\left.\begin{array}{l} C_6H_5 \\ SO_2 \\ H \end{array}\right\}O \quad \text{be-zogen auf} \quad \left.\begin{array}{l} H \\ H \\ H \\ H \end{array}\right\}O \qquad \left.\begin{array}{l} C_6H_5 \\ SO_2 \\ C_6H_5 \end{array}\right\} \quad \text{be-zogen auf} \quad \left.\begin{array}{l} H \\ H \\ H \\ H \end{array}\right\}O \qquad \left.\begin{array}{l} H \\ SO_2 \\ SO_2 \\ H \end{array}\right\}\begin{array}{l}O\\O\\O\end{array} \quad \text{be-zogen auf} \quad \left.\begin{array}{l} H \\ H \\ H \\ H \\ H \\ H \end{array}\right\}\begin{array}{l}O\\O\\O\end{array}$$

<table>
<tr><td>Sulfobenzolsäure.</td><td>Sulfobenzid.</td><td>Nordh. Schwefelsäure.</td></tr>
</table>

$$\left.\begin{array}{l} H \\ C_2H_4 \\ SO_2 \\ H \end{array}\right\}\begin{array}{l}O\\O\end{array} \qquad \left.\begin{array}{l} C_2H_4 \\ SO_2 \\ SO_2 \end{array}\right\}\begin{array}{l}O\\O\end{array} \qquad \left.\begin{array}{l} H \\ C_7H_4O \\ SO_2 \\ H \end{array}\right\}\begin{array}{l}O\\O\end{array} \quad \text{bezogen auf} \quad \left.\begin{array}{l} H \\ H \\ H \\ H \\ H \\ H \end{array}\right\}\begin{array}{l}O\\O\end{array} \quad \text{usw.}$$

<table>
<tr><td>Isäthionsäure.</td><td>Carbylsulfat.</td><td>Sulfobenzoesäure.</td></tr>
</table>

Interessant ist, wie Kekulé die Reaktion mit Phosphorchlorid benutzt, um die Typen H_2 und H_2O voneinander zu unterscheiden, was ich hier beiläufig anführen will. Kekulé macht darauf aufmerksam, wie durch dieses Reagens der Sauerstoff des Wassers durch zwei Chloratome ersetzt wird, wodurch die diesem

Typus entsprechenden Moleküle zerfallen, während die vom Typus
Wasserstoff ableitbaren erhalten bleiben:

$$\text{Äthylschwefelsäure} \quad \left.\begin{matrix} C_2H_5 \\ SO_2 \\ H \end{matrix}\right\} \begin{matrix} O \\ \\ O \end{matrix} \quad \text{gibt} \quad \frac{\begin{matrix} C_2H_5Cl \\ SO_2Cl_2 \end{matrix}}{HCl}$$

$$\text{während Sulfobenzolsäure} \quad \left.\begin{matrix} C_6H_5 \\ SO_2 \\ H \end{matrix}\right\} O \quad \frac{\begin{matrix} C_6H_5 \\ SO_2Cl \end{matrix}}{HCl} \text{ erzeugt.}$$

Durch die Theorie der gemischten Typen, die äußerste Konsequenz der ganzen Betrachtungsweise, bekam erst das Gerhardtsche System eine einheitliche Gestalt, in welcher es während
mehrerer Jahre die organische Chemie beherrscht hat. Nachdem
aber die Idee der Typen erkannt war[7]), wurden diese selbst
unnötig. Die Typentheorie war nur eine formale Anschauung,
welche ihre Bedeutung verlor, sobald man den geistigen Inhalt
derselben aufgefaßt hatte. Sie war aber notwendig gewesen zur
Entstehung der sich jetzt entwickelnden Ansichten über Atomigkeit. In dieser Beziehung waren namentlich Williamson, Wurtz,
Odling und besonders Kekulé tätig, also Männer, welche schon
an der Aufstellung der Typentheorie wesentlichen Anteil
genommen hatten. Übrigens ward gleichzeitig von ganz anderer
Seite her, von den Gegnern Gerhardt's, den Nachfolgern von
Berzelius, sowohl durch theoretische Spekulationen als auch
durch experimentelle Forschung so bedeutendes in dieser Beziehung geleistet, daß wir, bevor wir uns der Atomizitätstheorie
und den daraus entstehenden Ansichten über die gegenseitigen
Beziehungen der Atome zuwenden, die Bemühungen jener Schule,
welche aus den Trümmern der Berzelius'schen Ansichten hervorgegangen war, näher ins Auge fassen wollen.

Sie müssen mir dabei erlauben, weit zurückzugreifen und die
Tatsachen anzuführen, welche, wie mir scheint, von den Paarlingen
des Berzelius zu den wichtigen Ansichten Kolbe's führten.

Im Anfang der dreißiger Jahre hatte Marchand nachgewiesen[8]), daß die im luftleeren Raum über Schwefelsäure ge-

---

[7]) Ann. de Chim. et de Phys. (3) XLIV, 304; vgl. auch Hunt l. c. —
[8]) Pogg. Ann. der Phys. und Chem. XXVII, 367.

trockneten weinschwefelsauren Salze der alten Serullas'schen Formel[9]) $C_4H_8 + 2SO_3 + MO + H_2O$, $(C = 12, S = 32, O = 16)$ entsprechen. Liebig fand dieselbe bestätigt[10]) und wurde so darauf geführt, die Äthylschwefelsäure mit der Isäthionsäure isomer zu erklären[11]). In dem Verhalten der beiden Säuren gegen Kalihydrat fand er aber sehr wesentliche Unterschiede. Während die erstere dadurch schon beim Kochen in Alkohol und schwefelsaures Kali verwandelt wurde, ging die Zersetzung der letzteren erst beim Schmelzen damit vor sich und gab zur Bildung von schwefelsaurem und schwefligsaurem Salz Veranlassung. Diese Reaktion bewog Liebig, in der Isäthionsäure Unterschwefelsäure anzunehmen. Berzelius, der sich zu Liebig's Anschauung bekannte, benutzte sie zur Einteilung der durch Einwirkung von Schwefelsäure auf organische Körper entstehenden Substanzen in zwei Klassen[12]).

Kolbe versuchte 1844 den geistreichen Gedanken Mitscherlich's[13]), wonach die Sulfoderivate den gewöhnlichen Säuren analog, die ersteren als Schwefelsäure-, die letzteren als Kohlensäureverbindungen aufgefaßt wurden, mit den Berzelius'schen Anschauungen zu vereinigen[14]). Er war damals mit der Untersuchung des von Berzelius und Marcet entdeckten[15]), durch Einwirkung von Chlor auf Schwefelkohlenstoff entstehenden Körpers beschäftigt. Er stellt für ihn die Formel CCl_2SO_2 $(C = 6, O = 8, S = 16)$ fest und nennt ihn schwefligsaures Kohlenchlorid. Durch Behandlung mit Kali verwandelt er den Körper in Chlorkohlenunterschwefelsäure (Trichlormethylsulfonsäure), welche ihrerseits durch Benutzung der Melsens'schen Reaktion[16]), d. h. durch Wasserstoff im status nascens, in Dichlorformylunterschwefelsäure, Chlorformylunterschwefelsäure und Formylunterschwefelsäure über geführt werden. Kolbe faßt diese Verbindungen als mit Trichlorformyl, Dichlorformyl, Chlorformyl und Formyl gepaarte Unterschwefelsäuren auf, indem er schreibt:

---

[9]) Annales de Chimie et de Phys. XXXIX, 153; XLII, 222; Pogg. Ann. der Phys. und Chem. XV, 20. — [10]) Ann. der Chem. und Pharm XIII, 28. — [11]) Vgl. S. 137. — [12]) Ann. der Chem. und Pharm. XXVIII, 1. — [13]) Ibid. IX; 39; Pogg. Ann. XXXI, 283; vgl. auch Mitscherlich, Lehrbuch, 3. Aufl. I, 107 u. 586. — [14]) Ann. der Chem. und Pharm. LIV, 145. — [15]) Gilbert, Ann. XLVIII, 161. — [16]) Vgl. S. 179.

$$C_2\,Cl_3 \quad + S_2\,O_5 + H\,O \;\; \text{Chlorkohlenunterschwefelsäure,}$$
$$C_2\,H\,Cl_2 + S_2\,O_5 + H\,O \;\; \text{Bichlorformylunterschwefelsäure,}$$
$$C_2\,H_2\,Cl + S_2\,O_5 + H\,O \;\; \text{Chlorformylunterschwefelsäure,}$$
$$C_2\,H_3 \quad + S_2\,O_5 + H\,O \;\; \text{Formylunterschwefelsäure.}$$

In ähnlicher Weise gelingt Kolbe die Synthese der Trichloressigsäure, nämlich durch Behandlung des Einfach-Chlorkohlenstoffs mit Chlor im Sonnenlicht bei Gegenwart von Wasser. Er findet so einen Grund für die Berzelius'sche Annahme von Chlorkohlenstoff in der Trichloressigsäure, was dieser ganzen Betrachtungsweise einen wesentlichen Halt gewährt. Gleichzeitig ist jetzt die Analogie des von Dumas entdeckten Körpers mit den von Kolbe dargestellten schwefelhaltigen Verbindungen gegeben, indem man die Trichloressigsäure nach Berzelius schrieb: $C_2\,Cl_3 + C_2\,O_3 + H\,O$. Diese war eine gepaarte Oxalsäure, während die anderen gepaarte Unterschwefelsäuren waren.

Kolbe, wie Berzelius schon früher, gibt eine Vertretung des Wasserstoffs durch Chlor im Paarling zu. Daß eine solche Substitution ohne wesentliche Änderung der Eigenschaften möglich war, sollte darauf beruhen, daß die Natur des Paarlings auf den Charakter der Verbindung nur einen untergeordneten Einfluß ausübe. Kolbe sieht freilich ein, was Berzelius niemals zugegeben hat, daß er dadurch einen wesentlichen Punkt der Substitutionstheorie adoptiert.

Es scheint mir nötig, ausdrücklich zu bemerken, daß Kolbe und auch Frankland, welcher damals mit den Kolbe'schen Ansichten vollständig harmonierte, den Begriff Radikal noch in seiner früheren Bedeutung verstehen. Sie glauben an die Präexistenz gewisser Atomgruppen in Verbindungen, und sind daher weit entfernt mit Gerhardt zuzugeben, daß in einem Körper verschiedene Radikale vorausgesetzt werden können. Sowohl Kolbe wie Frankland stellen sich die Aufgabe, die Konstitution der Verbindungen zu ermitteln, und unterscheiden sich hierdurch wesentlich von den Anhängern der Typentheorie, welche, mit Ausnahme von Williamson[17]), nur Reaktions- oder Umsetzungsformeln schrieben.

---

[17]) Journ. of the chemical Society IV, 350.

Mit der Annahme von abgesonderten Atomgruppen in komplexen Körpern war auch die Idee der Isolierbarkeit derselben verbunden, und so sehen wir denn Kolbe und Frankland schon im Jahre 1848 mit Versuchen beschäftigt, welche die Abscheidung von Radikalen zum Zweck haben[18]), namentlich erschien es Kolbe außerordentlich wünschenswert, die Essigsäure in ihre Paarlinge Methyl- und Oxalsäure zu zerlegen. Mit Hilfe des elektrischen Stromes gelingt es ihm, wenigstens das eine Radikal zu isolieren[19]). Die Essigsäure spaltet sich unter dem Einfluß dieses Agens in Methyl und Kohlensäure. Nach Kolbe verlief die Reaktion in der Art, daß sich die Paarlinge zuerst trennten, und daß dann die Oxalsäure auf Kosten des Sauerstoffs des Wassers in Kohlensäure verwandelt wurde, was die gleichzeitige Wasserstoffentwicklung zu bestätigen schien.

Zugunsten der Ansichten von Kolbe und Frankland sprachen die von Dumas kurz vorher aufgefundene Darstellung von Cyanmethyl durch Erhitzen von essigsaurem Ammoniak mit wasserfreier Phosphorsäure[20]), und die Umsetzung der Nitrile in die zugehörigen Säuren, welche von Frankland und Kolbe ausgeführt wurde[21]).

Durch Frankland's Isolierung des Äthyls aus dem Jodäthyl mittels Zink[22]) schien diesem Forscher jeder Zweifel über die Richtigkeit seiner und Kolbe's Anschauungsweise gehoben. Die Äthyltheorie in der von Liebig 1835 ausgesprochenen Form sollte jetzt wieder ihre alte Stellung einnehmen. „Die Isolierung der zusammengesetzten Radikale lieferte — nach Frankland — einen vollständigen und befriedigenden Beweis der Richtigkeit dieser Theorie[23]).“

Diese Reihe von Untersuchungen, zwischen den Jahren 1844 und 1850 ausgeführt, rehabilitierte die Paarlingstheorie. Wenn sie auch einstweilen nur für eine kleine Klasse von Körpern durch die Reaktionen gerechtfertigt schien, so war sie es doch für die

---

[18]) Ann. der Chem. und Pharm. LXV, 271. — [19]) Ibid. LXIX, 257. — [20]) Compt. rend. XXV, 383 und 473; Ann. der Chem. und Pharm. LXIV, 332. — [21]) Ann. der Chem. und Pharm LXV, 288. — [22]) Ibid. LXXI, 171. — [23]) Ibid. LXXIV, 63.

wichtigsten Verbindungen, für diejenigen nämlich, welche Berzelius zur Aufstellung seiner Ansichten bewogen hatten. Das Experiment hatte gezeigt, daß die Annahme von Methyl in der Essigsäure, von Chlorkohlenstoff in der Trichloressigsäure, von Äthyl im Alkohol usw. ihre Begründung hatte, und bald war es offenbar, daß der von Kolbe und Frankland betretene Weg noch zu vielen glänzenden Entdeckungen führen sollte.

Mit der Isolierung des Äthyls aus dem Jodäthyl beschäftigt, entdeckte Frankland das Zinkäthyl[24]), einen Körper, der sowohl durch seine physikalischen wie durch seine chemischen Eigenschaften das größte Interesse verdiente. Seit der Auffindung dieser Verbindung waren die Bemühungen einer nicht geringen Zahl von Chemikern darauf gerichtet, dieselbe zu synthetischen Bildungen nutzbar zu machen[25]), und wenn sie auch nicht alle Hoffnungen rechtfertigte, die man an sie geknüpft, so gibt es doch wenige Körper in der organischen Chemie, die in jener Zeit so vielfach zu Untersuchungen benutzt wurden. An die Entdeckung des Zinkäthyls schließen sich die Darstellungen der anderen metallorganischen Radikale an: die Entdeckung des Telluräthyls verdanken wir Wöhler[26]), die Antimonverbindungen wurden von Löwig und Schweitzer gefunden[27]), die mit Zinn verbundenen kohlenstoffhaltigen Gruppen von Frankland[28]) und gleichzeitig von Löwig[29]); das Quecksilberäthyl wurde von Frankland[30]), das Aluminiumäthyl ward von Cahours dargestellt[31]), aber erst von Buckton und Odling studiert[32]). Sehr wichtig war dann noch die Entdeckung des Kalium- und Natriumäthyls, welche Wanklyn machte[33]), während Friedel und Crafts[34]), die Gewinnung von Siliciumäthyl lehrten usw.

---

[24]) Ann. der Chem. und Pharm. LXXI, 213. — [25]) Pebal und Freund, ibid. CXVIII, 1; Wurtz, Compt. rend. LIV, 387; Ann. der Chem. und Pharm. CXXIII, 202; Rieth und Beilstein CXXIV, 242, CXXVI, 241; Alexeyeff und Beilstein, Compt. rend. LVIII, 171; Butlerow, Zeitschrift für Chemie 1864, 384 und 702; Friedel und Ladenburg, Ann. der Chem. und Pharm. CXLII, 310; Lieben, ibid. CXLVI, 180 usw. — [26]) Ann. der Chem. und Pharm. XXXV, 111 und LXXXIV, 69. — [27]) Ibid. LXXV, 315. — [28]) Ibid. LXXXV, 332. — [29]) Ibid. LXXXIV, 308. — [30]) Ibid. LXXVII, 224. — [31]) Ibid. CXIV, 227 und 354. — [32]) Ibid. Supplementband IV, 109. — [33]) Ibid. CVIII, 67. — [34]) Ibid. CXXVII, 31.

Ich habe absichtlich diese Verbindungen hier hervorgehoben, denn sie haben auf die weitere Entwicklung der Theorie von den gepaarten Radikalen entschieden Einfluß ausgeübt. Kolbe war der Erste welcher das Kakodyl richtig interpretierte; er nennt es mit Arsen gepaartes Methyl $As\overparen{C}H_3$ ($C=6$)[35]); wenn wir auch heute das Wort „gepaart" nicht mehr gebrauchen, so sind wir doch dieser Auffassung sonst treu geblieben, und die Vorstellung, die wir jetzt über den Zusammenhalt des Metalls mit dem Radikal haben, ist nicht viel anders geworden.

Eine ähnliche Anschauungsweise legt Kolbe allen organischen Verbindungen zugrunde; sämtliche enthalten gepaarte und zwar meist mit Kohlenstoff gepaarte Radikale. So nimmt er in der Essigsäure und den verwandten Verbindungen das Radikal $C_2\overparen{}C_2H_3$ an, welches er nach dem Vorgang Liebig's Acetyl nennt[36]), und schreibt:

$$(C_2H_3)\overparen{}C_2O, \ HO \quad \text{Aldehyd,}$$
$$(C_2H_3)\overparen{}C_2O_3, HO \quad \text{Essigsäure,}$$
$$(C_2H_3)\overparen{}C_2Cl_3 \qquad \text{Regnault's Acetylchlorür}[37]),$$
$$(C_2H_3)\overparen{}C_2 \ {\begin{cases} O_2 \\ NH_2 \end{cases}} \quad \text{Acetamid } (C=6, \ O=8).$$

Wenn sich auch die Formel der Essigsäure nicht wesentlich von der durch Berzelius vorgeschlagenen unterscheidet, so war in den diesen Symbolen zugrunde liegenden Anschauungen viel neues und wertvolles. Kolbe macht jetzt z. B. darauf aufmerksam, daß die vier Kohlenstoffäquivalente der Essigsäure (Äquivalent im Sinne Gmelin's) nicht gleichwertig, daß zwei derselben als Methyl darin enthalten sind, während die beiden anderen den Angriffspunkt für die Verwandtschaft des Sauerstoffs bilden.

Aus der Formel der Essigsäure erhält man die der übrigen fetten Säuren mittels Ersetzung des Methyls durch Äthyl, Propyl, Amyl usw., in der Benzoësäure vertritt das Radikal Phenyl die Stelle des Methyls der Essigsäure; überhaupt bedient sich Kolbe

---

[35]) Ann. der Chem. und Pharm. LXXV, 211 und LXXVI, 1. — [36]) Vgl. S. 144. — [37]) Ann. der Chem. und Pharm. XXXIII, 319.

wie **Gerhardt** der sogenannten homologen und isologen Radikale als einander gleichwertiger Gruppen.

Im Alkohol, den **Kolbe** wie **Liebig**, nur mit anderen Atomgewichten, schreibt $(C_4 H_5)$ $O, H O$, wird das Radikal Äthyl vorausgesetzt; bei der Oxydation spaltet sich dasselbe in $C_2 H_3$ und $C_2 H_2$; letzteres wird dann weiter in $C_2 O_2$ umgewandelt. Diese Erklärung ist kompliziert im Vergleich mit der von **Williamson** gegebenen Auffassung; doch führte dieselbe später (vgl. 12. Vorl.) zu wichtigen Schlüssen.

Leblanc's Monochlor-[38]) und **Dumas'** Trichloressigsäure formulierte **Kolbe**:

$$ HO \left(C_2 \left\{ {H_2 \atop Cl} \right\} \right) C_2,\ O_3 \quad \text{und} \quad HO\ (C_2\ Cl_3)\ C_2,\ O_3. $$

Viel komplizierter werden die Symbole für die durch Einwirkung von Schwefelsäure auf organische Säuren entstehenden Produkte; die Schreibweise nähert sich hier der von **Dumas** und **Piria** für die „acides conjugés" eingeführten[39]); so wird z. B.

$$ \text{Sulfoessigsäure}\ 2 HO \left\{ C_2 \left\{ {H_2 \atop {S O_2 \atop S O_3}} \right\} C_2,\ O_3 \right\} $$

Kolbe ist damals noch nicht entschieden, ob er die Existenz zweibasischer Säuren zugeben soll und behält deshalb noch die alten Formeln bei; danach ist

Oxalsäure $H O,\ C_2 O_3$ und Bernsteinsäure $H O,\ (C_2 H_2)\ C_2 O_3$.

Erwähnt zu werden verdient, daß **Kolbe** in Anis- und Salicylsäure sauerstoffhaltige Radikale annimmt, daß er also in diesem Punkt damals nicht mehr an **Berzelius** festhält.

Neben den gepaarten Metall- und Kohlenstoffradikalen kennt **Kolbe** noch die schwefelhaltigen Radikale und hierdurch bleibt die schon früher hervorgehobene Analogie zwischen den gewöhnlichen und den Sulfosäuren bestehen. So ist z. B.:

<table>
<tr><td align="center">$HO\ (C_2\ Cl_3)\ S_2,\ O_5$</td><td align="center">$HO\ (C_2\ Cl_3)\ C_2,\ O_3$</td></tr>
<tr><td align="center">Chlorkohlenunterschwefelsäure</td><td align="center">Chlorkohlenoxalsäure</td></tr>
<tr><td align="center">Trichlormethylsulfosäure</td><td align="center">Trichloressigsäure</td></tr>
</table>

---

[38]) Annales de chim. et de Phys. (3) X, 212. — [39]) Ann. der Chem. und Pharm. XLIV, 66.

Die hier besprochene Abhandlung Kolbe's bildet die vollständige Grundlage eines chemischen Systems, woraus ich hier nur das Wichtigste hervorheben konnte. Dabei wird versucht, die Theorie der Radikale aufrecht zu erhalten, doch hat der Begriff derselben wesentliche Änderungen erfahren. So muß jetzt ihre Substitutionsfähigkeit zugegeben werden, wodurch sie aus ihrer Ausnahmestellung herauskommen. Außerdem waren die gepaarten Radikale hinzugefügt worden, welche freilich nicht scharf definiert werden.

Kolbe versucht die elektrochemische Theorie zu retten, doch muß er sehr wesentliche Zugeständnisse an Berzelius' Gegner machen; es sollen zwischen den Bestandteilen einer Verbindung elektrische Gegensätze bestehen, doch bleibt es unentschieden, welches der positive und welches der negative Bestandteil ist, eben weil Kolbe voraussetzt, daß dasselbe Element verschiedene elektrochemische Eigenschaften haben könne, für welche Annahme die Berechtigung in der Existenz von allotropen Zuständen der Elemente gefunden wird. Aber gerade der von Kolbe zugegebene Satz war der Angelpunkt des Streites gewesen, und so hatte es sich nur wieder von neuem herausgestellt, daß Berzelius' Theorie in der alten Form nicht mehr haltbar war.

Außer Frankland hatte Kolbe nur wenige namhafte Anhänger aufzuweisen, und als Ersterer 1852 wesentliche Änderungen in dem Begriff der Paarung machte, konnte auch Kolbe, den Tatsachen Rechnung tragend, nicht umhin, seine Ansichten zu modifizieren. Die neuen Hypothesen, die er jetzt aufstellt, nähern sich schon weit mehr der typischen Auffassung, wenn auch seine Ausdrucks- und Schreibweise ihm eigentümlich ist. In Beziehung auf die Grundprinzipien steht Kolbe's System gegen das von Gerhardt vorgeschlagene zurück, namentlich weil es die Unterscheidung zwischen Molekül, Atom und Äquivalent nicht enthält, doch hat es auch wieder Vorzüge diesem gegenüber, die ich besonders in der größeren Bedeutung, welche man den Formeln beilegt, und in der Auflösung der kohlenstoffhaltigen Radikale in einfachere zu finden glaube.

Soeben (S. 234) habe ich hervorgehoben, daß nach Kolbe's Anschauung das paarende Radikal (oder Element) auf die Natur der Verbindung von nur untergeordnetem Einfluß sein sollte; Frankland greift diesen Satz 1852 an [40]), und es gelingt ihm, Kolbe von der Unhaltbarkeit desselben zu überzeugen.

Frankland rechtfertigt seine Ansichten namentlich durch Hinweis auf die metallhaltigen Radikale. Bei der Paarung des Arsens mit dem Methyl ändert ersteres nach Frankland seine Sättigungskapazität. Während es im freien Zustande die Fähigkeit besitzt, sich mit 5 Atomen Sauerstoff zu verbinden, enthält die höchste Oxydationsstufe des Kakodyls nur 3 Atome dieses Elementes. Zu ganz ähnlichen Reflexionen geben die übrigen organischen Metallverbindungen Veranlassung, und Frankland wird hierdurch zu folgenden wichtigen Bemerkungen geführt [41]): „Betrachtet man die Formeln der anorganischen chemischen Verbindungen, so fällt selbst einem oberflächlichen Beobachter die allgemein herrschende Symmetrie in diesen Formeln auf. Namentlich die Verbindungen von Stickstoff, Phosphor, Antimon und Arsen zeigen die Tendenz dieser Elemente, Verbindungen zu bilden, in welchen 3 oder 5 Äquivalente anderer Elemente enthalten sind, und nach diesen Verhältnissen wird den Affinitäten jener Körper am besten Genüge geleistet. So haben wir nach dem Äquivalentverhältnis 1 zu 3 die Verbindungen NO_3, NH_3, NJ_3, NS_3, PO_3, PH_3, PCl_3, SbO_3, $SbCl_3$, AsH_3, AsO_3, $AsCl_3$ usw., und nach dem Äquivalentverhältnis 1 zu 5 die Verbindungen NO_5, NH_4O, NH_4J, PO_5, PH_4J usw.

„Ohne eine Hypothese hinsichtlich der Ursache dieser Übereinstimmung in der Gruppierung der Atome machen zu wollen, erhellt es aus den eben angeführten Beispielen hinlänglich, daß eine solche Tendenz oder Gesetzmäßigkeit herrscht, und daß die Affinität des sich verbindenden Atoms der eben genannten Elemente stets durch dieselbe Zahl der zutretenden Atome ohne Rücksicht auf den chemischen Charakter derselben

---

[40]) Ann. der Chem. und Pharm. LXXXV, 330. — [41]) Ibid. LXXXV, 368 (1853).

befriedigt wird. Es war vermutlich ein Durchblicken der Wirkung dieser Gleichmäßigkeit in den komplizierteren organischen Gruppen, welches Laurent und Dumas zur Aufstellung der Typentheorie führte, und hätten diese ausgezeichneten Chemiker ihre Ansichten nicht über die Grenzen ausgedehnt, innerhalb welcher sie durch die damals bekannten Tatsachen Unterstützung fanden, hätten sie nicht angenommen, daß die Eigenschaften einer organischen Verbindung nur von der Stellung und in keiner Weise von der Natur der einzelnen Atome abhängen, so würde diese Theorie unzweifelhaft noch mehr zur Entwicklung der Wissenschaft beigetragen haben, als bereits geschehen ist. Eine solche Annahme konnte nur zu einer Zeit gemacht werden, wo die Tatsachen, auf welche sie gegründet wurde, wenig zahlreich und unvollkommen bekannt waren, und so wie die Untersuchung der Substitutionserscheinungen fortschritt, wurde jene Annahme unhaltbar und die Fundamentalsätze der elektrochemischen Theorie traten wieder hervor. Die Bildung und Untersuchung der organischen Verbindungen, welche Metalle enthalten, verspricht eine Vermittlung zwischen beiden Theorien bewirken zu helfen, welche so lange Zeit die Ansichten der Chemiker entzweiten und die allzu vorschnell als unverträglich miteinander betrachtet wurden, denn während es klar ist, daß gewisse Typen von Verbindungsreihen existieren, ist es andererseits ebenso klar, daß die Natur einer von dem Originaltypus sich ableitenden Substanz wesentlich von dem elektrochemischen Charakter der darin enthaltenen einzelnen Atome und nicht lediglich von der relativen Stellung dieser Atome abhängt." Schließlich wird dann noch hervorgehoben, daß[42] „das Stibäthin ein bemerkenswertes Beispiel sei für die schon erwähnte Gesetzmäßigkeit der Verbindungen nach symmetrischen Formeln, und daß es die Bildung einer fünfatomigen Gruppe aus einer, welche drei Atome enthält, zeigt, indem es sich mit zwei Atomen von gleichem oder entgegengesetztem chemischen Charakter vereinigen kann".

---

[42]) Ann. der Chem. und Pharm. LXXXV, 371.

Frankland hat hierdurch die Idee der Paarung aufgegeben; Kakodyl betrachtet er jetzt als Schwefelarsen, dessen beide Schwefelatome durch 2 Methyl vertreten sind; er nimmt die Typentheorie, wenn auch in einer etwas anderen Form, an, und wenn er glaubt, er unterscheide sich von den ausgesprochenen Anhängern derselben noch wesentlich, da er nicht wie sie annähme, „daß die Eigenschaften einer Verbindung nur von der Stellung und in keiner Weise von der Natur der einzelnen Atome abhängen“, so kann ich ihm hierin nicht völlig beistimmen. Seit den Untersuchungen Hofmann's[43]) über substituierte Basen war selbst für Laurent der Begriff der Substitution nicht mehr in dem absoluten Sinne vorhanden, in welchem er ihn einst ausgesprochen hatte[44]). Die schon vorher von Malaguti dargestellten gechlorten Äther[45]) waren in keiner Weise mit einer vollständigen Unveränderlichkeit des Typus in Einklang zu bringen, und wenn Williamson Äther, Alkohol und Essigsäure auf das Wasser bezieht, so war es doch augenfällig, daß er das Wort Typus mehr im Sinne der mechanischen als der chemischen Typen gebrauchte.

Mit dieser Abhandlung Frankland's war der erste Schritt zu einer Annäherung der bisher getrennten Schulen geschehen, der Weg zum gegenseitigen Verständnis geboten. Derselbe sollte zu einer Verschmelzung der verschiedenen Ansichten führen, aus der sich dann die Theorie der Valenz entwickelte. Für die Typiker war Frankland's Übertritt ein Gewinn, denn er brachte ihnen fremde Anschauungen mit, welche sich vortrefflich verwerten ließen. Ich will nicht behaupten, daß jene den letzten großen Schritt, die Unterscheidung der Atome nach ihrer Valenz, nicht auch sebständig hätten tun können. So wie die Entwicklung wirklich erfolgte, ist der Einfluß Kolbe's und namentlich auch Frankland's auf die Vertreter der Gerhardt-Williamson'schen Schule (Wurtz, Kekulé und Olding) kaum zu verkennen. Beides war nötig, um die Bedeutung der Formeln zu

---

[43]) Ann. der Chem. und Pharm. LIII, 1. — [44]) Compt. rend. par Laurent et Gerhardt 1845. — [45]) Ann. der Chem. und Pharm. XXIV, 40, LVI, 268.

dem zu machen, was sie später wurde, zumal da Williamson, der Einzige welcher damals schon mehr als Umsetzungsformeln schreiben wollte, sich von der weiteren Entwicklung der Chemie fernhielt.

Zweckmäßig dürfte es sein, Ihnen den durch Frankland vorbereiteten Übergang der Paarlingstheorie zu einer typischen Anschauung gleich jetzt darzulegen; ich brauche dann, wenn ich auf die Atomizitätsbetrachtungen und Strukturformeln eingehe, mich nur auf Kolbe's Ansichten zu beziehen, und kann seinen Einfluß besser hervorheben.

Es war für Kolbe keine leichte Aufgabe, Frankland in seinen neuesten Entwicklungsstufen zu folgen; annehmen, daß die Affinität der Elemente stets durch dieselbe Zahl von Atomen ohne Rücksicht auf deren chemischen Charakter gesättigt werde, hieß die elektrochemische Theorie vollständig aufgeben, hieß erklären, daß die elektrochemische Natur der Elemente ohne Einfluß sei auf die Entstehung von Verbindungen. Dazu konnte sich Kolbe nicht sofort entschließen [46]); in seinem Lehrbuch sucht er, die Prämissen der Frankland'schen Argumentation anerkennend, diese durch neue Hypothesen mit den elektrochemischen Grundsätzen zu vereinigen [47]), und erst im Jahre 1857 bekennt er sich

---

[46]) Kolbe, Lehrbuch der Chemie 1854, I, 20 u. ff. — [47]) Als Beleg für diesen Satz, den Kolbe als irrtümlich angriff (Journal f. prakt. Chemie (2) XXIII, 365) lasse ich folgende Stelle aus Kolbe's Lehrbuch I, 23 folgen: „Frankland hat folgern zu müssen geglaubt, daß in dem Kakodyl, Stibmethyl, Stannäthyl u. a. eine wahre Vertretung verschiedener Sauerstoffatome durch ebensoviel Methyl oder Äthyl stattfinde, mit anderen Worten, daß die Kakodylsäure Arseniksäure sei, welche 2 At. Methyl an der Stelle von 2 At. Sauerstoff enthalte, und daß das Stannäthyloxyd nach der rationellen Formel $Sn\ \overset{C_4 H_5}{\underset{O}{}}$ zusammengesetzt betrachtet werden müsse, worin sich die Substitution von 1 At. Sauerstoff durch 1 At. Äthyl ausspricht. So wenig man dieser Annahme beistimmen kann, so läßt sich doch nicht bezweifeln, daß hier eine Gesetzmäßigkeit obwaltet. Berücksichtigung verdient vielleicht der Umstand, daß, wie bekannt, gerade diejenigen Elemente, welche in der elektrochemischen Spannungsreihe dem Kalium zunächst stehen, nämlich die Metalle der Alkalien und alkalischen Erden, sich mit Sauerstoff in nur wenigen Proportionen verbinden, während die auf der entgegengesetzten Seite, wie Chlor, Schwefel, Stickstoff, Phosphor usw.,

zu **Franklands** Auffassungen [48]), welche er weiter ausführt und namentlich für die organische Chemie verwertet. Die eingehende Darlegung der so gewonnenen Anschauungen gibt er aber erst 1859 in seiner an neuen Ideen reichen Abhandlung: „Über den Zusammenhang der organischen und anorganischen Verbindungen [49]).“

Frankland hatte die metallhaltigen Radikale mit den entsprechenden Oxyden verglichen; **Kolbe** sagt jetzt aus, daß „die organischen Körper durchweg Abkömmlinge anorganischer Verbindungen sind und aus diesen zum Teil durch einfache Substitutionen entstehen“. Indem er einen von **Liebig** hingeworfenen Gedanken [50]) ausführt, leitet er die Kohlenstoffverbindungen von der Kohlensäure, die Schwefelverbindungen von der Schwefelsäure ab. Die experimentellen Grundlagen zu diesen Anschauungen gehören teils **Mitscherlich** [51]) teils ihm selbst (vgl. S. 233 u. f.), teils **Wanklyn** [52]) an, dem es gelungen war, aus Natriumäthyl und Kohlensäure Propionsäure darzustellen.

Kolbe bediente sich schon damals, wie auch noch lange nachher, der **Gmelin**'schen Atom- oder Äquivalentgewichte, indem er gleichzeitig die Molekulargrößen der meisten Verbindungen, den Bestimmungen von **Gerhardt**, **Laurent** und **Williamson** gemäß adoptiert. Demnach schreibt er die Kohlensäure $C_2 O_4$ und leitet von diesem Anhydrid scheinbar die organischen Verbindungen wie Säure, Aldehyde, Acetone, Alkohole usw. ab. Ich sage „scheinbar“, denn ich werde nachher zeigen, daß dem nicht so ist, vorerst aber gebe ich **Kolbe**'s System in der von ihm gebrauchten Form.

umgekehrt Sauerstoff gerade in sehr vielen Verhältnissen aufnehmen. Wenn daher eins dieser Elemente durch Paarung mit Wasserstoff oder mit Ätherradikalen hinsichtlich seines elektrochemischen Charakters und seiner Affinitäten dem Kalium näher rückt, so wird man seine Eigenschaft, jetzt weniger Sauerstoffatome zu binden, als zuvor, als Folge dieser veränderten Stellung in der elektrochemischen Spannungsreihe vielleicht weniger befremdend finden, wenngleich damit noch keineswegs erklärt ist, wie es kommt, daß sich die Zahl der Paarlings- und Sauerstoffatome zu einer bestimmten Zahl regelmäßig ergänzt.“

[48]) Ann. der Chem. und Pharm. CI., 257. — [49]) Ibid. CXIII, 293. — [50]) Ibid. LVIII. 337. — [51]) Ibid. IX, 39. — [52]) Ibid. CVII, 125.

In der Kohlensäure werden intra- und extraradikale Sauerstoffatome unterschieden und dieselbe deshalb $(C_2O_2)O_2$ geschrieben, indem das Kohlenoxyd als Radikal der Kohlensäure aufgefaßt wird. Wird darin ein extraradikales Sauerstoffatom durch Wasserstoff oder ein Alkoholradikal ersetzt, so erhält man die Reihe der fetten Säuren.

$$HO, H \qquad (C_2O_2)O \quad . \quad . \quad \text{Ameisensäure,}$$
$$HO, C_2H_3 \quad (C_2O_2)O \quad . \quad . \quad \text{Essigsäure usw.}$$

Wird auch das zweite Sauerstoffatom durch ein Alkoholradikal ersetzt, so entsteht ein Keton; wird es durch Wasserstoff vertreten, ein Aldehyd:

$$\left.\begin{array}{l} H \\ C_2H_3 \end{array}\right\} C_2O_2 \text{ Aldehyd} \qquad \left.\begin{array}{l} C_2H_3 \\ C_2H_3 \end{array}\right\} C_2O_2 \text{ Aceton.}$$

Durch Substitution von drei Sauerstoff- durch drei Wasserstoff- oder auch durch zwei Wasserstoffatome und ein Radikal erhält man die Alkohole:

$$HO \quad H_3 \quad C_2, O \quad . \quad . \quad \text{Methylalkohol,}$$
$$HO \quad \left.\begin{array}{l} H_2 \\ {}_{C_2}H_3 \end{array}\right\} C_2, O \quad . \quad . \quad \text{Äthylalkohol usw.}$$

Faßt man diese Ableitung näher ins Auge, so wird man erkennen, daß Kolbe's Verfahren nicht vollständig gerechtfertigt ist. Durch Vertretung eines Sauerstoffatoms der Kohlensäure durch Wasserstoff entsteht HC_2O_3 und nicht Ameisensäure. Kolbe hat eben von den Dualisten den Mißbrauch übernommen, HO bald hinzuzufügen, bald wegzulassen. Freilich gibt er einen Grund für sein Verfahren an, indem nach ihm die Basizität einer Verbindung (also auch die Zahl von HO) durch die Zahl der extraradikalen Sauerstoffatome bestimmt ist; so ist Salpetersäure einbasisch, denn sie ist $(NO_4)O$; Schwefelsäure zweibasisch, weil sie zwei extraradikale Sauerstoffatome enthält $(S_2O_4)O_2$; die Phosphorsäure ist dreibasisch $(PO_2)O_3$.

Da nach dieser Auffassungsweise jedes Sauerstoffatom außerhalb des Radikals einmal HO mit sich führt, wird, wenn Kolbe von der Vertretung eines solchen spricht, stets $O + OH = O_2H$ substituiert und so aufgefaßt läßt sich die Betrachtung streng logisch durchführen. Man muß aber dann von dem hypothetischen Kohlensäurehydrat $2HO, (C_2O_2)O_2$ ausgehen.

Durch Vertretung von

O_2H	durch H	erhält man	$HO, H(C_2O_2)O$ Ameisensäure,		
O_2H	„ C_2H_3	„ „	$HO, (C_2H_3)(C_2O_2)O$ Essigsäure,		

$2\,O_2H$ „ H_2 „ „ $\left.\begin{array}{l}H\\H\end{array}\right\}C_2O_2$ . . Methylaldehyd,

$2\,O_2H$ „ $(C_2H_3)_2$ „ „ $\left.\begin{array}{l}C_2H_3\\C_2H_3\end{array}\right\}C_2O_2$. Aceton,

O_2H durch H u. von O_2 durch H_2 HO, H_3C_2, O . Methylalkohol,

O_2H durch C_2H_3 u. v. O_2 durch H_2 $HO, \left.\begin{array}{l}H_2\\C_2H_3\end{array}\right\}C_2, O$ Äthylalkohol.

Beim Übergang der Alkohole in die zugehörigen Säuren werden die beiden Wasserstoffatome wieder durch Sauerstoffäquivalente ersetzt. Kolbe's Anschauung ist jetzt bestimmter als Williamson's. Während dieser einen Übergang des Radikals C_2H_5 ($C = 12$) in C_2H_3O annimmt, entsteht nach Kolbe aus

$$C_2\left\{\begin{array}{l}H\\H\\C_2H_3\end{array}\right. , \quad C_2\begin{array}{l}O_2\\C_2H_3\end{array} .$$

Der Unterschied ist wesentlich und führt Kolbe zu der Prognose einer neuen Klasse von Alkoholen, welche er mit folgenden Worten ankündigt [53]): Faßt man die Formeln ins Auge, durch welche ich die rationelle Zusammensetzung der Essigsäure, des zugehörenden Aldehyds und Alkohols ausgedrückt habe, nämlich:

$$HO\,(C_2H_3)\,(C_2O_2)O \text{ Essigsäure,}$$

$$\left.\begin{array}{l}C_2H_3\\H\end{array}\right\}C_2O_2 \ . \text{ Aldehyd,}$$

$$HO\left.\begin{array}{l}C_2H_3\\H_2\end{array}\right\}C_2,O \ . \text{ Alkohol,}$$

so versteht man auf den ersten Blick, wie es kommt, daß von den fünf Wasserstoffatomen im Äthyloxyd des Alkohols bei der Oxydation des letzteren nur zwei Wasserstoffatome und daß beim Aldehyd nur ein Wasserstoffatom substituiert werden. Es sind eben die selbständig in dem Alkohol und Aldehyd stehenden Wasserstoffatome, welche den oxydierenden Einflüssen unterliegen, und welche sich dem Sauerstoff als viel leichter zugängliche Angriffs-

---

[53]) **Ann. der Chem. und Pharm. CXIII, 305, 1860.**

punkte darbieten, als die übrigen im Methylradikal fester gebundenen Wasserstoffatome.

„Obige Vorstellung von der chemischen Konstitution der Alkohole eröffnet uns die Aussicht auf die Entdeckung einer neuen Körperklasse, welche, den Alkoholen bezüglich ihrer Zusammensetzung nahe verwandt, mit diesen voraussichtlich auch einige Eigenschaften teilen werden, in manchen wesentlichen Punkten sich aber verschieden verhalten müssen."

Auch diese neuen Körper lassen sich aus der Kohlensäure oder den fetten Säuren durch Substitution erhalten.

Man hat:

$$2\,HO\,(C_2O_2),\ O_2 \quad . \ . \quad \text{Kohlensäure,}$$

$$HO\quad C_2H_3\,(C_2O_2)\ O \quad \text{Essigsäure,}$$

$$HO\ \left.\begin{matrix}H\\ (C_2H_3)_2\end{matrix}\right\}\ C_2,\ O \quad \text{Einfach methylierter Alkohol,}$$

$$HO\ (C_2H_3)_3\quad C_2,\ O \quad \text{Zweifach methylierter Alkohol.}$$

Kolbe geht so weit, das chemische Verhalten dieser hypothetischen Körper voraus zu sagen, nach ihm muß nämlich der einfach methylierte Alkohol durch Oxydation Aceton liefern, mittels einer Reaktion, welche dem Übergang der normalen Alkohole in Aldehyde analog ist:

$$HO\ \left.\begin{matrix}C_2H_3\\ H_2\end{matrix}\right\}\ C_2,O\ \text{gibt}\ \left.\begin{matrix}C_2H_3\\ H\end{matrix}\right\}\ C_2O_2\quad \text{Aldehyd,}$$

$$HO\ \left.\begin{matrix}C_2H_3\\ C_2H_3\\ H\end{matrix}\right\}\ C_2\,O\ \text{gibt}\ \left.\begin{matrix}C_2H_3\\ C_2H_3\end{matrix}\right\}\ C_2O_2\quad \text{Aceton.}$$

Diese Voraussetzungen haben sich in der glänzendsten Weise gerechtfertigt und haben dadurch auf die Entwicklung der Konstitutionsbetrachtungen maßgebenden Einfluß ausgeübt, weshalb ich in der nächsten Vorlesung wieder darauf zurückkommen muß.

Die Existenz mehrbasischer Säuren gibt Kolbe jetzt zu; sie entstehen nach ihm aus zwei „Atomen" Kohlensäure durch Vertretung von zwei extraradikalen Sauerstoffen (also von zweimal O_2H) durch zweiatomige Radikale wie Äthylen, Phenylen usw.[54]). Es ist

---

[54]) Die Annahme von mehratomigen Alkoholradikalen verdanken wir nicht Kolbe, sondern, wie aus den folgenden Entwicklungen hervorgeht, Williamson und Wurtz.

$$\text{Bernsteinsäure} \quad 2\,HO(C_4\,H_4) \left\{\begin{matrix} C_2\,O_2 \\ C_2\,O_2 \end{matrix}\right\} O_2$$

$$\text{Phtalsäure} \quad 2\,HO(C_{12}\,H_4) \left\{\begin{matrix} C_2\,O_2 \\ C_2\,O_2 \end{matrix}\right\} O_2.$$

Ebenso leiten sich die dreibasischen Säuren aus drei Atomen Kohlensäure ab durch Vertretung von drei Sauerstoffatomen durch dreiwertige Radikale.

Von den übrigen höchst interessanten Erörterungen, welche die Abhandlung enthält, erwähne ich noch die Auffassung der Sulfosäuren, bei denen auch jetzt wieder die schon früher betonte Analogie mit den Carbonsäuren hervortritt. Gerade wie diese aus der Kohlensäure entstehen, derivieren jene von der Schwefelsäure. Man hat:

$$2\,HO(S_2\,O_4)O_2 \quad .\;.\quad \text{Schwefelsäure,}$$
$$HO(C_2\,H_3)(S_2\,O_4)O \quad \text{Methylschwefelsäure,}$$
$$HO(C_{12}\,H_5)(S_2\,O_4)O \quad \text{Benzolschwefelsäure.}$$

Die zweibasischen Sulfosäuren entstehen aus zwei Atomen Schwefelsäure:

$$2\,HO(C_2\,H_2) \left(\begin{matrix} S_2\,O_4 \\ S_2\,O_4 \end{matrix}\right) O_2 \quad \text{Disulfometholsäure,}$$

$$2\,HO(C_{12}\,H_4) \left(\begin{matrix} S_2\,O_4 \\ S_2\,O_4 \end{matrix}\right) O_2 \quad \text{Disulfobenzolsäure.}$$

Kolbe kennt außerdem intermediäre Säuren, welche sich von einem Atom Kohlensäure und einem Atom Schwefelsäure ableiten; dahin gehören die Essigschwefelsäure und Benzoëschwefelsäure:

$$2\,HO(C_2\,H_2) \left(\begin{matrix} C_2\,O_4 \\ S_2\,O_4 \end{matrix}\right) O_2 \quad \text{Essigschwefelsäure,}$$

$$2\,HO(C_{12}\,H_4) \left(\begin{matrix} C_2\,O_2 \\ S_2\,O_4 \end{matrix}\right) O_2 \quad \text{Benzoëschwefelsäure.}$$

Diese Auffassung gibt eine einfache Erklärung der von Buckton und Hofmann beobachteten Überführung der Essigschwefelsäure, eigentlich des Acetonitrils in Disulfometholsäure bei Behandlung mit Schwefelsäure [55]. Es wird dabei $C_2\,O_2$ durch $S_2\,O_4$ ersetzt.

---

[55]) Ann. der Chem. und Pharm. C, 129.

Auf die anderen Punkte dieser höchst bedeutenden Abhandlung kann ich hier nicht eingehen, muß Ihnen aber das Studium derselben anraten, da sie voll genialer Ideen ist. Freilich sind auch Ansichten darin vertreten, zu denen ich mich nicht bekennen kann. So hat z. B. Kolbe den Begriff der Mehratomigkeit nicht in der Weise aufgefaßt, wie ihn Williamson festgestellt hatte, sonst könnte er nicht fragen, warum nicht auch Aminsäuren mit einbasischem Radikal existieren, wenn man wie Gerhardt und Kekulé diese auf den Typus $NH_3 + H_2O$ bezieht[56]). Es kann sich daher nicht darum handeln zu diskutieren, ob Kolbe nicht vor Kekulé die Vieratomigkeit des Kohlenstoffs erkannt habe. Wenn Ersterer auch unbestreitbare Verdienste um die Entstehung der Konstitutions- oder, wie man nach Butlerow sagt, Strukturformeln hat, so ist doch sein Anteil an der Entwicklung der Begriffe von Atomigkeit (Valenz und Wertigkeit) der Elemente und Radikale kein bedeutender, so viel ich glaube, deshalb, weil er die Unterscheidung zwischen Molekül, Atom und Äquivalent nicht machte, und wie aus dem Ebengesagten hervorgeht, den Begriff des Zusammenhaltens durch mehratomige Radikale damals noch nicht erfaßt hatte.

Die Lehre von der Valenz konnte und mußte entstehen, sobald man Atom und Äquivalent voneinander trennte. Waren die Atome nicht gleichwertig, so mußte die Frage nach der Valenz des einen in bezug auf ein anderes aufgeworfen werden. Diejenigen also, welche obige Begriffe zuerst voneinander schieden, haben den ersten Schritt zu den Atomigkeitsbetrachtungen getan, und in dieser Beziehung müssen Dumas, Liebig und Laurent genannt werden. Während durch die Substitutionserscheinungen der verschiedene Wert der Elemente erkannt wurde, hat die Theorie der mehrbasischen Säuren zu dem Begriff der mehratomigen Radikale geführt; beide Ansichten halten sich längere Zeit nebeneinander, ohne wesentliche Einwirkung der einen auf die andere, bis durch Kekulé eine Verschmelzung zustande kam,

---

[56]) Ann. der Chem. und Pharm. CXIII, 324.

d. h. bis die Wertigkeit der Radikale durch die der Elemente erklärt wurde.

Schon in der letzten Vorlesung haben wir gesehen[57], wie Williamson zur Aufstellung des Begriffs von mehratomigen Radikalen geführt wurde. Er benutzte denselben zur Erklärung des Zustandekommens chemischer Verbindungen, indem nach ihm die mehrbasischen Radikale die Fähigkeit besitzen, mehrere Atomgruppen zusammenzuhalten. Nur Wenige verstanden damals die Bedeutung, welche in Williamson's Worten lag, und nur Wenige erkannten die Ausdehnung, welche man ihnen geben konnte. Unter Diesen war es besonders Kekulé, dessen Scharfsinn sogleich die Tragweite der Williamson'schen Ideen einsah und sie zur Erklärung seiner 1853 entdeckten Thiacetsäure benutzte[58].

Derselbe vergleicht die Reaktionen von Chlor- und Schwefelphosphor auf Essigsäure, indem er schreibt:

$$5 \left.\begin{array}{l} C_2H_3O \\ H \end{array}\right\} O + P_2S_5 = 5 \left.\begin{array}{l} C_2H_3O \\ H \end{array}\right\} S + P_2O_5$$

$$5 \left.\begin{array}{l} C_2H_3O \\ H \end{array}\right\} O + 2\,PCl_5 = \frac{5\,C_2H_3O\,Cl}{5\,HCl} + P_2O_5$$

$$(C = 12,\ O = 16,\ S = 32 \text{ usw.}).$$

Daran anknüpfend bemerkt er: „Das Schema zeigt die Beziehungen zwischen den mit den Chlor- und den Schwefelverbindungen des Phosphors erhaltenen Reaktionen. Man sieht in der Tat, daß die Zersetzung im wesentlichen dieselbe ist, nur zerfällt bei Anwendung der Chloride des Phosphors das Produkt in Chlorothyl ($C_2H_3O\,Cl$) und Salzsäure, während bei der Anwendung der Schwefelverbindungen des Phosphors beide Gruppen vereinigt bleiben, weil die den zwei Atomen Chlor äquivalente Menge Schwefel nicht teilbar ist."

Diese Gesichtspunkte führen Kekulé dazu, für die Richtigkeit der „neuen Atomgewichte" (Gerhardt's Äquivalente) eine Lanze zu brechen. „Es sind diese", nach Kekulé, „ein besserer Ausdruck der Tatsachen, als die früher gebräuchliche Schreibart. Selbst wenn man neue Formeln annimmt mit Beibehaltung der

---

[57] Vgl. S. 223. — [58] Ann. der Chem. und Pharm. XC, 309.

alten Äquivalente, so ist nicht einzusehen, warum Phosphorsulfid aus Alkohol Mercaptan erzeugt, während Phosphorchlorid Chloräthyl und Salzsäure bildet (C_4H_5Cl und HCl); warum nicht diese ebenso wie die beiden Gruppen C_4H_5S und HS vereinigt bleiben usw. — Es ist eben nicht nur Unterschied in der Schreibweise, vielmehr wirkliche Tatsache, daß ein Atom Wasser zwei Atome Wasserstoff und nur ein Atom Sauerstoff enthält, und daß die einem unteilbaren Atom Sauerstoff äquivalente Menge Chlor durch zwei teilbar ist, während der Schwefel wie Sauerstoff selbst zweibasisch ist, so daß ein Atom äquivalent ist zwei Atomen Chlor [59]."

Von wesentlichem Einfluß auf die Ausbildung der Theorie mehratomiger Radikale waren die Untersuchungen der metallhaltigen Radikale durch Frankland und dessen Ansichten über Sättigungskapazität (vgl. S. 240), ferner die interessante Abhandlung Odling's über Salze, die wichtigen Arbeiten von Berthelot über das Glycerin und von Wurtz über die Glycole. Wir wollen diese einer näheren Betrachtung unterwerfen.

Odling [60] bewirkt dadurch einen Fortschritt, daß er die Idee der Polybasizität auch auf Metalle anwendet und für alle Salze, auch für die der Sesquioxyde, für welche Gerhardt Äquivalentformeln geschrieben hatte, wieder Molekularformeln einführt. Er bezieht nicht nur wie Williamson vor ihm die mehratomigen Säuren auf kondensierte Typen, sondern er kennt auch mehratomige Basen, die sich in ähnlicher Weise auffassen lassen. So schreibt er z. B.:

$$\text{Wismutoxyd } \left.\begin{array}{l} Bi''' \\ Bi''' \end{array}\right\} 3\,O, \quad \text{salpeters. Wismutoxyd } \left.\begin{array}{l} 3\,NO_2' \\ Bi''' \end{array}\right\} 3\,O\ [61].$$

Diejenigen Metalle, welche nach Gerhardt verschiedene Äquivalentgewichte haben, erhalten jetzt mehrere Atomizitäten; Odling kennt z. B. das Eisen ein- und dreiatomig, das Zinn ein- und zweiatomig, wodurch er folgende Formeln erhält:

---

[59] Ann. der Chem. und Pharm. XC, 314. — [60] Journal of the Chem. Soc. VII, 1, 1854. — [61] Durch die kleinen Striche über den Symbolen der Atome deutet Odling deren Atomizität an.

$$\text{Eisenoxyd } \left.\begin{matrix} Fe_2''' \\ Fe_2''' \end{matrix}\right\} O_3 \text{ entsprechend der Citronensäure } \left.\begin{matrix} C_6H_5O_4''' \\ H_3 \end{matrix}\right\} O_3$$

$$\text{Eisenoxydul } \left.\begin{matrix} Fe' \\ Fe' \end{matrix}\right\} O \qquad \text{„} \qquad \text{„ Salpetersäure } \left.\begin{matrix} NO_2 \\ H \end{matrix}\right\} O.$$

Interessant ist auch die Auffassung der Säuren des Phosphors; Odling schreibt:

$$\text{Gewöhnliche Phosphorsäure} \qquad \left.\begin{matrix} PO''' \\ H_3 \end{matrix}\right\} O_3$$

$$\text{Pyrophosphorsäure } \ldots \left.\begin{matrix} P_2O_2^{VI} \\ H_4 \end{matrix}\right\} O_5$$

$$\text{Metaphosphorsäure } \ldots \left.\begin{matrix} PO''' \\ H \end{matrix}\right\} O_2$$

$$\text{Phosphorige Säure } \ldots \left.\begin{matrix} PO'''PH_2''' \\ H_4 \end{matrix}\right\} O_5$$

$$\text{Unterphosphorige Säure } \ldots \left.\begin{matrix} PH_2''' \\ H \end{matrix}\right\} O_2.$$

Nach Odling steht also die phosphorige Säure zur Pyrophosphorsäure in derselben Beziehung wie unterphosphorige Säure zur Metaphosphorsäure. Ein ähnliches Verhältnis findet statt zwischen Unterschwefelsäure und Schwefelsäure einerseits und Oxalsäure und Kohlensäure andererseits:

$$\left.\begin{matrix} CO \\ H_2 \end{matrix}\right\} O_2 \qquad \left.\begin{matrix} C_2O_2 \\ H_2 \end{matrix}\right\} O_2 \qquad \left.\begin{matrix} SO_2 \\ H_2 \end{matrix}\right\} O_2 \qquad \left.\begin{matrix} S_2O_4 \\ H_2 \end{matrix}\right\} O_2$$

$$\text{Kohlensäure} \qquad \text{Oxalsäure} \qquad \text{Schwefelsäure} \qquad \text{Unterschwefelsäure.}$$

Ungefähr gleichzeitig veröffentlichte K a y, ein Schüler Williamson's [62]), eine Arbeit, offenbar von seinem Lehrer angeregt, welche unser Interesse verdient. Derselbe hatte durch Einwirkung von Natriumäthylat auf Chloroform einen Äther erhalten, welchem er den Namen dreibasischer Ameisensäureäther gab, und der nach folgender Reaktion entstanden war:

$$\left.\begin{matrix} CH \\ Cl_3 \end{matrix}\right. + 3 \left.\begin{matrix} C_2H_5 \\ Na \end{matrix}\right. O = \left.\begin{matrix} CH \\ (C_2H_5)_3 \end{matrix}\right. O_3 + 3\,NaCl.$$

Dabei macht Williamson ausdrücklich darauf aufmerksam, daß in dem neuen Körper die Reste von drei Molekülen Alkohol durch das dreiwertige Radikal CH zusammengehalten sind. Dies

---

[62]) Proceed. Roy. Soc. VII, 135.

war das erste Beispiel eines mehratomigen Kohlenwasserstoffradikals; bald sollte es sich zeigen, wie wertvoll diese Auffassung war. Berthelot, damals mit der Untersuchung des Glycerins beschäftigt, welche in ihren wesentlichsten Teilen 1854 vollendet war[63]), fand das sehr wichtige Resultat, daß das Glycerin sich in drei verschiedenen Verhältnissen mit den Säuren verbinden kann. So war

$$\text{Monostearin} \ . \ . = 1 \text{ Glycerin} + 1 \text{ Stearinsäure} - 2 \text{ Wasser}$$
$$= C_6 H_8 O_6 \quad + C_{36} H_{36} O_4 \quad - 2 \text{ HO}$$
$$(C = 6, \ O = 8)$$
$$\text{Distearin} \ . \ . \ . = 1 \text{ Glycerin} + 2 \text{ Stearinsäure} - 4 \text{ Wasser}$$
$$= C_6 H_8 O_6 \quad + 2 C_{36} H_{36} O_4 \quad - 4 \text{ HO}$$
$$(\text{In der Abhandlung steht } 2\,\text{HO})$$
$$\text{Tristearin} \ \ . \ . = 1 \text{ Glycerin} + 3 \text{ Stearinsäure} - 6 \text{ Wasser}$$
$$= C_6 H_8 O_6 \quad + 3 C_{36} H_{36} O_4 \quad - 6 \text{ HO}$$
$$\text{Monochlorhydrin} = 1 \text{ Glycerin} + 1 \text{ Salzsäure} \quad - 2 \text{ Wasser}$$
$$= C_6 H_8 O_6 \quad + \text{HCl} \quad - 2 \text{ HO}$$
$$\text{Dichlorhydrin} \ . = 1 \text{ Glycerin} + 2 \text{ Salzsäure} \quad - 4 \text{ Wasser}$$
$$= C_6 H_8 O_6 \quad + 2\,\text{HCl} \quad - 4 \text{ HO}$$

Diese Tatsachen interpretiert Berthelot in der folgenden Art: „Meine Versuche beweisen, daß das Glycerin dem Alkohol gegenüber dieselbe Beziehung zeigt, wie die Phosphorsäure der Salpetersäure gegenüber. Während die letzte nur eine einzige Reihe neutraler Salze hervorbringt, erzeugt die Phosphorsäure drei verschiedene Reihen neutraler Salze: die normalphosphorsauren, die pyrophosphorsauren und die metaphosphorsauren. Werden diese drei Reihen von Salzen durch eine starke Säure bei Gegenwart von Wasser zersetzt, so entsteht dieselbe Phosphorsäure. Ebenso bildet auch der Alkohol nur eine Reihe neutraler Äther, während das Glycerin drei voneinander verschiedene Reihen neutraler Verbindungen erzeugt. Auch diese drei Reihen regenerieren durch ihre Zersetzung in Gegenwart von Wasser das Glycerin."

---

[63]) Compt. rend. XXXVIII, 668; Ann. chim. et phys. (3) XLI, 216; Ann. der Chem. und Pharm. LXXXVIII, 304; XCII, 301.

Dieser Vergleich zwischen Glycerin und Phosphorsäure einerseits, Alkohol und Salpetersäure andererseits ist von großer Bedeutung, wenn er auch leider durch Hineinziehung von Pyro- und Metaphosphorsäure etwas gestört wird. Die Orthophosphorsäure Odling's[64]) hat mit diesen letzteren weder gleiche Zusammensetzung noch gleiche Basizität, während in den von Berthelot dargestellten Äthern stets dasselbe Glycerin enthalten ist. Glücklicher in der Auffassung dieser bemerkenswerten Tatsachen war Wurtz, welcher das Glycerin als einen dreiatomigen Alkohol ansieht und ihn $\left.\begin{array}{c}C_6H_5''' \\ H_3\end{array}\right\} O_6$ schreibt[65]). Die von Berthelot untersuchten Verbindungen entstehen nach Wurtz aus diesem Alkohol durch Vertretung von 1, 2 und 3 Wasserstoffatomen durch Säureradikale. Dabei macht er aufmerksam, wie die einatomige Gruppe C_6H_7 durch Verlust von H_2 in den dreiwertigen Rest C_6H_5 übergeht ($C = 6$, $O = 8$).

Einem genialen Forscher wie Wurtz konnte es nicht entgehen, daß die Existenz ein- und dreiatomiger Alkohole notwendig die von zweiatomigen in sich schließt, und er beginnt sofort mit Versuchen, welche die Darstellung solcher Körper zum Zweck haben. Nach seiner Betrachtungsweise mußte er in dem noch hypothetischen Alkohol ein zweiatomiges Radikal vermuten; die einwertige Gruppe C_6H_7 und die dreiwertige C_6H_5 gaben zur Bildung der einatomigen und dreiatomigen Alkohole Veranlassung; den zweiatomigen Alkoholen mußten die Homologen von C_6H_6 entsprechen[66]). Für die Richtigkeit dieser Ansicht sprachen die zum Teil schon längst bekannten Chlorüre und Bromüre; es handelt sich nur darum, sie in die entsprechenden Oxydhydrate umzuwandeln, und das Ziel war erreicht. Die Wirkung der basischen Oxydhydrate entsprach Wurtz' Hoffnungen nicht; jetzt kamen ihm frühere Erfahrungen zu Hilfe: vier Jahre vorher hatte er eine Reaktion entdeckt, um eine ähnliche Umwandlung auszuführen[67]); diese hatte sich seither in mehreren Fällen

---

[64]) Philos. Mag. (4) XVIII, 368, 1859. — [65]) Ann. de Chimie et de Phys. (3) XLIII, 492. — [66]) Vgl. Odling, Journal of the royal Inst. 1855. — [67]) Compt. rend. XXXV, 310; XXXIX, 335. Ann. chim. phys. (3) XLII, 129.

bewährt[68]), und es sollte sich nun zeigen, daß dieselbe den Namen einer allgemeinen Methode verdiente. Wurtz erhielt nämlich durch Erhitzen von Äthylenjodür mit essigsaurem Silber einen Essigäther, der bei der Zersetzung mit Kali den gewünschten Alkohol lieferte:

$$C_4H_4J_2 + 2\ {C_4H_3O_2 \atop Ag}\Big\}\ O_2 = {C_4H_4 \atop C_4H_3O_2}\Big\}\ O_4 + 2\,AgJ$$

$${C_4H_4 \atop C_4H_3O_2}\Big\}\ O_4 + 2\,KHO_2 = {C_4H_4 \atop H_2}\Big\}\ O_4 + 2\ {C_4H_3O_2 \atop K}\Big\}\ O_2$$

So gelang Wurtz die Darstellung des ersten zweiatomigen Alkohols, des Glycols[69]), wodurch er reichlich für die Schwierigkeiten der Untersuchung belohnt wurde, denn selten hat die Entdeckung eines einzigen Körpers einen solchen Einfluß auf die Entwicklung der Chemie ausgeübt, selten hat eine einzige Verbindung eine solche Reihe von schönen und nützlichen Untersuchungen hervorgerufen, wie gerade das Glycol. Lassen Sie mich diese Behauptung dadurch rechtfertigen, daß ich einiges über die Verbindungen, welche mit dem Glycol im nächsten Zusammenhang stehen, mitteile.

Durch Oxydation des Glycols erhielt Wurtz Glycolsäure und Oxalsäure[70]). Die erstere war identisch mit dem Körper, den Horsford zehn Jahre vorher aus dem Glycocoll dargestellt hatte[71]) und dessen Natur durch Strecker bekannt wurde[72]). Ganz ebenso entsteht aus dem Propylglycol die Milchsäure[73]), als deren Formel Wurtz ${C_6H_4O_2 \atop H_2}\Big\}\ O_4$ feststellt, indem er sowohl diese, wie die Glycolsäure, als zweibasische Säuren auffaßt[74]). — Von großer Bedeutung war ferner die Entdeckung des Äthylenoxyds und der Polyäthylenalkohole. Durch Behandlung des aus

<hr>

[68]) Zinin, Ann. der Chem. u. Pharm. XCVI, 361; Cahours und Hofmann C, 356. — [69]) Compt. rend. XLIII, 199, 1856; vgl. auch XLIII, 478; XLV, 306; XLVI, 244; XLVII, 346. — [70]) Ibid. XLIV, 1306. — [71]) Ann. der Chem. u. Pharm. LX, 1. — [72]) Ibid. LXVIII, 55; vgl. Socoloff und Strecker LXXX, 38. — [73]) Compt. rend. XLVI, 1228. — [74]) Strecker hatte (Ann. der Chem. u. Pharm. LXXXI, 247) die Formel der Milchsäure doppelt so groß angenommen.

dem Glycol durch Salzsäure entstehenden Glycolchlorhydrins

$$\left.\begin{array}{l} H \\ C_4 H_4 \\ Cl \end{array}\right\} O_2$$

mit Kalilauge [75]) erhielt **Wurtz** den Äther des zweiatomigen Alkohols, der sich zu diesem wie das Anhydrid der Schwefelsäure zu ihrem Hydrat verhält:

$$C_4 H_4 O_2 \qquad\qquad S_2 O_4 . O_2$$

Äthylenoxyd   Schwefelsäureanhydrid

$$\left.\begin{array}{l} C_4 H_4 \\ H_2 \end{array}\right\} O_4 \qquad\qquad \left.\begin{array}{l} S_2 O_4 \\ H_2 \end{array}\right\} O_4$$

Glycol   Schwefelsäurehydrat.

Durch Erhitzen des Äthylenoxyds mit Glycol stellt dann **Wurtz** die Polyäthylenalkohole dar [76]), welche **Lourenço** kurz vorher aus Äthylenbromür und Glycol erhalten hatte [77]). Die Wichtigkeit dieser Körper wurde durch die aus ihnen bei der Oxydation entstehenden Säuren erhöht [78]); sie waren vortreffliche Beispiele für die Bildung von Substanzen nach kondensierten Typen, wie sie denn auch **Wurtz** später sehr gut zur Erklärung der Silicate zu benutzen verstand [79]). Mit Ammoniak und dessen Analogen endlich erhielt **Wurtz** aus dem Äthylenoxyd sauerstoffhaltige Basen [80]), welche Körper durch die Synthese des Neurins aus Glycolchlorhydrin und Trimethylamin [81]) erhöhtes Interesse gewonnen haben.

Die Auffassung des Äthylens als zweiatomiges Radikal gab **Hofmann** ein Mittel [82]), die von **Cloëz** 1853 dargestellten Basen [83]) richtig zu interpretieren. Sie erschienen jetzt als von zwei Molekülen Ammoniak ableitbare Körper, die also für das Glycol dasselbe sind, was Äthylamin für den Alkohol ist. Durch weiteres Studium dieser Substanzen [84]) ist es **Hofmann** gelungen, neue Beweise für die Richtigkeit der Theorie mehratomiger Radi

---

[75]) Compt. rend. XLVIII, 101; XLIX, 813; L, 1195; LIV, 277. — [76]) Ibid. XLIX, 813. — [77]) Ibid. XLIX, 619. — [78]) Annales de Chimie et de Phys. (3) LXIX, 317. — [79]) Repert. de Chimie pure II, 449; vgl. auch Leçons sur quelques points de philos. chim., Paris 1864, p. 181. — [80]) Compt. rend. XLIX, 898; LIII, 338. — [81]) Ibid. LXV, 1015. — [82]) Ibid. XLVI, 255. — [83]) Instit. 1853, 213; Jahresber. 1853, S. 468. — [84]) Proc. Roy. Soc. X, 224 und 594; Compt. rend. XLIX, 781; LI, 234; Proc. Roy. Soc. XI, 278; Compt. rend. LIII, 18 etc.

kale beizubringen und eine klare Auffassung der verwickelten Metallammoniakverbindungen anzubahnen.

Es wäre ungerecht, wenn ich diese Betrachtungen schlösse, ohne H. L. Buff's Anrecht in bezug auf die Erkenntnis der Zweiatomigkeit des Äthylens anzuführen. Mehrere Monate vor Wurtz' erster Veröffentlichung über das Glycol hatte Buff in einer vorläufigen Mitteilung, und einen Monat vorher in einer der Royal Society vorgelegten Abhandlung die zweiatomige Natur der Kohlenwasserstoffe $C_n H_n (C = 6)$ zu beweisen gesucht[85]). Er hatte durch Behandlung des Äthylenchlorürs mit Schwefelcyankalium einen Körper von der Formel $C_4 H_4 Cy_2 S_4$ erhalten, und dieser erzeugte bei der Oxydation durch Salpetersäure eine mit Buckton's und Hofmann's Disulfätholsäure identische Verbindung[86]), für welche Buff den Namen äthylenschweflige Säure

vorschlägt, indem er sie $C_4 \left. \begin{array}{l} H \\ H_4 \\ H \end{array} \right\} \begin{array}{l} S_2 O_6 \\ \\ S_2 O_6 \end{array}$ formuliert. Die Bildung des

Sulfocyanäthylens wird durch folgende Gleichung ausgedrückt:

$$C_4 H_4 Cl_2 + 2 \left. \begin{array}{l} Cy \\ K \end{array} \right\} S_2 = C_4 \left. \begin{array}{l} Cy \\ H_4 \\ Cy \end{array} \right\} \begin{array}{l} S_2 \\ \\ S_2 \end{array} + 2 KCl.$$

Aus der ganzen Abhandlung geht hervor, daß Buff die zweiatomige Natur des Äthylens erkannt hat, und daß er in dieser Hinsicht vor Wurtz die Priorität beanspruchen kann. Was den experimentellen Beweis dieser Auffassung betrifft, so lassen sich beide Arbeiten kaum vergleichen. Wurtz' Untersuchung der Glycole gehört zu den glänzendsten Leistungen jener Zeit; durch sie ward den Hypothesen über die verschiedene Valenz der Radikale eine Basis geboten, wie sie breiter nicht verlangt werden konnte. Buff's Versuche entsprachen denselben theoretischen Vorstellungen, doch hätten sie wohl niemals zu den Konsequenzen führen können, welche aus Wurtz' Arbeiten gezogen wurden.

---

[85]) Ann. der Chem. u. Pharm. XCVI, 302; Proc. Roy. Society, 10. Juni 1856, vol. VIII, 188. — [86]) Ann. der Chem. u. Pharm. C, 129.

Dreizehnte Vorlesung.

Ich habe mich in der letzten Vorlesung damit beschäftigt,
Ihnen darzulegen, wie durch die Arbeiten von Williamson,
Frankland, Kekulé, Berthelot, Buff und Wurtz die Ansicht
von der verschiedenen Wertigkeit der Radikale und Elemente zu
einer großen Bedeutung gelangte. Ich beginne heute damit,
Ihnen zu zeigen, wie die Typen durch jene Anschauungen erklärt
werden können[1].

Kolbe hatte damals die Gerhardt'sche Betrachtungsweise
als eine willkürliche angegriffen[2]; Wurtz bemüht sich nachzuweisen, daß dem nicht so ist, daß die vier Typen Gerhardt's,
welche seiner Ansicht nach auf drei reduziert werden können, die
verschiedenen Kondensationszustände der Materie repräsentieren.
Wurtz nimmt neben dem Typus Wasserstoff H_2 noch die Typen
H_2H_2 und H_3H_3 an. Dem ersten entspricht das Wasser H_2O,
welches aus H_2H_2 durch Ersetzung von H_2 durch O entsteht,
während das Ammoniak dreifach kondensierten Wasserstoff darstellt, worin die Hälfte dieses Elementes durch den dreibasischen
Stickstoff vertreten ist. Da alle diese Moleküle in Gasform denselben Raum erfüllen, so ist Wurtz' Ansicht vollständig gerechtfertigt: ein Atom Wasserstoff nimmt, je nachdem es sich in

---

[1] Annales de Chimie et de Phys. (3) XLIV, 306. — [2] Lehrbuch der
Chemie I, 50.

Körpern befindet, welche dem Typus H_2, H_4 oder H_6 angehören, 1, $^1/_2$ oder $^1/_3$ Volumen ein. Wurtz hält die Existenz von noch stärker kondensierten Zuständen der Materie für möglich, geht aber auf die Aufstellung von diesen entsprechenden Typen nicht ein.

Erst 1857, gelegentlich der Erörterungen über die Konstitution des Knallquecksilbers, teilt Kekulé mit[3]), daß man sowohl diese wie die der übrigen Verbindungen der Methylreihe, zu welchen nach Kekulé's Versuchen das Knallquecksilber zu rechnen ist, auf den Typus Methylwasserstoff C_2H_4 beziehen kann[4]).

Er schreibt dann:

C_2H_4	C_2H_3Cl	C_2HCl_3	$C_2(NO_4)Cl_3$
Methyl- wasserstoff	Methylchlorür	Chloroform	Chlorpikrin

$C_2(NO_4)_2Cl_2$	$C_2H_3(C_2N)$	$C_2(C_2N)(NO_4)Hg_2$
Marignac's Öl[5])	Acetonitril	Knallquecksilber.

Hiermit war der Anfang gemacht, allein noch war der Typus C_2H_4 von nur geringem Nutzen. Solange er nicht auf alle Kohlenstoffverbindungen auszudehnen war, konnte keine Rede davon sein, ihn zur Basis eines Systems der organischen Chemie zu machen, was er später wirklich wurde. Noch fehlte der Gedanke, durch welchen solches möglich wurde; vielleicht hatte ihn Kekulé damals schon erfaßt und wagte nur nicht, ihn zu veröffentlichen; vielleicht auch war ihm die Hypothese von der Verkettung der Kohlenstoffatome noch nicht gekommen. Jeden-

---

[3]) Ann. der Chemie und Pharm. CI, 200. — [4]) (C = 6, O = 8). Kekulé gebraucht jetzt wieder diese Atomgewichte, während er sie vier Jahre vorher für unrichtig hingestellt hatte. — Kolbe legt Wert darauf (Journal f. prakt. Chem. XXIII, 374), daß Kekulé damals hervorgehoben, „er gebrauche Typus nicht im Sinne der Gerhardt'schen Unitätstheorie, sondern in dem Sinne, in dem er zuerst von Dumas gelegentlich seiner folgenreichen Untersuchungen über die Typen gebraucht wurde". Ich halte dies für unwesentlich, namentlich da Kekulé in folgenden Worten fortfährt: „Ich will dadurch wesentlich die Beziehungen andeuten, in denen die genannten Körper zueinander stehen, daß der eine unter dem Einflusse geeigneter Agenzien aus dem anderen erzeugt oder in den anderen übergeführt werden kann." — [5]) Ann. der Chem. und Pharm. XXXVIII, 16.

falls müssen seine damaligen Ansichten den 1858 über die Natur
des Kohlenstoffs veröffentlichten schon sehr nahe gewesen sein;
denn Ende 1857, als er die Typen auf die Mehratomigkeit der
Elemente zurückführt [6]), spricht er die Vieratomigkeit des Kohlenstoffs geradezu aus; allein dies wird nur beiläufig erwähnt und
führt ihn nicht zu weiteren Folgerungen.

Endlich im Frühjahr 1858 erscheint jene Abhandlung, welche
für unsere Wissenschaft eine so fundamentale Bedeutung erlangt
hat [7]). Kekulé beginnt damit, auf die Notwendigkeit des
Studiums der Natur der Elemente hinzuweisen; nur dieses kann
seiner Ansicht nach dazu führen, die Basizität der Radikale zu
erklären. Für die organische Chemie spielt bei derartigen Betrachtungen der Kohlenstoff die erste Rolle, und so werden denn
die Eigenschaften dieses Elementes von Kekulé einer sehr eingehenden Prüfung unterworfen. „Betrachtet man die einfachsten
Verbindungen dieses Elementes CH_4, CH_3Cl, CCl_4, $CHCl_3$, $COCl_2$,
CO_2, CS_2 und CHN, so fällt es auf, daß die Menge Kohlenstoff,
welche die Chemiker als geringst mögliche, als Atom erkannt
haben, stets vier Atome eines ein- oder zwei eines zweiatomigen
Elementes bindet, daß allgemein die Summe der chemischen
Einheiten der mit einem Atom Kohlenstoff verbundenen Elemente
gleich vier ist. Dies führt zu der Ansicht, daß der Kohlenstoff
vieratomig ist.“ Jetzt tritt auch die Hypothese von dem Zusammenhange der Kohlenstoffatome auf und wird in ganz ausführlicher Weise besprochen: „Für Substanzen, die mehrere
Kohlenstoffatome enthalten, muß man annehmen, daß ein Teil
der Atome wenigstens durch die Affinität des Kohlenstoffs gehalten werde, und daß die Kohlenstoffatome selbst sich aneinander
anlagern, wobei natürlich ein Teil der Affinität des einen gegen
einen ebenso großen Teil der Affinität des anderen gebunden wird.“

„Der einfachste und deshalb wahrscheinlichste Fall einer
solchen Auseinanderlagerung von zwei Kohlenstoffatomen ist nun
der, daß eine Verwandtschaft des einen Atoms mit einer des
anderen gebunden wird. Von den 2.4 Verwandtschaftseinheiten

---

[6]) Ann. der Chem. u. Pharm. CIV, 130. — [7]) Ibid. CVI, 129.

der zwei Kohlenstoffatome werden also zwei verbraucht, um die beiden Atome zusammenzuhalten; es bleiben mithin sechs übrig, die durch Atome anderer Elemente gebunden werden können."

Unter der hier gemachten Voraussetzung läßt sich die Zahl von Valenzen anderer Elemente, welche an n untereinander verbundene Kohlenstoffatome treten können, durch die Gleichung ausdrücken:

$$4\,n - 2\,n + 2 = 2\,n + 2.$$

Freilich gilt Kekulé diese Art der gegenseitigen Bindung der Kohlenstoffpartikeln nicht als die einzige; er macht darauf aufmerksam, daß man im Benzol und dessen Homologen eine dichtere, „die nächst einfache" Aneinanderlagerung annehmen könne.

Zur Charakteristik des Standpunktes, den Kekulé damals einnahm, will ich noch hervorheben, daß er, was den Wert der Formeln betrifft, ein Anhänger Gerhardt's ist und diese nicht als die Lagerung der Atome ausdrückend, sondern nur als Umsetzungsformeln auffaßt. Er behält denn auch die Schreibweise Gerhardt's bei und nimmt wie dieser an, daß für einen Körper mehrere rationelle Formeln möglich sind. Daß durch die Hypothese des vieratomigen Kohlenstoffs, diese eine neue Gestaltung erhalten können, weiß Kekulé sehr wohl, doch vermeidet er, darauf näher einzugehen. Solches begreift sich, wenn man bedenkt, daß Kekulé den Symbolen nur diese beschränkte Bedeutung zulegt, indem er glaubt, daß nur die physikalischen Eigenschaften der Körper dazu führen können, Hypothesen über die Lagerung der Atome aufzustellen. Diese Ansichten haben ein um so größeres Interesse, als schon früher von sehr gewichtiger Seite behauptet worden war, daß man einer Substanz nicht zwei Formeln beilegen, sie nicht auf verschiedene Typen beziehen könne: Kopp hatte bei der Zusammenstellung der Resultate seiner vortrefflichen Untersuchung[8]) über die spezifischen Volume der Flüssigkeiten nachgewiesen, daß sich diese

---

[8]) Ann. der Chem. u. Pharm. XCII, 1; XCV, 121; XCVI, 1, 153, 303; XCVII, 374, und namentlich C, 19.

aus der Zusammensetzung berechnen lassen, wenn man jedem
Elemente ein gewisses spezifisches Volum anweist, welches nicht
in allen Fällen das gleiche, sondern von der Rolle, welche das
Element in der Verbindung spielt, abhängig ist. So kommen
z. B. nach Kopp dem Sauerstoff zwei verschiedene spezifische
Volume zu, je nachdem er sich im Radikal oder außerhalb
desselben befindet. Danach war es für die Berechnung der spezifischen Volume von Aldehyden und Acetonen durchaus nicht
gleichgültig, ob man sie auf den Wasserstoff- oder auf den
Wassertypus bezog, während Gerhardt beides für zulässig
erklärt hatte[9]); die Kopp'sche Regel stimmte nur für ersteren
Fall. Kopp hebt dies hervor und weist darauf hin, daß sich
gerade hierdurch der Propylaldehyd von dem isomeren Allylalkohol unterscheidet:

$$\left.\begin{array}{c} C_3H_5O \\ H \end{array}\right\} \qquad\qquad \left.\begin{array}{c} C_3H_5 \\ H \end{array}\right\} O.$$

Aldehyd der Propionsäure $\qquad\qquad$ Allylalkohol

Es darf gewiß als ein sehr wichtiges Symptom betrachtet
werden, daß jetzt die Chemiker der Gerhardt'schen Schule
durch physikalische Gründe dahin gedrängt werden, ihren Formeln
und Spekulationen einen größeren Wert beizulegen, als ihnen
bisher berechtigt erschien. Dazu bedurfte es nun freilich keiner
großen Anregung; so scheint es, als ob schon Couper wirkliche
Konstitutionsformeln habe schreiben wollen. Dieser hatte nämlich,
und zwar unabhängig von Kekulé, die Vieratomigkeit des
Kohlenstoffs benutzend, dargelegt, wie sich daraus die Existenz
sehr vieler organischer Verbindungen erklären lasse. Ich möchte
diese Abhandlung Couper's[10]) mit der kurz vorher von Kekulé
erschienenen vergleichen und Ihnen zeigen, wie die beiden
Forscher, von verschiedenen Gesichtspunkten ausgehend, zu sehr
ähnlichen Resultaten gelangen. Kekulé war, indem er den
geistigen Inhalt der Typen erfaßte und erklärte, auf die Vieratomigkeit des Kohlenstoffs und die gegenseitige Bindung der

---

[9]) Gerhardt, Traité de chimie organique IV, 632 u. 805. — [10]) Compt.
rend. XLVI, 1157; Annales de Chimie et de Phys. (3) LIII, 469, 1858. Im
Auszug: Ann. der Chem. u. Pharm. CX, 46.

Atome gekommen. Couper, im Gegenteil, verwirft die Typen, weil sie ihm den philosophischen Bedingungen, welche man an eine Theorie stellen muß, nicht zu genügen scheinen. Das Gerhardt'sche System beruht nach ihm auf allgemeinen Sätzen, aus welchen die einzelnen Fälle abgeleitet werden, während er nur den umgekehrten Weg für richtig erklärt. Couper hält für nötig, zuerst die Eigenschaften der Elemente zu studieren, und stellt als solche auf

1. die Wahlverwandtschaft, Affinität,
2. die Gradverwandtschaft.

Die letztere regelt die Grenzen der Verbindungsfähigkeit und fällt ungefähr mit dem zusammen, was wir heute Wertigkeit, Valenz oder Atomigkeit nennen. Bei den ferneren Betrachtungen beschränkt sich Couper auf die Bestimmung der Gradverwandtschaft des Kohlenstoffs und glaubt durch sie die organischen Verbindungen erklären zu können. Es sind nun wesentlich zwei Eigenschaften dieses Elementes, welche zu dessen Charakterisierung dienen. 1. Es verbindet sich nur mit einer paaren Zahl von Wasserstoffatomen und 2. vereinigt sich mit sich selbst. Die letztere Behauptung wird durch den Hinweis auf die kohlenstoffhaltigen Körper gerechtfertigt: es kann denselben Wasserstoff, Sauerstoff usw. entzogen und durch Chlor ersetzt werden, ohne daß der Zusammenhalt aufhört, weshalb dieser nicht in den substituierbaren Atomen gesucht werden kann. Das Maximum der mit einem Kohlenstoffatom in Verbindung stehenden Zahl von Atomen ist vier, und Couper erhält deshalb als Schema (Typus?) für die organischen Körper

$$n\,M_4 \quad \text{oder} \quad n\,M_4 - m\,N_2,$$

wo n die Zahl der Kohlenstoffatome und $m < n$ ist. (Offenbar ist m die Zahl der untereinander gebundenen Kohlenstoffatompaare.)

Diese Betrachtungen genügen zum Verständnis der Couper'schen Formeln, von denen ich einige Beispiele anführen will $(C = 12, O = 8)$[11]:

---

[11] Über die Eigenschaften des Sauerstoffatoms macht Couper eigentümliche Hypothesen, offenbar um nicht bei der Salzbildung eine Vertretung

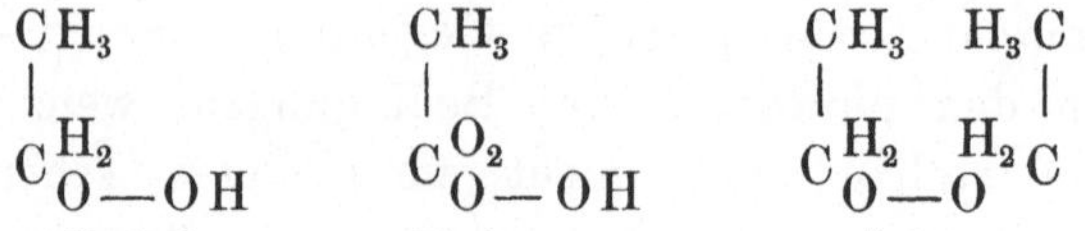

$$
\begin{array}{ccc}
\mathrm{CH_3} & \mathrm{CH_3} & \mathrm{CH_3 \quad H_3C} \\
| & | & | \qquad | \\
\mathrm{C\,{}^{H_2}_{O}-OH} & \mathrm{C\,{}^{O_2}_{O}-OH} & \mathrm{C\,{}^{H_2}_{O}-O\,{}^{H_2}C} \\
\text{Alkohol} & \text{Essigsäure} & \text{Äther}
\end{array}
$$

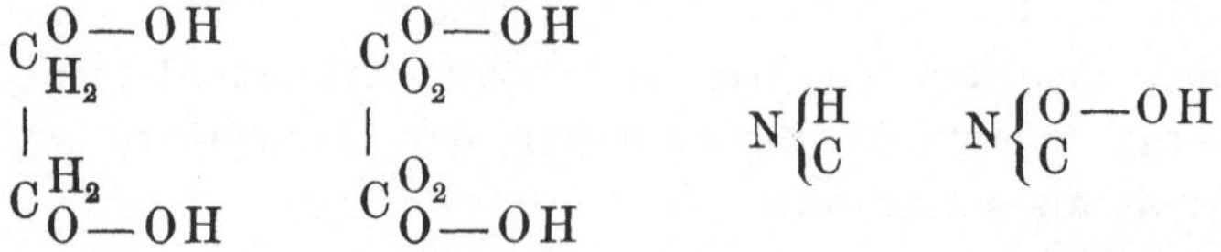

$$
\begin{array}{ccc}
\mathrm{C\,{}^{O-OH}_{H_2}} & \mathrm{C\,{}^{O-OH}_{O_2}} & \\
| & | & \mathrm{N}\left\{{}^{H}_{C}\right. \qquad \mathrm{N}\left\{{}^{O-OH}_{C}\right. \\
\mathrm{C\,{}^{H_2}_{O}-OH} & \mathrm{C\,{}^{O_2}_{O}-OH} & \\
\text{Glycol} & \text{Oxalsäure} & \text{Blausäure} \qquad \text{Cyansäure.}
\end{array}
$$

Hier begegnen wir zum ersten Male Konstitutionsformeln im
heutigen Sinne des Wortes, Symbolen, welche aus der Erkenntnis
der Atomigkeit der Elemente hervorgegangen sind. Dabei muß
bemerkt werden, daß die Ansichten, welche durch dieselben über
Alkohol und Essigsäure ausgesprochen sind, mit denen Kolbe's[12])
zusammenfallen und daß nur in der Schreibweise Verschieden-
heiten liegen.

Diese beiden Abhandlungen von Kekulé und Couper bilden
die Gundlagen unserer Anschauungen über den Aufbau der Verbindungen. Durch dieselben erhielt die organische Chemie eine
neue Richtung, und sie gehören zu dem Wichtigsten, was auf
spekulativem Gebiete für unsere Wissenschaft in neuerer Zeit
geleistet wurde. Die Bemühungen waren seitdem nämlich zunächst
darauf gerichtet, das Prinzip der Vieratomigkeit des Kohlenstoffs
benutzend, zu Vorstellungen über die gegenseitigen Beziehungen
der sich bindenden Atome zu gelangen, und es muß jetzt meine
Aufgabe sein, Ihnen diesen Teil der Entwicklungsgeschichte darzulegen.

Bei diesen Konstitutionsbetrachtungen bedurfte man neben
der Hypothese über die Natur des Kohlenstoffs einer ganzen
Reihe von experimentellen Daten, so daß, da die Kenntnis der-

---

des Wasserstoffs durch Metall (eine Reduktion des Oxyds) voraussetzen zu
müssen. Nach ihm ist $O = 8$ zweiwertig; die eine Valenz muß aber stets
durch Sauerstoff gesättigt sein. Die Grenze der Verbindungsfähigkeit des
Stickstoffs wird zu 5 angenommen.

[12]) Vgl. S. 245 usw.

selben nur eine lückenhafte war, oft jahrelange Bemühungen nötig waren, um für gewisse Körperklassen eine Anwendung der oben dargelegten Prinzipien zur Ermittlung der rationellen Formel zu ermöglichen. Bis heute sogar ist es nicht gelungen, diese Aufgabe vollständig zu lösen; noch immer existieren viele Verbindungen, die nicht in das System einzuordnen sind. Das Wesentlichste aber ist geschehen: man hat sich überzeugt, daß die Lehre von der Atomigkeit als Basis eines Gebäudes brauchbar ist, und wir sind in dieser Beziehung Kekulé zu großem Danke verpflichtet, der durch sein vortreffliches Lehrbuch den Beweis geliefert hat. Wenn demselben von mancher Seite vorgeworfen wird, daß er in der Durchführung den aufgestellten Prinzipien nicht immer treu blieb, welche Beschuldigung nicht ganz grundlos ist, so wollen wir hier darauf aufmerksam machen, daß solches nur in Fällen geschah, wo die Tatsachen damals zur endgültigen Entscheidung nicht ausreichten, eine ganz konsequente Haltung also kaum möglich war. Doch darf hier darauf hingewiesen werden, daß gerade in jener Zeit, wo mit der Anwendung der Strukturformeln viele Schwierigkeiten verbunden waren und häufig Zweideutigkeiten entstanden, Butlerow[13]) und Erlenmeyer[14]) stets mit großer Energie für konsequente Durchführung der Prinzipien der Valenzlehre eintraten.

Es kann nicht die Aufgabe einer historischen Darstellung sein, die Durchführung allgemeiner Anschauungen ausführlich zu verfolgen; sie muß sich auf die Entwicklungsgeschichte des Entstehens und Untergangs leitender Ideen beschränken, während die Aufzählung der Tatsachen und ihre Anordnung unter einen gemeinsamen Gesichtspunkt den Inhalt der Wissenschaft selbst bilden und deshalb in Lehrbüchern abgehandelt werden müssen. Hier darf ich mich damit begnügen, Ihnen dasjenige vorzubringen, was wesentlich zur Befestigung des Systems diente, was zu neuen Begriffen oder Ansichten führte, was mit den Prinzipien nicht vereinbar erscheint, und eine Erweiterung oder Veränderung der jetzigen Theorien erwarten läßt.

---

[13]) Zeitschrift für Chemie 1861, S. 549; 1863, S. 500. — [14]) Ibid. VII, 1.

Ich will mit der Besprechung einer Diskussion über die Konstitution der Milchsäure beginnen, welche innerhalb der Jahre 1858 und 1860 fällt, und die Trennung von Atomizität und Basizität bei Säuren nach sich zog. Dem Vorgange Gerhardt's folgend, welcher die Milchsäure als zweibasische Säure auffaßte[15]), hatten viele Chemiker die Formel der Milchsäure verdoppelt und schrieben sie $C_{12}H_{12}O_{12}$ (C $= 6$, O $= 8$), während die interessante Synthese des Alanins und die Überführung dieser Verbindung in Milchsäure durch Strecker[16]) die halbierte Formel wahrscheinlicher machte. Für die letztere Ansicht brachte Wurtz durch die Oxydation des Propylglycols einen entscheidenden Grund bei[17]); zugleich schien dadurch auch ihre zweibasische Natur bestätigt, so daß Wurtz schrieb:

$$\left.\begin{array}{l} C_4\,H_4 \\ H_2 \end{array}\right\} O_4 \qquad\qquad \left.\begin{array}{l} C_4\,H_2\,O_2 \\ H_2 \end{array}\right\} O_4$$

Glycol,   Glycolsäure   (C $= 6$, O $= 8$)

$$\left.\begin{array}{l} C_6\,H_6 \\ H_2 \end{array}\right\} O_4 \qquad\qquad \left.\begin{array}{l} C_6\,H_4\,O_2 \\ H_2 \end{array}\right\} O_4$$

Propylglycol,   Milchsäure.

Die Reaktion des Fünffach-Chlorphosphors, welche das Chlorid $C_6\,H_4\,O_2\,Cl_2$ lieferte, das durch Alkohol in den Chlormilch-

säureäther $\left.\begin{array}{l} C_6\,H_4\,O_2 \\ C_4\,H_5 \\ Cl \end{array}\right\} O_2$, dem Glycolchlorhydrin entsprechend, über-

ging, war ein neues Argument zugunsten dieser Ansicht, während die Dampfdichte des zuletzt genannten Körpers die angenommene Molekulargröße rechtfertigte[18]).

Kolbe betrachtet die Milchsäure als einbasisch, er nennt sie Oxypropionssäure, indem er zwischen ihr und der Propionsäure dieselben Beziehungen voraussetzt wie zwischen Oxybenzoësäure und Benzoësäure[19]). Ebenso wie Gerland die Amidobenzoësäure durch salpetrige Säure in Oxybenzoësäure überführen lehrte[20]), kann auch die Milchsäure aus Alanin erhalten werden. Dieses und das Glycocoll sind als Amidosäuren aufzufassen, welche

---

[15]) Gerhardt, Traité I, 682. — [16]) Ann. der Chem. und Pharm. LXXV, 27. — [17]) Compt. rend. XLV, 306. — [18]) Ibid. XLVI, 1228. — [19]) Ann. der Chem. und Pharm. CIX, 257. — [20]) Ibid. XCI, 185.

Ansicht durch die von Perkin und Duppa[21]) beobachtete Überführung der Bromessigsäure in Glycocoll eine neue Stütze fand, so daß Kolbe schreiben konnte

$$HO, (C_4 H_5) C_2 O_2, O; \quad HO, \left(C_4 \begin{Bmatrix} H_4 \\ NH_2 \end{Bmatrix}\right) C_2 O_2, O; \quad HO, \left(C_4 \begin{Bmatrix} H_4 \\ O_2 H \end{Bmatrix}\right) C_2 O_2, O$$

Propionsäure   Alanin   Milchsäure.

Die von Wurtz dargestellten Körper sucht Kolbe mit seiner Anschauung in Einklang zu bringen, indem er das Lactylchlorid für Chlorpropionsäurechlorid erklärt, das durch Alkohol in Chlorpropionsäureäther übergeht, wie denn Ullrich aus demselben durch nascenten Wasserstoff Propionsäureäther erhält[22]). Auch die Darstellung von Glycolsäure aus Monochloressigsäure, welche Kekulé gelungen war[23]), hätte Kolbe als zugunsten seiner Ideen sprechend anführen können, während Kekulé darin den Übergang einer einatomigen in eine zweiatomige Säure findet[24]).

Jetzt bringt Wurtz neue Beweise für die Richtigkeit seiner Ansicht[25]); solche findet er in der Existenz der zweibasischen milchsauren Salze, welche von Engelhard und Madrell[26]) und von Brüning[27]) beschrieben worden waren. Weiter gelingt ihm die Darstellung des zweibasischen Milchsäureäthers durch Behandlung von Chlorpropionsäureäther mit Natriumäthylat, des Lactamethans und des Buttermilchsäureäthers. Die Reduktion von Milchsäure durch Jodwasserstoff zu Propionsäure, welche Reaktion Lautemann entdeckte[28]), und die Überführung des Chlorpropionsäureäthers in Alanin[29]) geben dagegen Kolbe neue Anhaltspunkte für die Annahme, daß die Milchsäure eine einbasische Oxysäure sei, welche er als einbasische Säuren definiert, in welchen ein intraradikales Wasserstoffatom durch HO_2, Wasserstoffsuperoxyd, vertreten ist[30]). Die schon mehrfach hervorgehobene Analogie zwischen Carbon- und Sulfonsäuren wird zur Bekräftigung der verteidigten Ideen benutzt, indem die Milchsäure mit der Isäthionsäure verglichen wird.

---

[21]) Ann. der Chem. und Pharm. CVIII, 106. — [22]) Ibid. CIX, 268. — [23]) Ibid. CV, 289; vgl. auch R. Hoffmann, ibid. CII, 1. — [24]) Vgl. auch Heidelberger Jahrbücher S. 1858, 339. — [25]) Compt. rend. XLVIII, 1092. — [26]) Ann. der Chem. und Pharm. LXIII, 93. — [27]) Ibid. CIV, 192. — [28]) Ibid. CXIII, 217. — [29]) Kolbe, ibid. CXIII, 220. — [30]) Ibid. CXII, 241.

Man hat

$$HO\,(C_4\,H_5)\,C_2\,O_2,\,O \qquad\qquad HO\left(C_4\left\{{H_4 \atop HO_2}\right.\right)C_2\,O_2,\,O$$

Propionsäure   Milchsäure

$$HO\,(C_4\,H_5)\,S_2\,O_4,\,O \qquad\qquad HO\left(C_4\left\{{H_4 \atop HO_2}\right.\right)S_2\,O_4,\,O$$

Äthylsulfonsäure   Isäthionsäure.

Bei der Diskussion, so weit wir sie jetzt betrachtet haben, bis
Anfang 1859, ist Kolbe's Anschauungsweise eher geeignet, den
Tatsachen Rechnung zu tragen, als die von Wurtz, namentlich
konnte man durch sie die Beziehungen zwischen den Fettsäuren
und den Milchsäuren, sowie die Isomerieerscheinungen, welche
Wurtz im folgenden Jahre bei den Äthern der letzteren entdeckte[31]), vortrefflich erklären. Was Kolbe verkennt, sind die
von Wurtz hervorgehobenen Relationen zwischen den Glycolen
und diesen Säuren[32]), und auch 1860, wo er auf die Konstitution
der Milchsäure zurückkommt, nimmt er noch denselben Standpunkt ein[33]). Er betont den Unterschied der zwei durch Radikale
vertretbaren Wasserstoffatome der Milchsäure und Glycolsäure,
gibt aber nicht zu, daß die Wasserstoffsuperoxydgruppen, welche
sie enthalten, auch in den Glycolen vorkommen.

Unterdessen war Wurtz einen Schritt weiter gegangen. Er
führt die Unterscheidung zwischen Atomigkeit und Basizität
bei Säuren ein[34]). Während die erstere durch die Valenz des
vorhandenen Radikals bestimmt ist, wird die letztere von der
Anzahl durch Metalle vertretbarer Wasserstoffatome bedingt.
Nach Wurtz „hängt die Leichtigkeit, mit der eine Säure
Wasserstoff gegen Metall austauscht, nicht nur von der Anzahl
Wasserstoffäquivalente außerhalb des Radikals, von den typischen
Wasserstoffatomen, ab, sondern auch von der Natur des Radikals. Mit der Zunahme von Sauerstoff im Radikal wird dieses
elektronegativer, der typische Wasserstoff basischer (elektro-
positiver)".

---

[31]) Annales de Chimie et de Phys. LIX, 161. — [32]) Vgl. bes. Ann. der
Chem. und Pharm. CIX, 262 usw. — [33]) Ibid. CXIII, 306. — [34]) Bulletin de
la Soc. chim. 13. Mai 1859; Annales de Chimie et de Phys. LVI, 342.

„Man hat

$$\left.\begin{matrix} C_2H_4 \\ H_2 \end{matrix}\right\}O_2 \qquad \left.\begin{matrix} C_2H_2O \\ H_2 \end{matrix}\right\}O_2 \qquad \left.\begin{matrix} C_2O_2 \\ H_2 \end{matrix}\right\}O_2 \qquad \left.\begin{matrix} C_3H_5 \\ H_3 \end{matrix}\right\}O_3 \qquad \left.\begin{matrix} C_3H_3O \\ H_3 \end{matrix}\right\}O_3$$

Glycol	Glycolsäure	Oxalsäure	Glycerin	Glycerinsäure
2 typische	2 typische H.	2 typische H.	3 typische H.	3 typische H.
H-Atome	1 basisches H.	2 basische H.		1 basisches H.

Die Glycerinsäure ist dreiatomig, aber nur einbasisch, die phosphorige und Cyanursäure sind dreiatomig und zweibasisch.“ Übrigens betrachtet Wurtz die Milchsäure als zweibasisch, als in der Konstitution von der Glycolsäure verschieden. Er wird dazu durch die Existenz der von Brüning und anderen beschriebenen milchsauren Salze genötigt.

Noch in demselben Jahre erschien die erste Lieferung von Kekulé's Lehrbuch, und da sollte es sich zeigen, wie leicht die Natur der Milchsäuren aufzuklären war, wenn man bis auf die Elemente selbst zurückging, was Kekulé tat. Wenn er sich auch der typischen Schreibweise bedient, so wird diese doch durch sogenannte graphische Formeln, welche die Beziehungen der Atome ausdrücken sollen, erläutert. Diese Symbole waren eine neue Sprache, die Konstitution der Verbindungen auszudrücken; dieselbe war einige Zeit im Gebrauch, wurde jedoch später wieder durch geschriebene Formeln ersetzt, die sich den von Couper eingeführten nähern. Ich bediene mich hier der letzteren; der Inhalt bleibt natürlich unverändert.

Es ist dann

$$\begin{matrix} CH_3 \\ | \\ CH_2OH \\ \text{Alkohol} \end{matrix} \qquad \begin{matrix} CH_3 \\ | \\ COOH \\ \text{Essigsäure} \end{matrix} \qquad \begin{matrix} CH_2OH \\ | \\ CH_2OH \\ \text{Glycol} \end{matrix} \qquad \begin{matrix} COOH \\ | \\ COOH \\ \text{Oxalsäure} \end{matrix}$$

Die Beziehungen der Atome in der Glycolsäure ergaben sich für Kekulé durch die von ihm entdeckte Bildungsweise aus Chloressigsäure; sie lassen sich durch die Formel $\begin{matrix} CH_2OH \\ | \\ COOH \end{matrix}$ darstellen.

Dieselbe enthält, wie auch die der Milchsäure, zwei typische Wasserstoffe, d. h., wie Kekulé jetzt erklärt [35]), zwei durch Vermittlung des Sauerstoffs mit dem Kohlenstoff verbundene Wasser-

---

[35]) Kekulé, Lehrbuch der Chemie I, 130 und 174.

stoffatome, welche in ihren Eigenschaften verschieden sind, indem sich der eine wie der typische Wasserstoff der Essigsäure verhält und von zwei Sauerstoffatomen beeinflußt ist, während der andere eine dem typischen Wasserstoff des Alkohols ähnliche Rolle spielt. Die Lösung des Rätsels war jetzt gegeben, denn diese Auffassung erklärte den Anhängern der Atomigkeitslehre alle chemischen Reaktionen der Glycolsäure, sowohl deren Beziehung zum Glycol wie auch zur Essigsäure. Kekulé hat einige Jahre später durch die Einwirkung von Bromwasserstoff auf diese Säuren[36]) den Nachweis geliefert, daß sie hierbei ebenso leicht in die zugehörigen Bromüre übergehen wie die Alkohole, wodurch die früher ausgesprochenen Ansichten über „alkoholischen Wasserstoff" in diesen Verbindungen eine neue Stütze erhielten. Schon vorher[37]) hatte Perkin die alkoholische Natur der Glycol- und Milchsäure durch die Tatsache, daß Natrium unter Wasserstoffentwicklung auf den Milchsäureäther einwirke, und durch die Bildung ätherartiger Verbindungen neben Salzsäureentwicklung bei der Behandlung mit Chloracetyl oder Chlorsuccinyl zu erhärten gesucht. Diese Untersuchungen über Glycol- und Milchsäure sind auch deshalb so wichtig, weil durch sie der Nachweis geführt wurde, daß einer Substanz eine doppelte Funktion zukommen könne, indem die Eigenschaften sich dann einfach addieren, was immerhin sehr bemerkenswert ist.

Daß die Kohlensäure, welche homolog mit der Glycolsäure ist, Salze mit zwei Atomen Metall bildet, daß sie eine zweibasische Säure ist, konnte Kekulé auch erklären. Die Formel des hypothetischen Hydrats wurde $CO\genfrac{}{}{0pt}{}{OH}{OH}$; beide Wasserstoffatome waren gleichmäßig durch den Sauerstoff beeinflußt, es war also kein Grund zu einer Verschiedenheit vorhanden[38]).

Hier muß noch besonders darauf hingewiesen werden, daß Kolbe's Formel der Glycolsäure mit der eben gebrauchten eine große Ähnlichkeit hat, wenn man nur den Inhalt und nicht die

---

[36]) Ann. der Chem. und Pharm. CXXX, 11. — [37]) Zeitschr. Chem. Pharm. 1861, S. 161. — [38]) Kekulé, Lehrbuch der Chemie I, 739.

Form berücksichtigt; es lag wohl an der etwas komplizierten Schreibweise, daß Kolbe nicht alle Folgerungen zog, welche in der Formel enthalten waren. Überhaupt sollten die Vorteile der Kolbe'schen Betrachtungsweise immer mehr zutage kommen: 1862 erhielt Friedel durch Wasserstoffaddition an Aceton einen Propylalkohol[39], identisch mit dem von Berthelot aus Propylen dargestellten[40]. Kolbe[41] erkannte diesen sofort als den ersten Repräsentanten der von ihm vorhergesehenen Gruppe von isomeren Alkoholen[42], gab ihm die Formel $\left.\begin{array}{l}C_2H_3 \\ C_2H_3 \\ H\end{array}\right\} C_2O, HO$, behauptete seine Verschiedenheit von dem Gärungspropylalkohol Chancel's[43], hauptsächlich durch einen Oxydationsversuch zu entscheiden, da der neue Alkohol dabei Aceton regenerieren müsse, wie Friedel dieses wirklich nachwies[44].

Zwei Jahre später kommt Kolbe wieder auf diese Alkohole zurück[45]. Durch Vergleichung der Ammoniakbasen mit den Alkoholen gelangt er zu dem Schlusse, daß ganz ähnliche Isomeriefälle bei diesen wie bei jenen stattfinden müssen:

$$\left.\begin{array}{l}C_2H_3 \\ H \\ H\end{array}\right\}N \qquad \left.\begin{array}{l}C_2H_3 \\ H \\ H\end{array}\right\}C_2, O, HO \qquad \left.\begin{array}{l}C_4H_5 \\ H \\ H\end{array}\right\}N \qquad \left.\begin{array}{l}C_4H_5 \\ H \\ H\end{array}\right\}C_2, O, HO$$

| Methylamin | Methylierter Methylalkohol Methylcarbinol | Äthylamin | Äthylierter Methylalkohol Äthylcarbinol |

$$\left.\begin{array}{l}C_2H_3 \\ C_2H_3 \\ H\end{array}\right\}N \qquad \left.\begin{array}{l}C_2H_3 \\ C_2H_3 \\ H\end{array}\right\}C_2, O, HO \qquad \left.\begin{array}{l}C_2H_3 \\ C_2H_3 \\ C_2H_3\end{array}\right\}N \qquad \left.\begin{array}{l}C_2H_3 \\ C_2H_3 \\ C_2H_3\end{array}\right\}C_2, O, HO$$

| Bimethylamin | Zweifach methylierter Methylalkohol Bimethylcarbinol | Trimethylamin | Dreifach methylierter Methylalkohol Trimethylcarbinol. |

Kolbe dehnt jetzt seine Betrachtungen auf die Säuren aus und glaubt auch in dieser Klasse Isomerieerscheinungen vorhersehen zu können. Etwas früher hatte Frankland durch Behandlung

---

[39] Compt. rend. LV, 53; Ann. der Chem. und Pharm. CXXIV, 324. — [40] Compt. rend. XLIV, 1350. — [41] Zeitschrift für Chem. und Pharm. 1862, S. 687. — [42] Vgl. S. 247. — [43] Ann. der Chemie u. Pharm. LXXXVII, 127. — [44] Rep. Chimie pure V, 247. — [45] Zeitschrift für Chem. und Pharm. 1864, S. 30; Ann. der Chem. und Pharm. CXXXII, 102.

des Oxalsäureäthers mit Zinkäthyl Leucinsäure dargestellt [46]), und diese interessante Synthese hatte in Kolbe die neuen Ideen hervorgerufen. Er faßt die Frankland'sche Säure, wie dieser selbst,

$$\text{als Biäthyloxyessigsäure auf und schreibt } C_2\begin{Bmatrix} C_4\,H_5 \\ C_4\,H_5 \\ H\,O_2 \end{Bmatrix} C_2\,O_2,\,O,\,H\,O.$$

Ihr entspricht die Biäthylessigsäure. Ebenso kennt Kolbe eine Bimethylessigsäure, die er Isobuttersäure nennt, da sie nach ihm verschieden von der gewöhnlichen Buttersäure sein muß:

$$C_6\,H_7\,(C_2\,O_2)\,O,\,H\,O \qquad\qquad \left(C_2\begin{Bmatrix} C_2\,H_3 \\ C_2\,H_3 \\ H \end{Bmatrix}\right)C_2\,O_2,\,O,\,H\,O$$

Buttersäure   Isobuttersäure.

Von der Formel der Valeriansäure nimmt Kolbe drei Isomere an: die dreifach methylierte Essigsäure, die Methyläthylessigsäure und die Propylessigsäure. Von diesen Verbindungen leiten sich isomere Derivate, z. B. Oxysäuren, ab, zu welchen Kolbe Städler's Acetonsäure zählt [47]).

Diese Ansichten haben ihre volle Bestätigung gefunden, wodurch Kolbe's genialer Forscherblick einen großen Triumph feierte. Friedel's Acetonalkohol ist das erste hierher gehörige Beispiel und deshalb von großer Bedeutung. Da durch Freund's Synthese die Konstitution des Acetons festgestellt war, so konnte über die Formel des neuen Propylalkohols kaum ein Zweifel sein; sie wurde von Erlenmeyer [48]), nachdem er den Alkohol mit dem aus Glycerin dargestellten identisch gefunden hatte [49]), zur Aufklärung der Konstitution des dreiatomigen Alkohols benutzt.

Die Entdeckung der „Hydrate" durch Wurtz [50]) folgte der des Isopropylalkohols unmittelbar nach. Wurtz erhielt sie durch Behandlung der Kohlenwasserstoffe der Äthylenreihe mit Jodwasserstoff und Silberoxyd und studierte ihre Eigenschaften namentlich am Amylenhydrat, dessen Verschiedenheit vom Amylalkohol er nachweisen konnte. Anfangs faßte der berühmte

---

[46]) Proc. Roy. Soc. XII, 396; Ann. der Chem. und Pharm. CXXVI, 109. — [47]) Ann. der Chem. und Pharm. CXI, 320. — [48]) Ibid. CXXXIX, 211. — [49]) Zeitschrift für Chem. u. Pharm. 1864, S. 642. — [50]) Compt. rend. LV, 370; LVI, 715, 793; LVII, 479.

französische Gelehrte diesen Körper als Verbindung des Kohlenwasserstoffs mit Wasser auf und formulierte C_5H_{10}, H_2O, welche Anschauung durch das leichte Zerfallen in diese Bestandteile gerechtfertigt schien. Später glaubte Wurtz die Verschiedenheit von den normalen Alkoholen dadurch erklären zu können, daß er in den Hydraten die Bindung des einen Wasserstoffatoms anders (weniger innig) voraussetzt, als in den damit isomeren Körpern[51].

Kolbe hält auch diese Substanzen zu der von ihm vorhergesehenen Gruppe der sekundären Alkohole gehörig[52]) und sucht dies durch einen Oxydationsversuch zu beweisen, der ihm aber keine entscheidenden Resultate lieferte. Wurtz[53]), der seinerseits den Versuch auch ausführt, erhält neben Essigsäure Aceton. So blieb die Frage unentschieden[54]), bis erst viel später, im Jahre 1878, Wischnegradzky nachweisen konnte, daß das Amylenhydrat zu den tertiären Alkoholen gehört[55]). Diese waren übrigens schon viel früher, im Jahre 1863, von Butlerow[56]) entdeckt worden, und zwar durch eine sehr merkwürdige und interessante Reaktion. Es bedurfte einer großen Zahl von Untersuchungen Butlerow's und seiner Schüler, um endgültig die Natur dieser Verbindungen und ihre Beziehungen zu den anderen Alkoholen aufzuklären.

Was die Isomerie in der Fettsäurereihe betrifft, so hat Erlenmeyer 1864 den Isobuttersäureäther auf dem von Kolbe vorgeschlagenen Wege erhalten[57]), aber keine entscheidenden Unterschiede zwischen ihm und gewöhnlichem Buttersäureäther aufzufinden vermocht, während Morkownikoff später durch ein genaues Studium der Salze die Verschiedenheit konstatierte[58]) und außerdem nachwies, daß die Acetonsäure mit der Oxisobuttersäure identisch ist[59]). Von wesentlicher Bedeutung für diese Frage sind die schönen Synthesen Frankland's und Duppa's. Diesen

---

[51]) Zeitschr. für Chem. u. Pharm. 1864, S. 419. — [52]) Ann. der Chem. und Pharm. CXXXII, 102. — [53]) Compt. rend. LVIII, 971. — [54]) Ibid. LXVI, 1179. — [55]) Ann. der Chem. und Pharm. CXC, 328. — [56]) Bulletin de la Soc. chim. 1864, 484; II, 106; V, 582; Ann. der Chem. und Pharm. CXLIV, 1. — [57]) Zeitschrift für Chem. u. Pharm. 1864, S. 642. — [58]) Ann. der Chem. u. Pharm. CXXXVIII, 361. — [59]) Zeitschr. für Chem. 1867, S. 434.

Forschern ist gelungen, aus der Oxalsäure in Körper der Milchsäurereihe überzugehen, welche sich dann weiter in die entsprechenden Glieder der Acrylsäure verwandelten[60]. Außerdem haben sie durch Benutzung dès von Geuther[61] entdeckten Acetessigesters Alkoholradikale in die Essigsäure einführen und so deren Homologen gewinnen können[62]. Später hat Wislicenus diese Reaktion aufgeklärt und genauer verfolgt. Durch ihn und seine Schüler wurden zahlreiche Synthesen nach dieser Methode ausgeführt und dadurch die Erkenntnis der Konstitution von Säuren mit höherem Kohlenstoffgehalt sehr wesentlich gefördert.

Für alle Konstitutionsbetrachtungen ist es aber von entscheidendem Wert, daß durch Schorlemmer[63] die Identität von Dimethyl mit Äthylwasserstoff festgestellt wurde (vgl. S. 212) und daß auch die zunächst angezweifelte[64] Identität von Kohlensäureäthern mit zwei verschiedenen Alkoholradikalen statthat[65]. Erst nach Erledigung dieser Tatsachen konnte eine Gleichheit der vier Valenzen des Kohlenstoffs angenommen werden, die erste Bedingung, um den heute sehr gebräuchlichen „Strukturformeln" Vertrauen zu schenken.

Schon aus den angeführten Arbeiten werden Sie ersehen haben, daß es einer wissenschaftlichen Chemie wesentlich zur Aufgabe fällt, Isomerieerscheinungen zu erklären. Derartige Fälle kommen so häufig vor, daß wohl auch der bestorganisierte Kopf nicht imstande wäre, die Tatsachen zu übersehen, wenn diese ohne jede theoretische Vorstellung aneinander gereiht würden. Es hat sich aber gezeigt, daß die graphischen oder Strukturformeln sehr wohl geeignet sind zur Erklärung bekannter und zur Prognose neuer Isomerien, und so wird es verständlich, daß sich die Bemühungen der Chemiker mehr und mehr auf die Aufstellung solcher rationeller Formeln richteten. Selbstverständlich

---

[60]) Ann. der Chem. u. Pharm. CXXXIII, 80; CXXXV, 25; CXXXVI, 1; CXLII, 1. — [61]) Jahresbericht 1863, S. 323. — [62]) Ann. der Chem. und Pharm. CXXXV, 217; CXXXVIII, 204 u. 328. — [63]) Ibid. CXXXI, 76, vgl. auch Carius, ibid. CXXXI, 173, und Schöyen, ibid. CXXX, 233. — [64]) Journ. für prakt. Chem. XXII, 353. — [65]) Röse, Ann. der Chem. und Pharm. CCV, 227.

kann ich hier nicht allen diesen Bestrebungen Rechnung tragen, ich muß vielmehr darauf bedacht sein, das Prinzip auseinanderzusetzen, dessen man sich bedient, um aus den Reaktionen auf die Konstitution zu schließen. Dieses sagt aus, daß bei den Umsetzungen die gegenseitigen Beziehungen der Atome umgeändert bleiben mit Ausnahme derjenigen, welche gelöst werden, daß aber die eintretenden Atome oder Atomgruppen diese Relationen wieder ausfüllen. Ich glaube mich nicht zu täuschen, wenn ich diesen Grundsatz als eine neue Form des Laurent'schen Substitutionsgesetzes betrachte[66]); er ist eine Verallgemeinerung desselben, hat aber gleichzeitig einen anderen Sinn dadurch erhalten, daß wir nicht mehr die räumliche Lagerung, sondern nur die gegenseitigen Beziehungen der Atome, d. h. die Art ihrer Bindung ermitteln wollen. Leider ist kein allgemeiner Beweis dieses Prinzips gegeben, nicht einmal sind Versuche ausgeführt worden, welche dahin zielen. Seine Richtigkeit die freilich nicht über jeden Zweifel erhaben ist, wird nur deshalb angenommen, weil die daraus gezogenen Folgerungen vielfach übereinstimmende Resultate ergeben haben, d. h., weil sie für dieselbe Substanz auf identische Formeln führten, welche Bildungsart man auch ins Auge faßte.

Freilich findet eine solche Übereinstimmung nicht immer statt, es sind viele Fälle bekannt, bei welchen die Konstitution, aus einer Entstehungsart gefolgert, nicht zusammenfällt mit der Formel, die man aus einer anderen Bildung, oder von den Zersetzungsprodukten ausgehend, ableiten kann[67]); wir sind dann gezwungen, bei einer der vorgegangenen Reaktionen eine Umwandlung des Körpers in einen isomeren vorauszusetzen, d. h. wir müssen annehmen, daß der oben aufgestellte Grundsatz keine Anwendung findet, daß bei einer Umsetzung die im Molekül verbliebenen Atome ihre gegenseitigen Beziehungen geändert

---

[66]) Vgl. S. 150. — [67]) Vgl. z. B. Carius, Ann. der Chem. und Pharm. CXXXI, 172; Tollens, ibid. CXXXVII, 311; Friedel und Ladenburg, ibid. CXLV, 190; Linnemann und Siersch, ibid. CXLIV, 137; Butlerow und Ossokin, ibid. CXLV, 257; Simpson, ibid. CXLV, 373; Erlenmeyer, ibid. CXLV, 365 usw.

haben. Derartige Fälle verdienen Beachtung. Sie sind geeignet, unseren Glauben an die Richtigkeit des obigen Grundsatzes zu erschüttern, wenn auch versucht wurde, sie ebenfalls als doppelte Umsetzungen, jenem Reaktionsprinzip entsprechend, aufzufassen. Ein besonderes Interesse gebührt denjenigen Untersuchungen, welche die Bedingungen feststellen, unter denen solche isomere Umwandlungen, sogenannte Umlagerungen oder Atomwanderungen, im Molekül vor sich gehen und gerade diese zum eigentlichen Gegenstand haben. Von solchen sei hier Hofmann's Arbeit über die Verwandlung der methylierten Aniline in Anilinhomologe[68]) und Demole's Untersuchung über die freiwillige Oxydation von Äthylenderivaten[69]) erwähnt.

Von größerer Bedeutung sind übrigens diejenigen Isomerieerscheinungen, welche durch die gebräuchlichen Formeln gar nicht zum Ausdruck gebracht oder veranschaulicht werden können. Beispiele der Art sind schon lange bekannt, einzelne davon auch früher schon eingehend studiert, und man hat neuerdings versucht, nachdem man die Wichtigkeit derselben erkannte, für sie eine besondere Art der Erklärung einzuführen, welche sich freilich an die Valenztheorie anschließt, diese aber weiter entwickelt und ausbaut. Darauf müssen wir näher eingehen.

Schon in der siebenten Vorlesung (S. 123) wurde die Entdeckung der mit der Weinsäure isomeren Traubensäure erwähnt. Die Beziehungen beider zueinander festzustellen, bildet den Inhalt einer Untersuchung Pasteur's, ausgeführt zwischen den Jahren 1848 und 1860, welche für den hier zu behandelnden Gegenstand von fundamentaler Bedeutung ist[70]). Er wies nach, daß es vier isomere Weinsäuren gibt, die Traubensäure, die inaktive Weinsäure, die Rechts- und Linksweinsäure, daß die beiden letzteren in gleichen, aber entgegengesetzt gebauten (enantiomorphen) Formen kristallisieren, daß beide den polarisierten Lichtstrahl um gleiche Winkel, aber nach entgegengesetzten Richtungen ablenken,

---

68) Ber. chem. Ges. IV, 742; V, 704 usw. — 69) Ibid. XI, 315, 1302 u. 1307. — 70) Ann. Chim. Phys. (3) XXIV, 442; XXVIII, 56; XXXVIII, 437; vgl. auch Pasteur, Recherches sur la dissymétrie moléculaire des produits organiques naturels. Leçons de chimie, Paris 1861.

und daß sie zu gleichen Teilen gemengt in concentrierter Lösung optisch inaktive Traubensäure liefern. Ferner gelang es ihm, die Traubensäure wieder in die zwei optisch wirksamen Weinsäuren zu zerlegen, und zwar nach drei Methoden: 1. Durch Darstellung und Kristallisation des Natronammoniaksalzes, wobei zwei enantiomorphe Formen entstanden, die nach der Trennung und Zerlegung die beiden Weinsäuren lieferten. 2. Durch Darstellung der Cinchonicin- und Chinicinsalze. Im ersten Falle kristallisiert zuerst das linksweinsaure, im zweiten das rechtsweinsaure Salz aus. 3. Durch Behandlung einer Lösung von saurem traubensaurem Ammoniak mit Sporen von Penicillium glaucum, wodurch nach der Entwicklung des Pilzes fast nur Linksweinsäure in Lösung bleibt. Die inaktive Weinsäure stellte er durch Erhitzen des weinsauren Cinchonins dar, und von dieser konnte Dessaignes nachweisen, daß sie beim Erhitzen auf 200° wieder teilweise in Traubensäure verwandelt wird[71]).

Tatsachen ähnlicher Art hat man noch bei verschiedenen anderen Körper beobachtet, so bei den Glycosen, den Terpenen, bei vielen Alkaloiden, bei dem Amylalkohol, der Äpfelsäure, der Milchsäure, der Asparaginsäure und bei der Mandelsäure[72]).

Bei allen diesen Isomerien sind es nur physikalische Eigenschaften, durch welche sich die betreffenden Körper unterscheiden, und Carius[73]) hat deshalb für diese Isomerien die Bezeichnung Physikalische Isomerie eingeführt.

In neuerer Zeit haben nun van 't Hoff[74]) und etwas später Le Bel[75]) versucht, auch diese Tatsachen aus der Atomizitätstheorie zu erklären, indem sie zunächst den Satz aufstellen, daß Substanzen nur dann optische Aktivität besitzen, wenn ihr Molekül ein asymmetrisches Kohlenstoffatom enthält, d. h. wenn ein Kohlenstoffatom darin vorkommt, dessen vier Valenzen an vier verschiedene Atomgruppen gebunden sind. Dieser Satz hat insofern volle tatsächliche Berechtigung, als alle bis dahin bekannten

<hr>

71) Ann. der Chem. CXXXVI, 212. — 72) Lewkowitsch, Ber. XVI, 1565 und 2721. — 73) Ann. der Chem. CXXVI, 214 und CXXXIII, 130. — 74) Bullet. soc. chim. (2) XXIII, 295; vgl. auch La chimie dans l'espace, Rotterdam 1875. Deutsche Bearbeitung von Herrmann, Braunschweig 1877. — 75) Bull. soc. chim. (2) XXII, 337.

optisch wirksamen Substanzen asymmetrische Kohlenstoffatome enthalten. Dabei ist aber zu beachten, daß durchaus nicht alle Körper,
welche asymmetrische Kohlenstoffatome enthalten, Drehungsvermögen besitzen, daß also der obige Satz nicht umgedreht und
in dieser Art verallgemeinert werden darf. Van 't Hoff hat
denselben durch eine geometrische Vorstellung über die Lagerung
der Atome im Raume anschaulich zu machen versucht. Darauf
kann aber hier noch nicht näher eingegangen werden.

Vor längerer Zeit hat Rochleder[76] darauf aufmerksam
gemacht, daß namentlich eine Klasse von Körpern sehr leicht
isomere Umwandlungen erleidet; er nannte dieselben lückenhafte
Verbindungen, weil sie durch den Austritt von Atomen aus gesättigten
Substanzen entstehen. Dieselben werden heute vielfach wasserstoffärmere Körper genannt, und wir wollen ihnen eine eingehende
Betrachtung widmen, da ihr Studium von großem Interesse ist.

Couper hat in seiner Abhandlung über die Theorie organischer Verbindungen[77] dem Kohlenstoff die Fähigkeit zugeschrieben, bald zwei, bald vier Affinitätseinheiten auszuüben;
ihm fiel es daher nicht schwer, die Existenz von Verbindungen
wie Kohlenoxyd, Äthylen usw. zu erklären. Unter Anderen haben
sich Wurtz[78] und Kolbe[79] dieser Auffassung angeschlossen.
Letzterer leitet die wasserstoffärmeren Kohlenwasserstoffe vom
Kohlenoxyd als Typus ab, indem er in allen diesen Körpern
ein oder mehrere Kohlenstoffatome annimmt, welche mit zwei
Affinitäten wirksam sind. Er schreibt $C_2 O_2$ Kohlenoxyd, $C_2 {H \atop C_2 H_3}$
Äthylen, $C_2 {H \atop C_4 H_5}$ Propylen, $C_2 {H \atop C_2 H}$ oder $C_2 \,.\, C_2 H_2$ Acetylen.

Kekulé hat anfangs versucht, die wasserstoffärmeren Körper
durch eine dichtere Aneinanderlagerung der Kohlenstoffatome zu
erklären[80], später aber bei seinen schönen und wichtigen Untersuchungen über organische Säuren[81] scheint er der Ansicht ge-

[76] Sitzungsberichte der Wiener Akademie XI, 852; XII, 727; ferner
ibid. XLIX (2. Abt.), 115. — [77] Annales de Chim. et de Phys. (3) LIII, 459,
vgl. S. 262. — [78] Leçons sur quelques points de phil. chim., p. 136. — [79] Lehrbuch der organischen Chemie I, 738; II, 576. — [80] Ibid. I, 166. — [81] Ann.
der Chem. u. Pharm. CXVII, 120; Suppl. I, 129, 338; Suppl. II, 85; CXXX, 1.

worden zu sein, es seien in diesen Substanzen die Affinitäten des Kohlenstoffs nicht vollständig gesättigt, sondern freie Verwandtschaftseinheiten oder auch Lücken enthalten. Diese Annahme gewann sowohl durch Kekulé's eigene, als auch durch Carius' Versuche [82]), wonach diese Körper sich mit Wasserstoff, Chlor, unterchloriger Säure usw. verbinden können, an Wahrscheinlichkeit, und so wurde die Möglichkeit, direkte Additionen einzugehen, ein Kriterium für diese Gruppe, welches jedoch nicht entscheidend genannt werden kann, da auch Substanzen, die wir zu den gesättigten zählen, diese Fähigkeit besitzen. Zu den letzteren Verbindungen gehören namentlich Aldehyde und Ketone usw., Körper, welche vollständig an Kohlenstoff gebundenen Sauerstoff enthalten; zur Erklärung der Tatsachen wird hier die Annahme gemacht, daß bei der Addition die Gruppe $(C=O)''$ in $(C-O)''''$, d. h. ein zweiatomiges in ein vieratomiges Radikal übergeht. Spätere sehr eingehende Versuche von Fittig über wasserstoffärmere (ungesättigte) Säuren schienen zur Bestätigung der oben erwähnten Ansicht zu führen [82]), d. h. Fittig glaubte zeigen zu können, daß man den Tatsachen am besten Rechnung trägt, wenn man, wenigstens in einigen Verbindungen, Lücken, d. h. zweiwertige Kohlenstoffatome annimmt. Daß eine solche Annahme ganz zu umgehen nicht möglich ist, beweisen das Kohlenoxyd und die von Hofmann [84]) und Gautier [85]) ungefähr gleichzeitig aufgefundene Gruppe der Isonitrile oder Carbylamine. Diese interessanten Körper entstehen sowohl durch Behandlung der Amine mit Chloroform, als auch bei Einwirkung der Alkoholjodüre auf Cyansilber. Sie sind den Nitrilen isomer, und ihre Konstitution kann nicht anders als durch die Formel

$$N\begin{cases}R\\C\end{cases}$$

die Gautier zuerst vorschlug [86]) und in der R ein einatomiges Alkoholradikal bedeutet, dargestellt werden. Wird der Stickstoff

---

[82]) Ann. der Chem. und Pharm. CXXIV, 265; CXXVI, 195; CXXIX, 167. — [83]) Ibid. CLXXXVIII, 95, 1877. — [84]) Ibid. CXLIV, 114; CXLVI, 107. — [85]) Compt. rend. LXV, 468; Ann. der Chem. und Pharm. CXLVI, 119. — [86]) Compt. rend. LXV, 901.

dreiwertig angenommen, wie im vorhergehenden stets geschah
(die Hypothese des pentavalenten Stickstoffs soll in einer der
nächsten Vorlesungen besprochen werden), so erscheint der Kohlenstoff zweiatomig oder ungesättigt.

Übrigens gibt es eine Klasse von ungesättigten Körpern, bei
welchen ganz allgemein nach Kekulé's Vorgang eine dichtere
Bindung der Kohlenstoffatome vorausgesetzt wird. Ich meine die
aromatischen Verbindungen. Darunter faßte man früher eine
Reihe von Substanzen zusammen, die mit einigen stark riechenden Ölen in näherer chemischer Beziehung stehen.

Kekulé zeigte zunächst, daß alle diese Körper als Abkömmlinge des Benzols aufzufassen sind und daß für ihre chemische
Natur die Konstitution dieses Kohlenwasserstoffs maßgebend ist[87]).
Für diese Ansicht sprachen eine ganze Reihe älterer Beobachtungen,
wesentlich aber waren synthetische Untersuchungen, welche kurz
zuvor von Fittig gemeinschaftlich mit Tollens[88]) und Anderen[89])
ausgeführt worden waren. Dieselben bedienten sich hierzu einer
von Wurtz herrührenden Methode[90]), d. h. sie behandelten Gemenge von Bromsubstitutionsprodukten der aromatischen Kohlenwasserstoffe und Alkoholjodüren mit Natrium, wodurch ihnen die
Darstellung von Homologen der angewandten Körper gelang.
Sie konnten so zeigen, daß das Methylbenzol, aus Brombenzol
und Jodmethyl erhalten, identisch ist mit Toluol, daß aber Äthylbenzol verschieden ist von Xylol, welches seinerseits in den Eigenschaften dem Methyltotuol oder Dimethylbenzol sehr nahe steht.
Auf die weiteren Resultate dieser interessanten Arbeiten brauche
ich hier nicht näher einzugehen, da sie erst nach der Publikation
von Kekulé's Abhandlung erhalten wurden und teilweise in dieser
vorhergesehen waren. Dagegegen waren für die hier zu besprechenden theoretischen Untersuchungen einige Resultate aus
Beilstein's Arbeiten von fundamentaler Bedeutung. So der mit
Reichenbach gemeinschaftlich geführte Nachweis[91]), daß die
sogenannte Salylsäure, welche man für eine mit der Benzoësäure

---

[87]) Ann. der Chem. und Pharm. CXXXVII, 129. — [88]) Ibid. CXXXI,
303. — [89]) Ibid. CXXXVI, 303 usw. — [90]) Annales de Chimie et de Phys.
(3) XLIV, 275. — [91]) Ann. der Chem. und Pharm. CXXXII, 309.

isomere Benzolcarbonsäure hielt[92]), nur unreine Benzoësäure ist, und daß sich die bisher dargestellten Chlorbenzoësäuren auf drei reduzieren lassen[93]).

Das Benzol gewinnt durch Kekulé als Kern der aromatischen Körper eine ganz besondere Bedeutung, und seiner Konstitution widmet daher Kekulé eine eingehende Betrachtung. Wir wollen uns damit in der nächsten Vorlesung beschäftigen.

[92]) Kolbe und Lautemann, Ann. der Chem. und Pharm. CXV, 183; Kekulé, Ann. der Chem. und Pharm. CXVII, 158; Griess, ibid. CXVII, 34; Cannizzaro, ibid. Supplementb. I, 274. — [93]) Beilstein und Schlun, Ann. der Chem. und Pharm. CXXXIII, 239.

Vierzehnte Vorlesung.

Kekulé, ausgehend von der Vieratomigkeit des Kohlenstoffs, weist darauf hin, daß in den Fettkörpern die Kohlenstoffatome durch je eine Valenz aneinander gebunden sind[1]). Die nächst einfache Hypothese, wonach die Kohlenstoffatome abwechselnd eine und zwei Valenzen austauschen und eine geschlossene Kette oder einen Ring bilden, wird für das Benzol angenommen. Von den 24 Affinitäten der 6 Kohlenstoffatome werden 18 zur Kohlenstoffbindung verbraucht. Denn man hat:

$$\frac{6}{2} \cdot 4 + \frac{6}{2} \cdot 2 = 18.$$

Es bleiben 6 Wertigkeiten, welche durch die 6 Wasserstoffatome des Benzols gesättigt werden. Nach Kekulé läßt sich demnach das Benzol als ein regelmäßiges Sechseck, dessen Seiten abwechselnd einfach und doppelt sind, auffassen. In den Ecken befinden sich die CH-Gruppen.

Diese Vorstellung soll zunächst die verhältnismäßig große Beständigkeit des Benzols gegenüber den Kohlenwasserstoffen der Fettreihe, die offene Kohlenstoffskelette mit meist einfacher Kohlenstoffbindung darstellen, veranschaulichen. Aus ihr geht weiter der für die aromatischen Verbindungen so überaus wich-

---

[1]) Bull. soc. chim. 1865, 104; Ann. Chem. Pharm. CXXXVII, 129; Lehrbuch der organischen Chemie II, 493.

tige Satz hervor, daß die 6 Wasserstoffatome des Benzols im Molekül symmetrisch gestellt, d. h., daß sie gleichwertig sind.

Durch Vertretung dieser Wasserstoffe des Benzols entstehen die aromatischen Verbindungen. Aus der Gleichwertigkeit der Wasserstoffatome folgt aber, daß, wenn nur ein solches Atom vertreten wird, es gleichgültig sein muß, welches derselben die Substitution erleidet, oder mit anderen Worten, es kann von allen Monosubstitutionsprodukten des Benzols nur je eine Form existieren. Eine solche Ansicht war erst möglich, nachdem nachgewiesen war, daß Methylbenzol mit Toluol und Benzoësäure mit Salyl säure identisch sind (vgl. S. 281).

Bei der Vertretung von zwei oder mehr Wasserstoffatomen sieht Kekulé's Hypothese zahlreiche Isomere voraus, welche durch die relative Stellung der eingetretenen Atomgruppen veranlaßt werden und deren Zahl bestimmt werden kann. So existieren drei Isomere, wenn 2 Atome Wasserstoff des Benzols durch andere Atome oder durch Radikale Ersetzung finden, wobei es gleichgültig bleibt, ob die eingetretenen Atomgruppen identisch oder verschieden sind. Von Trisubstitutionsprodukten des Benzols mit gleichen Substituenten sind drei isomere Formen möglich, sechs dagegen, wenn zwei der eingetretenen Atomgruppen von der dritten verschieden sind. Ferner sieht diese Hypothese drei isomere tetrasubstituierte Benzole mit gleichen Substituenten voraus, dagegen nur je eine Form eines Penta- und eines Hexasubstitutionsproduktes, immer vorausgesetzt, daß die Substitution durch gleiche Atome oder Radikale erfolgt. Im ganzen können demnach durch Vertretung der Benzolwasserstoffe durch ein bestimmtes Element 12 Körper entstehen, was in einem Falle auch tatsächlich erwiesen wurde. Beilstein hat nämlich zeigen können, daß gerade 12 gechlorte Benzole existieren[2]), nachdem vorher schon nachgewiesen worden war, daß die behauptete Existenz von zwei isomeren Pentachlorbenzolen[3]) irrtümlich sei.

Aus der Konstitution des Benzols folgt weiter, daß das Äthylbenzol von den drei möglichen Dimethylbenzolen verschieden sein

<hr>

[2]) Beilstein und Kurbatow, Ann. Chem. CXCII, 228. — Ladenburg, Ann. der Chem. u. Pharm. CLXXII, 331.

muß, und ferner, daß aus dem Toluol durch Chlor oder Brom
zwei verschiedene Klassen von Substitutionsprodukten darstellbar
sein müssen, dadurch charakterisiert, daß in der einen das
Halogen einen Wasserstoff des Benzols (Kerns), in der anderen
einen Wasserstoff des Methyls (der Seitenkette) ersetzt. Derartige
Unterschiede wurden wirklich nachgewiesen[4]), und Beilstein[5])
hat zeigen können, daß, je nachdem Chlor in der Kälte oder in
der Siedehitze einwirkt, Körper der einen oder der anderen Art
entstehen. Die erste Gruppe von Chlorverbindungen, von denen
als Disubstitutionsprodukte des Benzols drei Isomere existieren,
erlauben keinen Austausch des Halogens gegen Jod, Cyan,
Hydroxyl oder andere sauerstoffhaltige Gruppen, während die
andere, die als Monosubstitutionsprodukt nur durch einen Körper
vertreten ist, sich wie ein Chlorür eines Alkoholradikals verhält
und sich ebenso leicht wie ein solches in einen Alkohol, einen
Äther usw. überführen läßt. Die beiden Formeln

$$C_6H_4Cl(CH_3) \qquad\qquad C_6H_5CH_2Cl$$
$$\text{Chlortoluole} \qquad\qquad\quad \text{Benzylchlorid}$$

deuten diese Unterschiede an, welche nach Kekulé daher rühren,
daß das Chloratom der Chlortoluole in sehr inniger Beziehung
mit dem Kohlenstoff, fast von demselben umgeben, in dem
Benzylchlorid aber ähnlich wie das Halogen der Alkylchlorüre
gebunden ist. Ganz ebenso findet jetzt auch das wesentlich verschiedene Verhalten der Phenole und der aromatischen Alkohole
seine Erklärung. Während die Hydroxylgruppe bei den ersteren
einen Wasserstoff des Benzols vertritt, gehört sie im Benzyl-
alkohol der Methylgruppe an:

$$C_6H_4(OH)CH_3 \qquad\qquad C_6H_5CH_2OH$$
$$\text{Kresole} \qquad\qquad\qquad \text{Benzylalkohol}$$

Nur der letztere verhält sich wie ein primärer Alkohol und
liefert durch Oxydation einen Aldehyd und eine Säure, während
die Äther der ersteren hierdurch in Alkyloxybenzoësäuren
$C_6H_4(OR)CO_2H$, übergehen[6]).

---

[4]) Fittig, Ann. der Chem. u. Pharm. CXXXVI, 301; Kekulé, ibid.
CXXXVII, 192. — [5]) Beilstein und Geitner, ibid. CXXXIX, 331. —
[6]) Körner, Zeitschr. Chem. 1868, S. 326.

Sehr wichtig sind Kekulé's Ansichten über die Oxydation aromatischer Kohlenwasserstoffe zu Säuren. „Es werden dabei die an den Kern C_6 als Seitenketten angelagerten Alkoholradikale bei hinlänglich energischer Oxydation in die Gruppe CO_2H umgewandelt. Die Oxydationsprodukte enthalten also stets ebenso viele Seitenketten wie die Körper, aus welchen sie erzeugt werden. Bei gemäßigteren Oxydationen gelingt es, bei denjenigen Abkömmlingen des Benzols, welche zwei oder mehr Alkoholradikale enthalten, die Oxydation bei der Bildung von Zwischengliedern einzuhalten; es wird nämlich zunächst nur ein Alkoholradikal oxydiert, während das andere unverändert bleibt. So liefert das Dimethylbenzol zuerst Toluylsäure und dann Terephtalsäure":

$$C_6H_4{CH_3 \atop CH_3} \qquad C_6H_4{CH_3 \atop CO_2H} \qquad C_6H_4{CO_2H \atop CO_2H}.$$

$$\text{Xylol} \qquad\qquad \text{Toluylsäure} \qquad\quad \text{Terephtalsäure}$$

Hervorgehoben zu werden verdient schließlich, daß Kekulé bei der weiteren Ausarbeitung seiner Ansichten die Konstitution der von Mitscherlich entdeckten Azo-[7]) und namentlich auch der von Griess aufgefundenen[8]) und eingehend untersuchten Diazoverbindungen, ebenso wie ihren Zusammenhang aufklärte[9]).

Diese Untersuchungen über aromatische Verbindungen haben auf die Chemie einen mächtigen Einfluß ausgeübt. Das Studium dieser Körper, welches bis dahin eher vernachlässigt war, wurde in den nächsten 10 Jahren von vielen Chemikern fast ausschließlich bearbeitet. Die zahllosen Isomerieerscheinungen, welche früher dieses Gebiet so schwer zugänglich machten, da es nur Wenigen möglich war, die Tatsachen zu überschauen, erhöhten jetzt, nachdem man dafür eine einfache Erklärung hatte, den Reiz dieser Untersuchungen. Und was das Wichtigste ist, durch dieselben wurden Kekulé's Anschauungen im weitesten Umfange bestätigt, in keinem wesentlichen Punkte haben diese eine Veränderung erfahren müssen, vereinzelte widersprechende Angaben

---

[7]) Ann. der Chem. u. Pharm. XII, 311. — [8]) Ibid. CVI, 123; ibid. CIX, 286; CXIII, 334; CXVII, 1 Suppl. I, 100; CXXI, 257 usw.; vgl. auch Phil. Trans. 1864, III, 667 etc. — [9]) Lehrbuch II, 703.

konnten sehr bald als unrichtig nachgewiesen werden. Gleichzeitig aber wurden durch die seitdem aufgefundenen zahllosen Tatsachen jene Hypothesen wesentlich erweitert und vervollständigt.

In erster Linie verdient hier das Problem der Bestimmung des chemischen Ortes erwähnt zu werden. Von Kekulé nur angedeutet[10]), ward es in der Folge vollständig gelöst.

Man versteht unter Ortsbestimmung in der aromatischen Reihe die Feststellung der gegenseitigen Beziehungen der in das Benzol eingetretenen Substituenten. Selbstverständlich kann diese Aufgabe erst bei Disubstitutionsprodukten einen Sinn haben. Die hier nach Kekulé möglichen drei Isomeren haben die Namen Ortho-, Meta- und Paraverbindung erhalten, und es handelt sich also zunächst darum, wie man sich diese konstituiert zu denken habe. Der erste Schritt in dieser Beziehung geschah durch Baeyer[11]), der, nachdem durch Fittig[12]) nachgewiesen worden war, daß das Mesitylen ein Trimethylbenzol ist, aus seiner Bildung die Ansicht ableitet, es seien die drei Methylgruppen symmetrisch im Benzol angeordnet, d. h. es seien Mesitylen und Isophtalsäure Metaverbindungen. Diese Hypothese ward später[13]) durch eine genaue Untersuchung der Substitutionsprodukte des Mesitylens erwiesen. Gräbe hat dann durch eingehende Erörterungen und Versuche über die Natur des Naphtalins[14]) für dieses und demgemäß auch für die Phtalsäure zeigen können, daß diese als Orthoverbindungen aufgefaßt werden müssen. Durch Ladenburg wurde endlich unter Bezugnahme auf Versuche von Hübner und Petermann[15]) darauf hingewiesen[16]), daß die Terepthalsäure und Paraoxybenzoësäure in die Parareihe gehören. Ein sehr hübscher und origineller Gedanke zur Lösung dieses Problem rührt von Körner her[17]), der zeigt, daß aus Disubstitutionsprodukten mit gleichen Substituenten

---

[10]) Ann. der Chem. u. Pharm. CXXXVII, 174. — [11]) Ibid. CXL, 306. — [12]) Zeitschrift Chem. 1866, S. 518. — [13]) Ladenburg, Ann. der Chem. und Pharm. CLXXIX, 163. — [14]) Ibid. CIL, 22. — [15]) Ann. chem. Pharm. CIL, 129. — [16]) Ber. chem. Ges. II, 140. — [17]) Gazzetta chimica italiana 1874, IV, 305; Jahresber. 1875, S. 299.

bei nochmaliger Einführung einer Atomgruppe drei Isomere möglich sind, wenn der ursprüngliche Körper in die Metareihe gehörte, zwei, wenn er eine Orthoverbindung gewesen, während das Paraderivat nur ein einziges solches Trisubstitutionsprodukt ermöglicht. Nach dieser Methode hat er selbst die Konstitution der Dibrombenzole und Griess [18]) die der Phenylendiamine bestimmt.

Nachdem so bei einigen Verbindungen die Konstitution ermittelt war, kam es noch darauf an, diese durch glatte Reaktionen mit den übrigen in Beziehung zu setzen, um das Problem bei allen zweifach substituierten Benzolen gelöst zu haben. Nicht nur ist dies vollständig möglich geworden, auch für die höher substituierten Produkte hat man die Stellung der Substituenten bestimmt. Bei allen diesen zum Teil sehr ausgedehnten Untersuchungen, die nur durch Mitwirkung vieler Kräfte ausführbar waren, haben die Griess'schen Reaktionen (s. oben) sehr wesentliche Dienste geleistet.

Für die Theorie der aromatischen Verbindungen ist es auch von wesentlicher Bedeutung, daß es gelungen ist, ausgehend von der Vierwertigkeit des Kohlenstoffs und einer Reihe genau festgestellter Tatsachen, die zwei für die Konstitution des Benzols grundlegenden Sätze zu beweisen, nämlich 1. die Gleichwertigkeit der Benzolwasserstoffe und 2. die Symmetrie zweier Wasserstoffatompaare dem dritten Wasserstoffatompaare gegenüber [19]).

Es soll hier weiter darauf hingewiesen werden, daß über die Formel des Benzols, d. h. über die gegenseitigen Bindungen der darin enthaltenen Kohlenstoffatome eine längere Kontroverse entstand, nachdem darauf hingewiesen worden war, daß die Formel Kekulé's den Anforderungen, d. h. jenen oben erwähnten Sätzen nicht vollständig Rechnung trägt [20]). Dadurch hat sich ergeben, daß nur die sogenannte Prismenformel ein klares Bild für die Isomerieverhältnisse in der aromatischen Reihe zu geben

---

[18]) Ber. chem. Ges. 1874, S. 1226. — [19]) Ladenburg, Theorie der arom. Verbind., Braunschweig 1876; und Ladenburg, Ber. chem. Ges. X, 1224; Wroblewsky, Ann. Chem. CXCII, 196. — [20]) Ladenburg, Ber. chem. Ges. II, 140.

imstande ist, wie sie denn auch nach Thomsen für die Wärmetönungen und nach R. Schiff für die Molekularvolume des
Benzols und seiner Derivate einen richtigen Ausdruck gewährt[21]).
Nichtsdestoweniger ist die Sechseckformel Kekulé's allgemein
beibehalten worden, weil sie in vielen Beziehungen, namentlich
auch hinsichtlich der Wasserstoffadditionsprodukte[22]), der anderen
Formel überlegen ist.

Unter den wichtigen Arbeiten, welche durch Kekulé's
Untersuchungen angeregt wurden, gehe ich hier nur auf eine
einzige näher ein, welche wohl als die bedeutungsvollste unter
diesen angesehen werden darf. Ich meine Gräbe's Arbeit über
Chinone.

Kekulé hatte für das von Woskresensky entdeckte
Chinon[23]) eine eigentümliche Ansicht ausgesprochen[24]). Es sollte
eine offene Kette von 6 Kohlenstoffatomen enthalten, die aber
wie im Benzol abwechselnd einfach und doppelt untereinander
gebunden waren. Gräbe[25]) stellte dem eine andere Ansicht
gegenüber, wonach das Chinon ein Benzolderivat sei, in welchem
2 Wasserstoff- durch 2 Sauerstoffatome, die sich untereinander
binden, ersetzt sind. Er begründet dies namentlich durch Hinweis
auf die bereits bekannten Beziehungen des Chinons zum Hydrochinon und durch die Verwandlung des Chloranils durch Chlorphosphor in Hexachlorbenzol. Diese Gründe waren so durchschlagend, daß Gräbe's Anschauung allgemein angenommen
wurde, wenn es sich auch bald nachher zeigte, daß das Chinon
nicht, wie Gräbe meinte, zu den Ortho-, sondern zu den Paraverbindungen gehöre[26]). In der Folge studierte Gräbe auch
andere Chinone und kam so zur Untersuchung des Alizarins,
dessen Chinonnatur er erweisen wollte. Gemeinschaftlich mit

---

[21]) Ladenburg, Ber. chem. Ges. XIII, 1808; s. auch Thomsen,
Thermochemische Untersuchungen, IV. Band; ferner Schiff, Ann. Chem.
CCXX, 303. Nach Schröder (Wiedem. Ann. XV, 667) gilt dies auch für die
Molekularrefraktion, während nach Brühl (Ann. CC, 229) das Entgegengesetzte statthat. — [22]) Baeyer, Ann. Chem. CCXXXXV, 103; CCLI, 257;
CCLVI, 1; CCLVIII, 145; CCLXVI, 169; CCLXIX, 145. — [23]) Ann. der Chem.
u. Pharm. XXVII, 268. — [24]) Ibid. CXXXVII, 134. — [25]) Ibid. CXLVI, 1.
— [26]) Petersen, Ber. chem. Ges. VI, 368 und 400.

Liebermann zeigte er zunächst, indem sie sich einer von Baeyer[27]) entdeckten Methode bedienten, daß dasselbe nicht, wie man damals glaubte, ein Naphtalinderivat sei, sondern daß es sich vom Anthracen ableite[28]), daß es ein Chinon, und zwar ein Dioxyanthrachinon sei. In der Folge, 1869, gelang ihnen auch die Synthese dieses geschätzten Farbstoffes[29]), der dann alsbald technisch nach einer von Gräbe, Liebermann und Caro ausgearbeiteten Methode gewonnen wurde[30]), was zu einer der großartigsten Industrien der Gegenwart führte.

Überhaupt darf behauptet werden, daß die Theorie der aromatischen Verbindungen von großem Einfluß auf die Technik, namentlich auf die Farbentechnik, wurde. Denn wenn auch die Anilinfarbenindustrie ganz unabhängig von jenen Untersuchungen, besonders durch Hofmann's umfassende Arbeiten über das Anilin und die damit homologen Basen, ins Leben gerufen wurde, wenn auch die ersten Anilinfarbstoffe lange vor Kekulé's berühmter Abhandlung entdeckt und verwertet wurden, das Mauveïn schon im Jahre 1856 durch Perkin[31]) und das Fuchsin 1859 durch Verguin[32]), nachdem es schon früher von Natanson[33]), Hofmann[34]) u. A. beobachtet worden war, so hängt doch ihre Weiterentwicklung innig mit der genaueren Einsicht in die Konstitution der aromatischen Verbindungen zusammen. Hier sei mit Rücksicht darauf nur an die Entdeckung des Orthotoluidins durch Rosenstiehl[35]) und an die Aufklärung der chemischen Natur des Rosanilins erinnert, welche, durch Hofmann[36]) angebahnt, schließlich E. und O. Fischer[37]) gelang.

Auch die Fabrikation anderer Farbstoffklassen, wie die der Phenolfarbstoffe, welche ihren ersten Repräsentanten in der durch Kolbe und Schmitt[38]) und gleichzeitig durch J. Persoz[39])

<hr>

[27]) Ann. Chem. CXL, 295. — [28]) Ber. chem. Ges. I, 49. — [29]) Ann. Chem. Suppl. 7, 257; Ber. chem. Ges. II, 14. — [30]) Ber. chem. Ges. III, 359. — [31]) Perkin, Zeitschr. Chem. 1861, S. 700; Ann. Chem. CXXXI, 201. — [32]) Dingl. polyt. Journ. CLIV, 235 und 397. — [33]) Ann. der Chem. u. Pharm. XCVIII, 297. — [34]) Jahresber. 1858, S. 351. — [35]) Zeitschr. Chem. 1868, S. 557; ibid. 1869, S. 190. — [36]) J. pr. Chem. LXXXVII, 226; Jahresber. 1863, S. 417; ibid. 1864, S. 819. Ann. Chem. Pharm. CXXXII, 160 und 289. — [37]) Ann. Chem. CXCIV, 242. — [38]) Ibid. CXIX, 169. — [39]) Franz. Patent v. 21. Juli 1862.

entdeckten Rosolsäure haben, und welche durch die von Baeyer[40]) aufgefundenen und studierten Phtaleïne eine große Ausdehnung erlangten, ebenso wie die der Azofarbstoffe, welche fast ausnahmslos mit Griess' wichtigen Arbeiten im Zusammenhange stehen, ist unabhängig von jeder Theorie entstanden, aber immerhin durch diese gefördert worden.

Viel direkter aber ist der Einfluß gewesen, den Kekulé's Auffassung der aromatischen Verbindungen auf die Ansichten über die komplizierteren Kohlenwasserstoffe ausübte.

In einer interessanten Abhandlung über aromatische Säuren, welche eine Kritik der Kekulé'schen Anschauungen enthält, gibt Erlenmeyer[41]) dem Naphtalin, $C_{10}H_8$, die folgende Formel:

$$
\begin{array}{c}
\quad\ \ H\ \ H\qquad\quad H\ \ H \\
\leftarrow C{=}C{-}C{=}C{-}C{=}C\rightarrow \\
\qquad\ \ |\quad\ \ | \\
\qquad HC\quad CH \\
\qquad\ \ \|\quad\ \ \| \\
\qquad HC{-}CH
\end{array}
$$

Danach konnte man es sich aus zwei Benzolsechsecken mit zwei, beiden gemeinschaftlich angehörenden Kohlenstoffatomen zusammengesetzt denken. Gräbe hat diese Auffassung durch experimentelle und theoretische Untersuchungen sehr wahrscheinlich gemacht[42]). Für sie spricht auch Aronheim's Synthese des Naphtalins aus Phenylbutylen[43]) und namentlich Fittig's Synthese des α-Naphtols[44]), die Sechseckformel für das Benzol vorausgesetzt. Diese Anschauung über das Naphtalin führt zur Annahme zweier isomerer Monosubstitutionsprodukte, und in der Tat hatte schon Faraday zwei Naphtalinmonosulfosäuren[45]) dargestellt, und seit jener Zeit sind vielfach ähnliche Fälle beobachtet worden. Ja, man hat sogar hier Ortsbestimmungen mit einem sehr hohen Grade von Wahrscheinlichkeit ausführen können, und auch hier findet sich jetzt, nach einem eingehenden

---

[40]) Ann. Chem. CLXXXIII, 1 und CCII, 36. — [41]) Ibid. CXXXVII, 327. — [42]) Ibid. CXLIX, 1. — [43]) Ibid. CLXXI, 233. — [44]) Fittig und Erdmann, Ber. chem. Ges. XVI, 43; Ann. Chem. CCXXVII, 242. — [45]) Ann. chim. phys. XXXIV, 164.

Studium der Naphtalinreihe, eine große Übereinstimmung zwischen Tatsache und Theorie [46]).

Das Anthracen, die Stammsubstanz so vieler interessanter Verbindungen und wertvoller Farbstoffe, ist früh schon als eine geschlossene Kohlenstoffkette, als ein „vom Benzol ableitbarer Kern" erkannt worden. In ihrer ersten Mitteilung über den Zusammenhang zwischen Alizarin und Anthracen haben Gräbe und Liebermann [47]) eine Formel für das Anthracen aufgestellt, wonach dasselbe als Tribenzol erscheint, d. h. als aus drei Molekülen Benzol entstehend, die vier Kohlenstoffatome gemeinschaftlich besitzen. Später, in ihrer ausführlichen Abhandlung, haben sie neben dieser noch eine andere ähnliche Formel für das Anthracen gegeben, welche ihnen allerdings damals weniger wahrscheinlich erschien. Nach der Entdeckung des dem Anthracen isomeren Phenanthrens und dem eingehenden Studium desselben, welches wir den etwa gleichzeitigen Untersuchungen von Gräbe und Glaser [48]) und Fittig und Ostermeyer [49]) verdanken, wurde die erste Anthracenformel als dem Phenantren zugehörig erkannt und für das Anthracen die zweite Formel beibehalten. Dieselbe entspricht allen Anforderungen, was hier bei den zahlreichen Isomerien der Anthracengruppe geradezu erstaunlich ist, auch vermag sie ein anschauliches Bild der schönen durch Kekulé und Franchimont [50]), durch Baeyer und Caro [51]) und durch Picard [52]) ausgeführten Synthesen von Anthrachinon, Alizarin, Chinizarin und Purpurin zu geben, indem sie die Beziehungen zwischen Phtalsäureanhydrid und Anthrachinon sehr klar zum Ausdruck bringt.

Ferner ist jetzt die Konstitution von Fluoren, Fluoranthen, Chrysen, Picen, Reten und Pyren und dadurch ihre Beziehungen zum Benzol aufgeklärt. Das von Berthelot entdeckte Fluoren [53]),

---

[46]) Vgl. bes. Reverdin und Nölting, Über die Konstitution des Naphtalins, Genf 1880; ferner Liebermann und Dittler, Ann. Chem. CLXXXIII, 228. — [47]) Ber. chem. Ges. I, 49. — [48]) Ibid. V, 861 und 968; Ann. Chem. CLXVII, 131. — [49]) Ber. chem. Ges. V, 933; Ann. Chem. CLXVI, 361; vgl. auch Hayduck, Ann. Chem. CLXVII, 177. — [50]) Ber. chem. Ges. V, 908. — [51]) Ibid. VII, 972 und VIII, 152. — [52]) Ibid. VII, 1785. — [53]) Ann. Chem. Suppl. V, 371.

$C_{13}H_{10}$, ist von Fittig[54]) bei der Destillation des Diphenylenketons über Zinkstaub erhalten und dadurch als Diphenylenmethan:

$$\begin{array}{c} C_6H_4 \\ \diagdown \\ C_6H_4 \diagup \end{array} \!\!\!\! CH_2,$$

erkannt worden. Das von Goldschmidt[55]) aus dem Stupp isolierte Fluoranthen (Idryl), $C_{15}H_{10}$, welches sich auch in dem Steinkohlenteer findet[56]), ist vielleicht ein Diphenylenpropylen

$$\begin{array}{l} C_6H_4 - CH \\ \qquad \diagup \; | \\ | \quad CH. \\ \qquad \diagup \; \| \\ C_6H_4 - CH \end{array}$$

Das Chrysen, $C_{18}H_{12}$, ist durch eine von Gräbe ausgeführte Synthese[57]) als ein Naphtylenphenanthren:

$$\begin{array}{l} C_6H_4 - CH \\ | \qquad\quad \| \\ C_{10}H_6 - CH \end{array}$$

erkannt, d. h. als ein Phenanthren, worin die eine Phenylengruppe durch eine Naphtylengruppe ersetzt ist, während das Picen, $C_{22}H_{14}$, als ein Phenanthren betrachtet werden kann, in dem beide Phenylengruppen durch zwei Naphtylengruppen vertreten sind[58]):

$$\begin{array}{l} C_{10}H_6 - CH \\ | \qquad\quad \| \\ C_{10}H_6 - CH \end{array} \cdot$$

Das Reten, $C_{18}H_{18}$, ist nach Untersuchungen von Bamberger und Hooker[59]) ein Methyl-Propyl-Phenanthren:

$$\begin{array}{l} CH - C_6H_4 \\ \| \qquad\quad | \\ CH - C_6H_2 \begin{array}{l} CH_3 \\ C_3H_7 \end{array} \end{array} \cdot$$

<hr>

[54]) Ber. chem. Ges. VI, 187; Ann. Chem. CXCIII, 134. — [55]) Ber. chem. Ges. X, 2022. — [56]) Fittig und Gebhardt, Ber. chem. Ges. X, 2143; Ann. Chem. CXCIII, 142; Fittig und Liepmann, ibid. CC, 3. — [57]) Ber. chem. Ges. XII, 1078. — [58]) Bamberger und Chattaway, ibid. XXVI, 1751 und Ann. Chem. CCLXXXIV, 52; Hirn, Ber. chem. Ges. XXXII, 3341. — [59]) Ber. chem. Ges. XVIII, 1024 und 1750; Ann. Chem. CCXXIX, 102.

Das Pyren, $C_{16}H_{12}$, endlich ein mit zwei Benzolkernen kondensiertes Naphtalin[60]), etwa:

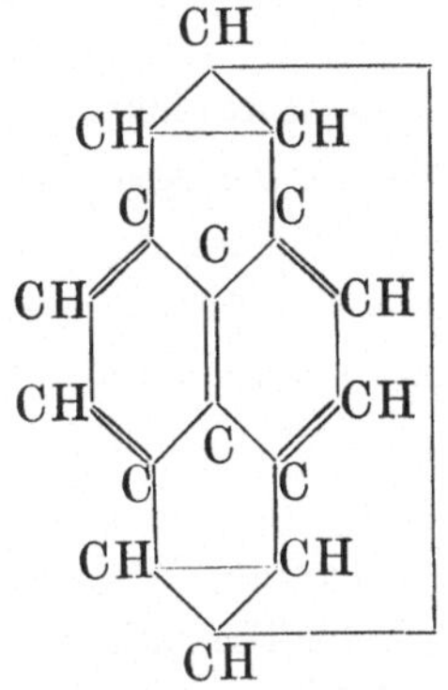

$$\begin{array}{c} CH \\ CH \quad CH \\ C \quad C \\ C \\ CH \quad CH \\ CH \quad CH \\ C \\ C \quad C \\ CH \quad CH \\ CH \end{array}$$

Von vielleicht noch größerer Wichtigkeit als diese Untersuchungen erscheinen andere, welche einen Zusammenhang zwischen stickstoffhaltigen Verbindungen, namentlich den Alkaloiden und dem Benzol, erkennen lassen. Dieses Gebiet, erst seit wenigen Jahrzehnten erschlossen, hat schon so viele bemerkenswerte Resultate aufzuweisen, daß es hier nicht umgangen werden darf.

Die Analogie der Formeln von Benzol, C_6H_6, und Naphtalin, $C_{10}H_8$, einerseits, mit Pyridin, C_5H_5N, und Chinolin, C_9H_7N, andererseits, gab der Hypothese Raum, es leiteten sich die letzteren Verbindungen aus den ersteren dadurch ab, daß je eine CH-Gruppe durch N ersetzt würde, und es wurden so für Pyridin und Chinolin die beiden folgenden Formeln aufgestellt:

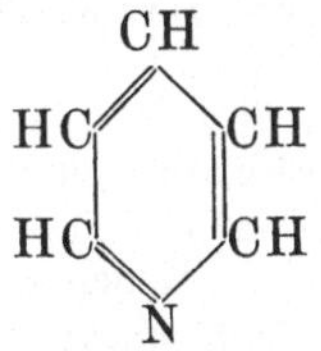

$$\begin{array}{cc} CH & CH \quad CH \\ HC \quad CH & HC \quad C \quad CH \\ HC \quad CH & HC \quad CH \\ N & CH \quad C \quad N \\ \text{Pyridin} & \text{Chinolin.} \end{array}$$

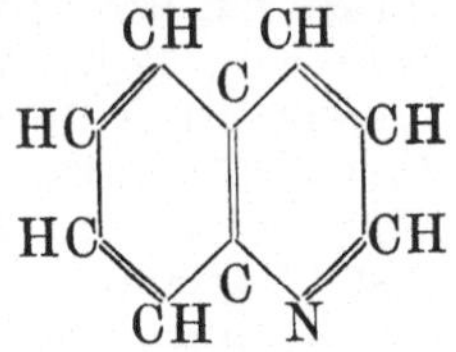

Diese Ansicht wurde durch Privatmitteilungen Körner's bekannt und gilt meist als Körner'sche Hypothese. Veröffentlicht wurde sie zuerst durch Dewar[61]).

<hr>

[60]) Bamberger u. Philip, Ann. Chem. CCXXXX, 158. — [61]) Zeitschr. Chem. 1871, S. 117.

Eine große Zahl von Tatsachen können jetzt als Begründung derselben angegeben werden, und davon mögen die wichtigsten hier Erwähnung finden.

Schon Anderson, der Entdecker des Pyridins, hat neben diesem noch eine Anzahl homologer Basen in dem Tieröl gefunden[62]. Die weitere Erforschung des Knochenteers ergab bisher nur Methylpyridine[63], ähnlich wie im Steinkohlenteer nur Methylbenzole enthalten sind. Man kennt aber auch schon äthylierte und propylierte Pyridine[64]. Bei der Oxydation verhalten sich diese Basen genau wie die alkylierten Benzole, d. h. jede Seitenkette liefert bei genügender Oxydation eine CO_2H-Gruppe, so daß man auch hier aus der Basizität der entstandenen Säure auf die Anzahl Seitenketten der oxydierten Base schließen kann[63][64].

Die Isomerieverhältnisse beim Pyridin sind viel komplizierter als beim Benzol, da die Wasserstoffatome nicht gleichwertig sind, sondern, wie Weidel wohl zuerst hervorhob, drei verschiedene Monosubstitutionsprodukte existieren müssen[65]. Auch diese Folgerung ist durch das Experiment bestätigt, da drei Monocarbonsäuren[66], drei Methyl-[67] und drei Äthylpyridine[68] bekannt sind. Die Ortsbestimmung in der Pyridinreihe ist mit ziemlicher Sicherheit von Skraup[69] ermittelt worden.

Auch die Synthese des Pyridins durch Ramsay[70], welche der berühmten Synthese des Benzols aus Acetylen durch Berthelot[71] nachgebildet ist, ebenso wie die von Pyridinderivaten[72]

---

[62]) Ann. Chem. LX, 86; LXX, 32; LXXV, 82; LXXX, 44; XCIV, 358; s. auch Unverdorben, Pogg. Ann. XI. — [63]) Weidel, Ber. chem. Ges. XII, 1889; Ladenburg und Roth, ibid. XVIII, 47 u. 913. — [64]) Williams, Jahresber. f. Chem. 1855, S. 549; 1864, S. 437; Cahours und Etard, Compt. rend. XCII, 1079; Ladenburg, Ber. chem. Ges. XVI, 2059; XVII, 772 und 1121, XVIII, 1587; Hofmann, ibid. XVII, 825. — [65]) Ber. chem. Ges. XII, 2012. — [66]) Huber, Ann. Chem. CXLI, 271; Ber. chem. Ges. III, 849; Weidel, ibid. XII, 1989; Skraup, ibid. XII, 2332. — [67]) Weidel, Ber. XII, 1989; Behrmann u. Hofmann, ibid. XVII, 2681. — [68]) Wischnegradsky, ibid. XII, 1480; Ladenburg, ibid. XVI, 2059. — [69]) Skraup u. Cobenzl, Monatsh. IV, 450; vgl. auch Ladenburg, Ber. chem. Ges. XVIII, 2967. — [70]) Ber. chem. Ges. X, 736. — [71]) Ann. Chimie et Physique (4) IX, 469. — [72]) Hantzsch, Ann. Chem. CCXV, 1; Pechmann und Welsh, Ber. chem. Ges. XVII, 2384; Behrmann und Hofmann, ibid. XVII, 2681.

können als Stützen für die Pyridinformel angeführt werden. Schließlich ist die Überführung von Pyridinderivaten in Benzolabkömmlinge[73]) in dieser Hinsicht von Wichtigkeit.

Die Chinolinformel ist zunächst durch zahlreiche Synthesen begründet, von denen hier die von König's[74]) als die erste, dann die von Baeyer[75]) und die für die ganze Gruppe so wichtig gewordene Skraup'sche[76]) Erwähnung finden mögen. Diese letztere beruht auf der Ausführung eines von Gräbe angedeuteten Gedankenganges[77]).

Auch das Chinolin ist der Ausgangspunkt (Kern) einer großen Zahl von Verbindungen, die in ähnlicher Weise aus diesem entstehen und in dieses verwandelt werden können, wie Benzol in aromatische Verbindungen übergeht und aus diesen erhalten wird.

Hervorgehoben zu werden verdienen noch die Beziehungen zwischen Pyridin und Chinolin, welche denen zwischen Benzol und Naphtalin durchaus analog sind. Wie letzteres durch Oxydation in Benzolorthodicarbonsäure (Phtalsäure) verwandelt wird[78]), so geht das Chinolin bei der Oxydation nach Hoogewerf und van Dorp[79]) in eine Ortho-($\alpha\beta$-)Pyridindicarbonsäure über. Dieselben Forscher haben auch das Isochinolin aus dem Steinkohlenteer isoliert[80]) und dessen Konstitution sofort richtig erkannt, die später durch eine Reihe von Synthesen[81]) bestätigt wurde. Die Existenz und Formulierung dieser Base bildet eine weitere Bestätigung unserer Auffassung über die Beziehungen zwischen Pyridin und Chinolin.

Von größter Bedeutung aber ist es, daß die wichtigsten Alkaloide in ähnlicher Weise Derivate des Pyridins und des Chinolins (oder deren Hydroprodukte) sind, wie die aromatischen Öle sich vom Benzol ableiten. Die erste hierher gehörige Tat-

---

[73]) Ladenburg, Ber. chem. Ges. XVI, 2059. — [74]) Ber. chem. Ges. XII, 453. — [75]) Ibid. XII, 460. — [76]) Monatsh. I, 317; II, 141. — [77]) Ann. Chem. CCI, 333. — [78]) Laurent, Ann. der Chem. u. Pharm. XIX, 38, und XLI, 98. — [79]) Ber. chem. Ges. XII, 747. — [80]) Rec. trav. chim. pays. bas IV, 125 u. 285 (1885). — [81]) Gabriel, Ber. chem. Ges. XIX, 1655 u. 2361; LeBlanc, ibid. XXI, 2299; E. Fischer, ibid. XXVI, 764 usw.

sache ward von Gerhardt 1842 gefunden, indem er das Chinolin als Spaltungsprodukt des Chinins, Cinchonins und Strychnins entdeckte[82]). 1867 erhielt Huber durch Oxydation des Nicotins eine Säure $C_6H_5NO_2$ [83]), die er drei Jahre später als Pyridincarbonsäure erkannte[84]), was zuerst bezweifelt, dann aber bestätigt wurde[85]). Das von Wertheim und Rochleder durch Spaltung des Piperins entdeckte Piperidin[86]), dessen richtige Formel durch Cahours[87]) und Anderson[88]) festgestellt wurde, deutete Hofmann als Wasserstoffadditionsprodukt des Pyridins[89]), welche Auffassung durch Königs u. A.[90]) bewiesen wurde.

Diese und einige andere Tatsachen, welche die Beziehungen mehrerer natürlicher Basen zum Pyridin unzweifelhaft erscheinen ließen[91]), führten Wischnegradsky zu der oben ausgesprochenen Ansicht über die Konstitution der Alkaloide[92]), welche ein Jahr später von Königs[93]) eingehender besprochen und begründet wurde. Seit jener Zeit hat diese Auffassung an Boden gewonnen, namentlich weil eine Reihe sie stützender Tatsachen aufgefunden wurden. So erhielt Weidel durch Oxydation des Berberins eine Pyridintricarbonsäure[94]), Gerichten konnte aus dem Narcotin[95]) Pyridindicarbonsäure, Ladenburg aus dem Atropin[96]) Dibrompyridin abscheiden, und Hofmann führte das Coniin in Propylpyridin über[97]). Übrigens hat sich neuerdings, nachdem es sich gezeigt hatte, daß manche Alkaloide auch Abkömmlinge von Pyrrol, Isochinolin, Morpholin usw. sind, eine viel allgemeinere Auffassung für dieselben geltend gemacht, wonach sie „in der Natur vorkommende basische Verbindungen

---

[82]) Ann. der Chem. u. Pharm. XLII, 310; XLIV, 279. — [83]) Ann. Chem. CXLI, 271. — [84]) Ber. chem. Ges. III, 849. — [85]) Weidel, Ann. Chem. CLXV, 328, und Laiblin, ibid. CXCVI, 129. — [86]) Ibid. LIV, 254 u. LXX, 58. — [87]) Ibid. LXXXIV, 342. — [88]) Ibid. LXXXIV, 345. — [89]) Ber. chem. Ges. XII, 986. — [90]) Ibid. XII, 2341; Schotten, ibid. XV, 421; Hofmann, ibid. XVI, 586; Ladenburg, ibid. XVII, 156, 388; Ladenburg und Roth, XVII, 513. — [91]) Weidel, Ann. Chem. CLXXIII, 76; Ramsay u. Dobbie, Ber. chem. Ges. XI, 324. — [92]) Ber. chem. Ges. XII, 1506; vgl. auch Ladenburg, ibid. XII, 947. — [93]) Studien über die Alkaloide, München 1880. — [94]) Ber. chem. Ges. XII, 410. — [95]) Ann. Chem. CCX, 101. — [96]) Ibid. CCXVII, 148. — [97]) Ber. chem. Ges. XVII, 825.

sind, welche mindestens ein Atom N in einem cyklischen System enthalten"[98]).

Die Erfolge, welche die oben erwähnte Formulierung des Pyridins und Chinolins aufzuweisen, und die Anerkennung, welche sie gefunden hatte, veranlaßte, eine ähnliche Anschauung noch bei vielen anderen Körpern einzuführen. In erster Linie muß hier der Formel gedacht werden, welche schon 1869 von Baeyer und Emmerling[99]) für das Indol[100]) der Muttersubstanz der meisten Indigoderivate gegeben wurde:

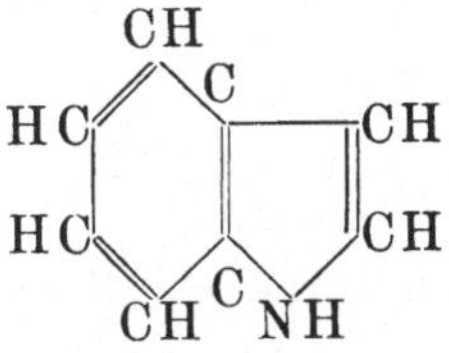

$$\text{Indol.}$$

Es erschien danach als ein Doppelkern ähnlich dem Naphtalin und Chinolin. Eine größere Bedeutung erhielt diese Ansicht, nachdem Baeyer und Emmerling[101]) etwas später auch das Pyrrol als „Ring" auffaßten. Es war jetzt zwischen Pyrrol und Indol dieselbe Beziehung wie zwischen Pyridin und Chinolin oder Benzol und Naphtalin:

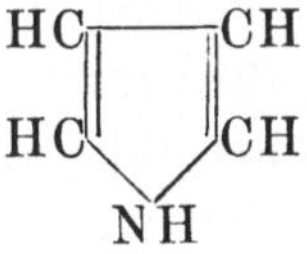

$$\text{Pyrrol}$$

Man hat:

C_6H_6	$C_{10}H_8$
Benzol	Naphtalin
C_5H_5N	C_9H_7N
Pyridin	Chinolin
C_4H_5N	C_8H_7N
Pyrrol	Indol.

Gleichzeitig wurde auch das von Limpricht entdeckte Tetraphenol[102]) (Furfuran, besser Furan), C_4H_4O, dem Pyrrol analog

---

[98]) Ladenburg, Ann. Chem. CCCI, 117 Anmerk. — [99]) Ber. chem. Ges. II, 679. — [100]) Baeyer, ibid. I, 17. — [101]) Ber. chem. Ges. III, 517. — [102]) Ibid. III, 90.

formuliert, indem die NH-Gruppe des letzteren durch O ersetzt
gedacht ward. An dieses schließt sich das von V. Meyer entdeckte Thiophen, C_4H_4S, an [103]), das als geschwefeltes Furan angesehen wird und durch seine zahlreichen Abkömmlinge schon
jetzt eine gewisse Wichtigkeit erlangt hat. Bemerkenswert ist
bei dem Thiophen die Ähnlichkeit, die es selbst und seine Derivate mit dem Benzol und dessen Abkömmlingen zeigt.

Hier sei noch des von Fritzsche entdeckten Carbazols [104])
gedacht, das Gräbe [105]) als ein Fluoren auffaßt, in dem CH_2
durch NH ersetzt ist:

$$\begin{array}{c} C_6H_4 \\ | \quad\quad > NH \\ C_6H_4 \end{array}$$

und des von Gräbe und Caro im Rohanthracen aufgefundenen
Acridins [106]), welches als ein azotiertes Anthracen [107]) oder
Phenanthren [108]) angesehen wird. Ferner gehört hierher das
Pyrazol [109]), von dem sich das Antipyrin ableitet, das Morpholin,
das nach Knorr [110]) in naher Beziehung zum Morphin steht, das
Piperazin [111]), das als Lösungsmittel für Harnsäure vorgeschlagen
wurde, aber von dem Lysidin [112]), das sich ebenso wie die Glyoxa-
line von dem Imidaazol ableitet, übertroffen wird. Schließlich sei
noch des Purins [113]) gedacht, das als Muttersubstanz der Harnsäure
und des Caffeïns eine große Bedeutung hat. Dasselbe kann als eine
Verschmelzung von Pyrimidin mit Glyoxalin angesehen werden:

$$\begin{array}{c} CH \\ N \quad C \quad N \\ CH \quad C \quad CH \\ N \quad NH \end{array}$$

Purin.

[103]) Ber. chem. Ges. XVI, 1465. — [104]) Journ. f. pr. Chem. LXXIII, 286;
CI, 342. — [105]) Ann. Chem. CLXVII, 125 und CLXXIV, 180. — [106]) Ibid.
CLVIII, 265. — [107]) Riedel, Ber. chem. Ges. XVI, 1609; Bernthsen und
Bender, ibid. XVI, 1803. — [108]) Ladenburg, ibid. XVI, 2061; Gräbe,
ibid. XVII, 1370. — [109]) Buchner, Ber. chem. Ges. XXII, 2165, Balbiano,
ibid. XXIII, 1106. — [110]) Ber. chem. Ges. XXII, 2084; Ann. Chem. CCCI, 1. —
[111]) Ladenburg u. Abel, Ber. chem. Ges. XXI, 758; Wolf, ibid. XXVI, 724.
— [112]) Ladenburg, ibid. XXVII, 2952. — [113]) E. Fischer, ibid. XXXI, 2550.

Andererseits erscheint das Purin auch als Indol, in welchem drei CH-Gruppen durch drei N-Atome ersetzt sind.

Schon früher (S. 122) habe ich angegeben, daß alle diese Untersuchungen über die Konstitution organischer Körper veranlaßt sind durch die zahlreichen Isomerien, welche dem Chemiker auf Schritt und Tritt begegnen, und welche eine Vorstellung über ihre Ursache als Bedürfnis erscheinen lassen. Die Anerkennung, diesem Bedürfnisse in hohem Maße gerecht geworden zu sein, kann man der Theorie der Valenz oder der Wertigkeit der Elemente nicht versagen, und darin liegt auch ihre große Bedeutung, während man andererseits nicht leugnen darf, daß die Grundlagen dieser Lehre weit davon entfernt sind, klar und präzise durchgebildet zu sein, worauf ich in der nächsten Vorlesung noch näher einzugehen beabsichtige. Hier soll aber zunächst darauf hingewiesen werden, daß die Möglichkeit der Erklärung dieser Isomerien nicht nur durch unsere fortgeschrittene theoretische Erkenntnis gegeben ist, sondern daß diese namentlich auch durch das weit größere experimentelle Material bedingt wird. Und zwar ist dieses zu einem großen Teile beschafft worden durch eine Methode, die, wenn auch schon seit lange als möglich erkannt, doch erst in neuerer Zeit eine hervorragende Wichtigkeit erlangt hat. Ich meine die Synthese. Diese ist übrigens in manchen Fällen nicht nur Hilfsmittel, sondern das Ziel selbst der Bestrebungen.

Schon in einer früheren Vorlesung (der siebenten) ist der ersten Synthese eines organischen Körpers, des Harnstoffs, durch Wöhler gedacht worden, und der Wichtigkeit, welche dieser Versuch für die gesamte Naturauffassung hatte. Erst viel später sind ähnliche Erfolge bei anderen Körpern erzielt und durch Berthelot's umfangreiches Werk[114]) ist die Bedeutung dieser Methode in das rechte Licht gesetzt worden. Von ihm rühren auch die Synthesen einiger besonders wichtiger Körper, von Grubengas, von Äthylen, Alkohol, Ameisensäure, Benzol und anderen, her.

---

[114]) Chimie organique fondée sur la Synthèse, Paris 1860.

Daß zur Feststellung der chemischen Natur einer Verbindung die ältere analytische Methode nicht immer ausreicht, hat sich in vielen Fällen gezeigt, und für sie bildet die synthetische Methode eine notwendige Ergänzung. Fast immer geht die erstere voraus, die Synthese aber bedeutet mit wenigen Ausnahmen in der Geschichte eines Körpers einen Abschluß, und meist hat damit das Interesse, welches derselbe der wissenschaftlichen Forschung bietet, sein Ende gefunden.

Von diesem Gesichtspunkte aus verdienen die Synthesen besonders wichtiger Körper hier angeführt zu werden (vgl. S. 121). So wurde 1850 von Strecker das Alanin aus Aldehydammoniak, Blausäure und Salzsäure dargestellt [115]), fünf Jahre später erhielt Zinin das Senföl aus Jodallyl und Rhodankalium [116]), nachdem sein Zusammenhang mit dem Knoblauchöl schon viel früher durch Wertheim festgestellt worden war [117]). Das Glycocoll wurde synthetisch aus Bromessigsäure und Ammoniak durch Perkin und Duppa [118]) dargestellt, und nach derselben Methode gewann später Hüfner das Leucin [119]). Synthetische Traubensäure ward von Perkin und Duppa [120]) aus Dibrombernsteinsäure, synthetische Äpfelsäure von Kekulé [121]) aus Monobrombernsteinsäure dargestellt. Die Synthese des Taurins verdanken wir Kolbe [122]) der es aus Isäthionsäure erhielt. Das Anthracen wurde von Limpricht durch Kochen von Benzylchlorid mit Wasser zuerst künstlich gewonnen [123]), das Guanidin von Hofmann [124]), der es aus Chlorpikrin, und von Erlenmeyer [125]), der es aus Cyanamid durch Ammoniak darstellte. Das Kreatin gewann Volhard [126]) synthetisch aus der Chloressigsäure, indem er diese durch Methylamin in Sarkosin und letzteres durch Cyanamid in Kreatin verwandelte. Picolin und Collidin wurden von Baeyer [127]) synthetisch aus Aldehydammoniaken dargestellt, die Crotonsäure von Kekulé aus dem Aldehyd [128]), und das Glycerin von Friedel

<hr>

[115]) Ann. der Chem. u. Pharm. LXXV, 29. — [116]) Ibid. XCV, 128. — [117]) Ibid. LV, 297. — [118]) Ibid. CVIII, 112. — [119]) Hüfner, Journ. pr. Chem. (2) I, 6. — [120]) Chem. Soc. XIII, 102; Ann. der Chem. CXVII, 130. — [121]) Ann. der Chem. CXVII, 120. — [122]) Kolbe, Ann. CXXII, 33. — [123]) Ann. CXXXIX, 308. — [124]) Ber. chem. Ges. I, 145. — [125]) Ann. der Chem. CXLVI, 259. — [126]) Zeitschr. f. Chem. 1869, S. 318. — [127]) Ann. der Chem. CLV, 283. — [128]) Ibid. CLXII, 92.

und Silva von dem Aceton ausgehend [129]). Das Glycolchlorhydrin verwandelte Wurtz [130]) durch Trimethylamin in Cholin (Neurin), während Reimer und Tiemann das Vanillin aus dem Guajacol erhielten [131]). Grimaux stellte Allantoin [132]), Alloxantin [133]) und Citronensäure [134]) synthetisch dar und Erlenmeyer das Tyrosin [135]), Ladenburg das Piperidin [136]) und Coniin [137]) und Horbaczewsky die Harnsäure [138]). Hervorgehoben zu werden verdient die Synthese des Indigblaus durch Baeyer [139]), da sie nicht nur die Herstellung und die Aufklärung der Konstitution eines wichtigen Farbstoffs lehrte, sondern auch durch neue und eigentümliche Reaktionen erreicht wurde.

Ganz besondere Beachtung gebührt den allgemeinen Methoden, welche die Synthese ganzer Körpergruppen gestatten und von denen daher die wichtigsten hier mitgeteilt werden sollen.

Der Aufbau von Kohlenwasserstoffen gelang zuerst Frankland [140]); dieser stellte aus Jodmethyl und Zink das Dimethyl (Äthan), aus Jodäthyl und Zink das Diäthyl (Butan) dar. Diese Reaktion wurde von Wurtz erweitert, indem er Gemische von Alkyljodüren mit Natrium behandelte [141]), welche Methode Fittig und Tollens zur Synthese der aromatischen Kohlenwasserstoffe verwerteten [142]). Diese konnten schon früher nach einer von Berthelot entdeckten Reaktion durch Destillation von benzoësauren und fettsauren Salzen erhalten werden [143]). Durch Zincke ward eine synthetische Methode ausgearbeitet, welche die Darstellung von Kohlenwasserstoffen mit zwei Phenylgruppen gestattet und auf der Einwirkung des Benzylchlorids auf aromatische Kohlenwasserstoffe bei Gegenwart von Zinkstaub beruht [144]). Dieselben können auch nach Baeyer aus Aldehyden und aroma-

---

[129]) Bullet. soc. chim. XX, 98. — [130]) Ann. Suppl. VI, 116. — [131]) Ber. chem. Ges. IX, 420. — [132]) Ann. chim. phys. (5) XI, 389. — [133]) Jahresber. 1878, S. 361. — [134]) Compt. rend. XC, 1252. — [135]) Ann. Chem. CCXIX, 161. — [136]) Ber. chem. Ges. XVIII, 2956 und 3100. — [137]) Ibid. XIX, 439 und 2578; ibid. XXXIX, 786. — [138]) Monatshefte d. Chem. 1882, S. 796 u. 1885, S. 356. [139]) Ber. chem. Ges. 1880, S. 2254. — [140]) Ann. der Chem. LXXI, 171; LXXIV, 41 und LXXVII, 221. — [141]) Ann. der Chem. XCVI, 364. — [142]) Ann. CXXXI, 303. — [143]) Ann. chim. phys. (4) XII, 81. — [144]) Ann. der Chem. u. Pharm. CLIX, 367.

tischen Kohlenwasserstoffen mit Hilfe wasserentziehender Substanzen erhalten werden[145]). Von sehr allgemeiner Anwendbarkeit ist die von Friedel und Crafts entdeckte Methode[146]), welche mit Hilfe von Aluminiumchlorid ermöglicht, in einen aromatischen Körper Gruppen sehr verschiedener Art unter Abspaltung von Salzsäure oder Wasser einzuführen, und dadurch die Synthese von Kohlenwasserstoffen, Ketonen, Säuren usw. gestattet.

Die Möglichkeit, in der Reihe der primären Alkohole von einem Gliede zu dem nächst höheren aufzusteigen, wurde gegeben durch die Untersuchungen von Pelouze[147]), Kolbe und Frankland[148]), Piria[149]) und Wurtz[150]), d. h. durch Verwandlung des Alkohols in Cyanür, Säure, Aldehyd und Alkohol nach folgenden Gleichungen:

$$CNK + C_2H_5SO_4K = C_2H_5CN + SO_4K_2$$
$$C_2H_5CN + KOH + H_2O = C_2H_5CO_2K + NH_3$$
$$C_2H_5CO_2K + CHO_2K = C_2H_5COH + CO_3K_2$$
$$C_2H_5COH + H_2 = C_2H_5CH_2OH.$$

Lieben und Rossi haben die allgemeine Anwendbarkeit der Methoden nachgewiesen[151]). Es gibt noch einen zweiten Weg, um aus einem Alkohol das nächste homologe Glied zu gewinnen, indem man das Cyanür (Nitril) durch nascenten Wasserstoff in ein Amin verwandelt (Mendius[152]) und dieses mit salpetriger Säure zerlegt (Hunt[153]). Über die Synthese von sekundären und tertiären Alkoholen ist früher berichtet worden (S. 271 und 273). Die Herstellung der Phenole aus den Kohlenwasserstoffen gelingt nach einem Verfahren, welches gleichzeitig Dusart, Kekulé und Wurtz[154]) angegeben haben.

Zur Synthese von Säuren ist, wie früher schon erwähnt (S. 274), der Acetessigester von großer Bedeutung geworden.

---

[145]) Ber. chem. Ges. V, 1094. — [146]) Compt. rend. LXXXIV, 1392, 1450 u. LXXXV, 74 usw. — [147]) Ann. der Chem. X, 249. — [148]) Ibid. LXV, 288; s. auch Fehling, Ann. der Chem. XLIX, 95. — [149]) Ibid. C, 104; vgl. auch Limpricht, ibid. XCVII, 368. — [150]) Ibid. CXXIII, 140. — [151]) Ann. der Chem. CLXV, 109. — [152]) Mendius, Ann. der Chem. CXXI, 129. — [153]) Jahresber. 1849, S. 391. — [154]) Compt. rend. LXIV.

Neuerdings hat man auch den Malonsäureester[155]) und den Benzoylessigester[156]) in ähnlicher Weise verwertet, während man andererseits mit Hilfe des Acetessigesters und Malonsäureesters interessante Stickstoffverbindungen synthetisch gewinnen konnte[157]).

Die sogenannte Perkin'sche Reaktion[158]), welche sich an Beobachtungen Bertagnini's[159]) anschließt und welche in der Einwirkung von Aldehyden auf Salze organischer Säuren unter Anwendung wasserentziehender Mittel beruht, hat gestattet, eine große Zahl von Säuren zu gewinnen; zuerst wurde sie allerdings in etwas komplizierter Form angewandt zur Synthese des Cumarins[160]). Der schon oben erwähnte Übergang von Nitrilen in Säuren ist auch zur Gewinnung mehrbasischer Säuren benutzt worden, und zwar kann man dann entweder nach Simpson[161]) ausgehen von den Cyanverbindungen mehratomiger Radikale, oder wie Kolbe[162]) und H. Müller[163]) lehrten, von cyanierten Säuren. Übrigens ist die erste Verwandlung eines Nitrils in eine Säure schon von Pelouze[164]) ausgeführt, der im Jahre 1831 Blausäure in Ameisensäure, und das Ammoniaksalz der letzteren durch Erhitzen wieder in Blausäure verwandelte. Einige Jahre später führte Winkler[165]) blausäurehaltiges Bittermandelöl in Mandelsäure über, eine Reaktion, die durch Liebig[166]) richtig gedeutet wurde. — Mehrbasische Säuren können ferner nach einem von Wislicenus angegebenen Verfahren gewonnen werden[167]), während zur Synthese von Phenolsäuren Kolbe's Reaktion der Behandlung von Phenaten mit Kohlensäure von großer Bedeutung ist[168]). An diese schließt sich Reimer's Synthese von Phenolaldehyden aus Phenaten und Chloroform an[169]).

---

[155]) Conrad und Bischoff, Ann. d. Chem. CCIV, 121. — [156]) Baeyer, Ber. chem. Ges. XV, 2705; Baeyer u. Perkin, ibid. XVI, 2128. — [157]) Vgl. nam. Hantzsch, Ann. der Chem. CCXV, 1; Knorr, Ber. chem. Ges. XVII, 148, 540, 1635 usw.; Rügheimer, ibid. XVII, 736. — [158]) Ber. chem. Ges. VIII, 1599; vgl. auch Fittig, Ann. der Chem. CCXVI, 115 und CCXXVII, 48. — [159]) Ann. d. Chem. C, 126. — [160]) Ibid. CXLVII, 230. — [161]) Ibid. CXVIII, 373; CXXI, 153. — [162]) Ibid. CXXXI, 348. — [163]) Ibid. CXXXI, 350. — [164]) Ann. chim. phys. XLVIII, 395. — [165]) Ann. der Chem. XVIII, 310. — [166]) Ibid. XVIII, 319. — [167]) Ibid. CXLIX, 215. — [168]) Kolbe u. Lautemann, ibid. CXV, 201; Kolbe, J. pr. Chem. (3) X, 93. — [169]) Ber. chem. Ges. IX, 423.

Schließlich sei hier noch Hofmann's Methode zur Bildung von Alkoholbasen gedacht[170]), die er in neuerer Zeit wesentlich veränderte und verbesserte[171]), und der Hydrierungsmethode von Ladenburg[172]), die er selbst zur Darstellung von Piperidinbasen aus Pyridinen, sowie zur Gewinnung von Diamininen aus Dinitrilen benutzte, und die seither so manigfach verwertet werden konnte.

Bei vielen dieser Untersuchungen ist ein Gedanke benutzt worden, der schon reichlich Früchte getragen hat und wohl auch in Zukunft von großem Nutzen sein wird. Ich meine die Bedeutung der sogenannten Kondensationsvorgänge, d. h. das Verständnis für die so häufig in der Natur und bei künstlichen Reaktionen stattfindenden Bildungen komplizierter Körper aus einfachen, indem sich mehrere gleiche oder gleichartige Moleküle zu einem neuen Molekül, meist unter gleichzeitigem Austritt von Wasserstoff, Wasser, Ammoniak usw. vereinigen. Schon Gerhardt hat auf solche Reaktionen hingewiesen, als er seine Theorie der Reste formulierte (vgl. S. 189); doch hat man erst neuerdings, seit etwa 20 Jahren, diesen Vorgängen die nötige Beachtung geschenkt. Berthelot ist wohl der Erste gewesen, der solche Reaktionen näher studierte und damit große Erfolge erzielte. Dahin gehören die von ihm entdeckten Synthesen des Benzols, C_6H_6, aus Acetylen, des Diphenyls aus Benzol, des Anthracens aus Toluol[173]) usw. Er hat bei diesen Versuchen unter anderen die seitdem oft konstatierte Tatsache festgestellt, daß bei höherer Temperatur mehrere Moleküle eines Kohlenwasserstoffs unter Wasserstoffaustritt sich zu einem neuen Molekül vereinigen.

Etwas später hat Baeyer begonnen, sich mit diesem Gegenstande zu beschäftigen, und hat zunächst den Unterschied zwischen Kondensation und Polymerie dahin aufgefaßt, daß im ersteren Falle die Moleküle durch Kohlenstoffbindung, bei der Polymerie durch Sauerstoff- oder Stickstoffbindung zusammentreten[174]). Er

---

[170]) Ann. der Chem. LXVI, 129; LXVII, 61 u. 129; LXX, 129; LXXIII, 180; LXXIV, 1, 33 und 117; LXXV, 356; LXXVIII, 253; LXXIX, 11. — [171]) Ber. chem. Ges. XIV, 2725 und XV, 407, 752 und 762. — [172]) Ber. chem. Ges. XVII, 156, 388, 772, XVIII, 1587, 2956 usw. — [173]) Bull. soc. chim. VI, 268. — [174]) Ann. der Chem., Suppl. V, 79.

ist sich bereits klar, daß für die Synthese eigentlich nur die Kondensation von Bedeutung ist, und weist ferner auf zwei bereits ausgeführte, sehr wichtige Kondensationen hin: die Bildung des Mesitylens aus Aceton nach Kane[175]) und Chiozza's Synthese des Zimmetaldehyds aus Bittermandelöl und Aldehyd bei der Einwirkung von Salzsäure[176]). Er hat dann alsbald die damals ausgesprochenen theoretischen Anschauungen zur Synthese des Picolins und Collidins verwertet, welche durch Kondensation von Acroleïnammoniak und Aldehydammoniak gewonnen wurden[177]):

$$2\,C_3H_4ONH_3 = C_6H_7N + 2\,H_2O + NH_3$$
$$4\,C_2H_4ONH_3 = C_8H_{11}N + 4\,H_2O + 3\,NH_3$$

Einige Jahre später hat Kekulé zwei Moleküle Aldehyd zu Crotonaldehyd kondensiert[178]) und dadurch die chemische Natur des schon von Lieben[179]) untersuchten sogenannten Acraldehyds aufgeklärt. Sehr eingehend wurde dieselbe Reaktion später von Wurtz studiert[180]), der zeigte, daß zunächst die zwei Aldehydmoleküle ohne Austritt von Wasser zu Aldol, dem Aldehyd der β-Oxybuttersäure, zusammentreten und daß erst aus diesem durch Wasserverlust Crotonaldehyd gebildet werde. — Die Allgemeinheit dieser interessanten Reaktion wurde später durch verschiedene Forscher, namentlich durch die Untersuchungen von Claisen[181]) festgestellt.

Vielfach wurde in der letzten Zeit der Begriff der Kondensation erweitert, indem man jede Reaktion, bei der Kohlenstoffbindung der aufeinander wirkenden Moleküle eintritt, als Kondensation bezeichnete. Dadurch wurde diese mit Synthese synonym und verlor jede selbständige und der Ethymologie entsprechende Bedeutung. So wurde Baeyer's Reaktion zur Bildung von Kohlenwasserstoffen aus Aldehyden und Benzol bzw. Derivaten desselben, und auch Perkin's Methode der Bildung ungesättigter Säuren aus Aldehyden und fettsauren Salzen als Kondensationen bezeichnet.

---

[175]) Ann. der Chem. Suppl. XXII, 278. — [176]) Ibid. XCVII, 350. — [177]) Ann. der Chem. CXLV, 283 u. 297. — [178]) Ibid. CLXII, 77. — [179]) Ibid. CVI, 336 u. Suppl. I, 114. — [180]) Jahresb. 1872, S. 449; 1873, S. 474; 1876, S. 483; 1878, S. 612. — [181]) Ann. d. Chem. CLXXX, 1; ibid. CCXVIII, 121.

Auch nach einer anderen Richtung ist der Begriff Kondensation verändert worden, indem man den vorher erwähnten Vorgängen, den **äußeren** Kondensationsprozessen, die **inneren** Kondensationen gegenüberstellte. Man versteht darunter Reaktionen, bei denen **ein** Molekül eines Körpers durch Abgabe von Atomen, die sich zu einem Molekül vereinigen, wie zu H_2, HCl, H_2O, NH_3 usw., sich in ein anderes verwandelt, Reaktionen also, die im **Inneren** eines Moleküls abspielen, und bei denen das Wort Kondensation insofern einen Sinn behält, als die Atome sich dichter, d. h. durch mehrfache Valenzen binden. Es gehören dazu viele längst bekannte Vorgänge, so die Bildung von Äthylen aus Alkohol, von C_2Cl_4 aus C_2Cl_6, von Aldehyden oder Ketonen aus Alkoholen, von Äthylenoxyd aus Glycol, von Anhydriden aus mehrbasischen Säuren usw. Aber auch die erst neuerdings von **Fittig** eingehend studierte Bildung der Anhydride einbasischer Oxysäuren, der Lactone und der Lactonsäuren muß als innere Kondensation aufgefaßt werden. Hierher gehört ferner die Bildung des Cumarins, der Oxycumarine (Umbelliferon, Daphnetin usw.), des Isatins, Indols, Rosanilins, der Rosolsäure, der Phtaleïne, Aldehydine, des Chinolins, Naphtalins, Anthracens usw. Diese Prozesse haben daher bei neueren Untersuchungen eine große Rolle gespielt und sollen uns hier noch etwas weiter beschäftigen.

Die von **Hobrecker** aufgefundene Bildung von Äthenylxylendiamin und Äthenyltoluylendiamin bei der Reduktion von Nitroacetxylid und Nitroacettoluid[182]) lenkte zuerst **Hübner's** Aufmerksamkeit diesem Gegenstande zu. Er stellte eine große Zahl analoger Verbindungen dar und konnte zeigen, daß dieser anomale Verlauf der Reduktion nur bei den Orthoverbindungen der Benzolderivate, nicht aber bei den Meta- und Paraverbindungen eintrat[183]). Dies wurde durch **Ladenburg's** Untersuchungen durchaus bestätigt[184]). Dieser fand eine ganze Reihe von Reaktionen auf, die in der Orthoreihe wesentlich anders als

---

[182]) Ber. chem. Ges. V, 920. — [183]) Ibid. VIII, 471; Ann. d. Chem. CCVIII, 278; CCIX, 339; CCX, 328. — [184]) Ibid. VIII, 677; IX, 219 u. 1524; X, 1123, 1260 usw.

in den isomeren Reihen verlaufen, er zeigte, wie man bei
Diaminen gerade an solchen Reaktionen die Orthoverbindungen
von den Isomeren unterscheiden könne und wies zuerst darauf
hin, daß die Bildung der oben genannten Verbindungen auf
dieser „Orthokondensation" beruhe. Dann hat sich Baeyer
diesem Gegenstande zugewendet und seine schon erwähnten Synthesen des Chinolins und des Oxindols sind die schönen Früchte
dieser Studien.

An diese innere Kondensation schließt sich die innere Oxydation an. Dies sind Reaktionen, bei denen im Molekül vorhandene Sauerstoffatome, meist NO_2-Gruppen angehörig, indem
sie ihre Bindungen lösen, andere, demselben Molekül angehörige
Gruppen oxydieren. Die erste derartige Reaktion ward von
Wachendorff[185]) beobachtet, aber erst von Greiff[186]) aufgeklärt.
Es handelte sich damals um die Einwirkung von Brom auf
Orthonitrotoluol, die von letzterem in folgender Weise formuliert
werden konnte:

$$C_6H_4{NO_2 \atop CH_3} + Br_4 = C_6H_2Br_2{NH_2 \atop CO_2H} + 2\,HBr.$$

Diese Reaktion gibt das Verständnis für die von Baeyer[187]) aufgefundene wichtige Bildungsweise des Isatins aus Orthonitro-
phenylpropiolsäure beim Kochen der letzteren mit Alkalien:

$$C_6H_4{C\!\equiv\!C.CO_2H \atop NO_2} + 2\,KOH$$

$$= C_6H_4{\Large\diagup}{CO\!-\!CO \atop NH}{\Large\diagdown}\; + CO_3K_2 + H_2O.$$

Auch die Entstehung des Indigblaus aus Orthonitrophenyl-
propiolsäure beruht auf ähnlichen Umsetzungen.

---

[185]) Ber. chem. Ges. IX, 1345. — [186]) Ibid. XIII, 288. — [187]) Ibid.
XIII, 2259.

Fünfzehnte Vorlesung.

Nachdem wir die organische Chemie bis gegen das Ende
des letzten Jahrhunderts verfolgt und so von ihren bedeutenden Fortschritten unter dem Einflusse der Valenztheorie
Kenntnis genommen, wird es Zeit, die Frage aufzuwerfen und zu
besprechen, ob diese Theorie auch der Mineralchemie als Grundlage dienen könne, und über die wichtigsten Ergebnisse der
Forschungen in der allgemeinen Chemie zu berichten.

Ehe wir zu diesem Teile unserer Aufgabe übergehen, sollen
diese Theorien selbst einer näheren Betrachtung und Prüfung
unterworfen werden. Bei der Darstellung ihres Entstehens haben
wir nicht immer auf die strengere Bedeutung der Grundbegriffe
eingehen können. Dazu wollen wir uns jetzt wenden, wobei ich
naturgemäß nur das Wichtigste hervorheben kann, während ich im
übrigen auf die Lehr- und Handbücher der theoretischen und
physikalischen Chemie verweise.

Unsere Ansichten beruhen wesentlich auf der präzisen
Feststellung und Scheidung der Begriffe Atom, Molekül und
Äquivalent.

Atom nennen wir die kleinste, unteilbare Menge eines Elementes, die überhaupt, aber meist nur in Verbindung mit anderen Stoffteilchen, vorkommt.

Molekül definieren wir als die kleinste im freien Zustande vorkommende Quantität eines chemischen Körpers (gleichgültig ob einfach oder zusammengesetzt). Und zwar beruht die Bestimmung der Molekulargröße wesentlich auf der Verschmelzung der Begriffe von physikalischem und chemischem Molekül, d. h. wir nennen Molekül sowohl die kleinste Menge eines Körpers, die im Gaszustande frei vorkommt, als auch diejenige, welche in Reaktion tritt.

Hinsichtlich der Atomgewichtsbestimmung ist hier zu bemerken, daß die von Gerhardt vorgeschlagenen Zahlen[1] insofern wesentliche Veränderungen erfuhren, als die Atomgewichte der Metalle mit Ausnahme der einatomigen, d. h. der Alkalimetalle und des Silbers, verdoppelt wurden. Schon 1840, als noch die Atomgewichte von Berzelius im Gebrauch waren, hat Regnault vorgeschlagen, das Atomgewicht des Silbers zu halbieren, demnach in seinem Oxyd 2 Atome Metall auf 1 Atom Sauerstoff anzunehmen[2]; später hat er dieselbe Forderung auch für die Atomgewichte von Kalium, Natrium und Lithium wiederholt[3]. Seine klassischen Versuche über die spezifische Wärme hatten ihm nämlich ergeben, daß nur bei diesen Annahmen das Dulong'- und Petit'sche Gesetz für jene Metalle Geltung habe. Wäre Regnault's Vorschlag damals adoptiert worden, so hätte man (mit einigen Ausnahmen) unsere heutigen Atomgewichte ererhalten. Da man aber, Gerhardt folgend, die Atomgewichte aller Metalle halbierte, so mußte man später, nachdem hauptsächlich durch H. Rose[4] und Cannizzaro die Berechtigung des Regnault'schen Verlangens durch neue Gründe erwiesen war, die Atomgewichte aller Metalle, mit Ausnahme der oben genannten, verdoppeln. Namentlich Cannizzaro wies in seiner berühmten, unten genannten Schrift[5] darauf hin, daß zur Be-

<hr>

[1] Vgl. z. B. Gerhardt, Introduction à l'étude de la chimie 1848 p. 29. — [2] Ann. chim. phys. (2) LXXXIII, 5. Ann. d. Chem. u. Pharm. XXXVI, 110. — [3] Ann. chim. phys. (3) XXVI, 261. — [4] Poggend. Ann. Phys. C, 270. — [5] Nerovo Cimento VII, 321; ferner Rep. Chim. pure I, 201 und

stimmung der Atomgewichte das Gesetz von Dulong und Petit, zur Feststellung der Molekulargrößen Avogadro's Hypothese maßgebend seien. Die Durchführung solcher Prinzipien stieß damals noch auf große Schwierigkeiten. Freilich ward in jener Zeit durch Deville und Troost[6]) erwiesen, daß die Dampfdichte des Schwefels gegen 1000° nur ein Drittel von der früher (von Dumas und Mitscherlich, vgl. S. 109) bei niederen Temperaturen gefundenen Zahl beträgt, so daß nun auch für den Schwefel die Molekulargröße S_2 angenommen werden durfte, bei Quecksilber, Phosphor und Arsen blieben aber die früher gefundenen Anomalien bestehen. Dies aber hinderte Cannizzaro nicht. Die chemischen Beziehungen mußten zurückstehen, um dem Prinzip Geltung zu verschaffen. Er nahm an, daß in 2 Volumen Phosphor- und Arsenwasserstoff nur $^1/_4$ Molekül Phosphor und $^1/_4$ Molekül Arsen enthalten sei, während in 2 Volumen Ammoniak $^1/_2$ Molekül Stickstoff und in 2 Volumen Quecksilberchlorid 1 Molekül dieses Metalles vorkommt. Nach Cannizzaro ist demnach selbst bei chemisch analogen Substanzen die atomistische Teilbarkeit des Moleküls verschieden. Erschien dies auch gewagt, so ließ sich doch kein entscheidender Grund dagegen geltend machen.

Die zunächst befremdliche Annahme der verschiedenen Konstitution elementarer Moleküle erschien mit der Zeit durchaus berechtigt. Weshalb auch sollte bei Elementen nicht ähnliches stattfinden, wie bei chemisch zusammengesetzten Körpern, deren Moleküle bekanntlich die größte Mannigfaltigkeit hinsichtlich der Zahl ihrer Atome bieten? Sehr treffend vergleicht Cannizzaro die Elemente mit den Kohlenwasserstoffen, also Wasserstoff, Sauerstoff usw. mit den sogenannten Alkoholradikalen: Methyl, Äthyl usw. die Moleküle von Quecksilber, Zink und Cadmium mit den Olefinen, eine Ansicht, die auch auf ihre Derivate ausgedehnt werden kann[7]):

Sunto di un corso di filosofia chimica 1858, p. 35. Ostwald's Klassiker der exakten Wissenschaften, Nr. 30.

[6]) Compt. rend. XLIX, 239. Ann. d. Chem. u. Pharm. CXIII, 42. — [7]) Wurtz, Leç. prof. 1863, p. 172.

H_2, O_2, N_2 entsprechen $(CH_3)_2$, $(C_2H_5)_2$

Hg, Zn „ C_2H_4, C_3H_6

K_2O, H_2O „ $(CH_3)_2O$, $(C_2H_5)_2O$

CaO, ZnO „ C_2H_4O, C_3H_6O

Bi_2O_3, Sb_2O_3 „ $(C_3H_5)_2O_3$

SnO_2, SiO_2 „ CO_2

KOH entspricht CH_3OH, C_2H_5OH

$Ca(OH)_2$ „ $C_2H_4(OH)_2$, $C_3H_6(OH)_2$

$Bi(OH)_3$ „ $C_3H_5(OH)_3$

$Sn(OH)_4$ „ $C_4H_6(OH)_4$

Von entscheidender Wichtigkeit aber für die Natur des Quecksilbermoleküls sind die Versuche von Kundt und Warburg[8], die man als einen direkten Beweis der Cannizzaro'schen Ansicht auffassen darf. Durch Bestimmung der Schallgeschwindigkeit im Quecksilberdampf haben diese Forscher das Verhältnis der spezifischen Wärmen bei konstantem Druck und konstantem Volum zu 1,67 bestimmt, einer Zahl, welche die mechanische Wärmetheorie unter der Voraussetzung ergibt, daß die gesamte Energie des Gases in der fortschreitenden Bewegung der Moleküle besteht. Der von V. Meyer geführte Nachweis der veränderlichen Dampfdichte des Jods[9], die, wie namentlich von Crafts erwiesen wurde[10], schließlich bis zur Hälfte des ursprünglichen Wertes herabgeht und dann konstant bleibt, läßt sich nur dahin deuten, daß das Jodmolekül bei hohen Temperaturen aus einem Atom besteht.

Weit mehr Kampf kostete die Feststellung der Molekulargröße von Verbindungen, bei denen die aus der Dampfdichte berechnete Zahl nicht mit der aus chemischen Beziehungen abgeleiteten harmonierte. Schon Bineau war bei seinen Bestimmungen des spezifischen Gewichts von Dämpfen zu so merkwürdigen Zahlen gelangt, daß er eine Zersetzung als Ursache dieser eigentümlichen Volumverhältnisse ansah[11]. So fand er die Dichte des carbaminsauren Ammoniaks (oder wie er sich aus-

---

[8]) Ber. chem. Ges. VIII, 945. Pogg. Ann. Phys. CLVII, 353. — [9]) Ibid. XIII, 394. — [10]) Compt. rend. XCII, 39. — [11]) Ann. Chim. Phys. (2) LXVIII, 434; LXX, 272.

drückt, des wasserfreien kohlensauren Ammoniaks) 6 Volumen entsprechend, weshalb er eine Zerlegung in 4 Volume Ammoniak und 2 Volume Kohlensäure voraussetzte. Eine ähnliche Annahme machte Mischerlich für das Fünffach-Chlorantimon[12]) und Gladstone[13]) für das Phosphorsuperbromid. In beiden Fällen sollte neben den Halogenen das Tri-Chlorür oder -Bromür des betreffenden Elementes entstanden sein. Dieselbe Ansicht äußerte auch Cahours 1847[14]) zur Erklärung der niedrigen Dampfdichte des Phosphorsuperchlorids.

Noch in demselben Jahre machte Grove die merkwürdige Beobachtung[15]), daß Wasser bei der Berührung mit lebhaft glühendem Platin in seine Elemente zerlegt wird, was er durch die hohe Temperatur zu erklären suchte. Seine Auffassung fand aber keinen allgemeinen Anklang, indem man ihr die Tatsache, daß durch die Knallgasflamme Platin geschmolzen werden könne, entgegen hielt. Es ward deshalb auch Grove's Versuch als eine Folge der Affinitätswirkung aufgefaßt und ganz ähnlich gedeutet, wie die von Regnault beobachtete Zersetzung des Wassers durch schmelzendes Silber, bei welcher Silberoxyd und Wasserstoff entstehen sollte[16]).

Erst durch Henry St. Claire Deville ward Grove's Anschauungsweise definitiv bewiesen und zwar durch eine sehr eingehende Untersuchung, welche die Grundlage der Dissoziationstheorie bildet.

Ehe ich diese, für die Chemie so bedeutungsvollen Erscheinungen näher beleuchte, muß ich hier noch hervorheben, daß die Auffassung derselben wesentlich bedingt ist durch die Fortschritte, welche die Wärmelehre inzwischen gemacht hat. Diese selbst sind durch das Gesetz der Erhaltung der Kraft, das bekanntlich Robert Mayer zuerst klar formulierte[17]), hervorgerufen und finden ihren Ausdruck namentlich in der mechanischen Wärmetheorie und der kinetischen Gastheorie, welche

---

[12]) Pogg. Ann. Phys. XXIX, 227. — [13]) Phil. Mag. (3) XXXV, 345. — [14]) Ann. Chim. Phys. (3) XX, 369. — [15]) Ann. d. Chem. u. Pharm. LXIII, 1. — [16]) Ann. Chim. Phys. (2) LXII, 367. — [17]) Ann. d. Chem. u. Pharm. XLII, 233.

hauptsächlich durch Clausius, Joule, Rankine, Thomson, Helmholtz, Maxwell O. E. Meyer u. A. entwickelt wurden.

Nachdem Deville darauf hingewiesen, daß bei Regnault's Versuch die Affinität des Silbers zum Sauerstoff nicht bestimmend wirken könne, da Silberoxyd bei weit niedrigeren Temperaturen in die Bestandteile zerfalle, das gleiche also jedenfalls bei Gegenwart von Wasserstoff stattfinden müsse, zeigt er, daß auch durch stark (auf 1200° bis 1300°) erhitztes Bleioxyd eine Zerlegung des Wassers beobachtet wird; diese gelingt ihm sogar mit Hilfe sinnreich erdachter Apparate ohne Einwirkung eines Fremdkörpers, wodurch seine Ansicht, daß die Zerlegung eine Folge der hohen Temperatur sei, auf eklatante Weise bestätigt wird [18]).

Die Schwierigkeit bei diesen Untersuchungen rührt daher, daß die durch die Zersetzung entstehenden Komponenten bei mittleren Temperaturen sich wieder vereinigen und dadurch die stattgehabte Zerlegung unter gewöhnlichen Verhältnissen nicht nachweisbar ist. Der Nachweis läßt sich erbringen, wie Deville zeigt, dadurch, daß man entweder die Zersetzungsprodukte durch einen raschen Strom eines indifferenten Gases verdünnt, wodurch eine vollständige Wiedervereinigung verhindert wird, oder durch Diffusion, durch welche die Zusammensetzung des Gasgemisches sich ändert, oder durch das sogenannte „tube chaud et froid", durch plötzliche starke Abkühlung der Zersetzungsprodukte.

In den auf diesen Prinzipien gegründeten Apparaten gelang Deville nicht nur der Nachweis der Zersetzung des Wassers, sondern auch der Kohlensäure in Kohlenoxyd und Sauerstoff, des Kohlenoxyds in Kohlenstoff und Kohlensäure, der Salzsäure in Chlor und Wasserstoff, der schwefligen Säure in Schwefelsäure und Schwefel usw.

Auf diese Versuche gestützt, vergleicht Deville die Dissoziation von Verbindungen mit der Dampfbildung. Beide beginnen nach ihm bei bestimmten Temperaturen und beide gehen allmählich vor sich. Bei der Kondensation von Dämpfen werden

---

[18]) Compt. rend. LVI, 195, 322, 729, 873; vgl. ferner Deville, leçons sur la dissociation 1864.

gewisse Wärmemengen frei, und dasselbe geschieht häufig in noch höherem Grade bei der Vereinigung zweier Körper. Aber weiter kann man ebenso, wie das Verdampfen schon unter dem Kondensationspunkte beginnt, eine Zersetzung mancher Substanzen unter der eigentlichen Verbindungstemperatur beobachten. Wie jedem Grade der Thermometerskala eine bestimmte Dampfspannung entspricht, so lassen sich auch die Tensionen der Zersetzungsprodukte, wenigstens in gewissen Fällen, angeben. Deville unterscheidet zwischen Zerlegung durch Wärme und solcher durch chemische Mittel. Nur die erstere nennt er Dissoziation[19]). Diese ist dadurch charakterisiert, daß sich ihre verschiedenen Phasen beobachten lassen, daß sie bei einer bestimmten Temperatur beginnt, bei einer anderen vollendet ist, und daß zwischen diesen Grenzen die Tensionen stetig zunehmen, so daß jeder Temperatur innerhalb des Intervalls eine bestimmte Spannung entspricht, hervorgebracht durch die gasförmigen Zersetzungsprodukte.

Die späteren, sehr eingehenden Versuche in diesem Gebiete haben, wenigstens im allgemeinen, Deville's Anschauungen bestätigt. Man nennt heute nur diejenigen Zersetzungen Dissoziation, welche den chemischen Kräften entgegen und unter Wärmeabsorption stattfinden[20]). Der Vergleich dieser Erscheinungen mit der Verdampfung gilt, wenn auch nicht ganz allgemein, doch namentlich bei der Zersetzung fester Körper in gasförmige Bestandteile, wie solches von Debray bei dem kohlensauren Kalk[21]), von Naumann bei dem Ammoniumcarbamat[22]), von Isambert bei dem Ammoniumsulfhydrat[23]) und von Anderen nachgewiesen wurde. Von besonderer Wichtigkeit wurden die Untersuchungen der Chlorsilberammoniak-[24]) und der Kristallwasserverbindungen, da hier durch die sprungweise Änderung der Tension die verschiedenen Verbindungen mit Ammoniak bzw. die verschiedenen Wässerungsstufen der Salze angezeigt werden[25]).

---

[19]) Ann. d. Chem. u. Pharm. CV, 383. — [20]) Vgl. Horstmann, Theor. Chem., S. 666. — [21]) Compt. rend. LXIV, 603; Bull. soc. chim. VII, 194. — [22]) Ber. chem. Ges. IV, 779. — [23]) Isambert, Handwörterbuch d. Chem. von Ladenburg, III, S. 400 und Horstmann, Ber. chem. Ges. IX, 749. — [24]) Compt. rend. XCII, 919; XCIII, 731. — [25]) Debray, Compt. rend. LXVI, 194; G. Wiedemann, Pogg. Ann. Jubelband 1873, S. 474.

Die zunächst befremdliche Tatsache der partiellen mit der Temperatur allmählich steigenden Zersetzung, d. h. des verschiedenen Verhaltens gleicher Moleküle unter denselben Bedingungen, hat Pfaundler[26]) zu erklären versucht. Naumann[27]) hat diese Ansichten weiter ausgebildet, von Horstmann wurden sie bestimmter formuliert[28]), indem derselbe sich der Maxwellschen Wahrscheinlichkeitstheorie[29]), der Verteilung der Geschwindigkeiten bediente[30]). In verschiedenen Fällen ist zwischen dieser Theorie und den Beobachtungen eine nahe Übereinstimmung nachgewiesen.

Eine allgemeine Theorie der Dissoziation, ausgehend von den Prinzipien der mechanischen Wärmetheorie, namentlich vom sogenannten zweiten Hauptsatze, ist zuerst von Horstmann versucht worden[31]). Diese hat sich in einem Falle[32]) als durchaus der Erfahrung entsprechend erwiesen. Noch weitergehend und sehr erfolgreich sind die von ähnlichen Prinzipien geleiteten Arbeiten von Gibbs[33]) und von Helmholtz[34]).

Diese Untersuchungen, welche teilweise schon dem Gebiete der Physik angehören, sind für die hier zu behandelnde Frage von großer Wichtigkeit geworden. Schon kurz nach den ersten Arbeiten Deville's wurde von drei verschiedenen Forschern, Cannizzaro[35]), Kopp[36]) und Kekulé[37]), der Gedanke ausgesprochen, die sogenannten anomalen Dampfdichten seien durch das Zerfallen der betreffenden Körper in zwei (oder mehrere) Bestandteile zu erklären. Diese sollten sich beim Abkühlen wieder vereinigen, so daß bei der Destillation keine Zersetzung wahrnehmbar ist.

Die Schwierigkeiten, die sich hiernach dem direkten Nachweis der Zersetzung entgegenstellten, überwand erst einige Jahre später

---

[26]) Pogg. Ann. CXXXI, 60. — [27]) Ann. d. Chem. u. Pharm., Suppl. V, 341. — [28]) Ber. chem. Ges. I, 210. — [29]) Phil. mag. (4) XIX, 22; XXXV, 185. — [30]) Sillim. Journ. XVI, 441; XVIII, 277. — [31]) Ann. d. Chem. u. Pharm., Suppl. VIII, 112 und Ann. Chem. CLXX, 193. — [32]) Ibid. CLXXXVII, 48. — [33]) Vgl. auch Boltzmann, Wiedem. Ann. Phys. XXII, 31. — [34]) Berl. Akad. Ber. 1882, S. 22 und 825, und ibid. 1883, S. 647. — [35]) Nuovo Cimento VI, 428; VII, 375; VIII, 71. Vgl. auch Bull. soc. chim. 1858, I, 201. — [36]) Ann. Chem. Pharm. CV, 390. — [37]) Ibid. CVI, 142.

Pebal[38]), der sich dabei auf den von Bunsen[39]) zuerst ausgesprochenen Satz stützte, daß man nur durch physikalische Mittel (Diffusion oder Absorption) Gasgemenge von homogenen Gasen unterscheiden könne. Indem Pebal Salmiakdampf durch einen Asbestpfropf diffundieren ließ, konnte er durch die Färbung von Lackmus zeigen, daß das Gas in dem einen Teile des Apparates alkalisch, in dem anderen sauer reagiert.

In ähnlicher Weise, d. h. auch durch Diffusion, suchten Wanklyn und Robinson[40]) das Zerfallen von Schwefelsäurehydrat in Anhydrid und Wasser und von Phosphorsuperchlorid in Chlorür und Chlor nachzuweisen.

Die Schlüsse, welche diese Chemiker aus ihren Versuchen gezogen hatten, griff Deville an[41]). Nach ihm bedarf es keiner vollständigen Zersetzung, um eine Trennung der Bestandteile durch Diffusion zu erreichen; hierzu genügt schon eine Dissoziation von sehr geringer Tension. Indem die Zersetzungsprodukte fortgeführt werden, werden neue gebildet, so daß bei genügend langer Versuchsdauer eine vollständige Trennung der Komponenten erreicht wird, bei einer Temperatur, der nur eine minimale Zersetzung entspricht. Deville weist nach, daß die Dampfdichte des Wassers bei 1000^0, wo schon durch Diffusion Dissoziation nachweisbar ist, noch die normale sei [42]) und glaubt daher, dem unzersetzten Salmiakdampfe die anomale Dampfdichte zuschreiben zu müssen. Einen positiven Beweis dafür findet er in der bedeutenden Temperaturerhöhung, die er glaubt konstatieren zu können, beim Zusammentreffen von Ammoniak und Salzsäure in einem Gefäße, das vorher auf 350^0 erhitzt war[43]). Später, nachdem Robinson und Wanklyn den Einwurf erhoben hatten, daß die Gase vor der Vereinigung nicht genügend erhitzt gewesen[44]), wiederholt Deville den Versuch in einer Weise, welche jenen Einwurf nicht mehr gestattet, findet auch wieder eine Temperaturerhöhung, deren Größe er aber nicht angibt[45]). Ein

---

[38]) Ann. d. Chem. u. Pharm. CXXIII, 199. — [39]) Bunsen, Gasometrische Methoden 1857. — [40]) Compt. rend. LVI, 547. — [41]) Ibid. LVI, 729. — [42]) Deville, leçon sur la dissoc., p. 365. — [43]) Compt. rend. LVI, 729. — [44]) Ibid. LVI, 1237. — [45]) Ibid. LIX, 1057.

weiteres Argument zu seinen Gunsten findet Deville in der Tatsache,
daß Ammoniak, auf 1100° erhitzt, in Stickstoff und Wasserstoff zerfällt. Seiner Meinung nach müßte also Salmiak, wenn er auf diese
Temperatur erhitzt würde, nach dem Erkalten diese beiden Gase
als Zeugen der Ammoniakbildung liefern, was nicht der Fall ist.

Than führt dagegen aus, daß ein Gasgemenge viel schwieriger
als reines Gas zerlegt wird [46]), was auch durchaus mit Deville's
Ansichten über Dissoziation übereinstimmt [47]). Mit der Erniedrigung des Partialdruckes steigt die Temperatur des Dissoziationsbeginns [48]), oder die Zersetzungstension nimmt ab, wenn
die Temperatur dieselbe bleibt. Auch fand Than keine Temperaturerhöhung, als er Salzsäure und Ammoniak bei 360° mischte.
Waren auch bei seiner Versuchsanordnung die Fehler größer,
konnte er auch keine so kleine Temperaturdifferenzen messen, so
geht doch aus seinen Angaben unzweifelhaft hervor, daß nur unbedeutende Wärmemengen beim Zusammentreffen von Ammoniak
und Salzsäure bei 360° frei werden. Dies wird durch einen
Versuch von Marignac [49]) bestätigt, welcher nachweisen konnte,
daß bei der Bildung von Salmiak aus Ammoniak und Salzsäure
ebensoviel Wärme entwickelt, als bei seiner Verdampfung verbraucht wird. Dadurch kann es als vollständig bewiesen gelten,
daß der Salmiak in Gasform nicht existiert, sondern bei der Verflüchtigung in seine Komponenten zerfällt.

Ähnliche Tatsachen, wenn auch nicht immer so beweisend,
hat man für viele andere Verbindungen, deren Molekül in Gasform vier Volumen entspricht, aufgefunden. So beim Phosphorsuperchlorid [50]), beim Schwefelammonium [51]), beim carbaminsauren
Ammoniak [52]) usw. Über die Natur des Dampfes aus Chloralhydrat hat zwischen Wurtz einerseits [53]), Troost [54]), Deville [55]),

---

[46]) Ann. d. Chem. u. Pharm. CXXXI, 129. — [47]) Deville, leçon p. 364.
— [48]) Vgl. Naumann, Ann. d. Chem. u. Pharm., Suppl. V, 341. — [49]) Compt.
rend. LXVII, 877. — [50]) Cahours, Ann. Chim. Phys. (3) XX, 369.
Deville, Compt. rend. LXII, 1157. — [51]) Horstmann, Ann. d. Chem. u.
Pharm., Suppl. VI, 74. — [52]) Naumann, ibid. CLX, 1. — [53]) Compt. rend.
LXXXIV, 977, 1183, 1262, 1347; LXXXV, 49; LXXXVI, 1170; LXXXIX, 190,
337, 429, 1062; XC, 24, 118, 337, 572. — [54]) Ibid. LXXXIV, 708; LXXXV,
32, 144, 400; LXXXVI, 331, 1394. — [55]) Ibid. LXXXIV, 711, 1108, 1256.

und Berthelot[56]) andererseits eine längere Diskussion stattgefunden, die zugunsten des Ersteren endete, d. h. zum Nachweis der Zersetzung des Chloralhydrats bei der Verdampfung führte.

Kehren wir zur Definition der Grundbegriffe zurück (vgl. S. 309), so nennen wir Äquivalent oder besser Äquivalentgewicht diejenige Menge eines Elements oder eines Radikals, welche ein Atom Wasserstoff ersetzen, oder sich damit verbinden kann. Doch spielt dieser Begriff keine wesentliche Rolle mehr, man hat dafür einen anderen, damit in nahem Zusammenhange stehenden, den der Valenz, der Wertigkeit oder des Wertes, eingeführt, worunter der Quotient aus Äquivalent in Atomgewicht verstanden wird und von dem in den letzten Vorlesungen schon vielfach die Rede gewesen. Von einschneidender Bedeutung ist die Frage, ob die Valenz eines bestimmten Elements konstant oder wechselnd sei. So lange man sich damit begnügt, den Begriff Valenz der obigen Definition entsprechend zu bilden und zu verwerten, kann meist das erstere behauptet werden. Sobald man aber, was notwendig ist, die Valenzgrößen der mehrwertigen Elemente untereinander vergleicht, so kann für kein Element die absolute Unveränderlichkeit der Valenz behauptet werden. Selbst für den Kohlenstoff, bei dem die Annahme einer konstanten Vierwertigkeit auf verhältnismäßig wenig Widersprüche stößt, steht ihrer allgemeinen Richtigkeit das Kohlenoxyd entgegen. Ähnliches, nur in höherem Grade, finden wir bei den anderen Elementen, und man ist daher jedenfalls gezwungen, Ausnahmen zuzugeben. Um diese möglichst in das System einzupassen, sind zwei verschiedene Wege eingeschlagen worden, welche beide die Schwierigkeit nicht vollständig beseitigen.

Die Einen, unter der Führung von Kekulé[57]), behalten den oben definierten Begriff der Valenz bei, geben aber zu, daß es eine große Klasse von Verbindungen gibt, auf die er nicht anwendbar ist. Dies sind die molekularen Verbindungen, deren kleinste Teilchen ein Komplex von Molekülen ist, die untereinander durch molekulare Kräfte zusammengehalten werden.

---

[56]) Compt. rend. LXXXIV, 1189, 1269; LXXXV, 8; XC, 112, 491. —
[57]) Lehrbuch der Chemie I, 142 u. 443; Compt. rend. LVIII, 510.

Dazu gehören die Kristallwasserverbindungen (Kristallalkohol-, Kristallbenzolverbindungen usw.), die meisten Doppelsalze, die Ammoniaksalze, Phosphorpentachlorid, Jodtrichlorid usw. Eine scharfe Definition für dieselben existiert nicht, sie sind im allgemeinen dadurch charakterisiert, daß sie nicht unzersetzt in Dampfform übergehen können [wovon allerdings, wie Thorpe fand[58]), das Phosphorpentafluorid eine Ausnahme macht], daß sie sich leicht aus den Molekularkomponenten bilden und in diese zerfallen.

Die Anhänger der konstanten Valenz müssen weiter die ungesättigten Verbindungen als Ausnahmen anerkennen. Sind deren auch nicht sehr viele, so bietet doch ihre Existenz einen erheblichen Einwand gegen diese Lehre, und vergeblich wird versucht, denselben durch das Bestreben dieser Körper nach Sättigung zu entkräften[59]).

Die Gegner dieser Ansichten, welche in Frankland und Couper ihre ersten Repräsentanten haben[60]), definieren Valenz als das Maximum des Sättigungsvermögens oder chemischen Wertes, wodurch die ungesättigten Verbindungen ihre Ausnahmestellung verlieren. Indem sie ferner die Valenzgröße bei vielen Elementen beträchtlich höher annehmen, als hier bisher vorausgesetzt wurde, z. B. den Stickstoff und Phosphor fünfwertig, den Schwefel sechswertig, das Jod fünf- oder siebenwertig usw., gelingt es, eine große Zahl von Molekularverbindungen in das System aufzunehmen. Den Anhängern dieser Theorie fällt aber die Aufgabe zu, den Wechsel des Sättigungsvermögens zu erklären, oder doch die Bedingungen festzustellen, welche diese Veränderung in den Eigenschaften der Elemente bewirken, wenn anders ihre Hypothesen den Namen einer Theorie verdienen sollen. Aber gerade nach dieser Richtung ist noch wenig geschehen, und das Wenige läßt sich kaum allgemein formulieren[61]). Andererseits

---

[58]) Ann. d. Chem. u. Pharm. CLXXXII, 204. — [59]) Vgl. S. 279 u. Horstmann, Theor. Chem., S. 295. — [60]) Vgl. S. 240 u. 263. — [61]) Vgl. übrigens Horstmann, Theor. Chem., S. 327 u. f. und Van t'Hoff: Ansichten über die organ. Chem. I, 3. Auf die Werner'sche Theorie und auf die Ausführungen von Bodländer und Abegg wird erst später eingegangen.

sind eine Reihe von Tatsachen bekannt geworden, welche nur schwer durch die Annahme einer konstanten Valenz zu erklären sind, so die Identität der Naphtylphenyl- und Tolylphenylsulfone, die auf verschiedenen Wegen darstellbar sind [62]) und die Isomerie der zwei Triphenylphosphinoxyde, von denen das eine dem Phosphorpentachlorid entsprechen soll: $P(C_6H_5)_3O$, das andere aber dem Phosphoroxychlorid: $P(C_6H_5)_2OC_6H_5$ [63]).

Schon aus diesen wenigen Bemerkungen geht hervor, daß der Begriff der Valenz, ganz abgesehen von einer mathematisch-mechanischen Begründung desselben, die zurzeit ganz aussteht [64]), noch ein sehr schwankender und unsicherer genannt werden muß und daß keine Auffassung desselben existiert, die in konsequenter Weise vermag, das ganze Gebiet der Chemie zu umfassen.

Daß trotzdem an diesem Begriffe festgehalten und er auch heute als eine der wichtigsten Grundlagen betrachtet wird, erklärt sich in der organischen Chemie aus den geradezu erstaunlichen Erfolgen, welche diese mit Hilfe desselben in den letzten Dezennien aufzuweisen hat. Anders in der anorganischen Chemie!

Auch hier ist allerdings ein günstiger und fördernder Einfluß zu konstatieren, namentlich ist die Systematik eine wesentlich klarere geworden, wie ich dies an einzelnen Fällen erläutern möchte. Schon die Möglichkeit, die Elemente selbst nach ihrer Valenz zu klassifizieren, bedeutet einen Schritt nach vorwärts; es traten dadurch Analogien hervor, die man früher nur teilweise erkannt hatte. Die Analogie des Kohlenstoffs mit dem Silicium war schon hervorgehoben worden, doch hatte man zu diesen noch das Bor gesellt. Jetzt wurde die der beiden ersten viel schärfer nachgewiesen, während Bor als in eine andere Reihe gehörig erkannt wurde; dagegen schloß man den zwei ersten noch an: Titan, Zirkonium und Zinn. Ebenso reihte sich an Stickstoff und Phosphor das Arsen, Antimon und Wismut, dann aber auch, wie aus Roscoe's schöner Untersuchung hervorging, das Vana-

---

[62]) Michael u. Adair, Ber. X, 583 und XI, 116. — [63]) Michaelis und Lacoste, ibid. XVIII, 2118. — [64]) Vgl. übrigens Kekulé, Ann. Chem. CLXII, 86 und Baeyer, Ber. Chem. Ges. XVIII, 2277.

dium[65]), und endlich Niob und Tantal, als man die Resultate von Marignac's[66]) Arbeit kennen lernte. Ähnlich bei den Metallen, die bis dahin entweder nach den spezifischen Gewichten oder nach dem analytischen Verhalten zusammengestellt worden waren. — Auch auf die Aufassung mancher Verbindungsklassen übte die Valenztheorie einen entscheidenden Einfluß aus. Namentlich gilt dies von den Silikaten. Wurtz hat gezeigt, wie das von ihm über die Kondensationen des Glycols Gefundene auf die Abkömmlinge der Kieselsäure übertragen werden könne[67]), wodurch er einige Klarheit in ein bis dahin wüstes Gebiet brachte. Bald darauf wurde dasselbe durch Tschermak's[68]) wichtige Arbeit über die Feldspate, wonach diese als isomorphe Mischungen von Orthoklas, Albit und Anorthit zu betrachten sind, weiter aufgehellt. Auch die zahlreichen Metallammoniak- und -Ammoniumverbindungen fanden jetzt eine Stellung im System, sie werden als Ammoniak oder als Chlorammonium aufgefaßt, indem Wasserstoffatome durch Metall oder Metalloxyd ersetzt sind. Hofmann versuchte diese Klassifikation zunächst[69]), dabei die Resultate seiner Arbeiten über organische Basen verwertend; weiter geführt wurde diese Anschauung von Weltzien[70]), von H. Schiff[71]), von Cleve[72]) und vielen Anderen.

Trotzdem kann man nicht behaupten, daß die Valenztheorie sich für die anorganische Chemie sehr fruchtbar erwiesen habe. Denn erstens ist die Zahl der durch sie angeregten Arbeiten keine sehr bedeutende und ferner ist die darauf gegründete Systematik keiner einheitlichen konsequenten Durchführung fähig gewesen. Von viel tieferer und nachhaltiger Wirkung ist eine andere Hypothese geworden, die jetzt schon, kaum 40 Jahre nach ihrer Entstehung, ungeahnte und glänzendste Erfolge aufzuweisen hat. Ich will von den Beziehungen sprechen, die zwischen den Eigen-

---

[65]) Ann. d. Chem. u. Pharm., Suppl. VI, 77. — [66]) Ann. Chim. Phys. (4) VIII, 5 u. 49 im Auszug, Ann. d. Chem. u. Pharm. CXXXV, 49 u. Ann. Chim. Phys. (4) IX, 249. Ann. d. Chem. u. Pharm., Suppl. IV, 350. — [67]) Rep. chimiee pur II, 449; leçon sur quelques points etc., p. 181. — [68]) Pogg. Ann. Phys. CXXXV, 139. — [69]) Ann. d. Chem. u. Pharm. LXXVIII, 253; LXXIX, 11. — [70]) Ibid. XCVII, 19. — [71]) Ibid. CXXIII, 1. — [72]) Bull. soc. chim. VII, 12; XV, 161; XVI, 203; XVII, 100 u. 294.

schaften der Elemente und ihren Atomgewichten aufgefunden wurden.

Die neueren Forschungen auf diesem Gebiete schließen sich an die Prout'sche Hypothe an, von der schon früher[73]) die Rede gewesen, die freilich niemals allgemeiner angenommen wurde, aber doch immer wieder zu Spekulationen in dieser Richtung angeregt hat. Ich nenne hier nur Döbereiner, der 1829 zuerst auf die Triaden aufmerksam machte[74]), d. h. auf Gruppen von drei analogen Elementen, deren Atomgewichte so beschaffen sind, daß das eine als das arithmetische Mittel aus dem der beiden anderen betrachtet werden konnte. Gmelin[75]), Pettenkofer[76]), Dumas[77]) und Lenssen[78]) haben diese Ideen weiter verfolgt, ohne zu besonders nennenswerten Resultaten zu gelangen.

Ein solches wurde aber erreicht durch den Nachweis, daß die Eigenschaften der Elemente periodische Funktionen ihrer Atomgewichte sind. Wir verdanken denselben den Untersuchungen von Newlands[79]), Lothar Meyer[80]) und Mendelejeff[81]). Das Hauptverdienst gebührt unzweifelhaft dem Letzteren, der zuerst in ganz allgemeiner Weise diese Beziehungen hervorhob und, was für besonders wichtig erachtet werden muß, die Vorteile derartiger Betrachtungen klarlegte. Daher machte auch seine Abhandlung sofort großes Aufsehen, während die von Newlands ganz unbeachtet blieb[82]).

In der Mendelèjeff'schen Reihe sind die Elemente nach ihrem Atomgewichte geordnet, doch ist die Reihe derart in Abteilungen zerlegt, daß die untereinander analogen Elemente in vertikale Reihen kommen, Gruppen bilden, während je 7 bzw. 10 im Atomgewichte aufeinanderfolgende Elemente einer Horizontalreihe eine kleine Periode erzeugen, innerhalb welcher sich die Eigen-

---

[73]) Vgl. S. 107. — [74]) Pogg. Ann. XV, 301. — [75]) Handbuch, 3. Auflage, I, 35. — [76]) Ann. Chem. CV, 87. — [77]) l. c. S. 111. — [78]) Ann. d. Chem. u. Pharm. CIII, 121; CIV, 177. — [79]) Chem. News X, 59, 94 und XIII, 113. — [80]) Moderne Theorien, 1. Aufl., S. 136 usw. u. Ann. d. Chem. u. Pharm., Suppl. VII, 345. — [81]) Zeitschr. Chem. 1869, S. 405 u. Ann. d. Chem. u. Pharm., Suppl. VIII, 133. — [82]) Hinsichtlich der Prioritätsfrage vgl. Newlands, Chem. News XXXII, 21 u. 192. L. Meyer, Ber. chem. Ges. XIII, 259 und Mendelejeff, ibid. XIII, 1796.

schaften (die physikalischen sowohl wie die chemischen) **stetig**
ändern. Zwei aufeinander folgende Horizontalreihen bilden eine
große Periode, wobei darauf hingewiesen wird, daß in den Gruppen
die Analogien zwischen Elementen der paaren und ebenso der unpaaren (Horizontal-) Reihen untereinander größer sind, als zwischen
Elementen, die teils paaren, teils unpaaren Reihen angehören.

Von Anwendungen des „periodischen Gesetzes" haben folgende zwei, hervorragende Wichtigkeit erlangt. Erstens die zur
Bestimmung oder Korrektion der Atomgewichte ungenügend bekannter Elemente, und zweitens die zur Prognose der Eigenschaften unbekannter Elemente.

Hinsichtlich des ersten Punktes muß hier folgendes Erwähnung
finden: Das Atomgewicht des Berylliums nahm Mendelejeff dem
Vorschlage Awdejeff's entsprechend[83]) zu 9 an, indem er es
mit Magnesium in eine Gruppe stellte, während es bis dahin
vielfach als ein dem Aluminium ähnliches Metall mit dem Atomgewichte 13,5 betrachtet wurde. Diese Ansicht hat eine längere
Diskussion hervorgerufen, die aber mit dem vollständigen Siege
von Mendelejeff's Ansicht endigte[84]). — Das Atomgewicht des
Indiums wurde $1^1/_2$ mal so groß als vorher, d. h. zu 113 angenommen, was durch die Bestimmung der spezifischen Wärme
dieses Metalls durch Bunsen[85]) und Mendelejeff[86]) sehr bald
bestätigt wurde. Das Atomgewicht des Urans wurde verdoppelt,
welche Ansicht durch die schöne und eingehende Untersuchung
Zimmermann's[87]) als den Tatsachen durchaus entsprechend
gefunden wurde. Schließlich sei hervorgehoben, daß Mendelejeff
das Atomgewicht des Tellurs zu 125 annahm, entgegen den
früheren Bestimmungen, welche 128 ergeben hatten. Brauner
glaubte zunächst durch seine Untersuchungen diese Hypothese bestätigen zu können[88]), mußte aber später[89]) diese Ansicht

---

[83]) Pogg. Ann. LVI, 101; vgl. auch Klatzo, Journ. f. prakt. Chem.
CVI, 227. — [84]) Nilson und Pettersson, Ber. XI, 381; XIII, 1451 und
XVII, 987. L. Meyer, ibid. XIII, 1780; Reynolds, Ber. XIII, 2412;
Nilson, Ber. XIII, 2035. — [85]) Pogg. Ann. CXLI, 1. — [86]) Bull. de l'Acad.
de St. Petersbourg 1870, p. 445. — [87]) Ann. der Chem. u. Pharm. CCXIII, 285;
CCXVI, 1. — [88]) Brauner, Ber. chem. Ges. XVI, 3055. — [89]) Monatsh. Chem.
X, 448.

berichtigen. Dann hat Köthner von neuem das Atomgewicht des Tellurs bestimmt und zu 127,6 (O = 16) gefunden[90]. — Andererseits hat Ladenburg[91]) das Atomgewicht des Jods revidiert und eine wesentlich höhere Zahl als Stas, nämlich 126,96 statt 126,85, feststellen können, was durch andere Forscher bestätigt wurde[92]. Es ist dies von besonderer Wichtigkeit, weil hierdurch zum erstenmal die als unantastbar geltenden Stasschen Atomgewichte[93]), als nicht genau erkannt wurden, was alsdann noch in mehreren anderen Fällen konstatiert wurde. Freilich ist durch alle diese Untersuchungen die Anomalie der Mendelejeff'schen Reihe nicht beseitigt.

Geradezu erstaunliche Erfolge aber haben Mendelejeff's Prognosen neuer Elemente aufzuweisen. Um die Einordnung in Gruppen und Reihen zu ermöglichen und um zu etwa gleichen Differenzen bei den aufeinanderfolgenden Gliedern zu gelangen, mußten Lücken bleiben, die nach Mendelejeff von bisher unbekannten aber existierenden Elementen eingenommen werden. Atomgewichte und sonstige Eigenschaften derselben konnte er aus der Stellung mit Hilfe der Gruppen- und Reiheneigenschaften bestimmen, die ja wie ein Koordinatensystem zu Hilfe genommen werden konnten. So zeigten sich in den ersten fünf Reihen drei Lücken, die er als Ekabor (Atomgew. 44), Ekaaluminium (Atomgew. 68) und Ekasilicium (Atomgew. 72) bezeichnete. Diese drei Elemente sind inzwischen mit etwa den von Mendelejeff prognostizierten Eigenschaften aufgefunden worden. Es ist das von Nilson[94]) entdeckte Scandium mit dem Atomgew. 44, das von Lecoq de Boisbaudran[95]) entdeckte Gallium mit dem Atomgew. 69,8 und das von Winkler[96]) entdeckte Germanium mit dem Atomgew. 72,32.

Aber nicht nur diese Erfolge sind es, welche dieser Theorie einen so hohen Wert verleihen. Dieselbe hat die Chemie geistig

---

[90]) Ann. Chem. CCCXIX, 1. — [91]) Ber. XXXV, 2275 (1902). — [92]) Köthner, Ann. Chem. CCCXXXVII, 142 und Baxter, Proc. Amer. Acad. XL, Nr. 8. — [93]) Recherches sur les lois des prop. chim. Bruxelles, 1865. — [94]) Ber. chem. Ges. XII, 550, 554; XIII, 1439. — [95]) Compt. rend. LXXXI, 493 u. 1100; LXXXVI, 475 usw. — [96]) Journ. f. prakt. Chem. XXXIV, 177.

so durchdrungen, daß die Untersuchungen über die Elemente und ihre Verbindungen neue Bedeutung gewonnen haben. Durch das Band, welches sie zwischen den einzelnen Elementen bildet, verleiht sie jeder solchen Spezialuntersuchung den Reiz einer Arbeit von allgemeinem Interesse.

Von ebenso großer Bedeutung sind Forschungen, welche die Affinität zum Gegenstande haben, diese in eine mathematische Form kleiden und an Berthollet's Verwandtschaftslehre anknüpfen[97]). Dieselben haben vielleicht keine so frappanten Erfolge wie jene aufzuweisen, sind aber nach so vielen Richtungen hin geprüft, und greifen so tief in alle Gebiete der theoretischen Chemie, daß sie eine gründliche Behandlung verdienen.

Bahnbrechend für diese Fortschritte ist eine Untersuchung von Guldberg und Waage[98]). Diese führen statt des Berthollet'schen Begriffs der chemischen Masse den der aktiven Masse ein, indem sie darunter die in der Raumeinheit enthaltene Anzahl Moleküle eines Stoffes verstehen. Die Geschwindigkeit nun, mit welcher zwei Stoffe aufeinander einwirken, ist gleich dem Produkte ihrer aktiven Massen multipliziert mit dem Affinitätskoëffizienten, welcher eine von der chemischen Natur der Stoffe und der Temperatur abhängige Größe ist[99]).

Sind also $a_1 b_1$ usw. die aktiven Massen der aufeinander einwirkenden Körper $A_1 B_1$ usw., und $a_2 b_2 \ldots$ die aktiven Massen der dabei sich bildenden Stoffe $A_2 B_2 \ldots$, k_1 und k_2 die Affinitätskoëffizienten dieser Reaktionen, v_1 die Geschwindigkeit, mit der sich die Stoffe $A_1 B_1 \ldots$ in $A_2 B_2 \ldots$ umwandeln und v_2 die Geschwindigkeit, mit der sich die entgegengesetzte Reaktion vollzieht, so ist

$$v_1 = k_1 a_1 b_1 \ldots$$
$$v_2 = k_2 a_2 b_2 \ldots$$

Gleichgewicht tritt ein, wenn die beiden Geschwindigkeiten einander gleich sind, d. h. wenn

---

[97]) Vgl. S. 37. — [98]) Etudes sur les affinités chimiques. Christiania 1867 u. Journ. f. prakt. Chem. XIX, 69. — [99]) Vgl. auch Van t'Hoff, Ber. chem. Ges. X, 669.

$$k_1 a_1 b_1 \ldots = k_2 a_2 b_2 \ldots$$

oder wenn
$$\frac{a_1 b_1 \ldots}{a_2 b_2 \ldots} = \frac{k_2}{k_1} = K,$$

wo K eine Konstante bedeutet.

Diese Gleichung bildet das Grundgesetz der chemischen Statik. Sie gilt übrigens nur, wenn je 1 Molekül der verschiedenen Stoffe aufeinander einwirken. (Monomolekulare Reaktion.) Treten $m_1 m_2 \ldots$ Moleküle der Stoffe $A_1 B_1 \ldots$ in Reaktion und entstehen $n_1 n_2 \ldots$ Moleküle von $A_2 B_2 \ldots$, so geht sie über in

$$\frac{a_1^{m_1} b_1^{m_2} \ldots}{a_2^{n_1} b_2^{n_2} \ldots} = C$$

welches die allgemeinste Form jenes Gesetzes darstellt.

Unzählige Male ist dieses „Gesetz der chemischen Massenwirkung" geprüft und fast immer ist der tatsächliche Befund damit in Übereinstimmung gefunden worden.

Als Vorgänger von Guldberg und Waage sind Wilhelmy, Berthelot und Péan de St. Giles und Harcourt und Esson zu nennen. Der Erstere führte den Begriff der Reaktionsgeschwindigkeit schon 1850 ein, und zeigte in einer höchst interessanten und wichtigen Arbeit[100]) über die Umwandlung des Rohrzuckers in Invertzucker, daß die Menge des in der Zeiteinheit invertierten Zuckers der Konzentration des vorhandenen Zuckers proportional ist. Zu ähnlichen Ergebnissen gelangten Harcourt und Esson bei ihren Untersuchungen über die Reduktion des Kaliumpermanganats durch in großem Überschuß zugesetzte Oxalsäure[101]) und bei ihrer späteren Arbeit über die Einwirkung von Hydroperoxyd auf Jodwasserstoffsäure[102]).

Zeitlich früher als die in letzter Linie angeführten Untersuchungen liegen die Arbeiten von Berthelot und Péan de St. Giles[103]) über die Esterbildung. Hier wurde namentlich die Grenze der Esterbildung und die Geschwindigkeit der Reaktion studiert. Die gefundenen Zahlenwerte sind den theoretisch

---

[100]) Pogg. Ann. LXXXI, 413. Klassiker d. exakten Wissenschaften Nr. 29. — [101]) Phil. Trans. 1866, S. 193. — [102]) Ibid. 1867, S. 117. — [103]) Ann. Chim. Phys. (3) LXV, 385; LXVI, 5; LXVIII, 225.

berechneten genügend nahe. Fortgesetzt und erweitert wurden diese Versuche durch Menschutkin[104]), der die Esterbildung in der genannten Richtung für die verschiedensten Alkohole und Säuren geprüft hat und so einen wichtigen Beitrag lieferte zu dem verschiedenen Verhalten von Körpern verschiedener Struktur. Weiter gehören hierher die ausführlichen und interessanten thermochemischen Arbeiten von Thomsen[105]) und die volumchemischen Studien von Ostwald[106]), welche nicht nur die Theorie bestätigten, sondern auch erweiterten. Dieselben beziehen sich hauptsächlich auf die Affinitätsverhältnisse zwischen Säuren und Basen. Es wird hier der Begriff der Avidität eingeführt, welcher etwa dem entspricht, was man früher weniger scharf als Stärke der Säuren oder Basen zu bezeichnen pflegte. Man versteht darunter das Teilungsverhältnis zweier Körper in einen dritten, dessen Menge zur vollständigen Sättigung der zwei ersten nicht genügt, und es wird gezeigt, daß die Avidität der Wurzel aus dem Verhältnisse der Affinitätskoëffizienten gleich ist.

Wichtig sind ferner die Untersuchungen von Horstmann[107]) über die unvollständige Verbrennung von Kohlenoxyd und Wasserstoff, über die partielle Zersetzung von Eisenoxydsalzen durch Wasser, welche G. Wiedemann[108]) mit Hilfe einer magnetischen Methode ausführte, und über die Teilungsverhältnisse von Säuren zwischen zwei Alkaloiden, welche Jelett[109]) durch Bestimmung des optischen Drehungsvermögens ermittelte. Auf alle diese und viele ähnliche Arbeiten kann hier nicht näher eingegangen werden[110]).

---

[104]) Ber. chem. Ges. X, 1728 u. 1898; XI, 1507, 2117, 2148; XIII, 162, 1812; XIV, 2630. Ann. d. Chem. u. Pharm. CXCV, 334; CXCVII, 193. Ann. Chim. Phys. (5) XX, 289; XXIII, 14 und XXX, 81. — [105]) Pogg. Ann. CXXXVIII, 65 und thermochem. Untersuchungen I. — [106]) Journ. prakt. Chem. (2) XVI, 385; XVIII, 328; XIX, 468; XXV, 1. Pogg. Erg. VIII, 154. Wiedem. Ann. II, 429 und 671. — [107]) Ann. d. Chem. u. Pharm. CXC, 228. — [108]) Wiedem. Ann. V, 45. — [109]) Trans. Roy. Irish Acad. XXV, 371. — [110]) Vgl. Art. Affinität von E. Wiedemann, in Ladenburg, Handwörterb. d. Chem. I, 114.

In einem gewissen Gegensatze zu diesen, hauptsächlich theoretischen Untersuchungen steht die Entdeckung einer Methode, welche wohl als das Glänzendste betrachtet werden kann, was die experimentelle Forschung in neuerer Zeit hervorgebracht hat. Ich meine die Spektralanalyse, jene Methode, die uns erlaubt hat, Schlüsse zu ziehen auf die chemische Zusammensetzung ferner Weltkörper, deren stoffliche Beschaffenheit bis dahin völlig unbekannt gewesen ist, und mit deren Hilfe die Zahl der Elemente um sechs vermehrt wurde.

Es würde zu weit führen, die Vorarbeiten zu den klassischen Untersuchungen von Kirchhoff und Bunsen[111]) mitzuteilen, ich verweise in dieser Hinsicht auf eine historische Darlegung dieses Gegenstandes durch Mousson[112]), auf einige Notizen Tyndall's[113]) und besonders auf eine darauf bezügliche Abhandlung von Kirchhoff[114]). Hier muß ich mich mit einigen Angaben in dieser Hinsicht begnügen.

Wollaston sah 1802 zuerst die dunklen Linien im Spektrum der Sonne[115]), welche 1814 von Fraunhofer[116]), dem Wollaston's Beobachtungen unbekannt geblieben, näher untersucht und bestimmt wurden. J. Herschel hat 1822 die hellen Streifen beobachtet[117]), welche bei der Zerlegung das durch Metallsalze gefärbte Licht der Flamme zeigt. Diese Erscheinung wurde durch Talbot[118]) und Brewster[119]) weiter verfolgt. Swan hat auf die große Empfindlichkeit dieser Reaktion, namentlich für das Kochsalz, hingewiesen[120]).

Auf die Coincidenz der D-Linie mit der gelben Natriumlinie machte schon Fraunhofer aufmerksam; Brewster fand die

---

[111]) Pogg. Ann. CX, 161 und CXIII, 337; vgl. ferner Kirchhoff, Abhandl. der Berl. Akad. 1861 und Untersuchungen über das Sonnenspektrum und die Spektren der chem. Elemente. — [112]) Connaissance sur le spectre; Bibl. univers. de Genève (2) X, 221. — [113]) Phil. Mag. (4) XXII, 155. — [114]) Pogg. Ann. CXVIII, 94. — [115]) Phil. Trans. 1802. — [116]) Gilbert, Ann. Phys. LVI, 278. — [117]) Treatise on light. — [118]) Brewster, Journ. of science V, 77; Phil. Mag. (3) III, 36; IV, 114; IX, 3. — [119]) Pogg. Ann. Phys. 1836, XXXVIII, 61; vgl. Compt. rend. LXII, 17. — [120]) Edinb. Trans. for 1856.

Kaliumstreifen mit anderen Fraunhofer'schen Linien übereinstimmend und ähnliche Beobachtungen machte auch Foucault[121]).

Zwei Punkte sind es namentlich, welche für die Spektralanalyse fundamental sind und welche wir den Forschungen von Kirchhoff und Bunsen verdanken. Erstens die Tatsache, daß jedes Element im glühenden, dampfförmigen Zustande durch ein bestimmtes, diskontinuierliches Spektrum charakterisiert ist, eine Tatsache, die selbst Swan noch nicht mit Sicherheit zu behaupten wagte, und zweitens das Gesetz der elektiven Absorption, welchem Angström[122]) und Balfour-Stewart[123]) nahe gekommen waren, ohne es aber vollständig und klar erfaßt zu haben. Dieses ist jetzt unter dem Namen des Kirchhoff'schen Gesetzes bekannt, es wurde von Diesem[124]) mathematisch, von Kirchhoff und Bunsen durch den berühmten Versuch der Umkehrung der Linien experimentell bewiesen und sagt aus, daß bei Temperaturstrahlung für alle Körper das Verhältnis zwischen Emissionsvermögen und Absorptionsvermögen bei derselben Temperatur für Strahlen gleicher Wellenlänge das gleiche ist. Es folgt daraus, daß alle Körper bei derselben Temperatur zu glühen beginnen, d. h. Licht von derselben Wellenlänge ausgeben und daß glühende Körper nur solche Strahlen absorbieren, welche sie ausstrahlen. Da nun glühende Gase Maxima und Minima der Lichtintensitäten besitzen, während feste und flüssige Körper bei genügendem Erhitzen alle Lichtarten aussenden, so werden die ersteren auch ein elektives Absorptionsvermögen besitzen müssen, was bei den letzteren im allgemeinen nicht der Fall ist. So erklären sich denn die Fraunhofer'schen Linien als Folgen von Absorptionen durch glühende Dämpfe. Ihre Existenz führte zur Aufklärung der physikalischen Natur der Sonne, die Bestimmung der Lage (Wellenlänge) dieser Linien und die Vergleichung mit den Emissionsspektren der Elemente im gasförmigen Zustande, zur Feststellung der chemischen Zusammensetzung dieses Weltkörpers. So ward Kirchhoff der

---

[121]) Ann. chim. phys. (3) LVIII. 478. — [122]) Pogg. Ann. XCIV, 141. — [123]) Trans. Roy. Soc. Edinburgh 1858. — [124]) Pogg. Ann. CIX, 275.

Begründer einer neuen Wissenschaft, der Astrochemie. Diese, obgleich erst 45 Jahre alt, hat schon große Erfolge aufzuweisen. Durch sie hat die Astronomie neue Aufgaben und Methoden erhalten, die ihr Arbeitsgebiet ungemein erweitert haben, auf die näher einzugehen, hier aber nicht möglich ist.

Von welcher Wichtigkeit die Spektralanalyse für die Chemie ist, konnten die Entdecker der Methode selbst darlegen, sowohl durch den Hinweis auf ihre Anwendung in der analytischen Chemie als auch durch Auffindung zweier neuer Elemente, des Cäsiums und Rubidiums. Die Entdeckung des Thalliums durch Crookes[125]), des Indiums durch Reich und Richter[126]), ebenso wie die des Galliums und des Scandiums, von denen schon die Rede war[127]), verdanken wir derselben Methode.

Von neueren Forschungen auf diesem Gebiete ist hervorzuheben die Arbeit von A. Mitscherlich, der zeigen konnte, daß nicht nur jedes Element, sondern jede Verbindung in Gasform ein eigenes Spektrum besitzt[128]), die Untersuchung von Plücker und Hittorf, welche nachwiesen, daß jedem Elemente zwei Spektren entsprechen, nämlich neben dem Linienspektrum das Spektrum 1. Ordnung oder Bandenspektrum[129]); ferner die Forschungen über quantitative Spektralanalyse, namentlich von Vierordt[130]) und von Glan[131]) und schließlich die zahlreichen Arbeiten, welche Beziehungen nachweisen wollen zwischen den Atomgewichten und den Emissionsspektren von Elementen, wie die von Lecoq de Boisbaudran[132]) und von Ciamician[133]) oder zwischen den Absorptionsspektren und der Zusammensetzung bei Verbindungen, wie die von Abney und Festing[134]), von Krüss[135]) u. A. Hier sei auch einer Arbeit von Bahner gedacht,

---

[125]) Phil. Mag. (4) XXI, 301; Ann. der Chem. und Pharm. CXXIV, 203. — [126]) Journ. prakt. Chem. LXXXIX, 441. — [127]) Vgl. S. 334. — [128]) Pogg. Ann. CXVI, 499 und CXXI, 459. — [129]) Phil. Trans. CLV, 1. — [130]) Anwendung des Spektralapparates zur Photometrie der Absorptionsspektren. Tübingen 1873. — [131]) Wiedem. Ann. 1877, I, 351; vgl. auch Hüfner, Journ. f. prakt. Chem. XVI, 290. — [132]) Compt, rend. LXIX, 445, 606, 657 usw. — [133]) Wiener Ber. LXXVI, (2), 499; LXXIX, (2), 8 und LXXXII, (2), 425. — [134]) Journal of the chem. soc. 1882, S. 130. — [135]) Ber. chem. Ges. XVI, 2051; XVIII, 1426.

der durch eine einfache Formel alle Linien des sogenannten ersten Wasserstoffspektrums bis auf zehnmillionstel Millimeter berechnen lehrt[136]), und einer Reihe wichtiger Untersuchungen[137]) von Kayser und Runge, welche die Metallspektren sehr genau feststellten und zeigten, daß diese sich in Serien von Linien und Linienpaaren zerlegen lassen, die annähernd gleiche Schwingungsdifferenz zeigen. Nach neueren Untersuchungen scheint diese Auffassung eine große Zukunft zu haben.

Dieser analytischen Methode steht eine synthetische gegenüber, der allerdings die allgemeine Anwendbarkeit, welche die erstere besitzt, nicht zugesprochen werden kann; ich meine die Synthese der Mineralien. Angeregt wurden derartige Versuche durch Beobachtungen von Koch (1809)[138]) und namentlich von Hausmann und Mitscherlich, welche unter den bei metallurgischen Prozessen entstandenen Schlacken usw. Produkte fanden, die sich mit bekannten Mineralien als identisch erwiesen. Der erste gelungene Versuch derart rührt von James Hall her, welcher durch Erhitzen unter Druck, kristallisierten kohlensauren Kalk (Marmor) darstellte[139]). Berthier und Mitscherlich gewannen künstlichen Glimmer, Pyroxen und ähnliche Mineralien durch Schmelzen von Kieselsäure mit Kalk, Magnesia und Eisenoxyd[140]). Gaudin stellte kleine Rubine dar durch Schmelzen von Ammoniakalaun unter Zusatz von etwas Chromoxyd in einem Knallgasgebläse[141]). Gay-Lussac erhielt kristallisierten Eisenglanz durch Einwirkung von Wasserdampf auf Eisenchlorid[142]). Eine ganze Reihe von kristallinischen, schwer oder unschmelzbaren Mineralien konnte Ebelmen darstellen, indem er Borax oder Borsäure als Kristallisationsmittel benutzte[143]). Becquerel gewann in Wasser unlösliche Körper im kristallinischen Zustande, so das Chlorsilber, das Schwefelsilber, das Kupferoxydul,

---

[136]) Wiedemann's Ann. S. 25, 18 (1885). — [137]) Abhandl. Berl. Akad. von 1890 u. 1891. — [138]) Über kristall. Hüttenprodukte. — [139]) Gehlen, Journ. Chem. I, 271. — [140]) Ann. chim. phys. XXIV, 355. — [141]) Ann. Pharm. XXIII, 234; vgl. auch Frémy u. Feil, Compt. rend. LXXXV, 1029. — [142]) Ann. chim. phys. LXXX, 163; ibid. I, 33. — [143]) Compt. rend. XXV, 661 u. Ann. chim. phys. XXII, 213.

das basisch kohlensaure Kupfer usw., indem er langsam verlaufende chemische Reaktionen benutzte[144]).

Ohne auf weitere Einzelheiten hier eingehen zu können, will
ich noch mitteilen, daß sich Senarmont die Aufgabe stellte und
wenigstens teilweise löste, die Bedingungen festzustellen und zu
realisieren, unter denen die natürlich vorkommenden, in Gängen
kristallisierten Mineralien entstehen. Er benutzte dazu vorzugsweise Wasser, daß er unter Druck bei etwa 350° einwirken ließ[145]).
Ferner sei noch hervorgehoben, daß Sainte Claire-Deville[146])
und seine Schüler, die das Kristallisieren begünstigende Wirkung
des Fluorwasserstoffs und anderer Fluorverbindungen kennen gelehrt und benutzt haben und schließlich, daß Hautefeuille[147])
der Erste war, welcher Kali- und Natronfeldspat künstlich darstellte.

Einen großen Fortschritt in der Erkenntnis des Zusammenhanges der verschiedenen Aggregatzustände der Materie bekundet
die Einführung des Begriffes der kritischen Temperatur oder
des absoluten Siedepunktes.

Schon 1822 beobachtete Cagniard de la Tour[148]), daß
beim Erhitzen von Flüssigkeiten in zugeschmolzenen Röhren, die
sie zum größeren Teil anfüllen, eine Temperatur erreicht werden
kann, bei welcher der Meniskus verschwindet und das Ganze ein
durchaus homogenes Ansehen darbietet. Er schloß daraus, daß
bei dieser Temperatur trotz des Druckes die Flüssigkeit in Gas
verwandelt werde. So beachtenswert auch diese Versuche waren,
so erregten sie doch keine größere Aufmerksamkeit, und erst
33 Jahre später wurden von Wolf[149]) und von Drion[150]) für
einige Flüssigkeiten die Temperaturen zu bestimmen gesucht, bei
denen sie in den Cagniard de la Tour'schen Zustand übergingen. Im Jahre 1861 führt Mendelejeff für diese Temperatur
den sehr passenden Namen „absoluter Siedepunkt" ein und
definiert diesen als diejenige Temperatur, bei welcher sowohl

---

[144]) Ann. chim. phys. LI, 101. — [145]) Ann. der Chem. und Pharm.
LXXX, 212. — [146]) Caron und Deville, ibid. CVIII, 55; CIX, 242 usw. —
[147]) Compt. rend. XC, 830. — [148]) Ann. chim. phys. XXI, 127, 180 und XXII,
410. — [149]) Ibid. (3) XLIX, 265. — [150]) Ibid. (3) LVI, 33.

die Kohäsion der Flüssigkeit als auch die Verdampfungswärme gleich Null ist und bei der sich die Flüssigkeit unabhängig von Druck und Volum in Dampf verwandelt[151]).

Acht Jahre später erschien die berühmte Abhandlung von Andrews[152]), in welcher der Zusammenhang zwischen Druck, Volum und Temperatur bei dem Kohlendioxyd genau untersucht und nachgewiesen wurde, daß über 30,92⁰ C dasselbe nicht mehr verflüssigt werden kann. Er bezeichnet diese Temperatur als kritische Temperatur und ferner den Druck, bei dem etwas unterhalb der kritischen Temperatur gerade noch Verflüssigung eintritt, als kritischen Druck. Die Beobachtungen von Andrews gestatteten, bei verschiedenen Temperaturen für das Kohlendioxyd Isothermen zu ziehen, welche die Beziehungen zwischen Druck und Volum darstellen. Dabei zeigt sich, daß diese Kurven unter 30,92⁰ C unstetige sind, aus verschiedenen Teilen bestehen, was oberhalb dieser Temperatur nicht mehr der Fall ist. Wenn auch bei den nächsthöheren Temperaturen noch geringe Krümmungsänderungen stattfinden, so ist dies schon bei 48⁰ nicht mehr der Fall, die Kurve folgt in ihrem ganzen Verlaufe der für Gase geltenden Gleichung:

$$p\,v = C,$$

d. h. sie ist eine rechtwinkelige Hyperbel. Deshalb hat man die früher üblichen Definitionen von Dampf und permanentem Gas verlassen und nennt heute Gas jede elastische Flüssigkeit, welche über ihre kritische Temperatur erhitzt ist[153]). Die Kontinuität des flüssigen und gasförmigen Zustandes zeigt sich namentlich dann, wenn eine Flüssigkeit bei einem höheren als dem kritischen Drucke erhitzt wird. Hier findet niemals eine Trennung in Flüssigkeit und Gas statt, sondern die Flüssigkeit verwandelt sich in Gas, ohne daß diese Umwandlung durch Heterogenwerden irgendwie bemerkbar wird[154]).

---

[151]) Ann. d. Chem. u. Pharm. CXIX, 1. — [152]) Phil. Trans. 1869 (2), p. 575; Jahresber. 1870, S. 27. — [153]) Neuerdings hat Wroblewsky (Monatshefte VII, 383) den Begriff der kritischen Temperatur angegriffen, doch kann darauf hier nicht Rücksicht genommen werden. — [154]) Vgl. Ostwald, Allgem. Chemie I, 267.

Diese Arbeiten haben auf die Versuche zur Verdichtung von Gasen einen entscheidenden Einfluß ausgeübt. Bekanntlich hat sich Faraday zuerst dieser Aufgabe mit großem Erfolge zugewendet und eine ganze Reihe von Gasen sind durch ihn in höchst einfacher und sinnreicher Weise verflüssigt worden[155]). Er arbeitete in kleinem Maßstabe; in größeren Mengen wurde die Kohlensäure zuerst durch Thilorier verflüssigt[156]). Dessen Erfahrungen benutzend, setzte dann Faraday seine Untersuchungen fort[157]), ohne aber bei Wasserstoff, Sauerstoff, Stickstoff, Kohlenoxyd, Stickoxyd usw. ein Resultat zu erzielen, und selbst Natterer konnte den Wasserstoff nicht verflüssigen, als er ihn einem Drucke von 2790 Atmosphären aussetzte[158]).

Erst 1877 gelang es ziemlich gleichzeitig Pictet[159]) und Cailletet[160]), viele der sogenannten permanenten Gase zu verflüssigen, doch war es bei den von ihnen angewandten Methoden und Hilfsmitteln noch nicht möglich, die Körper in statisch flüssigem Zustande zu sehen, und die physikalischen Konstanten (Siedepunkt, kritische Temperatur, Dichte usw.) festzustellen. Dies gelang erst Wroblewsky[161]), dessen Arbeit als ein Muster vollendeter Technik betrachtet werden darf.

Der innige Zusammenhang zwischen Physik und Chemie, welcher schon bei dem eben behandelten Gegenstande hervortritt, zeigt sich noch deutlicher, wenn wir nun zur Thermochemie übergehen, einem Kapitel, das für beide Disziplinen von gleicher Bedeutung ist und auch fast gleichmäßig von Männern, welche diesen verschiedenen Gebieten angehören, bearbeitet wurde. Als Begründer der Thermochemie dürfen Lavoisier und Laplace angesehen werden, nicht nur ihrer experimentellen Arbeiten über spezifische, latente und Verbrennungswärmen, sondern auch ihrer begrifflichen Definitionen wegen[162]), und zumal wegen des fundamentalen, wenn auch nicht ganz scharf formulierten Satzes,

---

[155]) Phil. Trans. 1823, p. 160, 189. — [156]) Ann. chim. phys. LX, 427. — [157]) Phil. Trans. 1845, p. 1; Pogg. Erg. II, 193. — [158]) Pogg. Ann. XCIV, 436. — [159]) Compt. rend. LXXXV, 1214, 1220; Ann. chim. phys. (5) XIII, 445. — [160]) Compt. rend. LXXXV, 851, 1016, 1213; Ann. chim. phys. (5) XV, 132. — [161]) Monatshefte 1885, VI, 204. — [162]) Vgl. S. 28.

den sie aus dem Gesetz der Mechanik von der Erhaltung der lebendigen Kräfte ableiten:

Die bei einer Verbindung oder Zustandsänderung frei gewordene Wärme wird bei der Zerlegung oder Rückkehr in den ursprünglichen Zustand wieder verbraucht und umgekehrt[163]).

Dieser Satz wurde im Jahre 1840 von Hess in eine andere, für die praktische Thermochemie sehr wichtige und streng richtige Form gebracht: Die einem chemischen Vorgange entsprechende Wärmeentwicklung ist dieselbe, ob der Vorgang in verschiedenen Abteilungen oder auf einmal durchlaufen wird[164]).

Er hat denselben empirisch festgestellt und vielfach benutzt, um Wärmemengen zu bestimmen, die einer direkten Messung unzugänglich sind, verfuhr also genau in derselben Weise, wie dies heute noch geschieht.

Von großem Werte sind die umfangreichen Arbeiten von Favre und Silbermann[165]), die zum Teil sehr genaue Wärmebestimmungen, namentlich Verbrennungswärmen enthalten und bis vor 40 Jahren die empirische Grundlage der Thermochemie bildeten. Neuerdings sind sie freilich überholt durch die ausgezeichneten, fast das ganze Gebiet der Chemie umfassenden Versuche von J. Thomsen und Berthelot.

Der Erstere[166]) erkennt, daß der Hess'sche Satz eine Folgerung aus dem ersten Hauptsatze der mechanischen Wärmetheorie ist, welche er seinen theoretischen Betrachtungen zugrunde legt. Er stellt dann ein zweites Prinzip auf, wonach jede einfache oder zusammengesetzte Wirkung von rein chemischer Natur von einer Wärmeentwicklung begleitet sei, welches

---

[163]) Oeuvres de Lavoisier II, p. 287. — [164]) Pogg. Ann. L, 385; LII, 97; siehe auch Ostwald's Klassiker Nr. 9. — [165]) Ann. chim. phys. (3) XXXIV, 357; XXXVI, 1; XXXVII, 406 — [166]) Pogg. Ann. LXXXVIII, 349; XC, 261; CXI, 83; XCII, 34; CXXXVIII, 65; CXXXIX, 193. Siehe auch Ber. chem. Ges. II, 482, 701; III, 187, 496, 716, 927; IV, 308, 586, 591, 597, 941; V, 170, 181, 508, 614, 1014; VI, 233, 423, 697, 710, 1330, 1434; VII, 31, 397, 452, 996, 1002; IX, 162, 268, 307; X, 1017 usw. und Thermochem. Untersuchungen. Leipzig, vier Bände.

er sowohl theoretisch wie empirisch zu begründen sucht. Vielfach stimmt das Prinzip mit der Erfahrung überein, doch sind auch Ausnahmen bekannt. Horstmann nimmt an, daß die chemischen Kräfte für sich allein immer exothermische Reaktionen hervorzurufen streben [167]), und daß die endothermischen Reaktionen als Folge einer Wirkung der Wärme aufgefaßt werden können [167]).

Neuerdings hat Thomsen versucht, aus den empirisch gefundenen Zahlen die Affinitätsgrößen des Kohlenstoffs, in Kalorien ausgedrückt, zu bestimmen und aus diesen Größen weiter die Bildungswärmen vieler organischen Verbindungen abzuleiten. Auch hier hat sich meist eine große Übereinstimmung gezeigt, aber auch hier sind Ausnahmen zu verzeichnen. Daß solche Betrachtungen dazu benutzt werden können, die Struktur der organischen Verbindungen zu kontrollieren, wurde gelegentlich schon hervorgehoben [168]).

Berthelot [169]) hat drei Prinzipien aufgestellt, von denen das erste dahin lautet, daß die Wärmeentwicklung bei chemischen Prozessen ein Maß für die dabei geleistete chemische und physikalische Arbeit sei, also eine Anwendung des ersten Hauptsatzes der mechanischen Wärmetheorie ist. Nach dem zweiten Prinzip hängt die Wärmentwicklung eines chemischen Vorganges, bei dem keine äußere Arbeit geleistet wird, nur vom Anfangs- und Endzustande des Systems ab und ist also eine schärfere Fassung des Satzes von Lavoisier und Laplace (vgl. S. 335). Das dritte Prinzip endlich sagt aus, daß jede chemische Umwandlung, welche ohne Hilfe einer fremden Energie vollendet wird, zur Bildung des Körpers oder des Systems von Körpern strebt, für den die Wärmeentwicklung ein Maximum ist.

Dieses „Prinzip der größten Arbeit" hat viel Staub aufgewirbelt. Nicht nur wurde seine Selbständigkeit bestritten, indem es als eine Wiederholung des Thomsen'schen Satzes

---

[167]) Vgl. Horstmann, Theor. Chem., S. 612 u. f. — [168]) Vgl. S. 297. — [169]) Ann. chim. phys. (4) VI, 290; XVIII, 103; XXIX, 94; (5) IV, 5 usw. Mécanique chimique fondée sur la Thermochimie 1879. Zwei Bände.

(vgl. S. 335) angesehen wurde[170]), es wurde auch seine Richtigkeit angegriffen. Berthelot ist gegen beides aufgetreten, doch hat er die allgemeine Richtigkeit des Prinzips nicht beweisen können[171]).

Beiläufig sei hier noch bemerkt, daß die jetzt sehr gebräuchlichen Bezeichnungen „Wärmetönung" von Thomsen[172]), die von „exothermischer und endothermischer Reaktion" von Berthelot[173]) eingeführt wurden.

Beziehungen zwischen elektrischen und chemischen Kräften aufzufinden, beschäftigt die genialsten Forscher seit Davy und Berzelius, ohne daß in dieses wichtige Gebiet bisher volle Klarheit gekommen wäre. Fraraday's elektrolytisches Gesetz[174]) ist ein empirisches, es darf heute als eine der mächtigsten Stützen der Valenztheorie angesehen werden[175]). Über die Erscheinung der Elektrolyse brachten die schönen Untersuchungen von Daniell und Miller[176]), von Hittorf[177]) und von Kohlrausch[178]) mancherlei Aufklärung. Ein fundamentaler Punkt hat neuerdings seine Erledigung gefunden, ich meine die Anwendung des Gesetzes von der Erhaltung der Kraft auf die elektrolytischen Vorgänge, der Zusammenhang zwischen chemischer Energie und elektromotorischer Kraft. Die Klarstellung dieser Beziehungen verdanken wir den wichtigen Untersuchungen von Braun[179]) und von Helmholtz[180]). Ersterer zeigte, daß es Ketten gibt, deren elektromotorische Kraft kleiner, und solche, bei denen sie größer ist, als der chemischen Energieänderung entspricht. Helmholtz stellte den Satz auf, daß die Stromenergie nur dann der chemischen Energie gleich sei, wenn die elektromotorische Kraft

---

[170]) Thomsen, Ber. chem Ges. VI, 423; Berthelot, Bull. soc. chim. XIX, 485; Ostwald, Allgem. Chem. II, 20. — [171]) Vgl. Rathke, Über die Prinzipien der Thermochemie, Halle 1881, und namentlich Helmholz: Zur „Thermodynamik chemischer Vorgänge", Akad. Ber. 1882, 22 u. 825. — [172]) Pogg. Ann. LXXXVIII, 351. — [173]) Mécan. chim. II, 18. — [174]) Phil. Trans. 1834, 77; Pogg. XXXIII, 301. — [175]) Ladenburg, Ber. chem. Ges. V, 753. — [176]) Pogg. Erg. I, 565; Pogg. Ann. LXIV, 18. — [177]) Pogg. Ann. LXXXIX, 176; XCVIII, 1; CIII, 1; CVI, 337, 513. — [178]) Wiedem. Ann. VI, 1 u. 145. — [179]) Wiedem. Ann. V, 182; XVI, 561 und XVII, 593. — [180]) Ber. Berlin. Akad. 1882, 22 u. 825. Gesamm. Abhandl. II, 985.

des Elementes von der Temperatur unabhängig ist. Nimmt die elektromotorische Kraft mit steigender Temperatur zu, so wird neben der chemischen Energie noch Wärme zur Erzeugung des Stromes verbraucht, im umgekehrten Falle wird ein Teil der chemischen Energie als Wärme frei.

Die Richtigkeit dieses Satzes ist außer von Helmholtz selbst, auch von mehreren anderen Forschern [181]), namentlich von Jahn [182]) experimentell bestätigt worden.

Die für Theorie und Praxis gleich wichtigen Beziehungen zwischen optischen und chemischen Eigenschaften können hier nur gestreift werden, da nur wenig Resultate von allgemeiner Bedeutung hervorzuheben sind. Chemische Lichtwirkungen sind namentlich in drei Fällen näher studiert worden: 1. bei den Silbersalzen [183]), 2. bei der Assimilation der grünen Pflanzenteile [184]), 3. bei dem Chlorknallgasgemisch [185]).

Daß die Lichtintensität der erzeugten Wirkung proportional sei, hat schon Draper zu beweisen gesucht; durch Bunsen und Roscoe sind diese Beweise vervollständigt worden. Daß nicht alle Strahlen gleichmäßig an der Lichtwirkung partizipieren, ward schon von Scheele erkannt, von den verschiedenen späteren Forschern bestätigt, und dann namentlich von Bunsen und Roscoe genauer festgestellt. Da verschiedentlich die Hauptwirkung im Violett gefunden wurde, so kam die Ansicht von den spezifisch chemischen Strahlen auf, welche aber jetzt ganz verlassen ist. Es darf als nachgewiesen betrachtet werden, daß Strahlen aller Wellenlängen chemische Wirkungen ausüben können [186]), wenn auch nicht mit derselben Intensität und ver-

---

[181]) Czapski, Wiedem. Ann. XXI, 209; Gockel, ibid. XXIV, 618. — [182]) Jahn, ibid. XXVIII, 21. — [183]) Scheele, Von der Luft und dem Feuer, S. 72; Senebier, Mémoires phys. chim.; Draper, Phil. Mag. (3) XIX, 195 usw. — [184]) Senebier, l. c.; Ingenhousz, Versuche mit Pflanzen, Leipzig 1780; Daubeny, Phil. Trans. 1836, 149; Draper, Phil. Mag. (3) XXIII, 161; Sachs, Bot. Zeitung 1864; Müller, Bot. Untersuchungen, 1872; Pfeffer, Pogg. Ann. CXLVIII, 86; Pringsheim, Ber. d. Berl. Akad. 1881; Engelmann, Bot. Zeitung 1882, 1883, 1884; Reinke, Bot. Zeitschr. 1884, 1 usw. — [185]) Bunsen u. Roscoe, Pogg, Ann. C, 43; CI, 254; CXVII, 529; Pogg. Erg. V, 177. — [186]) Eder, Handbuch der Photographie. Halle 1884.

schieden je nach der chemischen Beschaffenheit der lichtempfind-lichen Substanz. Wesentlich ist ferner, daß das Maximum der Wirkung bei verschiedenen chemischen Prozessen an verschiedenen Teilen des Spektrums gefunden wurde. Merkwürdigerweise haben die zahlreichen Versuche, das Maximum der Spektralwirkung bei der Assimilation der Pflanzen festzustellen, nicht zu ein-deutigen Resultaten geführt. Die Einen finden dieses Maximum im Gelb, die Anderen im Rot. Die Frage ist von erheblicher Wichtigkeit.

Die schon von Ingenhousz erkannte Tatsache, daß die Kohlensäurezerlegung in den grünen Pflanzenteilen stattfindet, hat bald dazu geführt, einen Zusammenhang zwischen dem Chloro-phyllfarbstoffe und dem chemischen Prozesse der Assimilation zu vermuten, und schon 1824 hat Dumas ausgesprochen, daß die von jenem Farbstoff vorzugsweise absorbierten violetten Strahlen die für die Assimilation wirksamsten sein müssten[187]). Lommel hat dagegen die Ansicht vertreten[188]), daß die zwischen den Fraunhofer'schen Linien B und C liegenden Strahlen, weil sie die größte Intensität besitzen und auch einem Absorptions-maximum des Chlorophylls entsprechen, bei der Assimilation die Hauptrolle spielen dürften.

Da nun die tatsächlichen Befunde sich beiden Auffassungen nicht günstig erwiesen, so hat Pringsheim im Anschluß an seine Untersuchungen über die Wirkung, welche das Licht auf die Oxydationsvorgänge im Pflanzenkörper ausübt, die Hypothese aufgestellt und zu beweisen gesucht, daß der Chlorophyllfarbstoff nicht der chemisch wirksame Körper sei, sondern nur als ein Schirm diene, um die sonst extrem werdende Atmung in der Pflanze herabzusetzen[189]). Pfeffer[190]) aber betrachtet diese Hypo-these durch die von Engelmann[191]) herrührende Absorptionskurve als widerlegt, wobei aber darauf hinzuweisen ist, daß diese Kurve auf der Bakterienmethode beruht[192]).

---

[187]) Essai, de stat. chim. des êtres organisées, p. 24. — [188]) Pogg. Ann. CXLIII, 581. — [189]) Lichtwirkung und Chlorophyllfunktion in der Pflanze, 1879. [190]) Pflanzenphysiologie, 2. Aufl. 1897, I, 327. — [191]) Bot. Zeitung 1882, 1883, 1884, 1886, 1887. — [192]) Vergl. Jahrbücher f. wissensch. Botanik XVII, 1, S. 162. Bot. Zeitung 1886, IV, 84.

Daß bei der Lichtwirkung Licht absorbiert werden muß, hat schon Draper beweisen wollen (l. c.). Bunsen und Roscoe haben darüber messende Versuche angestellt, woraus hervorgeht, daß beim Chlorknallgas etwa $1/3$ der absorbierten Strahlen zur Leistung chemischer Arbeit verwendet werden. Nun ist aber zweierlei zu unterscheiden: Fälle, wo, wie bei der Assimilation der grünen Pflanzenteile, das Licht die für den chemischen Vorgang (der unter Wärmeabsorption verläuft) nötige Energie liefern muß, und solche, bei denen wie beim Chlorknallgas der chemische Prozeß unter Wärmeentwicklung vor sich geht. In beiden Fällen aber scheint das Licht eine Arbeit zu leisten; im letzteren Falle freilich nur eine vorbereitende, durch welche die der Verbindung entgegenstehenden Hindernisse beseitigt werden. Dazu bedarf es auch einer gewissen Zeit, die man nach dem Vorschlage von Bunsen und Roscoe photochemische Induktion nennt.

Hier bliebe schließlich noch ein großes Gebiet zu behandeln übrig, das der Molekularphysik. Diese beschäftigt sich mit der Feststellung der physikalischen Konstanten der chemischen Körper, und sucht Beziehungen zwischen diesen und der chemischen Zusammensetzung und Konstitution. Als Begründer dieser Wissenschaft darf Hermann Kopp angesehen werden. Er hat sich seit dem Jahre 1842 damit beschäftigt, Siedepunkte und spezifische oder Molekularvolume von Flüssigkeiten zu bestimmen[193]). Damit die gewonnenen Zahlen miteinander verglichen werden konnten, mußten sie unter vergleichbaren Verhältnissen bestimmt werden, die Siedepunkte unter gleichem Druck und die spezifischen Volume je bei dem Siedepunkte, so daß die entsprechenden Dämpfe gleiche Spannung besitzen. Der bei der Vergleichung leitende Gedanke war zunächst der, daß einer gleichen Zusammensetzungsdifferenz auch eine gleiche Veränderung der betreffenden Eigenschaften entspricht, oder auch, daß die Eigenschaften einer Verbindung die Summe der Eigenschaften ihrer

---

[193]) Ann. der Chem. und Pharm. XLI, 86 u. 169; L, 71; Pogg. Ann. LXIII, 283; Ann. der Chem. und Pharm. XCIV, 257; XCV, 121, 307; XCVI, 1, 153, 303; ibid. Suppl. V, 323 usw.

Elementarbestandteile sind. Empirisch wurde der einem Atom eines Elementes zukommende Wert bezüglich dieser Eigenschaft berechnet, und mit diesen Zahlen und der Zusammensetzung die theoretische Größe der Eigenschaft für die Verbindung festgestellt, welche mit der beobachteten verglichen wurde. Namentlich wurden derartige Untersuchungen bei den Molekularvolumen ausgeführt und dabei vielfach übereinstimmende Resultate erhalten. Später wurden aber auch Abweichungen gefunden, und es erwies sich als notwendig, die Konstitution der Verbindungen mit in Betracht zu ziehen, z. B. der einem Atom entsprechende Wert des Atomvolums wurde je nach der Verbindungsform desselben verschieden angenommen. Dadurch wurde in gewissen Fällen ein Mittel gegeben zur Kontrolle der zunächst nur auf chemischem Wege ermittelten Strucktur (vgl. S. 262).

Dieser von Kopp mit großem Glück und Geschick betretene Weg ist dann von vielen Forschern weiter verfolgt worden. Bis in die neuste Zeit dauern die Untersuchungen über Molekularvolume fort, und die gewonnenen Resultate werden in ähnlicher Weise wie bei Kopp diskutiert und verwertet[194]). Aber auch andere Eigenschaften der Körper wurden untersucht und in ähnlicher Weise mit der Zusammensetzung und Konstitution in Beziehung gesetzt.

Namentlich ist dies geschehen hinsichtlich der Lichtbrechung der Flüssigkeiten und Gase. Da der Brechungsexponent einer Substanz sowohl von der Wellenlänge, wie von der Temperatur abhängig ist, so wurde dieser nicht selbst zur Vergleichung benutzt. Zunächst freilich suchte man sich von der Dispersion dadurch unabhängig zu machen, daß man den Brechungsexponenten für eine bestimmte Wellenlänge zugrunde legte. So hat Landolt bei seinen Untersuchungen den Exponenten für die Linie C des glühenden Wasserstoffs benutzt. Brühl dagegen hat

---

[194]) Vgl. u. A. Pierre, Ann. d. Chem. u. Pharm. LVI, 139; LXIV, 158; LXXX, 125; XCII, 6; Buff, ibid. Suppl. IV, 129; Ramsay, Ber. chem. Ges. XII, 1024; Thorpe, Chem. Soc. 1880, p. 141 und 327; Lossen, Ann. Chem. CCXIV, 138; Elsässer, ibid. CCXVIII, 302; R. Schiff, ibid. CCXX, 71 usw.

unter Anwendung der Cauchy'schen Formel und nach Bestimmung des Brechungsindex für mehrere Wellenlängen einen von diesen unabhängigen (für unendlich lange Wellen geltenden) Koëffizienten berechnet[195]).

Die Unabhängigkeit von der Temperatur hat man zunächst durch Anwendung des von Laplace für die brechende Kraft[196]) gefundenen Ausdrucks $\dfrac{n^2 - 1}{d}$ (n Berechnungsexponent, d Dichtigkeit) zu erreichen gesucht. Es hat sich aber bald gezeigt, daß dieser der gesuchten Bedingung (Unabhängigkeit von der Temperatur) nicht genügt, auch hatte er mit dem Verlassen der Emissionstheorie des Lichts jede physikalische Bedeutung verloren. Gladstone und Dale[197]) zeigten nun empirisch, daß der Ausdruck,

$$\frac{n - 1}{d}$$

in vielen Fällen wenigstens, dieser Forderung genüge. Das Produkt aus dieser Größe und dem Molekulargewichte, das sogenannte Refraktionsäquivalent, legte Landolt seinen ausgedehnten Untersuchungen[198]) zugrunde und findet dieses namentlich von der Zusammensetzung abhängig (der Einfluß der chemischen Konstitution wird konstatiert, aber nicht verfolgt), so daß es ihm gelingt, die Refraktionsäquivalente der Elementaratome von C, H und O zu berechnen und aus diesen wieder die den einzelnen Verbindungen zukommenden Größen abzuleiten, welche mit den beobachteten vielfach große Übereinstimmung zeigten. Er hatte übrigens seine Beobachtungen auf die Fettkörper der organischen Chemie beschränkt. Weiter ausgedehnt wurden dieselben zunächst von Hagen[199]) und dann von Gladstone[200]), welche die Lichtbrechung vieler organischer Verbindungen fest-

---

[195]) Ann. der Chem. und Pharm. CC, 166. In einer neuerdings erschienenen Abhandlung (Ann. CCXXXV, 1) verwirft Brühl diesen Cauchyschen Brechungskoeffizienten und kehrt wieder zu dem von der Dispersion abhängigen Index zurück. — [196]) Mécanique céleste IV, 232. — [197]) Phil. Trans. 1858 u. 1863. — [198]) Pogg. Ann. CXVII, 353; CXXII, 545; CXXIII, 595. — [199]) Ibid. CXXXI, 117. — [200]) Proc. Roy. Soc. XVI, 439; XVIII, 49 u. XXXI, 327.

stellten und die Refraktionsäquivalente fast bei allen Elementen bestimmten.

Unterdessen war von H. A. Lorentz[201]) und von L. Lorentz[202]) auf zwei voneinander unabhängigen Wegen theoretisch eine andere Größe $\dfrac{n^2 - 1}{(n^2 + 2)\, d}$ als Berechnungskonstante abgeleitet worden, welche namentlich von Landolt[203]) und seinem Schüler Brühl benutzt worden ist. Sie nennen das Produkt aus dieser Größe in das Molekulargewicht die Molekularrefraktion, und Brühl hat diese namentlich für stark dispergierende Körper, für aromatische Verbindungen untersucht[204]). Er kommt zu dem Schlusse, daß die Atomrefraktion der polyvalenten Elemente variabel und daß z. B. die des Kohlenstoffs wesentlich größer ist, wenn doppelte oder dreifache Kohlenstoffbindungen — oder wie er meint, ungesättigte Kohlenstoffvalenzen — in der Verbindung vorkommen. Er stellt diese Zunahme für je eine Äthylenbindung und je eine Acetylenbindung fest und berechnet dann wieder die Molekularrefraktionen, wodurch er vielfach zu Zahlen gelangt, die mit den beobachteten übereinstimmen. Spätere Untersuchungen von Nasini und Bernheimer[205]) und von Kanonikoff[206]) haben die Schlüsse von Brühl nur teilweise bestätigt, doch hofft letzterer die Ausnahmen beseitigen zu können[207]). J. Thomsen aber hat gezeigt, daß sich viele der von Brühl gefundenen Zahlen auch ohne Annahme doppelter oder dreifacher Kohlenstoffbindung berechnen lassen[208]). Von besonderer Bedeutung werden diese Untersuchungen noch dadurch, daß den Betrachtungen Exner's[209]) zufolge, die Molekularrefraktionen gleichzeitig die „wahren Molekularvolume" darstellen.

Auf andere Untersuchungen, welche in ähnlicher Weise einen Zusammenhang zwischen physikalischen und chemischen Eigenschaften dartun wollen, kann hier nicht näher eingegangen werden,

[201]) Wiedem. Ann. IX, 641. — [202]) Ibid. XI, 70. — [203]) Ber. chem. Ges. XV, 1031. — [204]) Ann. Chem. CC, 139; CCIII, 1, 255, 363; CCXI, 121, 371. — [205]) Beibl. zu Pogg. Ann. 1883, 528; Accad. dei Lincei (3) XVIII, XIX usw. — [206]) Ber. chem. Ges. XIV, 1697; XVI, 3047; Journ. prakt. Chem. XXXI, 321; XXXII, 497. — [207]) Ann. Chem. CCXXXV, 1. — [208]) Ber. chem. Ges. XIX, 2837. — [209]) Monatsh. f. Chem. VI, 249.

ich begnüge mich, auf einzelne zu verweisen. So auf die Untersuchungen, welche eine Beziehung zwischen der Schmelzpunktserniedrigung von Lösungen und dem Molekulargewicht des in Lösung befindlichen Stoffes dartun (Coppet[210]) und Raoult[211]), (vgl. S. 350) die sich an ähnliche ältere Versuche[212]) anschließen, auf die Arbeit von G. Wiedemann über den Molekularmagnetismus[213]), auf die Untersuchungen über die Transpiration der Gase von Graham[214]), von O. E. Meyer[215]) und von Maxwell[216]) und über die Transpiration der Dämpfe von Lothar Meyer[217]). Hervorzuheben sind noch die grundlegenden Untersuchungen von Biot über die Drehung der Polarisationsebene[218]), die daran sich schließenden Arbeiten von Landolt[219]) u. A., und die Versuche über die elektromagnetische Drehung der Polarisationsebene von Perkin[220]).

Mit einigen Worten muß ich schließlich eingehen auf Beziehungen, die gefunden wurden zwischen Kristallform und chemischer Zusammensetzung, und eine wesentliche Erweiterung des Begriffs Isomorphie zur Folge haben können. Groth hat diesen Zusammenhang aufgedeckt[221]), und durch zahlreiche Arbeiten von ihm und seinen Schülern sind seine Ansichten in weitem Umfange bestätigt worden. Groth verfolgt die Veränderungen der Achsenverhältnisse, welche durch den Eintritt substituierender Gruppen entstehen, und gelangt so zu bestimmten Regelmäßigkeiten. Er nennt diese Erscheinungen Morphotropie und hat Untersuchungen veranlaßt, um den morphotropischen

---

[210]) Ann. chim. phys. (4) XXIII, 366; XXV, 502; XXVI, 98. — [211]) Compt. rend. XCIV, 1517; XCV, 180 und 1030; Ann. chim. phys. (5) XXVIII, 133; (6) II, 133; IV, 99 und 115; VIII, 289 und 317. — [212]) Blagden, Phil. Trans. 1788, LXXVIII, 277; Rüdorff, Pogg. Ann. CXIV, 63; CXVI, 55; CXLV, 599. — [213]) Pogg. Ann. CXXVI, 1; CXXXV, 177. — [214]) Phil. Trans. 1846, S. 573 und 1849, S. 349. — [215]) Pogg. Ann. CXXV, 586; CXXVII, 253 und 353. — [216]) Phil. Trans. 1866, S. 249. — [217]) Wiedem. Ann. VII, 497; XIII, 1. — [218]) Ann. chim. phys. (3) LIX, 206. — [219]) Das optische Drehungsvermögen organischer Substanzen 1879; 2. Auflage 1898. — [220]) Journ. prakt. Chem. XXXI, 481, XXXII, 523 usw. — [221]) Pogg. Ann. CXLI, 31; Ber. chem. Ges. III, 449; vgl. übrigens Laurent, Compt. rend. XV, 350 und XX, 357; Méthode de chimie, p. 156.

Einfluß bestimmter Substitutionen festzustellen. Dabei hat sich z. B. die morphotropische Wirkung von Cl, Br und J dem H gegenüber als analog herausgestellt, weshalb diese Elemente als isomorphotrop bezeichnet worden sind [222]). Von Hintze ist dann ausgeführt worden [223]), daß der Isomorphismus als ein spezieller Fall der Morphotropie angesehen werden darf, worauf allerdings Groth schon aufmerksam gemacht hatte.

[222]) Hintze, Poggend. Erg. VI, 195. — [223]) Habilitationsschrift. Bonn 1884.

Sechzehnte Vorlesung.

Überblickt man die Entwicklung der Chemie in den letzten 20 bis 30 Jahren, so ist sie charakterisiert durch das immer stärkere Hervortreten der physikalischen oder, wie Manche sagen, allgemeinen Chemie, die sich zu einer Wissenschaft ersten Ranges ausgebildet hat. Naturgemäß haben dazu vornehmlich die hervorragenden Naturforscher, wie Horstmann, Gibbs, van der Waals und besonders van't Hoff beigetragen, welche sich ausschließlich diesem Gebiete widmeten und durch ihre Gedanken und Entdeckungen diesen Aufschwung bewirkten. Andererseits ist aber nicht zu leugnen, daß derselbe nicht zufällig mit dem Erscheinen des großen Lehrbuches der allgemeinen Chemie von Ostwald zusammenfällt, sondern daß dieses, welches zum ersten Male mit Erfolg versucht, ein vollständiges Bild des bis dahin auf diesem Gebiete Geleisteten zu geben, in ganz außergewöhnlicher Weise den Forschungstrieb anregte und förderte. Auch die Begründung der Zeitschrift für physikalische Chemie durch Ostwald und van't Hoff, bei der alle bedeutenderen Forscher auf diesem Gebiete als Mitarbeiter tätig sind, hat sehr fördernd gewirkt, so daß dieses Journal den besten Zeitschriften unserer Wissenschaft als durchaus gleichwertig an die Seite gestellt werden muß.

Wenn wir nun auf den Gegenstand selbst eingehen, so möchte ich zunächst einige Zusätze bringen zu dem schon in der fünfzehnten Vorlesung behandelten Massenwirkungsgesetz (s. S. 325).

Von den zahllosen Anwendungen, welche dasselbe gefunden hat, mögen einige hier erwähnt werden.

Großes Interesse erregten die Untersuchungen über die Bildung von Jodwasserstoff aus den Komponenten von Haute-feuille [1]) und die späteren und ausgedehnteren von Lemoine [2]). Letzterer glaubte einen Einfluß des Druckes auf den Zersetzungs-grad des Jodwasserstoffs konstatiert zu haben, was der Theorie widersprochen hätte. Deshalb wurden auf V. Meyer's Veranlassung die Versuche von Bodenstein [3]) wieder aufgenommen. Dieser fand zunächst eine noch stärkere Abweichung von der Theorie bezüglich der Unabhängigkeit des Gleichgewichts vom Druck, und erst in einer späteren Untersuchung [4]) ward volle Übereinstimmung zwischen Experiment und Theorie konstatiert, indem die frühere Fehlerquelle erkannt und vermieden wurde.

Die Dissoziation der Gase bot häufig Gelegenheit zur An-wendung der Theorie, so bei der Spaltung von N_2O_4 [5]), bei der Zersetzung des Chlorwasserstoffmethyläthers [6]), dem Zerfall des Kohlendioxyds in Sauerstoff und Kohlenoxyd [7]) usw.

Vielfach ist das Massenwirkungsgesetz auch bei den Unter-suchungen über die elektrolytische Dissoziation verwertet worden, doch werde ich hier schon deshalb nicht darauf eingehen, weil diese selbst erst weiter unten behandelt wird.

Dagegen sollen hier andere Arbeiten, das chemische Gleich-gewicht betreffend, eingehender besprochen werden.

Eine bestimmende Anregung und Richtung haben diese Studien durch die Aufstellung der Phasentheorie erhalten, welche wir Gibbs verdanken [8]). Die von ihm entwickelte und von ihm

---

[1]) Compt. rend. LXIV, 618. — [2]) Ann. chim. phys. (5) XII, 145. — [3]) Zeitschr. f. phys. Chem. XIII, 56. — [4]) Daselbst XXII, 1. — [5]) Natanson, Wiedem. Ann. XXIV, 454 u. XXVII, 606. — [6]) Friedel, Bull. soc. chim. XXIV, 241 (1875). — [7]) Zeitschr. f. phys. Chemie II, 782. — [8]) Transactions Connecticut Academy III, 108 u. 343, 1876. Deutsche Übersetzung von W. Ostwald, Leipzig 1892.

und später auch von van der Waals[9]) bewiesene Phasenregel lautet: Vollständiges Gleichgewicht findet nur statt, wenn die Zahl der vorhandenen „Phasen" die der vorhandenen „unabhängigen Bestandteile" um eins übertrifft.

„Phasen" sind homogene Bestandteile eines heterogenen Komplexes. Jeder Aggregatzustand bildet also mindestens eine Phase, im flüssigen und festen Zustande können auch zwei und mehr Phasen nebeneinander bestehen, während ein noch so komplexes Gas immer nur eine Phase darstellt.

Unter „unabhängigen Bestandteilen" versteht man alle diejenigen Elemente oder Verbindungen, deren Menge unabhängig gewählt werden kann[10]). Salmiak enthält also nur einen solchen, als welchen man N, H oder Cl wählen kann. Setzt man Ammoniak oder Salzsäure im Überschuß hinzu, so hat man zwei unabhängige Bestandteile. Das Calciumcarbonat hat über seiner Dissoziationstemperatur zwei unabhängige Bestandteile, z. B. Ca und C, denn durch Ca allein läßt sich die Zusammensetzung der zwei festen Phasen, die $CaCO_3$ und CaO sind, nicht feststellen. Daher kommt es, daß beim Salmiak bei zwei Phasen, beim Calcit bei drei Phasen vollständiges heterogenes Gleichgewicht stattfindet.

Vollständiges Gleichgewicht ist ein Zustand, bei dem noch eine Freiheit vorhanden ist, bei dem also z. B. die Temperatur verändert werden kann, ohne daß das Gleichgewicht gestört wird.

Hat man $n + 2$ Phasen und n unabhängige Bestandteile, so findet nur in singulären Punkten, d. h. bei bestimmter Temperatur (multiple Punkte, Übergangstemperaturen, Umwandlungstemperaturen) Gleichgewicht statt; hat man eben so viele Phasen wie Bestandteile, so ist unvollständiges Gleichgewicht vorhanden, d. h. jeder Temperatur entspricht eine Reihe von Drucken.

Diese Phasenregel hat vielfach Anwendung gefunden, wie namentlich durch Roozeboom gezeigt wurde[11]). Er hat den Zusammenhang der Aggregatzustände, das Gleichgewicht zwischen

---

[9]) Rec. Trav. Chim. VI, 265, mitgeteilt von Roozeboom. — [10]) Ich folge hier der Darstellung von Planck (s. Artikel Thermochemie in Ladenburg's Handwörterbuch der Chemie XI, 636). — [11]) Zeitschr. f. phys. Chem. II, 449, 513; IV, 31; V, 198; X, 477; Rec. Trav. Chim. IV ff.

Wasser und Schwefeldioxyd, die Hydrate des Eisenchlorids usw. untersucht. Ferner gestattet die Phasenregel Anwendung auf die Dissoziationserscheinungen, auf den Übergang der allotropen Modifikationen ineinander usw. [12]).

Vielleicht wichtiger noch als die Phasenregel, deren Bedeutung von Manchen überschätzt wird, sind die Theorien der übereinstimmenden Zustände von van der Waals [13]) und die der Lösungen von van't Hoff [14]). Van der Waals erreicht dadurch einen wesentlichen Fortschritt, daß er die Zustandsgleichung der Gase, wie sie sich nach dem Boyle-Mariotte'schen und dem Henry-Gay-Lussac'schen Gesetze ergibt:

$$pv = RT$$

in die folgende verändert:

$$\left(p + \frac{a}{v^2}\right)(v - b) = RT,$$

wo a und b Konstanten bedeuten, welche dem nicht völlig zu vernachlässigenden Volum der Moleküle (b ist gleich dem Vierfachen desselben) und der Kohäsion der Gase Rechnung tragen.

Diese van der Waals'sche Gleichung entspricht nicht nur dem Verhalten der Gase, namentlich auch im komprimierten Zustande, weit besser als die ursprüngliche, sie gestattet auch ohne weiteres eine Anwendung auf Flüssigkeiten. Da sich ferner in verhältnismäßig einfacher Weise die Konstanten a und b durch die kritischen Daten (Volum, Druck und Temperatur) und durch das Verhalten der Gase bei hohem Druck bestimmen lassen, so gibt die van der Waals'sche Zustandsgleichung ein Mittel, das gesamte Verhalten aller homogenen flüssigen und gasförmigen Substanzen gegenüber Änderungen des Druckes, der Temperatur und des Volums zum Ausdruck zu bringen, und darf daher eine fundamentale Bedeutung beanspruchen. Ihre Richtigkeit ist namentlich von Young [15]) geprüft worden.

---

[12]) Vergl. die Zusammenstellungen von Meyerhoffer, Leipzig 1893, von Bancroft, Leipzig 1897. Van 't Hoff, Über das Gleichgewicht kondensierter Systeme s. S. 47. — [13]) Kontinuität des gasförmigen und flüssigen Zustandes. Deutsche Übersetzung von Roth 1881. — [14]) Lois de l'équilibre chimique dans l'état diloué ou dissous. Stockholm 1886, im Auszuge Zeitschr. f. phys. Chem. I, 481. — [15]) Phil. Mag. XXXIII, 154 u. XXXIV, 505.

Die Theorie der Lösungen beruht auf Vorstellungen, welche durch die bekannten Versuche von Pfeffer [16]) sich ergeben haben, während diese selbst erst durch die Entdeckung der halbdurchlässigen Membranen von Traube [17]) möglich wurden.

Indem van't Hoff den osmotischen Druck durch die Stöße der gelösten Moleküle auf die Wände erklärt, gelangt er zu einem Vergleiche zwischen gelöstem und gasförmigem Zustande. Die Gesetze von Boyle-Mariotte und Henry-Gay-Lussac, ebenso wie Avogadro's grundlegende Hypothese können jetzt ohne weiteres auf Lösungen angewandt werden, und so wird mit einem Schlage dieses Gebiet, das bis dahin zu den dunkelsten der ganzen Chemie gehörte, der Forschung vollständig zugänglich, wodurch unmittelbar große, für das Gesamtgebiet der Chemie verwertbare Erfolge erzielt werden.

Jetzt erst finden die wichtigen Beziehungen zwischen Schmelzpunkts- und Dampfdruckserniedrigung, bzw. Siedepunktserhöhung einerseits und dem Molekulargewicht der gelösten Substanz andererseits, welche namentlich von Raoult experimentell festgestellt und formuliert wurden [18]) und auf die schon früher (S. 344) hingewiesen wurde, ihre theoretische Deutung. Schon dadurch und ferner infolge von Verbesserungen und Vereinfachungen, welche die Raoult'sche Methode der Molekulargewichtsbestimmung erfuhr [19]), fand dieselbe sehr bald Eingang, und ihre Resultate, namentlich die aus Gefrierpunktserniedrigung, gelten für ebenso sicher, wie die aus der Dampfdichte.

Übrigens hatte schon Raoult hervorgehoben, daß namentlich wässerige Lösungen von Salzen und Säuren seinen Regeln nicht entsprechen und stets zu niedrige Molekulargewichte liefern, welche die Hälfte bis ein Drittel des Wertes erreichen können, der als der normale betrachtet werden muß. Dafür fehlte

---

[16]) Osmot. Unters., Leipzig 1877. — [17]) Archiv f. Anat. u. Phys. 1867, S. 87. — [18]) Ann. Chim. Phys. (6) II, 66, 99; VIII, 289 u. 317; XX, 297; Compt. rend. LXXXVII, 167; Zeitschr. f. phys. Chem. IX, 343 usw. Die Literatur der Vorgänger Raoult's findet sich sehr vollständig in Ostwald's Allgemeiner Chemie I, 705 u. 741. — [19]) Vgl. namentlich Beckmann, Zeitschr. f. phys. Chem. II, 638; IV, 532; VIII, 223; XVIII, 473 usw.

zunächst jede Erklärung, so daß dadurch der Geltungsbezirk der van't Hoff'schen Theorie in Frage gestellt schien. Die vorhandene Schwierigkeit ward analog wie bei den abnormen Dampfdichten gehoben (vgl. S. 315).

Ganz ähnlich wie Cannizzaro, Kekulé und Kopp die Frage damals lösten, ging auch Arrhenius vor.

Seine im Jahre 1887 aufgetellte Hypothese [20]) setzt den Zustand als tatsächlich existierend voraus, der bestehen muß, um eine Übereinstimmung zu erzielen zwischen der van't Hoffschen Theorie und den aus den Raoult'schen Regeln sich ergebenden Zahlen. Er weist darauf hin, daß gerade diejenigen Lösungen mit der Theorie nicht übereinstimmende Zahlen liefern, welche Elektrolyte sind, also durch den elektrischen Strom in ihre Ionen zerfallen. Er setzt nun voraus, daß die Ionenbildung nicht durch den Strom erst entsteht, sondern schon bei der Auflösung, daß diese also mit einer mehr oder weniger vollständigen (elektrolytischen) Dissoziation verbunden ist, deren Grad namentlich von der Verdünnung abhängt. Sehr bald ergaben sich verschiedene Methoden zur Bestimmung dieses Dissoziationsgrades, wie von Arrhenius [21]) selbst, aber auch von Planck [22]), Ostwald [23]) u. A. gezeigt wurde, welche, was sehr wichtig ist, untereinander übereinstimmende Resultate geben.

Die Arrhenius'sche Hypothese fand, wie das nicht anders zu erwarten war, sehr viele Gegner. Die Annahme, daß eine wässerige Kochsalzlösung freie Natrium- und Chlor-Ionen enthalte, die doch nichts anderes als elektrisch geladene Atome sind und sich wie freie Moleküle verhalten, mußte bei den Chemikern auf Widerstand stoßen, da sie zunächst der direkten Anschauung widersprach und dadurch etwas Metaphysisches enthielt. Auch das Verständnis mancher früher einfach scheinenden Reaktionen, wie z. B. die Zerlegung des Wassers durch Alkalimetalle, ward

---

[20]) Zeitschr. f. phys. Chem. I, 631. Als Vorgänger Arrhenius' sind Clausius (Pogg. Ann. CI, 138) und Helmholtz (Wiedem. Ann. XI, 737) zu nennen. Gleichzeitig mit Arrhenius hat auch Planck (Zeitschr. f. phys. Chem. I, 577) den Gedanken der Dissoziation der Salze in wässeriger Lösung klar ausgesprochen. — [21]) Zeitschr. f. phys. Chem. II, 491. — [22]) Wiedem. Ann. XXXIV, 139. — [23]) Zeitschr. f. phys. Chem. II, 36 u. 270.

sehr erschwert [24]), da hierbei doch keine Verbindung mit Sauerstoff angenommen werden kann, andererseits aber auch kaum
eine Verdrängung von H-Ionen durch Na-Ionen. Allein was bedeuten derartige Bedenken gegen die großen Vorzüge, welche die
Annahme der elektrolytischen Dissoziationstheorie gewährt. Eine
ganze Reihe sonst unverständlicher Tatsachen findet dadurch eine
befriedigende Erklärung. Das sogenannte Gesetz der Thermo-
neutralität von Hess [25]), welches durch die berühmten Untersuchungen von Thomsen [26]) und von Berthelot [27]) wenigstens
teilweise Bestätigung gefunden hat, steht in voller Übereinstimmung mit der Ionentheorie, ebenso wie die Ausnahmen von
demselben, die bei unvollständiger Dissoziation stattfinden müssen,
während ohne diese Theorie die betreffenden Tatsachen ein un-
lösbares Rätsel darstellen [28]).

Ähnlich steht es mit der Identität der Neutralisationswärme
ein und derselben Base mit verschiedenen Säuren und vice versa,
ferner mit dem Oudemans [29])-Landolt'schen [30]) Gesetz, wonach die Salze optisch aktiver Alkaloide und ebenso die der
optisch aktiven Säuren gleiche Drehung bei äquivalenter Konzentration zeigen, mit dem magnetischen Drehungsvermögen [31])
und dem Atommagnetismus [32]). Auch der Satz, wonach die
Spektren verdünnter Lösungen verschiedener Salze mit gleich-
farbigem Ion identisch sind [33]), ebenso wie der [34]), wonach das
molekulare Brechungsvermögen der in wässeriger Lösung befindlichen Salze eine additive Eigenschaft ist, finden so ihre Erledigung. Die wichtigste Tatsache dieser Art ist aber vielleicht
die Proportionalität zwischen Leitvermögen und Affinitätsgrößen
bei Säuren [35]) und der Nachweis, daß der Dissoziationsgrad,

---

[24]) Vgl. übrigens Ostwald, Lehrb., 2. Aufl. II, 989. — [25]) Pogg.
Ann. LII, 79. — [26]) Thermochem. Unters. I, 63. — [27]) Ann. chim. (5) VI,
325. — [28]) Vgl. L. Meyer, Zeitschr. f. phys. Chem. I, 134. — [29]) Wiedem.
Beibl. IX, 635. — [30]) Ber. d. deutsch. chem. Ges. VI, 1073. — [31]) Jahn,
Wiedem. Ann. XLIII, 280. — [32]) E. Wiedemann, in Ladenburg's Hand-
wörterbuch VII, 31. — [33]) Ostwald, Zeitschr. f. phys. Chem. IX, 579. —
[34]) Gladstone, Phil. Trans. 1868. Kannonikoff, Journ. f. prakt. Chem. (2)
XXXI, 339. — [35]) Arrhenius, Bihang Svenska Akad. VIII, Nr. 13, 1884.
Ostwald, Journ. f. prakt. Chem. XXX, 93.

sowohl aus dem elektrischen Leitvermögen wie aus Gefrierpunktserniedrigungen berechnet, zu sehr nahe gleichen Resultaten führt,
wie das Arrhenius[36]) gezeigt hat. Unter diesen Umständen
kann man über die Berechtigung seiner Hypothese nicht zweifelhaft sein.

Diese Theorie der Ionisation, wie sie jetzt vielfach genannt
wird, führt uns unmittelbar zur Elektrochemie, die einen noch
vor 30 Jahren ungeahnten Aufschwung genommen hat, und heute
zu einem selbständigen Wissenszweig ausgebaut ist, der zu stets
neuen wissenschaftlichen und praktischen Erfolgen führt. Der
Enthusiasmus, mit dem die Entdeckung des galvanischen Stromes
und der Volta'schen Säule begrüßt und wie er früher geschildert
wurde (vgl. S. 71), war, wie wir heute wissen, durchaus berechtigt, und wenn auf die großen Entdeckungen eines Ritter,
Davy, Berzelius und Faraday eine Ernüchterung folgte, wenn
auch jahrzehntelang dieses Gebiet brach lag, so hat sich doch
die Ansicht Derjenigen bewährt, welche glaubten, daß hier noch
ungeahnte Schätze liegen, die einst gehoben würden.

Die neuere Elektrochemie knüpft unmittelbar an jene älteren
Entdeckungen und die jetzt erst völlig verstandenen wichtigen
Untersuchungen von Hittorf und Kohlrausch an und führt
schrittweise zu neuen Entdeckungen.

In erster Linie seien hier die Akkumulatoren erwähnt, ohne
die eine wirksame Ausnutzung der Elektrizität kaum möglich
wäre und die eine sehr allgemeine Verwendung gefunden haben.
Ihre Einführung beruht auf der von Ritter entdeckten Polarisation[37]) und den sehr eingehenden Arbeiten Planté's, die bis
in das Jahr 1859 zurückreichen[38]). Planté hat schon sehr starke
sogenannte sekundäre Ketten konstruiert, die später durch Faure
wesentlich verbessert wurden[39]).

Erwähnenswert ist auch die Konstruktion des Kapillarelektro-
meters durch Lippmann[40]), das auf der Veränderung der Ober-

---

[36]) Zeitschr. f. phys. Chem. I, 631; II, 491. — [37]) Voigt's Magazin VI,
105. Vgl. auch Gautherot Sue, Hist. du Galvanisme II, 209. — [38]) Compt.
rend. XLIX, 402; L, 640; Recherches sur l'électricité, Paris 1879. —
[39]) D. R. P. 1881. — [40]) Pogg. Ann. CXLIX, 546 (1873).

flächenspannung des Quecksilbers durch die Polarisation gegründet ist.

Von großer Wichtigkeit ist die Theorie der Volta'schen
Säule, die wir Nernst[41]) verdanken. Sie beruht auf der Theorie
der Diffusion, die dieser Forscher aufstellte, und auf dem aus
van't Hoff's Lösungstheorie (s. oben) abgeleiteten Begriff der
Lösungstension. So entwickelt Nernst auch die Theorie der
Konzentrationsketten, wobei er zu den gleichen Ergebnissen
gelangt wie Helmholtz[42]), der diese schon auf thermodynami-
schem Wege gefunden hatte.

Diese Dinge können übrigens hier nur andeutungsweise
behandelt werden, da sie eigentlich mehr in das Gebiet der
Physik gehören.

Kehren wir auf uns näher liegende Gegenstände zurück, so
soll hier zunächst des Fortschrittes gedacht werden, den die
analytische Chemie durch die Anwendung der Elektrolyse gemacht
hat. Diese ist sehr alt, und schon Cruikshank hat 1801 eine
solche Verwertung vorausgesagt[43]). Zunächst hat aber nur die
qualitative Analyse davon Nutzen gezogen[44]). Später hat Magnus
darauf hingewiesen, daß gerade die quantitative Analyse, d. h.
die Trennung der Metalle durch Elektrolyse, möglich sein müsse[45]),
und derartige Versuche sind auch von Gibbs[46]) und von
Luckow[47]) gemacht worden. Später haben Classen[48]), Miller
und Kiliani[49]), Smith[50]), Vortmann[51]) u. A. die mannigfache
Verwertung der Elektrolyse für die quantitative Analyse dargetan,
und Classen hat die Form angegeben, in der meist der Versuch
ausgeführt wird. Die hohe Bedeutung der elektromotorischen

---

[41]) Zeitschr. f. phys. Chem. II, 613 (1888); IV, 129. — [42]) Sitzungsb.
Berl. Akad. 1877. — [43]) Nichols. Journ. phil. IV, 254. — [44]) Vgl. u. a.
Davy, Gilb. Ann. IV, 364 und VII, 103; Becquerel, Mém. de l'Acad. X,
284; Fischer, Gilb. Ann. XLII, 92; Gaultier de Claubry, Journ. Pharm.
Chim.(3)XVII, 125; Niklès, Jahresber. 1862, S. 610; Becquerel, Ann. Chim.
Phys. XLIII, 380 (1830). — [45]) Pogg. Ann. Phys. CII, 1. — [46]) Zeitschr. f.
anal. Chem. III, 334. — [47]) Dingler's Polyt. Journ. CLXXVII, 231; CLXXVIII,
42. — [48]) Handbuch der Elektrolyse, Ber. d. deutsch. chem. Ges. XXVII, 163
u. 2060. — [49]) Lehrbuch der anal. Chem. München. — [50]) J. Amer. Soc.
1894 u. 1895; Elektrochem. Zeitschr. I, 186 u. 290, 313; Zeitschr. f. anorg.
Chem. IV, V, VI. — [51]) Elektrochem. Zeitschr. I, 138; Monatshefte XIV, 536.

Kraft bei solchen Trennungen ist aber zuerst von Kiliani[52]) erkannt worden.

Vielleicht noch wichtiger sind die Anwendungen der Elektrolyse in der Metallurgie. Nach den weit zurückliegenden Arbeiten Davy's (s. S. 74) waren es namentlich die Arbeiten Bunsen's[53]), die er teils allein, teils mit Matthiesen veröffentlichte, welche einen wesentlichen Fortschritt bewirkten. Die erste technische Verwendung aber fand die Elektrolyse in der Entdeckung der Galvanoplastik durch Jacobi und Spencer im Jahre 1839, die übrigens auf einer 1836 von De la Rive gemachten Beobachtung beruht.

Die technische Metallgewinnung wurde erst nach der Erfindung der Dynamomaschine 1872 möglich; diese wurde dann alsbald zur Abscheidung des Kupfers aus Lösungen (in der norddeutschen Affinerie in Hamburg) benutzt. Später wurden auch andere Metalle, wie Zink, Magnesium, Silber, Gold usw., elektrolytisch gewonnen. Von hervorragender Bedeutung wurde die Gewinnung des Aluminiums auf elektrischem Wege, welches zuerst Bunsen[54]) auf diese Art dargestellt hatte. Freilich ist die technische Methode von Héroult[55]) insofern von der Bunsen's verschieden, als nicht geschmolzene Doppelchloride des Metalls, sondern eine Lösung von Aluminiumoxyd in geschmolzenem Kryolith elektrolysiert wird.

Hier ist der Ort, von den großen wissenschaftlichen und praktischen Erfolgen zu sprechen, die Moissan durch seine Arbeiten mit dem elektrischen Ofen erzielt hat[56]). Hervorgehoben zu werden verdient die Darstellung des künstlichen Diamanten, die Gewinnung von Calciumcarbid, das allerdings lange vorher schon von Wöhler[57]) entdeckt worden war, und vieler anderer Carbide, die Reindarstellung von Chrom und anderer schwer

---

[52]) Berg- u. Hüttenmännische Zeitschr. 1883. — [53]) Ann. d. Chem. LXXXII, 137; Pogg. Ann. XCI, 619; XCII, 648; Ann. d. Chem. XCIV, 107 etc. — [54]) Pogg. Ann. XCII, 648. — [55]) D. R. P. vom Dezember 1887. — [56]) Le Four électrique, Paris 1897; Compt. rend. CXV, 988 und 1031; CXVI, 218, 1429; CXVII, 425, 679; CXVIII, 320 u. 501 usw. — [57]) Ann. Chem. Pharm. CXXIV, 20.

schmelzbarer Metalle usw. Die erste Darstellung des Carborundums, das ihm auch vielfach zugeschrieben wird, gebührt dem Amerikaner Acheson[58]). Hier muß hervorgehoben werden, daß bei manchen dieser Versuche die Elektrizität nur zur Erzeugung hoher Temperaturen (von 3000 bis 4000°) dient, so daß diese Resultate auch in anderer Art erzielt werden können, indem man diese hohen Temperaturen neuerdings durch chemische Reaktionen erreichen kann. Es ist so ein ganz neues Gebiet entstanden: die Thermoindustrie, durch welche die Metallurgie schon große Förderung erfahren und noch zu erwarten hat. Älteren Datums ist die Verwertung des Knallgasgebläses zum Schmelzen und Bearbeiten des Platins[59]), die Verbrennung des Kohlenstoffes und anderer Elemente, wie Silicium, Schwefel, Phosphor usw., mit Luft oder Sauerstoff bei hoher Temperatur zur Erzeugung noch höherer Temperaturen wie im Hochofenprozeß oder bei dem so ingeniösen Bessemerprozeß, neu aber ist die Ausbildung dieser Methoden durch Goldschmidt zur Gewinnung von kohlefreien Metallen, wie Chrom, Mangan, Eisen, Nickel und sehr vielen Legierungen[60]). Diese Methode beruht auf der ungewöhnlich hohen Verbrennungswärme des Aluminiums.

Hier darf auch an die interessanten Resultate erinnert werden, welche einerseits von Victor Meyer[61]), andererseits von Crafts[62]) durch Anwendung der von dem Ersteren herrührenden Dampfdichtebestimmungsmethode[63]) erhalten wurden. Erwähnenswert in dieser Hinsicht ist der Beweis, daß das Jodmolekül J_2 sich bei höherer Temperatur in zwei einzelne Atome spaltet[64]), und daß der Beginn einer ähnlichen Dissoziation sich bei dem Brom bemerkbar macht[65]), daß das Arsenmolekül As_4 in zwei Teile zerfällt, während Jodkalium selbst bei sehr hohen

---

[58]) Vgl. auch Schützenberger, Compt. rend. CXIV, 1089. — [59]) Hare, Phil. Mag. 1847, S. 356; ferner Deville u. Debray, Ann. Chim. Phys. (3) LVI, 385. — [60]) Ann. d. Chem. CCCI, 19; Zeitschr. f. Elektrochem. 1897/98, Heft 21. — [61]) Ber. chem. Ges. XIII, 1010. — [62]) Compt. rend. XC, 183; XCII, 39; Ber. chem. Ges. XIII, 851. — [64]) Ibid. XI, 1867 u. 1946; XII, 609 und 681 usw. — [64]) Compt. rend. XC, 183; XCII, 39. — [65]) Langer und Victor Meyer, Pyrochem. Untersuchungen; Braunschweig 1885.

Temperaturen die Formel KJ beibehält und Cuprochlorür Cu_2Cl_2 nicht weiter gespalten wird usw.

Wenn so die Erreichung hoher Temperaturen für die Zwecke unserer Wissenschaft und Technik nutzbar gemacht wurde, so haben andererseits auch die Bestrebungen, niedere Temperaturen zu erzielen, zu großen Fortschritten und zu ungeahnten, wichtigen Resultaten geführt. Weit zurück liegt die Auffindung von dem Zusammenhang der Aggregatzustände und der kritischen Temperatur. Diese sind früher (S. 332) besprochen worden. Damals wurden auch die Resultate von Pictet, Cailletet und Wroblewsky über die Verdichtung der sogenannten permanenten Gase angegeben. Besonders wichtig waren die eingehenden Untersuchungen von Wroblewsky und Olszewski, die Sauerstoff und Stickstoff zuerst in einem statisch flüssigen Zustand hergestellt und viele ihrer Eigenschaften näher beschrieben haben [66]). Von ihnen rührt auch jene Temperaturmessung durch Bestimmung der Spannung von Thermoströmen her, die sich jetzt einer großen Anwendung erfreut [67]). Bei den neuerdings zur Verflüssigung der Luft und anderer Gase ausgeführten Versuchen hat man übrigens Pictet's Methode wieder verlassen und hat eine andere benutzt, die mehr an die von Cailletet erinnert. Diese ist aber in eine dynamische oder kontinuierliche umgewandelt worden, und man benutzt die Ausdehnung und die dazu nötige innere Arbeit stark komprimierter Gase, um dadurch Temperaturerniedrigungen zu erzeugen. So hat Dewar [68]) bei seinen Versuchen, flüssige Luft darzustellen, durch festes Kohlendioxyd abgekühlte, auf 100 Atmosphären Druck komprimierte Luft durch Ausdehnung verflüssigt, während die neuere technische Methode darin besteht, daß man die Abkühlung ausschließlich durch die Ausdehnung, welche in sehr sinnreicher Weise durch einen Gegenstromapparat verwertet wird, bewirkt. Mittels dieser Methode haben ziemlich gleichzeitig

---

[66]) Wiedem. Ann. XX, 243 u. 860 und Wiener Akad. Ber. (1885), XCI, 667; Monatshefte IX, 1067 (1888). — [67]) Vgl. Holborn u. Wien, Wiedem. Ann. LIX, 220 u. Ladenburg u. Krügel, Ber. chem. Ges. XXXII, 1818. — [68]) Royal Institution 1878, 1883, 1884, 1885, 1892, 1893, 1894, 1895, 1896, 1897, 1898 und 1899.

Linde [69]) in Deutschland und Hampson [70]) in England technisch brauchbare Apparate zur Gewinnung flüssiger Luft konstruiert.

Übrigens hat die flüssige Luft in der Technik noch keine großartige Verwendung gefunden. Man stellt daraus sehr billig nahezu reinen Sauerstoff dar und versucht, ihn in der Explosionstechnik oder zur Erzeugung hoher Temperaturen zu verwerten, doch läßt sich endgültiges darüber noch nicht sagen. Viel bedeutender sind die Erfolge, welche die flüssige Luft in wissenschaftlicher Hinsicht errungen hat.

Da ist zunächst zu erwähnen, daß es Dewar gelungen ist, damit den Wasserstoff [71]) zu verflüssigen, die Luft, den Sauerstoff und den Wasserstoff in festem Zustande zu erhalten [72]) und somit fast Alles zu erreichen, was in dieser Hinsicht möglich ist. Er hatte auch geglaubt, das Helium verflüssigen zu können [73]), doch hat er dies später widerrufen [74]), und Olszewski hat gezeigt, daß selbst bei — 271⁰ das Helium noch gasförmig bleibt [75]).

Von Wichtigkeit ist es auch, daß das Ozon, welches schon von Hautefeuille und Chappuis im Jahre 1882 mittels flüssigen Äthylens im flüssigen Zustande dargestellt wurde [76]), durch flüssige Luft leicht in annähernd reinem Zustande erhalten werden kann, so daß Troost seinen Siedepunkt [77]) und Ladenburg [78]) seine Dichte feststellen konnten. Namentlich das letztere ist von Bedeutung, da das daraus abgeleitete Molekulargewicht O_3 eines der schlagendsten Argumente für die ganze Molekulartheorie bildet und dieses, bisher nur durch Soret's Versuche bestimmt [79]), doch nicht als endgültig festgestellt betrachtet werden konnte. Auch die neuere Methode von Goldstein [80]), reines Ozon darzustellen, beruht auf der Anwendung flüssiger Luft.

---

[69]) Zeitschr. d. Vereins deutscher Ingenieure XXXIX, 1157 (1895). — [70]) Engl. Patent, April 1896. — [71]) Olszewski war übrigens der Erste, der flüssigen Wasserstoff dargestellt hat. Compt. rend. CI, 238. — [72]) Brit. Assoc. 1899. — [73]) Phil. Mag. XLV, 513. — [74]) Ann. chim. phys. (7) XXIII, 423 (1901). — [75]) Pogg. Ann. (4) XVII, 994 (1905). — [76]) Compt. rend. XCIV, 1249. — [77]) Ibid. CXXVI, 1751. — [78]) Ber. d. deutsch. chem. Ges. XXXI, 2508, 2830; XXXII, 221. — [79]) Ann. d. Chem. CXXXVIII, 45, Suppl. V, 148. — [80]) Ber. chem. Ges. XXXVI, 3042 (1903).

Geradezu großartig aber sind die Erfolge, welche dieses Hilfsmittel bei der Entdeckung neuer Elemente geliefert hat.

Als Lord Rayleigh das spezifische Gewicht des Luftstickstoffes mit dem aus Ammoniak oder aus anderen Stickstoffverbindungen gewonnenen Stickstoff verglich, fand er einen Unterschied (in der dritten Dezimale), der unmöglich einem Versuchsfehler zugeschrieben werden konnte[81]). Er beschloß daher eine eingehende Untersuchung zur Feststellung der dem Luftstickstoff beigemengten Substanz, die er dann auch gemeinschaftlich mit W. Ramsay ausführte und die zur Entdeckung des Argons führte, eines Elementes, das, wie es scheint, keine Verbindungen einzugehen imstande ist[82]). Das Molekulargewicht, aus der Dichte bestimmt, führte zur Zahl 39,91[83]), und da die Kundtsche Methode (vgl. S. 311) das Gas als einatomig erscheinen ließ, so hatte sein Atomgewicht dieselbe Größe. Dadurch wurde die Frage nach der Stellung dieses Elementes im periodischen System eine äußerst schwierige, da es neben das Kalium und zwar hinter dasselbe zu stehen kommt.

Ramsay faßte das Problem von einem sehr allgemeinen Standpunkt auf. Ihm erschien sehr wahrscheinlich, daß das Argon ein Glied einer ganzen Gruppe sei, von der er noch andere Glieder mit dem Stickstoff vergesellschaftlicht zu finden hoffte. So kam er unter anderem zur Untersuchung des aus Cleveït durch Erhitzen mit Schwefelsäure entstehenden Gases, welches Hillebrandt als Stickstoff angesehen hatte[84]), und dies führte ihn zur Entdeckung des Heliums, dessen hellste Spektrallinie D_3(D_1 und D_2 sind die Na-Linien) Lockyer schon lange vorher im Spektrum der Sonnenchromosphäre aufgefunden hatte[85]). Das Helium, dessen Atomgewicht 4 sich aus der Dichte und der Fortpflanzungsgeschwindigkeit des Schalles in diesem Gase herleiten ließ, war in jeder Beziehung ein Analogon des Argons, und damit

---

[81]) Nature LX, 512 (1892). — [82]) Rayleigh und Ramsay, Proc. Roy. Soc. LVII, 265; Zeitschr. f. phys. Chem. XVI, 344; Trans. Roy. Soc., CLXXXVI, 187 (1895); Berthelot, Compt. rend. CXX, 581 u. CXXIX, 71. — [83]) Ber. d. deutsch. chem. Ges. XXXI, 3121. — [84]) Bull. U. S. Geological Survey LXXVIII, 43. — [85]) Nature LIII, 319.

war es für Ramsay klar, daß noch ein Element existieren müsse, welches mit dem Atomgewicht von etwa 20 vor das Natrium zu stellen sei, ebenso wie Helium vor Lithium, und Argon vor Kalium, obgleich das Atomgewicht des letzteren größer wie das des Kaliums gefunden wurde[86]), ähnlich wie beim Tellur, dessen Atomgewicht nach den neuesten Bestimmungen größer ist[87]), als das des Jods[88]).

Ramsay stellt nun die weitere Entwicklung so dar[89]), als ob seine mit äußerster Energie und Anstrengung systematisch geleitete Untersuchung erfolglos geblieben sei und ihn nur ein Zufall zu seinen weiteren Entdeckungen geführt habe. In Wirklichkeit ist aber ein solcher nicht vorhanden, denn auch die Untersuchung des Verdunstungsrückstandes der flüssigen Luft war nur ein Glied in jener Kette, das, wenn auch vielleicht ihm unbewußt, in seinen Gedankengang gehörte. — So wurde das Krypton entdeckt, dessen Molekulargewicht vorläufig zu 45, später aber zu 82 festgestellt wurde[90]). Auch bei dem Krypton ist das Verhältnis der spezifischen Wärmen zu 1,66 bestimmt, und so liegt auch hier ein einatomiges Element vor, dessen Stellung im periodischen System noch unbestimmt ist.

Des weiteren hat Ramsay durch systematische Fraktionierung des Argons[91]), welches er durch flüssige Luft kondensierte, zwei neue Elemente gefunden: das Neon mit dem Atomgewicht 19,9, das also offenbar zwischen Helium und Argon und vor das Natrium zu stellen ist, und ferner das Xenon, dessen Dichte anfangs zu 65[91]), später aber zu 128 gefunden wurde[90]). Das sogenannte Metargon erwies sich bei eingehender Untersuchung als Kohlenoxyd.

Wenn auch noch nicht alle Zweifel über die Einheitlichkeit und die elementare Natur dieser Gase gehoben sind[92]), so gehören unzweifelhaft diese Untersuchungen zu den erfolgreichsten, die

---

[86]) Ber. d. deutsch. chem. Ges. XXXI, 3111. — [87]) Brauner, Journ. chem. Soc. 1895, I, 549; Köthner, Ann. Chem. CCCXIX, 1. — [88]) Vgl. S. 323. — [89]) Ber. chem. Ges. XXXI, 3116. — [90]) Zeitschr. f. phys. Chem. XXXVIII, 683. Die entgegenstehenden Angaben von Ladenburg (Berliner Akad. Ber. 1900) bedürfen der Aufklärung. — [91]) Ber. d. deutsch. chem. Ges. XXXI, 3120. — [92]) Vgl. Brauner, ibid. XXXII, 708.

in den letzten 20 Jahren ausgeführt wurden. Die flüssige Luft hat dabei nicht nur als Ausgangsmaterial eine Rolle gespielt, Ramsay hat sie, oder eigentlich den durch sie dargestellten flüssigen Sauerstoff auch in sinnreicher Weise zur Trennung der verschiedenen neuen Elemente benutzt.

Die Frage nach der Stellung dieser „Elemente" in der periodischen Reihe ist vielfach ventiliert und bis heute noch nicht endgültig gelöst worden. Die wahrscheinlichste Annahme ist die, sie mit der Valenz 0 vor die Gruppe der Alkalimetalle einzuordnen. Dagegen kann man schon jetzt sagen, daß, wenn auch durch diese neugefundenen Tatsachen unsere Ansichten hinsichtlich des Zusammenhanges zwischen Eigenschaften und Atomgewichten der Elemente modifiziert werden sollten, doch jedenfalls das periodische Gesetz sich als geistiger Führer in diesem dunklen Gebiete vortrefflich bewährt hat.

So ungeahnte Entdeckungen auch hier gemacht wurden, so werden dieselben doch auf das Gesamtgebiet der Chemie nicht von erheblichem Einfluß sein, da voraussichtlich alle diese Elemente sich dem Argon ähnlich zeigen und nur wenige oder keine Verbindungen eingehen werden. Daher darf man sagen, daß bedeutungsvoll in ihren Konsequenzen sich diese interessanten Untersuchungen nicht erweisen werden und daß sie in dieser Hinsicht zurückstehen hinter anderen Arbeiten, welche nicht das Interesse so weiter Kreise geweckt haben.

Hier will ich zunächst an die Isolierung des Fluors durch Moissan im Jahre 1886 erinnern [93]), ferner an die Entdeckung des Nickelkohlenoxyds und ähnlicher Verbindungen durch Mond [94]), aber etwas näher eingehen auf die Durchforschung des Gebietes der Stickstoffchemie, das in den letzten Dezennien einen großen Aufschwung genommen hat.

Dahin gehört die Entdeckung des Hydroxylamins durch Lossen, welche allerdings schon in eine frühere Zeit [95]), 1865, fällt, dessen Bedeutung aber erst nach und nach erkannt wurde,

---

[93]) Compt. rend. CIII, 202 und 256. — [94]) Chem. Soc. 1890, I, 749. — [95]) Zeitschr. f. Chem. I, 551; Ann. d. Chem., Suppl. VI, 220; CLX, 242; CLXI, 347 usw.

woran namentlich V. Meyer's Arbeiten über die Oxime[96]) und deren Stereoisomerie[97]) einen wesentlichen Anteil haben.

Ferner ist hier die Darstellung des Phenylhydrazins durch E. Fischer zu erwähnen[98]), dessen Wichtigkeit durch seine Aufschließung der Zuckergruppe als eine hervorragende bezeichnet werden muß[99]). Daran schließen sich die schönen Arbeiten von Curtius, der das Hydrazin[100]) 1889 und die Stickstoffwasserstoffsäure[101]) 1890 entdeckte, deren Ausnutzung zu vielen Arbeiten schon geführt hat und noch führen wird und ferner die Entdeckung des Diazomethan CH_2N_2, durch Pechmann[101a]), das schon durch seine Zusammensetzung Interesse verdient. Erwähnenswert sind auch die Untersuchungen von Thiele[102]), der unter anderem eine bequeme und technisch verwertbare Methode zur Herstellung von Hydrazin entdeckte, und von Raschig[103]), der die Schwefelstickstoffsäuren aufklärte und dabei die heute benutzte Methode zur Gewinnung von Hydroxylamin auffand.

Weiter auf diesen Gegenstand einzugehen, scheint mir nicht der Ort, da es sich doch um einen geschichtlichen Überblick handelt, wobei nur die Dinge in den Vordergrund treten dürfen, welche von allgemeiner Bedeutung sind.

Dagegen darf hier an eine für die Chemie und die Landwirtschaft epochemachende Entdeckung Hellriegel's erinnert werden[104]), wonach die Leguminosen, besonders die Lupinen unter dem Einflusse niedriger Organismen den Stickstoff der Luft zu assimilieren vermögen. Dabei soll aber nicht unerwähnt bleiben, daß Berthelot schon vorher die Assimilation des freien Stickstoffs be-

---

[96]) Meyer u. Janny, Ber. d. deutsch. chem. Ges. XV, 1324; Janny, ibid. XV, 2778; Petraczek, ibid. XVI, 170; Meyer, ibid. XVI, 822; Petraczek, ibid. XVI, 823 usw. — [97]) H. Goldschmidt, Ber. d. deutsch. chem. Ges. XVI, 2176; Auwers u. Meyer, ibid. XXI, 784, 3150; XXII, 537 usw. — [98]) Ber. d. deutsch. chem. Ges. VIII, 589; vgl. auch Strecker u. Roemer, ibid. IV, 784 und Zeitschr. f. Chem. 1871, VII, 481. — [99]) Ber. d. deutsch. chem. Ges. XVII, 579. — [100]) Curtius u. Jay, Journ. prakt. Chem. XXXIX, 27. — [101]) Curtius, Ber. d. deutsch. chem. Ges. XXIII, 3023. — [101a]) Ibid. XXVII, 1880, XXVIII, 855 u. 1682. — [102]) Ann. d. Chem. CCLXX, 1; CCLXXIII, 133; Ber. d. deutsch. chem. Ges. XXVI, 2598 und 2645 usw. — [103]) Ann. d. Chem. CCXLI, 161. — [104]) Hellriegel u. Wilfahrt, Biederm. Centr. XVIII, 179.

hauptet hatte [105]). Hierher gehören auch die technisch sehr bedeutungsvollen Versuche, den Stickstoff der Luft direkt in Ammoniak oder Salpetersäure umzuwandeln. Beide Probleme scheinen jetzt schon der Lösung sehr nahe zu sein. Das erste durch Versuche von Caro und Frank [106]), die sich an ältere Arbeiten von Marguerite und Sourdeval [107]) anschließen; die Methode besteht in der Bindung des freien Stickstoffs durch Carbide. Aus Calciumcarbid entsteht so das Calciumcyanamid, das sich als Düngmittel sehr bewährt. Die Lösung des zweiten Problems beruht auf der Methode von Cavendish, Stickstoff und Sauerstoff direkt zu Salpetersäure zu vereinigen (vgl. S. 26). Die Schwierigkeiten, die Methode technisch zu verwerten, scheinen von Birkeland und Eyde [108]) überwunden worden zu sein.

Hier sei ferner des von Buchner geführten Nachweises gedacht, daß Gärung ohne lebende Organismen, durch den Hefepreßsaft (Zymase) möglich ist [109]). Dieser Nachweis, den Buchner zunächst nur für Alkoholgärung geführt hatte, ist neuerdings von ihm auch auf Milch- und Essigsäuregärung ausgedehnt worden [110]), und zwar unter Anwendung sog. Dauerpräparate, die frei von lebenden Organismen sind.

Eingehende Betrachtung verdient eine Studie van 't Hoff's, in welcher der Begriff und die Bedeutung der Umwandlungstemperatur klargelegt werden [111]). Van 't Hoff wird dazu durch den Vergleich chemischer Reaktionen mit den Übergängen zwischen den Aggregatzuständen geführt, doch kann man zu denselben Auffassungen auch durch die Phasentheorie gelangen (kondensierte Systeme).

Schon seit St. Claire Deville betrachtet und behandelt man die Dissoziationserscheinungen analog denen der Verdampfung. Jetzt zeigt van 't Hoff, daß es auch Reaktionen gibt, die dem Schmelzprozeß vergleichbar sind, und bei denen ein fester Temperaturpunkt die Scheide bildet zwischen zwei chemisch verschiedenen Zuständen. Dieser fixe Temperaturpunkt wird Um-

---

[105]) Compt. rend. CVI, 569. — [106]) Zt. f. angew. Chem. XIX, 835 (1906), Zeitschr. f. Elektrochemie XII, 434. — [107]) Patent Nr. 1170, 11. Mai 1860. — [108]) Zeitschr. f. Elektrochemie XII, 532. — [109]) Ber. d. deutsch. chem. Ges. XXX, 117, 1110, 2668 usw. — [110]) Ann. Chem. CCCXLIX, 125 u. 140. — [111]) Van 't Hoff u. Deventer, ibid. XIX, 2142.

wandlungstemperatur genannt, und van 't Hoff beweist zunächst die Richtigkeit seiner Auffassung bei der Entstehung von Doppelsalzen (Astrakanit), bei der Bildung allotroper Modifikationen (Schwefel) und bei der Spaltung von Racemkörpern (traubensaures Natron-Ammoniak).

Viel ausführlicher hat er diesen Gegenstand später in einer wichtigen Monographie[112]): „Über Bildung und Spaltung von Doppelsalzen" behandelt, worin er die Theorie dieses Gegenstandes und die Methoden der experimentellen Bestimmung der Umwandlungstemperatur auseinandersetzt.

Sehr wichtige Anwendungen haben diese Untersuchungen gefunden für die Erklärung der ozeanischen Ablagerungen[113]) und der Pasteur'schen Spaltmethoden racemischer Verbindungen.

Dies führt uns direkt in das Gebiet der Stereochemie, von deren Aufstellung allerdings schon in der 13. Vorlesung die Rede war (S. 277 u. f.), die aber neuerdings eine solche Bedeutung erlangt hat, daß ich hier nochmals darauf eingehen muß.

Früher wurde schon darauf hingewiesen, daß nicht alle Verbindungen mit asymmetrischem Kohlenstoff optische Aktivität besitzen. Es konnte aber gezeigt werden, daß derartige Tatsachen nur scheinbare Ausnahmen sind, da in sehr vielen Fällen nachgewiesen werden konnte, daß solche Verbindungen „racemisch" sind, d. h. ähnlich wie die Traubensäure in ihre enantiomorphen Bestandteile gespalten werden können, oder daß sie Gemenge solcher Spiegelbilder, oder daß sie Mesoverbindungen sind, d. h. sich wie Mesoweinsäure verhalten, was allerdings nur bei Körpern mit symmetrischer Strukturformel möglich ist.

Zunächst wurde die Theorie des asymmetrischen Kohlenstoffs nur in vereinzelten Fällen geprüft, unter anderem durch die Spaltung einer Reihe von Alkoholen durch Pilze, welche Le Bel gelang[114]), und durch die Spaltung des synthetischen Coniins[115]),

---

[112]) Deutsche Übersetzung von Dr. Paul, Leipzig 1897. — [113]) Berl. Akad. Ber. 1897, 1898, 1899, 1900, 1901, 1902 bis 1906. — [114]) Compt. rend. LXXXVII, 213, AXXXIX, 312; Bull. soc. chim. (3) VII, 551; Compt. rend. XCII, 532. — [115]) Ladenburg, Ber. d. deutsch. chem. Ges. XIX, 2578; Ann. d. Chem. CCXLVII, 83.

welche insofern eine gewisse Bedeutung hat, als hier zum erstenmal
eine aktive Base hergestellt wurde. Einer systematischen Prüfung
im großen Stil aber ward die Theorie unterzogen, als E. Fischer
seine berühmten Synthesen in der Zuckergruppe ausführte [116]).

Daß die Theorie dieses experimentum crucis bestand, daß es
dem Scharfsinn Fischer's sogar gelang, die Konfiguration der
einzelnen Hexosen festzustellen [117]), ohne dabei auf Widerspruch
zu stoßen, ist geradezu erstaunlich, namentlich wenn man die
neueren Versuche Walden's in Betracht zieht [118]), wonach es
möglich ist, durch einfache chemische Reaktionen bei gewöhnlicher Temperatur von einem aktiven Körper in seinen Antipoden
überzugehen.

Auf die Anwendung der Theorie des asymmetrischen Kohlenstoffs bei Molekülen mit doppelt gebundenem Kohlenstoff, die
auch van 't Hoff bereits gegeben, die aber weniger Beachtung
gefunden hatte, hat dann sehr ausdrücklich Wislicenus [119]) hingewiesen, der durch seine früheren, ausgedehnten Untersuchungen
über Milchsäure [120]) den Anstoß zu stereochemischen Betrachtungen
gegeben hatte.

Seine und seiner Schüler Arbeiten [121]) haben jedenfalls sehr
wertvolle Beiträge zur Aufklärung dieser merkwürdigen Isomerien
geliefert, welche seit der Entdeckung der Fumar- [122]) und Maleïnsäure [123]) sehr viele Chemiker und selbst Kekulé [124]) vergeblich
angestrebt hatten. Doch sind in diesem Gebiete noch manche
nicht aufgeklärte Widersprüche vorhanden, wie namentlich
Michael [125]) und Anschütz [126]) gezeigt haben. Andererseits muß
aber zugegeben werden, daß durch van 't Hoff's Theorie eine

---

[116]) Ber. d. deutsch. chem. Ges. XXIII, 2114 u. XXVII, 3189. — [117]) Ibid.
XXIV, 1836 u. 2683. — [118]) Ibid. XXVIII, 2766; XXIX, 133; XXX, 2795 u.
3164. — [119]) Über die räumliche Anordnung der Atome in organischen
Molekülen und ihre Bestimmung in geometrisch-isomeren ungesättigten Verbindungen. Leipzig 1887. — [120]) Ann. d. Chem. CXXV, CXXVIII, CXXXIII,
CXLVI, CLXVI und besonders CLXVII, 345. — [121]) Ibid. CCXLVI, 53;
CCXLVIII, 1 u. 281; CCL, 224; CCLXXII, 1; CCLXXIV, 99. — [122]) Pfaff
in Berzelius' Jahresber. 1828, S. 216. — [123]) Pelouze, Ann. Chem. XI, 263.
— [124]) Ann. d. Chem., Suppl. II, 111; Zeitschr. f. Chem. (2) III, 654. —
[125]) Journ. prakt. Chem. XXXVIII, XLIII, XLVI, LII usw. — [126]) Ann. d.
Chem. CCLIV, 168.

sehr einleuchtende Erklärung für die bei der Oxydation von Fumarsäure und Maleïnsäure entstehenden Produkte [127]) möglich wird.

Wichtig und interessant sind die Anwendungen der Lehre vom asymmetrischen Kohlenstoffatom auf ringförmige Gebilde, deren Grundlagen auch von van 't Hoff [128]) entwickelt worden waren, deren Bedeutung aber erst vollkommen anerkannt wurde, als Baeyer seine ausgedehnten Untersuchungen über hydroaromatische Körper, namentlich über Hydrophtalsäuren veröffentlichte [129]).

Wenn dabei auch seine Absicht war, Schwächen der Theorie aufzufinden und diese selbst zu modifizieren, so haben seine Arbeiten doch zu einer weiteren Stärkung derselben geführt. Außerdem gebührt ihm das Verdienst [130]), dabei die sogenannte Spannungstheorie aufgestellt zu haben, die sich schon in vielen Fällen als nützlich erwiesen hat.

Überhaupt muß betont werden, daß die großartigen Erfolge, welche die Theorie des asymmetrischen Kohlenstoffs gezeitigt hat, die Anregung gab, stereochemische Betrachtungen weiter und weiter einzuführen. Dahin gehören die zahlreichen Arbeiten, welche sich mit dem Ausbleiben gewisser Reaktionen beschäftigen und dieses durch sterische Gründe erklären [131]), unter denen die Untersuchungen V. Meyer's [132]) über Esterbildung die bekanntesten sind. Ferner gehört hierher die Lehre vom asymmetrischen Stickstoff.

Grundlegend dafür waren die Arbeiten von Hantzsch und Werner [133]), welche die damals schon bekannten Isomerien bei

---

[127]) Kekulé und Anschütz, Ber. d. deutsch. chem. Ges. XIII, 2105 und XIV, 713. — [128]) La chimie dans l'espace. — [129]) Ann. d. Chem. CCXLV, 103; CCLI, 257; CCLVI, 1; CCLVIII, 1 u. 145; CCLXVI, 169; CCLXIX, 245; CCLXXVI, 255. — [130]) Ber. d. deutsch. chem. Ges. XVIII, 2278. — [131]) Hofmann, Ber. d. deutsch. chem. Ges. XVII, 1915 u. XVIII, 1825; Jacobsen, ibid. XXII, 1219; XXV, 992; XXVI, 681 u. 699 usw.; Pinner, ibid. XXIII, 2917; Küster u. Stallberg, Ann. d. Chem. CCLXXVIII, 207. — [132]) Ber. d. deutsch. chem. Ges. XXVII, 510, 1580, 3140; XXVIII, Ref. 301 u. 916; XXIX, 830 usw. — [133]) Ibid. XXIII, 11; Werner, Räumliche Anordnung in stickstoffhaltigen Molekülen, 1890. Vgl. übrigens die früher veröffentlichten Arbeiten von Willgerodt, Journ. f. prakt. Chem. XXXVII, 49; Brush u.

den Oximen zu erklären vermochten. Später hat Hantzsch diese Anschauungen ausgedehnt und zur Erklärung der isomeren Hydrazone[134]) und Diazoverbindungen[135]) verwertet. Allerdings wurde durch diese Untersuchungen nur geometrische Isomerie bei Stickstoffkohlenstoffverbindungen erwiesen. Daß der asymmetrische Stickstoff auch optische Aktivität erzeugen bzw. beeinflussen kann, ist von Le Bel[136]) und von Ladenburg[137]) nachzuweisen versucht worden. Allerdings haben beide Untersuchungen Angriffe erfahren[138]), doch haben Beide die Richtigkeit ihrer Resultate feststellen können[139]). Später hat Pope auch optisch aktive Schwefel-[140]) und Zinnverbindungen[141]) dargestellt.

Sehr viel gestritten wurde über die Bedeutung der Racemie, deren Verständnis erst durch die Einführung des Begriffes der Umwandlungstemperatur (s. o.) und durch die Erkenntnis der Analogie zwischen Racemkörpern und Doppelsalzen möglich wurde. Immerhin blieb die wichtigste Spaltmethode der Racemkörper, die durch optisch aktive Substanzen, so lange ein Rätsel, als man die Existenz partiell racemischer Körper leugnete[142]). Nachdem aber Ladenburg gezeigt hatte, daß solche Verbindungen zweifellos existieren[143]), und nachdem für dieselben auch eine Umwandlungstemperatur nachgewiesen worden war[144]), ist jede Schwierigkeit gehoben.

Marsh, Journ. chem. soc. Trans. 1889, p. 656; und besonders van 't Hoff, Ansichten über organische Chemie, Braunschweig 1878.

[134]) Fehrlin u. Krause, Ber. d. deutsch. chem. Ges. XXIII, 1574 und 3617; Hantzsch u. Kraft, ibid. XXIV, 3511; Marckwald, ibid. XXV, 3100. — [135]) Ibid. XXVII, 1702, 1726, 1857, 2099, 3527, 2968; XXVIII, 741, 1124, 1734 usw. — [136]) Compt. rend. CXII, 724. — [137]) Berl. Akad. Ber. 1892, S. 1067; Ber. d. deutsch. chem. Ges. XXVI, 854; XXVII, 853 und 859. — [138]) Marckwald u. Droste-Huelshoff, ibid. XXXII, 560; Wolffenstein, ibid. XXIX, 1956. — [139]) Le Bel, Compt. rend. 1899, S. 548; Ladenburg, Ber. d. deutsch. chem. Ges. XXIX, 2706 u. XXXIV, 3416; vgl. ferner Wedekind, Ber. d. deutsch. chem. Ges. XXXII, 511 u. 722; Pope u. Peachey, Compt. rend. LXXIX, 167. — [140]) Trans. chem. Soc. 1900, p. 1072. — [141]) Proc. chem. Soc. 1900, p. 42. — [142]) E. Fischer, Ber. d. deutsch. chem. Ges. XXVII, 3226; Landolt, Drehvermögen, 2. Aufl. S. 85. — [143]) Ladenburg und Herz, Ber. d. deutsch. chem. Ges. XXXI, 937; Ladenburg u. Doctor, ibid. XXXI, 1969. — [144]) Ladenburg u. Doctor, ibid. XXXII, 50.

Auch die viel umstrittene Frage, wie man einen wahren Racemkörper (chemische Verbindung) von dem Gemenge der aktiven Komponenten unterscheiden könne, kann jetzt wohl als gelöst betrachtet werden [145]).

Zweifellos ist die Aufstellung und Durchbildung der Stereochemie, welche Bezeichnung übrigens von V. Meyer [146]) herrührt, das Wichtigste, was in der organischen Chemie in den letzten zwei Dezennien geleistet wurde. Sie hat für diese Zeit eine ähnliche Bedeutung wie die Aufstellung und Durchführung der aromatischen Theorie für die vorausgehenden 20 Jahre. Immerhin sind aber auch außerdem wichtige Untersuchungen in der organischen Chemie zu verzeichnen.

Von allgemeiner Bedeutung ist die Einführung des Begriffes der Tautomerie oder Desmotropie. Derselbe wurde 1885 von Laar aufgestellt [147]), und zwar auf Grund einiger Beobachtungen und Bemerkungen von Zincke [148]). Tautomer nennt man nach Laar eine Verbindung, für die man nach ihren Umsetzungen zwei oder mehrere Strukturformeln annehmen kann. Ein sehr bekanntes Beispiel dafür bietet der Acetessigester, der bald nach der Ketoformel $CH_3COCH_2COOC_2H_5$, bald nach der Enolformel $CH_3C(OH):CHCOOC_2H_5$ reagiert. Über derartige Körper, die in großer Zahl bekannt sind, liegen zahlreiche Untersuchungen vor, von denen die von W. Wislicenus [149]), Claisen [150]) und Knorr [151]) die bekanntesten sind. Ob bei einem desmotrop vorkommenden Körper, dieser als ein Gemisch zweier (oder mehrerer) Substanzen aufzufassen ist (Laar), oder ob die Formen fortwährend ineinander übergehen [durch Oszillationen, Kekulé, oder fließende Bindungen, Knorr [152])], oder ob schließlich bei gewissen Bedingungen die eine, bei anderen die zweite Form die beständige ist, darüber gehen die Ansichten noch sehr auseinander.

---

[145]) Roozeboom, Ber. d. deutsch. chem. Ges. XXXII, 537; Ladenburg, ibid. XXXII, 864; Pope, Trans. chem. Soc. 1890, p. 1111. — [146]) Ber. d. deutsch. chem. Ges. XXIII, 568. — [147]) Ibid. XVIII, 648 u. XIX, 730; vgl. auch Buttlerow, Ann. Chem. CLXXXIX, 76. — [148]) Ber. d. deutsch. chem. Ges. XVII, 3030. — [149]) Ann. der Chem. u. Pharm. CCXCI, 147. — [150]) Ann. der Chem. CCXCI, 25. — [151]) Ibid. CCXCIII, 70. — [152]) Ibid. CCLXXIX, 188.

Der systematisch und theoretisch fast abgeschlossenen Untersuchung der Zuckergruppe ist schon gedacht worden (s. S. 365). Die Gruppe der Harnsäure, die so lange der Aufklärung und der Synthese sich widersetzte, ist nun vollständig, und zwar hauptsächlich durch E. Fischer's[150] synthetische Untersuchungen aufgeklärt[151].

Auch die hydroaromatischen Körper wurden schon besprochen (S. 366), doch sind die Terpene noch nicht erwähnt. Früher bildeten sie das verworrenste Gebiet der organischen Chemie. Jetzt ist deren Systematik festgelegt durch die ausgedehnten und sorgfältigen Arbeiten Wallach's[152]. Auch die Aufklärung der Konstitution dieser Verbindungen scheint gelungen zu sein, dank der Arbeiten Wallach's[153], Baeyer's[154], Wagner's[155], Tiemann's und Semmler's[156]. Ganz neuerdings sind auch einige Synthesen solcher Verbindungen ausgeführt worden, und zwar durch Perkin jr.[157], Semmler[158] und Wallach[159]. Die Synthese des Camphers ist durch die Untersuchungen von Haller[160] und durch die von Komppa[161] gelungen, nachdem namentlich durch Bredt[162] seine Konstitution aufgeklärt worden war.

Wichtig ist auch die Entdeckung der Jodo-, Jodoso- und Jodoniumverbindungen, die wir Willgerodt[163] und V. Meyer[164] verdanken. Sie lehrten Neues über die Natur des Jods. Von großer Bedeutung für die Medizin war die Entdeckung des Anti-

---

[150] Ber. d. deutsch. chem. Ges. XXX, 549, 559, 1839, 1846, 2220, 2226, 2400, 3009; XXXI, 104, 431, 542, 2550, 2619, 2622; XXXII, 435. — [151] Vgl. übrigens Grimaux, Ann. Chim. Phys. (5) XI, 356 u. XVII, 276; Horbaczewsky, Monatshefte d. Chem. 1882, S. 796; 1885, S. 356; 1887, S. 201; Behrend u. Roosen, Ann. d. Chem. CCLI, 235; W. Traube, Ber. XXXIII, 1371 u. 3035. — [152] Ann. d. Chem. CCXXV bis CCCXX (52 Abhandlungen). — [153] Ibid. CCCXX bis CCCXLVII, 30 Abhandlungen. — [154] Ibid. CCLXXVIII, 88; Ber. chem. Ges. XXV, 2122; ibid. XXVI, 232. — [155] Ber. chem. XXVII, 1652. — [156] Ibid. XXVIII, 1773. — [157] Trans. Chem. Soc. LXXXVII, I, 639 (1905) u. LXXXIX, 839 (1906). — [158] Ber. chem. Ges. XXXIX, 2582. — [159] Ibid. XXXIX, 2504. — [160] Ibid. XXXVI, 4332. — [161] Ibid. XXVI, 3047. — [162] Compt. rend. CXXII, 146; CXXX, 376; Bredt u. Rosenberg, Ann. Chem. 289, 1. — [163] Journ. f. prakt. Chem. XXXIII, 154; Ber. d. deutsch. chem. Ges. XXV, 3495 u. XXVI, 1802. — [164] Ber. d. deutsch. chem. Ges. XXV, 2632; XXVI, 1354; XXVII, 1592; XXVIII, Ref. 80.

pyrins durch Knorr[165]); gleichzeitig wurde dadurch auch die Pyrazolgruppe aufgeschlossen[166]). Eine große Rolle im Arzneischatz spielt jetzt auch das Pyramidon, ein Dimethylamidoantipyrin[167]).

Von technischer Wichtigkeit ist die Darstellung der sogenannten substantiven Azofarbstoffe[168]), noch viel größere Bedeutung besitzt die der Ammoniaksoda, und des synthetischen Indigos nach einer von Heumann[169]) aufgefundenen Methode. Es ist dies vielleicht das frappanteste Beispiel von dem eminenten Nutzen, den eine innige Verbindung von Technik und Wissenschaft zu bringen berufen ist. Die ausführliche Geschichte dieses Gegenstandes, die uns durch die Darlegungen von Brunck[170]) zugänglich geworden ist, bietet eine Fülle interessanten und lehrreichen Materials. Dabei darf noch besonders hervorgehoben werden, daß die Darstellung des synthetischen Indigos eine neue Methode zur Gewinnung der Schwefelsäure[171]) gezeitigt hat, die vielleicht die altbewährte Methode zu verdrängen vermag. Daß sowohl für die Herstellung der zur Indigobereitung notwendigen Anthranilsäure, wie für die Vereinigung von Schwefeldioxyd und Sauerstoff katalytische Prozesse zu Hilfe genommen werden, hat die Aufmerksamkeit der Chemiker von neuem diesem früher vielfach behandelten Gegenstande zugewendet[172]) (vgl. S. 216 u. 392).

Große Fortschritte sind auch gemacht worden in der Herstellung künstlicher Riechstoffe. Das Vanillin ist schon vor längerer Zeit synthetisch dargestellt worden, hierher gehört ferner die Gewinnung des Piperonals[173]) (Heliotropins), vor allem aber die Synthese des Jonons durch Tiemann und Krüger[174]).

Dieser Bericht über die jüngsten Phasen in der Entwicklung unserer Wissenschaft im vergangenen Jahrhundert soll übrigens nicht geschlossen werden, ohne der wertvollen, wenn auch nicht

---

[165]) Ber. d. deutsch. chem. Ges. XVII, Pat. S. 148 und 149; ferner S. 2032 usw. — [166]) Ann. Chem. CCLXXIX, 188; CCXCIII, 1. — [167]) D. R.-P. 71261. — [168]) D. R.-P. 32958, 1884. — [169]) Ber. d. deutsch. chem. Ges. XXIII, 3043, 3431. — [170]) Ibid. XXXIII, LXXI. — [171]) Ibid. XXXIV, 4069. — [172]) Ostwald, Elektrochem. Zeitschr. VII, 995. — [173]) Ann. d. Chem. CLII, 25. — [174]) Ber. d. deutsch. chem. Ges. XXVI, 2675; XXVIII, 1754.

abgeschlossenen Arbeiten zu gedenken, welche unter Friedel's Leitung ausgeführt wurden und die Herstellung einer neuen Nomenklatur in der organischen Chemie bezweckten[175]). Ist es auch noch nicht möglich geworden, das System auf ringförmige Gebilde auszudehnen, so enthält es doch in den bereits vorhandenen Prinzipien sehr viel Gutes und Wertvolles.

---

[175]) Vgl. den Bericht von Tiemann, Ber. d. deutsch. chem. Ges. XXVI, 1595.

Siebzehnte Vorlesung.

Radiumforschung. — Neuere Auffassung des Valenzbegriffs. — Berechnung chemischer
Gleichgewichte aus thermischen Messungen. — Feste Lösungen. — Allotropie. —
Spaltmethoden racemischer Verbindungen. — Asymmetrischer Stickstoff. — Synthetische
Methoden und Synthesen. — Suboxyde und Peroxyde. — Eiweißforschung. — Katalyse.
— Chemie der Colloide.

Heute will ich versuchen, Ihnen einiges über die wichtigsten
Fortschritte der Chemie in diesem Jahrhundert mitzuteilen, wobei
ich selbstverständlich auf Vollständigkeit keinen Anspruch mache.

Zweifellos ist die Radiumforschung nicht nur das Wichtigste,
was die letzten Jahre zutage brachten — sie hat auch die
weitesten Kreise am meisten bewegt und nach der Ansicht
mancher Forscher soll sie berufen sein, die Fundamente unserer
Wissenschaft zu erschüttern.

Schon die Entdeckung des Radiums verdient Erwähnung.

Angeregt durch die Röntgenstrahlen und deren überraschende
Eigenschaften fand Bequerel[1]), daß Uransalze auf der gegen
Licht geschützten photographischen Platte Wirkungen ausüben,
und zwar waren diese, wie weitere Untersuchungen bewiesen, ganz
unabhängig von einer vorherigen Bestrahlung der Uranverbin-
dungen, wie man zunächst vermutet hatte. Sie erwiesen sich im
Gegenteil selbst bei Jahre langem Aufbewahren der Salze im
Dunkeln als durchaus konstant. Ferner zeigte es sich, daß diese
Uran- oder Becquerelstrahlen die Eigenschaft hatten, die Luft
elektrisch leitend zu machen, d. h. zu ionisieren, so daß darauf

---

[1]) Compt. rend. (1896), CXXII, 420, 501, 559, 609, 762, 1086.

eine Methode zur Messung der Intensität der Strahlen gegründet werden konnte[2]).

Mittels eines solchen Apparats untersuchte nun Frau S. Curie die verschiedensten Körper in bezug auf ihre „Radioaktivität"[3]), wie sie diese Eigenschaft der Uranverbindungen genannt hat. Dabei zeigte es sich, daß außer dem Uran und fast allen seinen Verbindungen nur noch den Thorhaltigen Körpern diese Eigenschaft zukommt[4]). Ferner fand sie, daß die Pechblende etwa viermal aktiver ist als das metallische Uran, woraus sie ohne weiteres folgerte, daß eine Beimengung die Ursache der Aktivität sein müsse[5]), und sie beschloß, diese zu isolieren, was ihr auch schließlich durch die Verarbeitung vieler Tonnen Pechblende und unter Mitwirkung von P. Curie und Bémont gelang[6]). Sie nannte die betreffende Substanz, die sie als ein Element betrachtete, Radium. Schon vorher hatte sie gemeinschaftlich mit P. Curie das Polonium isoliert[7]), das ebenso wie das von Debierne aus der Pechblende isolierte Aktinium[8]) radioaktive Eigenschaften besitzt[9]).

Für die elementare Natur des Radiums spricht sowohl die große Ähnlichkeit seiner Halogenverbindungen und seines Sulfats mit den entsprechenden Bariumverbindungen, wie die Unveränderlichkeit seiner Spektralreaktion. Unter dieser Voraussetzung bestimmte Frau Curie das Atomgewicht desselben aus dem Bromid, dessen Molekül dem $BaBr_2$ analog angenommen wurde, zu 225[10]). Das hypothetische Element selbst konnte wegen Mangels an Material noch nicht isoliert werden.

Eine der merkwürdigsten und folgenschwersten Eigenschaften der Radiumsalze ist die konstante und selbsttätige Wärme-

---

[2]) J. Curie, Thèse de docteur 1880. — [3]) P. u. S. Curie, Compt. rend. 1898. — [4]) S. Curie, ibid. April 1898. — [5]) Dies., Untersuchungen über die radioaktiven Substanzen, übersetzt von W. Kaufmann, Braunschweig, S. 17. — [6]) P. u. S. Curie u. G. Bémont, Compt. rend. Dezbr. 1898. — [7]) Compt. rend., Juli 1898. — [8]) Ibid., Oktbr. 1899 u. April 1900. — [9]) Das von Marckwald aus dem aus Pechblende gewonnene Wismuth isolierte Radiotellur (Ber. chem. Ges. XXXV, 2285 und 4239; XXXVI, 2662) scheint mit Polonium identisch zu sein. — [10]) S. Curie, Compt. rend., Nov. 1899, Aug. 1900 und Juli 1902: vgl. Untersuchungen usw. S. 33.

entwicklung derselben, welche von Rutherford und McClung zuerst gemessen wurde[11]). Spätere Messungen von Curie und Laborde[12]) ergaben, daß 1 g Ra in der Stunde etwa 100 Grammcalorien entwickelt, wonach das Radium der Sitz einer kolossalen Energie ist. Sehr bemerkenswert ist auch die Tatsache, daß das Radium sehr verschiedenartige Strahlen aussendet, die als α-, β- und γ-Strahlen unterschieden werden[13]) und von denen die beiden ersten von Rutherford[14]), die γ-Strahlen von Villard[15]) entdeckt wurden. Die α-Strahlen, welche den weitaus größten Teil der gesamten ausgestrahlten Energie besitzen, verhalten sich wie Kanalstrahlen, d. h. wie positiv geladene Teilchen, werden vom Magneten abgelenkt, ionisieren die Luft, besitzen nur ein geringes Durchdringungsvermögen usw., die β-Strahlen, die sich wie Kathodenstrahlen, also wie negativ geladene Teilchen verhalten, werden vom Magneten in entgegengesetzter Richtung abgelenkt, besitzen größeres Durchdringungsvermögen, stark photographische Wirkung usw., während sich die γ-Strahlen wie Röntgenstrahlen verhalten, vom Magneten also gar nicht abgelenkt werden.

Eine neue Epoche in der Radiumforschung bildet die Entdeckung der Emanationen, welche die radioaktiven Körper abgeben. Diese liefern die Erklärung für die von P. und S. Curie zuerst beobachteten Erscheinungen der sogenannten induzierten Radioaktivität[16]). Diese wurde von Rutherford als durch eine Emanation hervorgebracht interpretiert[17]). Giesel erkannte diese Emanation als ein Gas[18]), und dies wurde durch Untersuchungen von Rutherford und Soddy[19]), welche die Emanation in flüssiger Luft verdichteten und durch Ramsay und Soddy,

---

[11]) Trans. Roy. Soc. CLXXXXVI, 55 (1901). — [12]) Compt. rend. CXXXVI, 673 (1903). — [13]) Phil. Mag. XLVII, 109 (1899). — [14]) Compt. rend. CXXX, 1010 (1900). — [15]) Neuerdings sind auch noch δ-Strahlen gefunden worden (vgl. J. J. Thomson, Proc. Cambridge Soc. XIII, I, 49 u. Rutherford, Phil. Mag. (6) X, 193; Slater, ibid. (6) X, 460), die sich wie langsame Kathodenstrahlen verhalten. — [16]) P. u. S. Curie, Compt. rend. CXXIX, 714 (1899). — [17]) Phil. Mag. (5) XLIX, 1 u. 161 (1900). — [18]) Ber. chem. Ges. XXXII, 3608 (1902), vgl. auch Rutherford u. Soddy, Phil. Mag. (6) IV, 569 (1902). — [19]) Phil. Mag. (6) V, 561 (1903).

welche nachwiesen, daß sie den Gasgesetzen folgt[20]), bestätigt. Letztere haben auch gezeigt, daß die Emanation nach einiger Zeit verschwindet und daß dann das Heliumspektrum sichtbar wird[21]). Schon früher hatten allerdings Rutherford und Soddy die Ansicht ausgesprochen, daß bei dem Zerfall der Radiumemanation Helium entstehen werde[19]).

Ähnlich wie das Radium verhält sich auch das Uran und das Thor, die Elemente mit den höchsten Atomgewichten. Namentlich über die Radioaktivität des Thors und seine Emanation liegen eine große Zahl von Untersuchungen vor[22]).

Rutherford und Soddy[23]) nehmen nun an, daß alle radioaktiven „Elemente" in Verwandlung begriffene Körper seien, denn auch die zunächst entstehende Emanation büßt nach und nach evt. auch sehr rasch ihre Aktivität ein und verwandelt sich in Emanationen anderer Art, die wieder umwandlungsfähig sind, bis schließlich eine nicht mehr radioaktive und umwandlungsfähige Substanz, z. B. Helium, entsteht, und sie nennen ein Atom, das solche Umwandlungen zeigt, Metabolon. Sehr wichtig ist, daß sie die Geschwindigkeit der Verwandlung bestimmen können, und sie stellen dafür die Formel auf[24]):

$$\frac{J_t}{J_o} = e^{-\lambda t}$$

wo J_t und J_o die Intensitäten der Strahlung für eine bestimmte Zeit t und für den Anfangszustand bedeuten, λ aber die Radioaktivitätskonstante ist, die für eine bestimmte radioaktive Substanz einen sehr konstanten Wert, für jede andere radioaktive Substanz aber wieder einen anderen konstanten Wert besitzt, der sich mit außerordentlicher Genauigkeit bestimmen läßt und bei

<hr>

[20]) Proc. Roy. Soc. LXXII, 204 (1903). Verhandlungen der Naturforscherversammlung zu Cassel 1903, S. 62. — [21]) Soddy, Die Radioaktivität, Leipzig 1904, S. 123. Neuerdings nimmt Rutherford an, daß die α-Strahlen des Radiums mit Helium identisch sind. — [22]) Rutherford u. Soddy, Trans. Chem. Soc. LXXXI, 321 u. 837 (1902); Phil. Mag. (6) IV, 378 (1902); vgl. übrigens Hoffmann u. Zerban, Ber. chem. Ges. XXXVI, 3093 (1903), wo angegeben wird, daß Thor aus Gadolinit nicht radioaktiv ist. — [23]) Phil. Mag. (6) IV, 579; V, 576: Rutherford, ibid. (5) IL, 170. — [24]) Vgl. Soddy, l. c. S. 119.

derselben Substanz immer wieder gleich findet. $1/\lambda$ ist die sogenannte mittlere Lebensdauer der betr. Substanz und durch Bestimmung dieses Wertes kann eine radioaktive Substanz mit einer Sicherheit erkannt werden, die weit über das hinausgeht, was die Spektralanalyse zu leisten imstande ist.

Auf diesen Anschauungen und Tatsachen bauen Rutherford und Soddy ihre Desaggregationstheorie auf, wonach die Atome der Elemente Metabolen seien und sich so die Wärmeentwicklung derselben erkläre[25]). Wenn sie auch diese Hypothese zunächst nur für die radioaktiven Körper aufstellen, so scheinen sie doch der Meinung zu sein, daß sie auf alle Elemente ausgedehnt werden solle, sie könnten sonst nicht von einer „Entwicklung der Materie, enthüllt durch die Radioaktivität", sprechen[26]).

Der Historiker wird dem gegenüber den Standpunkt festhalten müssen, daß, indem er Tatsachen und Ansichten referiert, er mit seinem eigenen Urteil zurückhält.

Übrigens hat die Radiumforschung verhältnismäßig wenige Forscher in ihre Kreise gezogen, trotz der schönen und überraschenden Experimente und trotz der universellen Bedeutung, welche dieselbe gewonnen hat, sowohl in theoretischer wie auch in praktischer Hinsicht, letzteres, nachdem Elster und Geitel[27]) und auch Andere[28]) das sehr verbreitete Vorkommen des Radiums nachgewiesen hatten, und andererseits die sehr energischen Wirkungen auf die Haut erkannt waren[29]), die sehr bald seine therapeutische Anwendung zur Folge hatten.

Die meisten Chemiker arbeiten unbeirrt an dem Ausbau des vorhandenen Systems weiter, und hier soll zunächst von Ver-

---

[25]) Soddy, Radioaktivität, S. 179; Rutherford, Radioactivety, 2. Aufl. Cambridge 1906. J. J. Thomsen, Elektrizität und Materie, übersetzt von Siebert, Braunschweig 1904. — [26]) Soddy: Wilde, Vorlesung, gehalten in der Literary u. Philos. Soc. in Manchester 1904; vgl. auch J. J. Thomson, Elektrizität und Materie, wo eine ähnliche Annahme gemacht und versucht wird, dadurch eine Erklärung zu gewinnen für die Valenz und das periodische Gesetz. — [27]) Phys. Ztschr. 1900, 1901 u. 1902. — [28]) Wilson, Proc. Roy. Soc. 1901; Rutherford u. Allen, Phil. Mag. 1902, IV, 701; McLennan, Phil. Mag. V, 419; VI, Juni 1903 usw. — [29]) Walkhoff, Phot. Rundschau Okt. 1900; Giesel, Ber. chem. Ges. XXXIII, 3569; Becquerel u. P. Curie, Compt. rend. CXXXII, 1289; Himstedt u. Nagel, Ann. d. Physik IV (1901) usw.

suchen die Rede sein, den Begriff der Valenz zu erweitern bzw.
zu verändern, besonders um den molekularen Verbindungen eine
gesicherte Stellung im System zu verschaffen (vgl. S. 318). Allerdings scheint es fraglich, ob auf den bisher betretenen Wegen
die aufgeworfenen Probleme einer endgültigen Lösung entgegen-
geführt werden können.

Werner, auf dessen Untersuchungen[30]) wir hier zunächst
eingehen, unterscheidet zwischen Haupt- und Nebenvalenzen:
Die Hauptvalenzen „vereinigen einfache oder zusammengesetzte
Radikale miteinander, die als selbständige Ionen auftreten können
oder deren chemisches Bindevermögen mit demjenigen ionisier-
barer Radikale äquivalent ist. Die Nebenvalenzen stellen Affini-
tätswirkungen dar, welche Radikale aneinander ketten, die weder
als selbständige einwertige Ionen wirken, noch mit solchen äquivalent sein können[31])“. Diese letzteren sollen H_2O, NH_3, KCl usw.
zu binden vermögen.

Danach scheint es, als ob Werner unter Hauptvalenzen etwa
das verstehe, was man bisher als Valenz bezeichnet hatte. Dies ist
aber nicht der Fall, da er direkt bestreitet, daß die Valenz eine
gerichtete Einzelkraft sein könne[32]). Damit aber würde die heutige
theoretische Grundlage der ganzen Stereochemie fallen, wonach das
Kohlenstoffatom 4 nach den Ecken eines Tetraëders gerichteten
Kräfte besitzen soll[33]), in dessen Zentrum das Kohlenstoffatom
steht. Durch die Nebenvalenzen werden an durch Hauptvalenzen
zusammengehaltene Moleküle neue Moleküle angelagert. So
ist z. B. im Salmiak an das dreiwertige Stickstoffatom durch
dessen Nebenvalenzen und durch die des Wasserstoffs die Salzsäure gebunden. Werner schreibt[34]):

$$H_3N\ldots\ldots HCl$$

und in eingehender Weise sucht er diese Auffassung den älteren

---

[30]) Neuere Anschauungen auf dem Gebiet der anorg. Chemie, Braunschweig 1905. Beiträge zur Theorie der Affinität und Valenz, Vierteljahrs-
schrift der Züricher Naturf.-Gesellschaft 1891, 36; Lehrbuch der Stereochemie; Bloch, Werner's Theorie des Kohlenstoffatoms, Wien u. Leipzig
1903 usw. — [31]) Werner, Neue Anschauungen usw., S. 58. — [32]) Ders.,
l. c. S. 26. — [33]) van 't Hoff, Lagerung der Atome im Raum, S. 4. —
[34]) Werner, l. c. S. 98.

Anschauungen gegenüber hervorzuheben, während doch eine große Analogie zwischen beiden unverkennbar ist.

Die Summe der Haupt- und Nebenvalenzen beträgt nach Werner im allgemeinen 6, d. h. sie hat für die meisten Zentralatome denselben Wert und ist von der Natur der mit diesem verbundenen Radikale ziemlich unabhängig. Diese Zahl wird Koordinationszahl genannt und bedeutet die in der ersten Sphäre mit einem Zentralatom verbundene Anzahl Atome oder Gruppen. Diese sind nicht ionisationsfähig, während solches der Fall ist bei den in der zweiten Sphäre befindlichen Atomen oder Radikalen [35]. Dafür werden verschiedene Beispiele gegeben, unter anderem:

$$[\mathrm{PtCl_6}]\mathrm{K_2}, \quad [\mathrm{SiFl_6}]\mathrm{K_2}, \quad [\mathrm{Fe(CN_6)}]\mathrm{K_4}$$

$$[\mathrm{Fe(CN)_6}]\mathrm{K_3}, \quad [\mathrm{AlFl_6}]\mathrm{Na_3}, \quad \mathrm{Fe}\begin{bmatrix} \mathrm{NO} \\ \mathrm{(CN)_5} \end{bmatrix}\mathrm{Na_2}$$

$$[\mathrm{Cr(SCN)_6}]\mathrm{R_3}, \quad \begin{bmatrix} \mathrm{Cr}\dfrac{\mathrm{(NH_3)_2}}{\mathrm{(SCN)_4}} \end{bmatrix}\mathrm{R_2} \quad \text{usw.}$$

Bei dieser Auffassung erklären sich die Komplexsalze ohne weiteres. Ganz besonders aber ist diese Vorstellungsweise geeignet, ein gewisses Verständnis zu eröffnen für die Kobalt- und Platinammoniakverbindungen und deren molekulare Leitfähigkeiten, z. B. (s. untenstehende Figur):

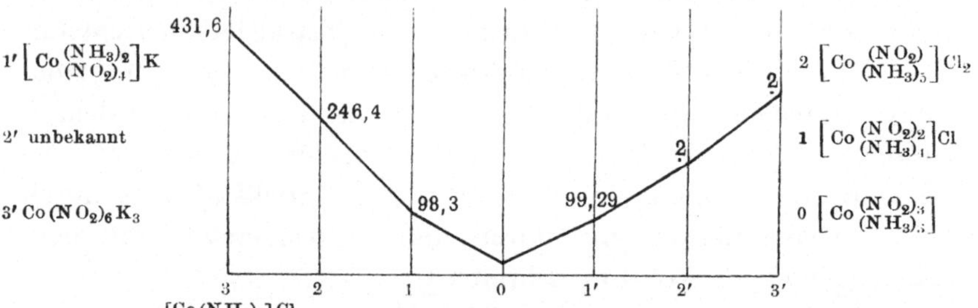

Die **Zahlen** bedeuten die molekularen Leitfähigkeiten.

Die in der Klammer befindlichen Radikale sind nicht ionisierbar, sondern nur die außerhalb stehenden. So ist es zu verstehen, daß das Luteo- oder Hexaminkobaltchlorid 3 Atome Chlor, das Purpureo- oder Pentaminkobaltchlorid 2 Atome Chlor, das Praseo- oder Tetraminkobaltchlorid 1 Atom Chlor austauscht,

---

während die Triaminkobaltsalze keiner doppelten Umsetzung mehr fähig sind. Freilich wird bei dieser Auffassung angenommen, daß Cl (bzw. NO_2) und NH_3 sich äquivalent ersetzen können [36]).

Ganz anders geht Abegg [37]) vor, der sich ziemlich eng an Berzelius [38]) und Brodie [39]) anschließt und in der Verbindung zweier Atome stets einen Ausgleich entgegengesetzter Elektrizitäten findet. Er erreicht dies dadurch, daß er in jedem Atom positive und negative Valenzen voraussetzt, deren Summe stets 8 beträgt, d. h. so groß ist, wie die Zahl der Gruppen im System von Mendelejeff. Er unterscheidet Normalvalenzen und Kontravalenzen und die Zahl derselben ist bedingt durch die Stellung im periodischen System, und wird durch das folgende Schema dargestellt:

	Gruppe						
	1	2	3	4	5	6	7
Normalvalenzen	$+1$	$+2$	$+3$	± 4	-3	-2	-1
Kontravalenzen	(-7)	(-6)	-5		$+5$	$+6$	$+7$

Die Betätigung der maximalen Valenz ist nicht notwendig und namentlich sind die Kontravalenzen selten völlig abgesättigt. Die negative Elektroaffinität [40]) ist entsprechend den Eigenschaften des negativen Elektrons erheblich schwächer als die positive, was besonders für die Kontravalenzen zur Geltung kommt.

Diese Hypothese soll nun die Erklärung geben für die Existenz der Molekularverbindungen, und es wird nachzuweisen versucht, daß nur solche sonst als gesättigte Verbindungen betrachtete Körper sich mit gleichen oder anderen Molekülen vereinigen, bei denen noch Kontravalenzen zur weiteren Bindung zur Verfügung stehen.

---

[36]) Dabei ist übrigens zu bemerken, daß diese Auffassung nur möglich ist, wenn man eine äquivalente Vertretung von NH_3 durch Cl zugibt, die Werner oben (s. S. 377) als nicht möglich hingestellt hatte. — [37]) Zeitschr. f. anorg. Chemie XXXIX, 330. — [38]) Vgl. S. 89 ff. — [39]) Vgl. S. 214 u. 215. — [40]) Elektroaffinität ist ein von Abegg und Bodländer eingeführter Begriff, der die Affinität des Atoms zum Elektron bedeutet und sich besser als die Valenz als Grundlage für die Systematik eignen soll. (Zeitschr. f. anorg. Chemie XX, 453 (1899).

Fraglich erscheint, ob diese Auffassung sich auf das ganze Gebiet der Chemie ausdehnen läßt, ob nicht dann unüberwindliche Schwierigkeiten entstehen. So ist z. B. schwer zu verstehen, daß der Wasserstoff und die Halogene nur zweiatomige Moleküle bilden. Ferner erscheinen Verbindungen wie $CuCl_2$ und $AuCl_3$ höchst auffallend, da die betreffenden Metalle in die erste Gruppe gehören und nur eine positive Normalvalenz besitzen. Die Auffassung der Säuren und Salze, die eine dualistische wird, so daß sie als Verbindungen von Anhydrid und Wasser bzw. Metalloxyd erscheinen, ist den Tatsachen weniger entsprechend als die sonst übliche, wonach die Säuren Hydroxylgruppen enthalten, deren Wasserstoff durch Metall vertretbar ist. Ferner ergibt sich eine Schwierigkeit bei der Auffassung von Verbindungen von Elementen, die der gleichen Gruppe angehören, z. B. Schwefel mit Sauerstoff, da hier die Normalvalenzen des einen ungebunden bleiben, wenn diese nicht wieder die Kontravalenzen des anderen absättigen sollen.

Auch muß es als ein Nachteil beider Auffassungen betrachtet werden, daß nicht versucht wurde, sie auf die organischen Verbindungen anzuwenden; es ist daher mindestens fraglich, ob man mit diesen Systemen zu einer eindeutigen Strukturlehre gelangen kann, welche den Tatsachen in so weitgehender Weise Rechnung trägt, wie dies bei der heutigen Valenzlehre der Fall ist.

Auf Thiele's Anschauungen über Partialvalenzen [41]), die mehrfach anerkennend erwähnt wurde, kann hier nur hingewiesen werden.

Einen großen Schritt vorwärts auf thermodynamisch-chemischem Gebiet bedeutet zweifellos eine Abhandlung von Nernst, welche die Berechnung chemischer Gleichgewichte aus thermischen Messungen zum Ziel hat [42]). Unter Annahme der Hypothese, wonach die freie und die gesamte Energie chemischer Reaktionen zwischen festen und flüssigen Körpern beim absoluten Nullpunkt

---

[41]) Ann. Chem. CCCVI, 87. — [42]) Nachr. Ges. Wissensch. Göttingen 1906, Heft 1.

und in dessen Nähe einander gleich sind, wird eine Lösung der Aufgabe möglich, und Nernst gelingt es, verschiedene Anwendungen seines Resultats durchzuführen und eine annähernde Übereinstimmung mit den Beobachtungen nachzuweisen. Der Weg, den Nernst gegangen ist, kann in der Zukunft bedeutungsvoll werden.

Von Wichtigkeit ist ferner die Einführung des Begriffs der festen Lösung, den wir van 't Hoff verdanken[43]). Er versteht darunter homogene, feste Gemische, deren Zusammensetzung sich kontinuierlich innerhalb bestimmter Grenzen ändern kann. Diese Auffassung soll die Erklärung liefern für gewisse Anomalien, die man bei kryoskopischen Beobachtungen gefunden hatte. Dabei hatte sich nämlich gezeigt, daß das sogen. Raoult'sche Gesetz (vgl. S. 344 und 350) auch in Fällen keine Gültigkeit hat, wo es sich nicht um Elektrolyten handelt. Hier nimmt van 't Hoff an, daß sich nicht das reine Lösungsmittel, sondern ein Gemisch desselben mit dem in Lösung befindlichen Körper, „die feste Lösung", abgeschieden habe, und zeigt, daß derartige Anomalien besonders dann vorkommen, wenn Lösung und Lösungsmittel gewisse Analogie der Konstitution besitzen, wofür später der Ausdruck isomorphogen eingeführt wurde[44]).

Feste Lösungen lassen sich einteilen in amorphe und kristallisierte. Als Beispiel für die ersteren können die gefärbten Gläser dienen, während die isomorphen Mischungen für die zweite Gruppe charakteristisch sind.

van 't Hoff's Auffassung hat sich nicht nur qualitativ, sondern auch quantitativ beweisen lassen, indem man aus den Schmelzpunktserniedrigungen die in fester Lösung ausgeschiedene Menge des gelösten Körpers berechnete und mit der tatsächlich vorhandenen Menge verglich, wobei sich eine nahe Übereinstimmung ergab[45]).

---

[43]) Zeitschr. f. phys. Chem. V, 323 (1890). — [44]) Vgl. Bruni, Über feste Lösungen, Ahrens' Sammlung VI, 415. — [45]) Beckmann u. Stock, Zeitschr. phys. Chem. XVII, 120; XXII, 612. Bruni, Gazz. chim. I, 259 u. 277 (1898).

Diese Theorie der festen Lösungen hat eine Reihe von interessanten Anwendungen gestattet, von denen ich eine der wichtigsten hier anführen will: die teilweise Aufklärung der bei der Herstellung der technischen Eisengewinnung sich abscheidenden Produkte.

Zunächst hat sich bei einer eingehenden Untersuchung derselben, die wir namentlich Jüptner, Roozeboom und Le Chatelier verdanken [46]), herausgestellt, daß mindestens 3, vielleicht sogar 4 allotrope Formen des Eisens vorkommen, von denen das α-Eisen unter 760^0 beständig und nur sehr wenig Kohlenstoff aufzunehmen imstande ist, das β-Eisen zwischen 760^0 und 900^0 existensfähig ist und nur 0,15 Proz. Kohlenstoff aufnehmen kann, während γ-Eisen von 900^0 bis zum Schmelzpunkt (1550^0) beständig ist und bis 2 Proz. Kohlenstoff aufnimmt. Geschmolzenes Eisen kann 4 und mehr Prozent Kohlenstoff enthalten.

Der Cementit ist eine Kohlenstoff-Eisenverbindung von der Formel Fe_3C mit 6,6 Proz. Kohlenstoff. Das Gußeisen muß als eine feste Lösung von Ferrit (α- oder β-Eisen) mit Cementit betrachtet werden. Martensit ist vielleicht auch eine Eisencarbidverbindung mit 0,9 Proz. Kohlenstoff, vielleicht auch eine feste Lösung von Eisen in Cementit (Roozeboom nennt ihn homogene Mischkristalle). Er bildet den Hauptbestandteil des Stahls, der aber meist noch Kohlenstoff gelöst enthält. Beim Härten des Stahls bleibt der Kohlenstoff in Lösung, und es bildet sich Martensit: harter Stahl, während bei langsamer Abkühlung eine teilweise Entmischung stattfindet.

Ähnliche Verhältnisse wie beim Eisen finden sich auch bei anderen Elementen, nur sind dieselben viel einfacher, weil es sich nur um Allotropien und nicht auch um feste Lösungen handelt.

So verdanken wir Untersuchungen von Cohen den Nachweis [47]), daß das Zinn in drei allotropen Formen existiert. Bis 20^0

---

[46]) Jüptner, Handbuch der Siderologie. Ders., Ber. chem. Ges. XXXIX, 2376. van 't Hoff, Vorträge über phys. Chemie, Braunschweig 1902. Backhuis Roozeboom, Zeitschr. phys. Chem. XXXIV, 437. R. Austen, Proc. of the Inst. of Mech. Engineers, 1897, p. 70 u. 90. Le Chatelier, Revue gen. des sciences pures et appliquées, 1897, p. 11. — [47]) Zeitschr. phys.

ist das graue Zinn beständig, von 20° bis 170° das tetragonale und von 170° bis 232° (Schmelzpunkt des Zinns) das rhombische Zinn. Durch diese Arbeit findet endlich die Zinnpest, die schon Aristoteles gekannt haben soll, ihre Erklärung, indem eben bei niederer Temperatur das weiße (tetragonale) Zinn in das graue übergeht.

Durch Marc ist der Nachweis erbracht worden, daß das sog. kristallinische oder metallische Selen in zwei allotropen Formen vorkommt[48]), von denen die eine praktisch gar keine Leitfähigkeit besitzt, die andere aber eine sehr gut leitende Substanz mit negativem Temperaturkoëffizienten ist. Die letztere ist die lichtempfindliche Modifikation. Auch der flüssige Schwefel, soll in zwei Formen existieren, von denen der eine, bis 160° beständig, eine leichtflüssige Form, der andere aber sehr viskos sein soll[49]).

Erwähnenswert ist eine Arbeit von Schenk[50]), der die Frage zu entscheiden sucht, ob die Beziehung des weißen Phosphors zum roten als eine Polymerie oder als Polymorphie aufzufassen ist, welche Frage er durch Feststellung der Reaktionsgeschwindigkeit beantworten will, d. h. durch die Entscheidung darüber, ob eine mono- oder bimolekulare Reaktion stattfindet. Als Lösungsmittel für den weißen Phosphor wählt Schenk Phosphortribromür und glaubt die Reaktion zunächst als eine bimolekulare auffassen zu können, bei genauerer Untersuchung findet er sie aber monomolekular[51]). Nichtsdestoweniger betrachtet er das Produkt, den hochroten Phosphor, als polymer mit dem weißen und zeigt, daß er mit dem gewöhnlichen roten identisch aber sehr fein verteilt ist und Phosphorbromür absorbiert enthält. Zu technischen Zwecken scheint der von Bromphosphor gereinigte hochrote Phosphor besser geeignet, als der gewöhnliche rote Phosphor.

Von der Allotropie kommen wir zur Isomerie, und zwar zur Stereomerie und Stereochemie.

Chem. XXX, 602; XXXIII, 57; XXXV, 588; XXXVI, 513; XLVIII, 243; L, 225 (1904).
[48]) Zeitschr. anorg. Chem. XXXVII, 459; XLVIII, 393; L, 446. Ber. chem. Ges. XXXIX, 197. — [49]) Bronstedt, Zeitschr. phys. Chem. LV, 371.
[50]) Ber. chem. Ges. XXXV, 351; XXXVI, 979. — [51]) Ibid. XXXVI, 4202.

Schon früher (S. 277 u. 364) ist die Rede davon gewesen, daß seit Pasteur's Entdeckung der drei Spaltmethoden racemischer Verbindungen keine neue hinzugekommen ist, obgleich die Bemühungen vieler Chemiker dahin gerichtet waren. Jetzt muß aber einiges in dieser Beziehung Geleistete hervorgehoben werden.

Zunächst soll ein Gedanke E. Fischer's betont werden, der jetzt unter dem Namen der asymmetrischen Synthese bekannt ist und der sich etwa in folgender Weise darstellen läßt[52]). Wenn man an ein optisch aktives Molekül mit einem oder mehreren asymmetrischen Kohlenstoffatomen eine inaktive Gruppe addiert, aber so, daß ein neues asymmetrisches Kohlenstoffatom gebildet wird, so wird von diesem voraussichtlich die eine Konfiguration begünstigt werden, und wenn man dann diese letztere Gruppe abspaltet, so wird evt. ein aktives Molekül gebildet. Wiederholt sollte dieser Gedanke zur Herstellung optisch aktiver Körper herangezogen werden[53]), aber trotz aller Anstrengungen, namentlich auch von Seiten Fischer's[54]), ist es bisher nicht gelungen, ein greifbares positives Resultat zu erzielen, wenn man nicht die von Marckwald aus Methyläthylmalonsäure mittels Brucin gewonnene aktive Valeriansäure[55]) als solches auffassen will, doch scheint es logischer, diese Spaltung als der zweiten Pasteur'schen Methode entsprechend anzusehen[56]).

Dagegen ist es Marckwald[57]) gelungen, einen anderen Gedanken zu realisieren, der darin besteht, daß man die verschiedene Veresterungsgeschwindigkeit, die zwei enantiomorphe Säuren einem optisch aktiven Alkohol gegenüber zeigen, verwertet. So ist es gelungen, durch Erhitzen von Menthol mit r-Mandelsäure, aus dem nicht veresterten Teil, l-Mandelsäure zu gewinnen.

Die von Erlenmeyer jr.[58]) und auch von Neuberg[59]) angegebene Methode, durch optisch aktive Basen oder Hydrazine, Aldehyde in optisch Isomere zu spalten bzw. den entgegengesetzten

---

[52]) Ber. XXVII, 3230 (1894). — [53]) Journ. Chem. Soc. (1901), LXXIX, 1305; Proc. chem. Soc. 1900, S. 226. — [54]) Ber. XXXVI, 2575 (1903). — [55]) Ibid. XXXVII, 349. — [56]) Vgl. S. 286. — [57]) Marckwald u. McKenzie, Ber. XXXII, 30; XXXIII, 218; XXXIV, 469. — [58]) Ber. XXXVI, 976 (1903). — [59]) Ibid. XXXVI, 1192.

Weg zu gehen, kann nicht als prinzipiell neu angesehen werden, sondern nur als eine Verallgemeinerung der zweiten Pasteurschen Methode, was die Autoren übrigens auch selbst angeben.

Anschließend an diese Untersuchungen dürfen hier die neueren Beobachtungen über die Stereomerie bei Stickstoffverbindungen Platz finden. Da muß zunächst angeführt werden, daß durch Versuche von Ladenburg[60]) die immer wieder angezweifelte Existenz eines dreiwertigen asymmetrischen Stickstoffs ganz sichergestellt wurde und daß durch Pope und Peachey[61]), Jones[62]) und Wedekind[63]) neue aktive Verbindungen mit fünfwertigem Stickstoff erhalten wurden.

Ladenburg hat gezeigt, daß das Reduktionsprodukt des von Baurath[64]) entdeckten Stilbazols, das Stilbazolin $C_5H_{10}NCH_2$. CH_2 . C_6H_5, sich durch Weinsäure in zwei enantiomorphe, optisch aktive Körper spalten lasse, und daß das eine leichter isolierbare, linksdrehende Spaltungsprodukt sich beim Erhitzen in eine schwächer linksdrehende Verbindung überführen läßt, deren Existenz als selbstständiges Individuum nicht bezweifelt werden und, da nur ein asymmetrischer Kohlenstoff vorhanden, nur durch den asymmetrischen N erklärt werden kann. Ferner wurde nachgewiesen, daß bei der Spaltung des inaktiven synthetischen Coniins eine Base entsteht, die wesentlich stärker dreht als das reinste natürliche Coniin, und erst beim Erhitzen auf 300° in dieses übergeht. Namentlich dieser letztere Versuch ist so beweisend, daß ein Widerspruch kaum möglich erscheint. Von Wedekinds Versuchen[63]) sei hier angeführt, daß er glaubte zwei stereomere inaktive Ammoniumverbindungen und zwar zwei Benzylphenylallylmethylammoniumjodide in Händen zu haben, was aber durch Jones als irrtümlich erkannt wurde[65]), indem Dieser zeigte, daß die sogenannte β-Verbindung eine ganz andere Zu-

---

[60]) Ber. XXXVII, 3688 (1904) u. XXXIX, 2486 (1906). — [61]) Trans. chem. soc. LXXV, 1127; LXXVII, 1072 u. LXXIX, 828. — [62]) Ibid. LXXXIII, 1418; LXXXV, 223. — [63]) Ber. XXXII, 511, 517, 722, 1408, 3561; XXXIV, 3986, XXXV, 178, 766, 1075, 3580, 3907; XXXVI, 1158, 1163, 3791; XXXVII, 2712, 3894; XXXVIII, 436, 1838, 3433, 3933; ferner Ann. Chem. CCCXVIII, 90; Ber. XXXIX, 481. — [64]) Ber. XXI, 818 (1888). — [65]) Chem. Soc. Trans. LXXXVII, 1721 (1905).

sammensetzung hat und Benzylphenyldimethylammoniumjodid
ist. Pope und Peachy ist es gelungen, das von Wedekind
hergestellte Methylphenylbenzylallylammoniumjodid durch Cam-
phersulfonsäure in zwei optisch Isomere zu spalten [61]), was Wedekind [63]) und Jones [64]) zu bestätigen vermochten. Bemerkenswert ist aber, wie rasch manche dieser Verbindungen ihr
Drehungsvermögen einbüßen, sich autoracemisieren, während
andere dies nicht zeigen [66]). Eine solche Autoracemisierung ist
bei den optisch aktiven Verbindungen, die dreiwertigen asymmetrischen Stickstoff enthalten, keineswegs der Fall, doch muß
hervorgehoben werden, daß keine Beispiele bekannt sind, wo der
dreiwertige asymmetrische Stickstoff Aktivität veranlaßt, er
beeinflußt nur die durch den asymmetrischen Kohlenstoff bedingte Aktivität [67]).

Hier darf ich andere Erfolge der organischen Chemie anreihen und behandle im Anschluß an S. 300 einige neue allgemeine Reaktionen von größerer Wichtigkeit. In erster Linie
steht hier die Grignard-Methode, die einen fast beispiellosen
Erfolg aufzuweisen hat.

Barbier hat wohl zuerst, um in ein Homologes überzugehen,
statt des damals gebräuchlichen Zinks, Magnesium und Jodmethyl
angewandt und so Methylheptenol in Dimethylheptenol verwandelt [68]). Grignard hat diese Reaktion nach den verschiedensten Richtungen studiert und die allgemeine Verwendbarkeit
des Magnesiums zur Einführung von Alkylen oder anderen
Gruppen nachgewiesen [69]). Zunächst konnte er zeigen, daß das
Magnesium mit den Halogenalkylen namentlich bei Gegenwart
von Äther direkt Verbindungen eingeht, die meist auch Äther
enthalten. Diese vereinigen sich dann mit vielen Körpern, z. B.
mit Aldehyden und Ketonen, aus welchen Reaktionsprodukten

---

[66]) Ber. chem. Ges. XXXVIII, 1838. — [67]) Ibid. XXIX, 2718 (1896). —
[68]) Compt. rend. CXXVIII, 110 (1899). — [69]) Ibid. CXXX, 1322 (1900); CXXXII,
336, 558, 1182; CXXXIV, 107 etc. Ann. Chim. Phys. (7) XXIV, 437 (1901) etc.
Die Literatur, die viele Seiten ausfüllen würde, findet sich ziemlich vollständig bei Schmidt: Die organischen Magnesiumverbindungen und ihre
Anwendung zu Synthesen (Ahrens, Sammlung X, 67).

durch hydrolytische Spaltung sekundäre oder tertiäre Alkohole entstehen. Doch lassen sich auch Kohlenwasserstoffe, primäre Alkohole, Glycole, Ketonalkohole, Äther, Ketone, Aldehyde, Säuren, Phenole usw. nach dieser Methode gewinnen, die jetzt schon eine sehr stattliche Zahl von Untersuchungen hervorgerufen hat.

Wichtig ist auch eine Reaktion, deren Entdeckung schon etwas zurückliegt, deren Bedeutung aber auch jetzt noch hervortritt. Ich möchte erinnern an die Zerlegung des Piperidins und ähnlicher Basen durch erschöpfende Methylierung, wie sie A. W. Hofmann zuerst gelang [70]. Seine Methode gestattet, aus einem stickstoffhaltigen ringförmigen Gebilde durch Einwirkung von Jodmethyl den Stickstoff schließlich als Trimethylamin zu entfernen und das Kohlenstoffskelett des Ringes in Form eines Kohlenwasserstoffs zu gewinnen. Von dieser Methode ist vielfach Anwendung gemacht worden zur Erforschung der Konstitution von Alkaloiden [71].

Neuerdings ist übrigens durch Braun ein viel kürzerer Weg zur Erreichung eines ähnlichen Zieles aufgefunden worden [72] unter Anwendung von Phosphorsuperbromid und unter Anlehnung an ältere Versuche von Wallach [73].

Erwähnenswert ist auch ein Verfahren zur Gewinnung primärer Amine, welches von Gabriel [74] herrührt und das von ihm [75], seinen Schülern u. A. vielfach verwertet wurde. Es besteht in der Einwirkung von Halogenderivaten auf Phtalimidkalium und Spaltung der erhaltenen Phtalverbindungen durch Säuren. Es sind so eine Reihe sonst nicht zugänglicher Amine (und Aminosäuren, vgl. S. 391) hergestellt worden.

Auch über eine neue Hydrierungsmethode kann hier berichtet werden, durch Anwendung fein verteilter Metalle, namentlich des Nickels, als Katalysator. Die Reaktion ist von Sabatier und Sen-

---

[70] Ber. XIV, 494, 659 u. 705 (1881). — [71] Vgl. z. B. Ladenburg, Ber. XV, 1024; Willstädter, ibid. XXVIII, 3271; Knorr, ibid. XXXII, 736. — [72] Ber. XXXVII, 2812, 2915, 3210, 3583 (1904); XXXVIII, 109, 956, 2336, 3083. — [73] Ann. Chem. CLXXXIV, 1; CCXIV, 193, 257. — [74] Ber. XXI, 566 (1888). — [75] Ibid. XXI, 1049, 2664; XXII, 224, 1139, 2220, 2223; XXIII, 2489; XXIV, 1110, 3098, 3104, 3231; XXV, 2415 usw.

derens aufgefunden und hat schon eine große Zahl von Erfolgen[76]) aufzuweisen. So ist es gelungen, ungesättigte Kohlenwasserstoffe, namentlich auch Acetylene in Äthane, viele aromatische Kohlenwasserstoffe in C-Hexane und Homologe zu verwandeln, aus Aldehyden und Ketonen Alkohole zu gewinnen, aus Nitrilen Amine[77]) usw.

An diese Hydrierungen anknüpfend soll auch von der Herstellung der Metallhydrüre die Rede sein, von denen früher nur der Kupferwasserstoff bekannt war (vgl. S. 208). Im Jahre 1896 stellte Guntz[78]) den Lithiumwasserstoff dar, und Moissan[79]) hat eine ganze Reihe solcher Hydrüre entdeckt, namentlich die Wasserstoffverbindungen der Alkali- und Erdalkalimetalle, z. B. KH und CaH_2. Von Muthmann und Kraft[80]) wurden in der Folge Lanthan- und Cerwasserstoff gewonnen, LaH_3 und CeH_3. Besonders die Alkalihydrüre sind sehr reaktionsfähige Körper, die durch Kohlendioxyd ameisensaures und durch Schwefeldioxyd hydroschwefligsaures Salz liefern. Kaliumhydrür ist ferner zur technischen Darstellung von Wasserstoff vorgeschlagen worden.

Hier dürfen wohl auch die neuerdings ausgeführten Synthesen besonders wichtiger Körper aufgeführt werden (vgl. S. 308). Da ist zunächst das Nicotin zu erwähnen, dessen vollständige Synthese 1904 durch Pictet und Crépieux[81]) und Pictet und Rotschy[82]) ausgeführt wurde, nachdem schon 11 Jahre vorher Pinner[83]) die richtige Konstitutionsformel für dasselbe aufgestellt hatte. Danach erscheint es als ein Methylderivat eines Pyridyl-Pyrrolidins, $C_5H_4N—C_4H_8N$, das durch Kohlenstoffbindung wie das Diphenyl zusammenhängt.

Zwei Jahre vorher gelang die vollständige Synthese des Atropins, und zwar durch Untersuchungen einerseits von Ladenburg[84]), andererseits von Willstädter[85]). Die danach der Base

---

[76]) Compt. rend. CXXIV, 1358 (1897); ibid. (1899) 1270; ibid. CXXVIII, 1173; CXXX, 1559, 1628 usw. — [77]) Bull. soc. chim. (3) 33, I bis XVIII. — [78]) Compt. rend. CXXII, 244 (1896). — [79]) Ann. Chim. Phys. (7) XXVII, 349 und ibid. (8) VI, 289). — [80]) Ann. Chem. CCCXXV, 261. — [81]) Ber. XXVIII, 1904; XXXI, 2018; XXXIII, 2353; XXXIV, 696. — [82]) Ibid. XXXVII, 1225. — [83]) Ibid. XXVI, 294. — [84]) Ann. Chem. Pharm. CCXVII, 74 u. CCCXXVI, 379; Ber. XX, 1647, XXI, 3099; XXIII, 1780 u. 2225; XXIV, 1628; XXIX, 421; XXXV, 1159 u. 2295. — [85]) Ann. Chem. Pharm. CCCXVII, 204, 267 u. 307; CCCXXVI, 1.

zukommende Konstitutionsformel ist insofern sehr merkwürdig, da sie als Derivat eines Piperidin-Pyrrolidinkernes erscheint, der aber zwei gemeinschaftliche Kohlenstoffatome in Metastellung besitzt. Eine damit verwandte Auffassung wird übrigens auch für den Campher geltend gemacht[86]). Bei den komplizierteren Alkaloiden ist die Forschung noch nicht so weit gediehen, immerhin sind aber auch bei diesen sehr große Fortschritte zu verzeichnen, und ich glaube behaupten zu können, daß man der Aufklärung der Konstitution des Chinins[87]) und der des Morphins[88]) immerhin schon sehr nahe gekommen ist. Ganz neuerdings ist es übrigens, wie es scheint, gelungen, die Konstitution des Adrenalins oder Suprarenins, das aus der Nebenniere gewonnen wird und wichtige therapeutische Eigenschaften besitzt, aufzuklären und eine ihm zweifellos sehr nahe stehende Base synthetisch zu gewinnen[89]).

Interessant ist auch die Entdeckung einer neuen Kohlenstoff-Sauerstoffverbindung, des Kohlensuboxyds, C_3O_2, durch Diels und Wolf[90]). Sie erhielten die Verbindung aus dem Malonester durch Phosphorpentoxyd bei sehr niederer Temperatur. Der Körper verhält sich wie ein Anhydrid der Malonsäure und regeneriert diese durch Wasser. In seiner Zusammensetzung $C(CO)_2$ erinnert er an das Nickelkohlenoxyd[91])[92]).

Hieran anschließend soll auch von den Peroxyden und Persäuren die Rede sein, von denen einige allerdings schon lange bekannt sind, die aber neuerdings eine große Wichtigkeit gewonnen haben.

---

[86]) Vgl. S. 369. — [87]) Skraup, Ber. XII, 230, 1104; XXVI, 1968. Wiener Monatshefte IV, 699; VI, 762; IX, 783; XII, 431; XV, 37. Ann. Chem. CXCVII, CIC, 344; CCI, 291. Königs, Ber. XII, 97; XVII, 1992; XIX, 2853; XX, 235, 2516; XXIII, 2679; XXV, 1539; XXVIII, 1988, 3143; XXIX, 372. Ann. Chem. Pharm. CCCXXXXVII, 143. — [88]) Knorr, Ber. XXII, 1113; XXXII, 736 u. 742; XXXVI, 3074; XXXVII, 3494 u. 3499; XXXVIII, 3153 u. 3172; XXXIX, 3252. — [89]) Naturforscherversammlung 1906 in Stuttgart. Ztschr. Elektrochemie XII, 778. — [90]) Ber. XXXIX, 689 (1906). — [91]) Vgl. S. 361. — [92]) Vgl. übrigens Brodie, Proc. Roy. Soc. 1873, Nr. 143, der schon vor 33 Jahren die Verbindung C_4O_3 hergestellt hat, was Berthelot, Ann. Chim. (8) IX, 173, bestätigen konnte.

Die am längsten bekannte Persäure ist wohl die Übermangansäure, die schon im 16. Jahrhundert hergestellt[93]), deren Zusammensetzung aber erst durch Mitscherlich 1832 erkannt wurde[94]). Inzwischen hatte schon 1815 Stadion die Überchlorsäure entdeckt, die von ihm[95]), Serullas[96]) und namentlich von Roscoe[97]) genauer untersucht wurde. Überschwefelsäureanhydrid hat Berthelot zuerst erhalten durch Einwirkung der stillen elektrischen Entladung auf Gemenge von Schwefligsäureanhydrid und Sauerstoff[98]) und auch die Überschwefelsäure hat er, wenn auch nicht in reinem Zustande in Händen gehabt. Ihre Salze sind aber erst rein von Marshal dargestellt worden[99]). Brodie verdanken wir die Entdeckung der Säureperoxyde[99a]), die wir heute als gemischte Anhydride der Säuren mit den Persäuren betrachten können. Die Herstellung der Caro'schen Säure[100]), die beim Versetzen eines Persulfats mit konzentrierter Schwefelsäure entsteht und die sehr energische Oxydationen bewirken kann, hat Baeyer Veranlassung gegeben, sich mit dem Studium der Persäuren näher zu befassen[101]). Ihm verdanken wir eine neue Nomenklatur derselben, die Erkenntnis, daß sie sich alle vom Hydroperoxyd (Wasserstoffsuperoxyd) ableiten lassen, und die Herstellung einiger organischer Persäuren, wie der Benzoëpersäure $C_6H_5COO_2H$, der Phtalmonopersäure $C_6H_4{CO_2H \atop COO_2H}$ und der Peroxydphtalsäure $\left(C_6H_4{CO \atop CO_2H}\right)_2 O_2$ des gemischten Anhydrids von Phtal- und Phtalpersäure. Hieran schließen sich noch die Entdeckungen des Acetonperoxyds durch Wolffenstein[102]), des Aldehydperoxyds, des Diäthylperoxyds, des Äthylhydroperoxyds durch Baeyer und Villiger[101]) und des Ammoniumperoxyds[101a]).

---

[93]) Kopp, Gesch. d. Chem. IV, 88. — [94]) Ann. Chem. II, 5. — [95]) Gilb. Ann. LII, 197, 339. — [96]) Ann. chim. phys. (2) XXXXV, 270. — [97]) Ann. Chem. Pharm. CXXI, 346. — [98]) Compt. rend. LXXXVI, 20, 71, 277 (1878); XC, 269, 331; CXII, 1481. — [99]) Chem. Soc. J. 1891, 771. — [99a]) Ann. Chem. Pharm. CXXIX, 282. — [100]) Zeitschr. angew. Chemie 1898, 845. — [101]) Baeyer u. Villiger, Ber. XXXII, 3625; XXXIII, 124, 858, 1569, 2479, 2488, 3387; XXXIV, 738, 749, 755, 762, 853. — [101a]) Melikoff u. Pissarjewsky, Ber. XXX, 3144 u. XXXI, 446. — [102]) Ber. XXVIII, 2265.

Das Wichtigste aber wohl, was in neuerer Zeit im Gebiete der organischen Chemie geleistet wurde, sind die sehr ausgedehnten und exakten Arbeiten Emil Fischer's über die Polypeptide und deren Synthese [103]). Man darf wohl erwarten, daß sie schließlich zu einer Synthese der Peptone, vielleicht auch noch zu einer Synthese von Eiweißkörpern (Proteïnen) führen werden.

Fischer geht von der ziemlich allgemein angenommenen [104]) Ansicht aus, daß die Peptone im wesentlichen aus Polypeptiden bestehen, d. h. durch vielfache amidartige Verkettung von Mono- und Diaminosäuren. Das einfachste Glied dieser Gruppe ist das Dipeptid: Glycyl-Glycin

$$NH_2CH_2CONH.CH_2COOH.$$

Fischer stützt sich dabei auf die Tatsache, daß bei der Spaltung der Proteïne nur Aminosäuren und Abkömmlinge solcher gefunden wurden.

Bei seinen synthetischen Untersuchungen geht er demnach von diesen Säuren aus, von denen er eine große Zahl bisher unbekannter Glieder dargestellt hat. Die Monaminosäuren gewinnt er nach den zwei bewährten Methoden von Strecker [105]) und Perkin und Duppa [106]), Diaminosäuren durch Benutzung des Phtalimidkaliums nach Gabriel [107]) oder aus ungesättigten Säuren durch Ammoniak, Oxyaminosäuren durch Addition von Blausäure an Oxyaldehyde, z. B. an Aldol. Die optische Spaltung gelang nach Einführung eines Säureradikals, wie z. B. Benzoyl oder Nitrobenzoyl, mit Hilfe der zweiten Pasteur'schen Methode [108]).

Von den Derivaten dieser Säuren kommen namentlich in Betracht die Ester und die Chloride. Die ersteren werden nach der von Curtius [109]) angegebenen Methode gewonnen, welcher sich überhaupt große Verdienste in diesem Gebiet erworben hat [109]).

Zur Verkettung von Aminosäuren werden hauptsächlich die folgenden drei Methoden benutzt: 1. Aufspaltung von Diketopiper-

---

[103]) Ber. chem. Ges. 1903 bis 1905. Untersuchungen über Aminosäuren, Polypeptide und Proteïne, Ber. XXXIX, 330 (1906). Ann. CCCXL, 123. Ber. XXXIX, 2893 u. 2942. — [104]) Hoffmeister, Naturforscherversammlung in Karlsbad 1902. Verhandlungen S. 33. — [105]) Vgl. S. 300. — [106]) Vgl. S. 300. — [107]) Vgl. S. 387. — [108]) Vgl. S. 277. — [109]) Vgl. Fischer, Ber. XXXIX, 530 u. 553.

azinen [110]) durch Säuren oder besser Alkalien. 2. Behandlung der Ester mit Acylchloriden oder gechlorten Acylchloriden, Verseifung der Ester und Behandlung mit Ammoniak. 3. Einwirkung des Aminosäurechlorids auf die Ester und Verseifung. Durch passende Kombination dieser drei Methoden ist es Fischer und seinen zahlreichen Mitarbeitern gelungen, eine sehr große Zahl von Polypeptiden zu gewinnen und schließlich solche Ketten aus 12 Aminosäuren darzustellen.

Wenn man nun die Eigenschaften dieser Polypeptide mit denen der Peptone vergleicht, so ist die Ähnlichkeit unverkennbar und deshalb die Ansicht, daß man auf diesem Wege zu der Synthese der Peptone gelangen wird, durchaus gerechtfertigt.

Eine Reaktion, die schon zur Zeit von Berzelius und Mitscherlich als in eine besondere Klasse gehörig unterschieden wurde [111]), hat in neuerer Zeit dadurch, daß sie in der Technik eine wichtige Rolle spielt und daß man ihre weite Verbreitung mehr und mehr erkannt hat, eine große Bedeutung gewonnen. Ich meine die Katalyse. Darunter versteht man zweckmäßig Reaktionen, deren Geschwindigkeit durch Zusatz des sogenannten Katalysators wesentlich vergrößert (ev. auch verkleinert) wird, wobei aber dieser nicht an der Reaktion teilnimmt, nur in unverhältnismäßig kleinen Mengen vorhanden zu sein braucht und sich am Schluß der Reaktion in unveränderter Menge wiederfindet [112]). Zu solchen Reaktionen gehören in erster Linie eine Reihe von sehr wichtigen technischen Operationen, wie die Gärung, die jetzt jedes biologischen Charakters entkleidet ist [113]), ferner das neue Kontaktverfahren für die Schwefelsäurefabrikation [114])

---

[110]) Diketopiperazine, die von Curtius entdeckt wurden, sind Dianhydride der Aminosäuren, z. B.:

$$\mathrm{NH}{<}{\genfrac{}{}{0pt}{}{CH_2 . CO}{CO . CH_2}}{>}\mathrm{NH}.$$

[111]) Vgl. S. 216. — [112]) Manche Forscher, wie Ostwald (Ztschr. f. Elektrochemie VII, 995 (1901), erweitern den Begriff der Katalyse auf Reaktionen, bei denen sich der Katalysator an Zwischenreaktionen nachgewiesenermaßen beteiligt, wie beim Bleikammerprozeß die Stickoxyde oder die Schwefelsäure bei der Ätherdarstellung. Bei der hier aufgestellten Definition bleibt wie früher Katalyse auf Reaktionen durch Kontaktwirkung beschränkt. [113]) Vgl. S. 363. — [114]) Knietsch, Ber. XXXIV, 4069 (1901).

und die Oxydation des Naphtalins zu Phtalsäure durch Schwefelsäure bei Gegenwart von Quecksilber[115]), die einen wesentlichen
Teil der Indigofabrikation aus Naphtalin darstellt, und außerdem
eine Anzahl von Reaktionen, von denen nur einige hier hervorgehoben werden können und die von theoretischer Bedeutung sind.
— Ich erwähne unter anderem die Spaltungen des H_2O_2[116]), Verbrennungen von Knallgas (Davy[117]) und Döbereiner[118]), zahllose
Reaktionen, die nur bei Gegenwart von Wasser zu verlaufen
scheinen[119]), Bildung von Organometallen, bei denen der Essig-
ester zu Hilfe gezogen wird[120]), die Wirkung des Aluminium-
chlorids und anderer Chloride bei der Synthese von aromatischen
Kohlenwasserstoffen nach Friedel und Crafts[121]), der Einfluß
feinverteilter Metalle, namentlich des Nickels, auf die Addition von
Wasserstoff[122]) usw.; schon lange bekannt schließlich ist der
Einfluß der Säuren auf die Inversion des Rohzuckers[123]) und auf
die Zerlegung der Ester[124]).

Von Resultaten allgemeiner Art, welche das Studium der
Katalyse zutage gefördert, ist nicht allzuviel anzugeben. Ostwald[125]) hat bei der Zuckerinversion die Regel gefunden, daß
die durch die Säuren hervorgerufenen Beschleunigungen, den
Affinitäten dieser Säuren, d. h. also ihren Wasserstoffionenkonzen-
trationen, proportional sind, und ähnliche Regelmäßigkeiten haben
auch Bredig und Fränkel[126]), und weiter Koelichen[127]) konstatieren können. Von Wichtigkeit ist ferner, daß durch den
Katalysator wohl die Geschwindigkeit der Reaktion, nicht aber
das eintretende Gleichgewicht verändert werden kann, was in
mehreren Fällen erwiesen wurde, so bei der Kondensation des

---

[115]) Brunck, Ber. 33, LXXI (5. Anlage) 1900. — [116]) Schönbein, J. prakt.
Chem. LXV, 96. Pogg. Ann. C, 1; J. prakt. Chem. LXXV, 78; LXXX, 257;
LXXXVI, 65; LXXXIX, 24; Pogg. Ann. CV, 265 usw. — [117]) Phil. Trans.
1817, S. 79. — [118]) Berzelius, Jahresber. V, 166. — [119]) Friedel u. Ladenburg, Ann. Chem. CXXXXIII, 124; Pringsheim, Pogg. Ann. Phys. (2)
XXXII, 384; Dixon, Ber. chem. Ges. XXXVIII, 2426; J. Chem. soc. XLIX,
94, 384; Baker, ibid. 1894, S. 603, 1898, S. 422; 1902, 40. — [120]) Frankland und Duppa, Ann. Chem. CXXX, 105. — [121]) Vgl. S. 302. — [122]) Vgl.
S. 387. — [123]) Wilhelmy, vgl. S. 326. — [124]) Berthelot, vlg. S. 326. —
[125]) Ostwald, Journ. prakt. Chem. XXVIII, 449; XXIX, 385. — [126]) Ztschr.
Elektrochem. XI, 525. — [127]) Ztschr. phys. Chem. XXXIII, 129.

Acetons zu Diacetonalkohol [128]), bei der Bildung von Schwefelsäureanhydrid aus Schwefeldioxyd und Sauerstoff [129]). Übrigens
muß betont werden, daß diese sogenannten Gesetzmäßigkeiten
nur annähernde Gültigkeit besitzen. Erwähnenswert ist schließlich die überraschende Ähnlichkeit zwischen organischen und
anorganischen Katalysatoren, z. B. zwischen Enzymen und Platinschwamm bzw. kolloidalem Platin, wie dies namentlich von
Bredig nachgewiesen wurde [130]).

Erklärungsversuche für katalytische Reaktionen sind wiederholt gemacht worden, und sehr bekannt ist die Hypothese, wonach
die Wirkung feinverteilter Metalle bei Gasreaktionen auf der
Verdichtung der Gase in diesen Metallen beruhe, was auch
Bodenstein's Untersuchung [131]) der Knallgasverbrennung durch
Platinschwamm zu bestätigen scheint. Eine allgemein gültige
Erklärung für die Katalyse steht noch aus, ist auch wohl nicht
zu erwarten, da unter dem Begriff Katalyse viel Heterogenes zusammengefaßt wird.

Zum Schluß möchte ich noch eine gedrängte Übersicht geben
über einige allgemeinere Resultate aus der Chemie der Kolloide.
Der Gegenstand ist viel zu bedeutungsvoll, um ihn ganz zu übergehen, spielen doch hierhergehörige Vorgänge eine sehr große
Rolle in der Biologie und in der Technik, andererseits ist die
wissenschaftliche Forschung noch nicht weit vorgedrungen: wissen
wir doch nicht einmal, ob auf die Kolloide unsere stöchiometrischen Gesetze anwendbar sind.

Der Erste, welcher die Kolloide von den Kristalloiden schied,
war Graham. In seinen berühmten Untersuchungen über Diffusion [132]) fand er einen sehr großen Unterschied der Diffusions-
geschwindigkeiten. Basen, Säuren, Salze, überhaupt kristal-
lisierende Körper diffundierten sehr rasch im Verhältnis zu
amorphen, wie Leim, Eiweiß, Kieselsäure usw. Er konnte ferner
zeigen, daß nur die ersteren durch tierische Blase oder Pergament-

---

[128]) Zeitschr. phys. Chem. XXXIII, 129. — [129]) Küster, Ztschr. anorg.
Chem. XXXXII, 453. — [130]) Ztschr. phys. Chem. XXXI, 258; vgl. auch
Herz, Katalyse: Ahren's Sammlung XI, Heft 3 (1906). — [131]) Zeitschr.
phys. Chem. XXXXVI, 725. — [132]) Ann. Chem. Pharm. CXXI, 1 (1862).

papier hindurchtreten können, während die Kolloide davon so gut wie vollständig zurückgehalten werden.

Man kann die Kolloide einteilen in kolloidale Lösungen, die man auch Hydrosole nennt, und in amorphe Körper, die sich ev. daraus abgeschieden haben und die ihrer Ähnlichkeit mit Gelatine wegen Hydrogele genannt werden[133]).

Die kolloidalen Lösungen unterscheiden sich nun wesentlich von wahren Lösungen dadurch, daß die Gefrierpunktserniedrigungen gegen das reine Lösungsmittel nur minimal sind, was vielleicht durch das sehr hohe Molekulargewicht des Kolloids Erklärung findet, daß sie wenigstens meist durch Zusatz kleiner Mengen von Elektrolyten amorph ausgeschieden (ausgeflockt) werden können, daß sie das Tyndall'sche Phänomen zeigen, d. h., daß sie Licht stark zerstreuen und polarisieren und daß sie im Ultramikroskop[134]) fast immer als Suspensionen erscheinen.

Daß bei der Ausflockung von Hydrosolen wirklich elektrische Vorgänge eine Rolle spielen, scheint aus folgenden Tatsachen hervorzugehen, die wir G. Quincke[135]) u. A. verdanken: Wandern die Suspensionen unter dem Einfluß des elektrischen Stromes an die Anode, so werden sie namentlich durch Kationen gefällt, während sie durch Anionen ausgeschieden werden, wenn sie an die Kathode wandern. Ferner fand man, daß Kolloide von gleicher Wanderungsrichtung sich nicht beeinflussen, während sie sich gegenseitig ausfällen, wenn sie ungleiche Wanderungsrichtung haben. Bemerkenswert ist ferner, daß die mehrwertigen Kationen immer viel intensivere Ausflockungsfähigkeit besitzen, als die einwertigen. Übrigens gelten diese Sätze nicht ganz allgemein. Hardy[136]) hat gezeigt, daß Eiweiß verschiedenen Wanderungssinn im Stromgefälle besitzt, je nachdem es sauer oder alkalisch reagiert. Ist die Flüssigkeit elektrisch neutral, so wird das Eiweiß am leichtesten koaguliert, und zwar wie Hofmeister[137])

---

[133]) Vgl. z. B. Bechhold, Chem. Ztschr. IV, 170 (1905). — [134]) Siedentopf und Zsigmondy, Ann. Phys. (4) X, 1 (1903). — [135]) Ann. Phys. (2) CXIII, 513 (1861). — [136]) Ztschr. phys. Chem. XXXIII, 316 (1900). — [137]) Zeitschr. f. physiol. Chem. XIV, 165 (1889); VII, 431 (1891).

und Pauli[138]) fanden, durch Alkalisalze in umkehrbarer Weise, d. h. so, daß sie im Überschuß wieder gelöst werden, während sie durch Schwermetallsalze permanent gefällt werden.

Interessant ist das Verhalten des Alkohols bei ganz tiefen Temperaturen (in flüssiger Luft[139]). Er geht zunächst in eine amorphe Substanz über, die erst bei höherer Temperatur kristallinisch wird. Ähnliches findet bei vielen Metallen statt, die aus Schmelzflüssen auskristallisieren, während sie bei gewöhnlicher Temperatur leicht in kolloidaler Form erhalten werden können. Der Erste, der ein kolloidales Metall darstellte, war Faraday[140]). Er ließ auf Goldlösungen Phosphor einwirken und erhielt so prächtig gefärbte Goldlösungen. Dann folgen die zahlreichen Arbeiten von Carey Lea[141]) namentlich über allotropes Silber. Später haben sich viele Andere[142]) mit solchen Versuchen beschäftigt, von denen ich die von Bredig[143]) noch besonders erwähne, der durch den elektrischen Lichtbogen die Metalle zerstäubte. Derartige Metallhydrosole, namentlich das des Silbers[144]) (Kollargol) und des Quecksilbers (Hyrgol) haben schon vielfach in der Therapie Anwendung gefunden. Dasselbe gilt von den sog. Paal'schen Präparaten[145]). Aber auch nach anderer Richtung haben kolloide Metalle technische Bedeutung gewonnen. So werden jetzt durch Ausflockung und Pressen kolloider Metallösungen Metallfäden hergestellt, die in Glühlampen Verwendung finden[146]). Überhaupt haben die Arbeiten über Kolloide manche technische Erfolge hervorgerufen, ich erinnere nur an die sogenannte Osmose (besser Dialyse) in der Zuckerindustrie, auch die sogenannte faulige Gärung des Porzellans findet jetzt eine ganz andere Auffassung als früher[147]).

Von Hydrogelen weiß man verhältnismäßig wenig, das Wichtigste verdanken wir zweifellos van Bemmelen[148]), der gezeigt

---

[138]) Beitr. z. chem. Phys. u. Path. III, 5. — [139]) Holborn u. Wien, Wiedemann's Ann. LIX, 213. Ladenburg u. Krügel, Ber. XXXII, 1818. — [140]) Pogg. Ann. CI, 316. — [141]) Jahresber. 1889, S. 578 u. 581; 1891, S. 595 usw.; 1894, S. 698 usw. — [142]) Muthmann, Ber. XX, 983; Schneider, Ber. XXIV, 3370; XXV, 1440 usw. — [143]) Ztschr. Elektrochem. IV, 514. — [144]) Credé, Merck's Jahresber. 1897, 1898, 1899 usw. — [145]) Ber. XXXV, 2195 (1902). — [146]) Kuzel, Journ. f. Gasbel. XLIX, 336 (1906). — [147]) Rohland, Ztschr. anorg. Chem. XXXXI, 325. — [148]) v. Bemmelen, J. f. prakt. Chem. (2)

hat, daß das in denselben enthaltene Wasser nicht chemisch gebunden, sondern durch Adsorption, oder wie er sagt Absorption zurückgehalten wird. Von den vielen Hydraten des Eisens erkennt er daher nur wenige als chemische Verbindungen an, und zu denselben Resultaten gelangt auch W. Fischer[149]) im Gegensatz zu Ruff[150]).

XXIII, 324, 379; (2) XXVI, 227. Ber. XIII, 466; Ztschr. anorg. Chem. V, 466; XIII, 233; XVIII, 14, 98; XX, 185; XXIII, 111, 321; XXXVI, 380 usw. — [149]) Fischer, Habilitationsschrift Breslau 1907. — [150]) Ber. XXXIV, 3417 (1901).

AUTORENREGISTER.

167, 170—176, 178, 184, 187, 188, 190, 197, 206, 210, 212, 215, 220, 226, 234, 238, 241, 249, 310, 322, 339.
Duppa 267, 273, 300, 391, 393.
Dussart 302.

E.

Ebelmen 331.
Eder 338.
Elsässer 341.
Elster 376.
Emmerling 297.
Empedokles 5, 6.
Engelhard 128, 267.
Engelmann 339.
Erdmann 290.
Erlenmeyer 265, 272, 273, 275, 290, 300, 301.
Erlenmeyer jr. 384.
Erman 93.
Esson 326.
Étard 294.
Exner 343.
Eyde 372.

F.

Faraday 111, 123, 148, 208, 290, 334, 337, 353, 396.
Faure 353.
Favre 207, 335.
Fehling 302.
Fehrlin 367.
Festing 330.
Fischer, E. 295, 298, 299, 362, 365, 367, 369, 384, 390—392.
Fischer, E. G. 57, 354.
Fischer, O. 289.
Fischer, W. 397.
Fittig 279, 280, 284, 286, 290, 291, 292, 301, 303, 306.
Foucault 329.
Fourcroy 34, 62, 93, 215.
Fränkel 393.
Franchimont 291.
Frankland 212, 213, 221, 229, 234—236, 239—244, 251, 258, 272, 273, 301, 319, 393.
Fraunhofer 328, 329, 348.
Fremy 331.
Freund 236, 272.

Friedel 174, 219, 236, 271, 272, 275, 300, 302, 347, 370, 393.
Fritzsche 298.
Fuchs, J. N. v. 101.

G.

Gabriel 304, 387, 391.
Galvani 73.
Gaudin 331.
Gaultier de Claubry 354.
Gautier 279.
Gay-Lussac 47, 50, 62—65, 79—88, 96, 97, 101, 106, 109—110, 111, 118, 119, 124, 126, 127, 129, 146, 204, 208, 331, 349.
Geber 7.
Gebhardt 292.
Gehlen 101, 331.
Geitel 376.
Geitner 284.
Geoffroy 38, 90.
Gerhardt 116, 149, 156, 169, 175, 181, 183, 186, 188—204, 206, 211—214, 219, 220, 221—228, 229, 230, 232, 234, 239, 242, 244, 249—251, 258, 259, 261—263, 266, 296, 304, 309.
Gerichten 296.
Gerland 266.
Geuther 274.
Gibbs 315, 347, 348.
Giesel 375.
Gilbert 137, 233, 328.
Gladstone 312, 342, 352.
Glan 330.
Glaser 291.
Glauber 169.
Gmelin 89, 111, 150, 153, 157, 181—183, 192, 196, 197, 244, 322.
Gockel 338.
Goldschmidt 356.
Goldschmiedt 292, 362.
Gräbe 286, 288, 289—292, 295, 298.
Graham 157, 159—162, 164, 165, 216, 344, 394.
Greiff 307.
Griess 281, 285, 287, 290.
Grignard 386.
Griffin 165, 199, 214.
Grimaux 301, 369.
Groth 344, 345.
Grove 312.
Guldberg 325, 326, 347.

SACHREGISTER.

A.

Absorptionsspektra 328.
Accumulatoren 353.
Acetamid 237.
Acetessigester: Synthesen mit Hilfe desselben 274 ff., 302.
Aceton 218, 245, 246.
Acetonitril 259.
Acetonperoxyd 390.
Acetonsäure 272, 273.
Acetyl 143, 178.
—, Theorie 144.
Acetylen 278, 294.
Acridin 298.
Acroleïnammoniak 305.
Actinium 373.
Active Masse 325.
Additionen: Verschiedene Arten von Gerhard unterschieden 190.
Äpfelsäure 11, 162.
—, Synthese 300.
Äquivalent 52 ff., 150, 151.
Äquivalente 52 ff., 68, 69, 106 ff., 145, 146, 154, 155, 181 ff., 200, 201, 202 ff., 240 ff., 249, 250, 310, 318.
—, Gerhard's 195, 249.
—, Gmelin's 182, 197.
Äthenyltoluylendiamin 306.
— -xylylendiamin 306.
Äther 137 ff., 213 ff., 217.
—, Berzelius' Ansichten 138.
—, Dumas' Ansichten 128 ff., 140.
— -Formel 214 ff., 264.
—, Gay-Lussac's Ansichten 127.
—, Liebig's Ansichten 139 ff., 187.
— Williamson's Versuche 213 ff.

Äther, gemischte 215, 217.
Ätherin 127 ff., 139, 140, 215.
Äthionsäure 137, 138.
Äthyl 139, 143, 144, 217, 235, 237, 238.
— -alkohol 139, 245.
— -amyläther 217.
— -benzol 280.
— -carbinol 271.
— -hydroperoxyd 390.
Äthylmethyläther 214, 215.
— — -kohlensäureester 219.
— — -oxalester 219.
Äthylpyridin 294.
— -schwefelsäure 190, 215 ff., 232, 233.
— -sulfonsäure 268.
—, Theorie 139, 236.
Äthylamin 213, 226, 256, 271.
Äthylen 256, 257, 278, 306.
— -disulfonsäure 257.
— -oxyd 256, 306.
—, Synthese 299.
— -thiocyanür 257.
Affinität 92 ff., 325, 326.
—, ausgewählte 263.
—, Berthollet's Ansichten 38 ff.
—, Grad derselben 263.
—, Guldberg und Waage's Untersuchungen 325 ff.
—, Tafeln derselben 38 ff.
Affinitätsgrößen 352.
Aggregatzustände 349.
Alanin 267.
—, Synthese desselben 267, 300.
Aldehyd 237, 247 ff.
Aldehyde 305.
Aldehyden 143.
Aldehydine 307.

Druckfehlerverzeichnis und Nachträge.

Seite 31, Anmerkung 44, statt: Vgl. S. 19 lies Vgl. S. 18.

„ 37, „ 6, „ Annales de Ch. XXXIX, 1 u. 113 lies XXXVIII. 113 u. XXXIX, 3.

„ 46, „ 38, statt: Ann. de Ch. XXXIX lies XXXVIII.

„ 75, „ 16, „ S. 23 lies S. 24.

„ 208, „ Zeile 4 von unten, lies Millon statt Milon.

„ 214, Zeile 7 von unten, lies Methyläthyläther statt Methyläther.

„ 242, „ 2 „ „ „ Odling statt Olding.

„ 258, „ 8 von oben, fehlt zwischen Kekulé u. Berthelot: Odling.

„ 293: Für das Pyren schlägt G. Goldschmidt nachstehende Formel vor (Festschrift für Adolf Lieben, Leipzig 1906, S. 371):

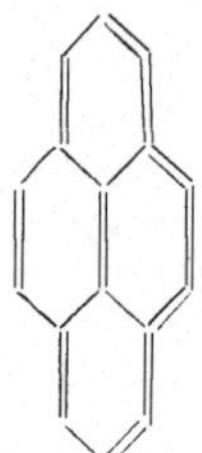